Das bietet Ihnen die CD-ROM

 ## Aufgaben und Lösungen

Zahlreiche Aufgaben und Lösungen zu den Themen:

- Vorschriften zur Rechnungslegung, Prüfung und Offenlegung
- Grundlagen der Rechnungslegung
- Grundlegende Ansatzvorschriften
- Grundlegende Bewertungsvorschriften
- Bilanzierung des Anlagevermögens
- Bilanzierung des Umlaufvermögens
- Bilanzierung der Passiva
- Spezielle Sachverhalte der Rechnungslegung
- Bestandteile der Rechnungslegung Grundsachverhalte der Konzernabschlusserstellung
- Fallbeispiele

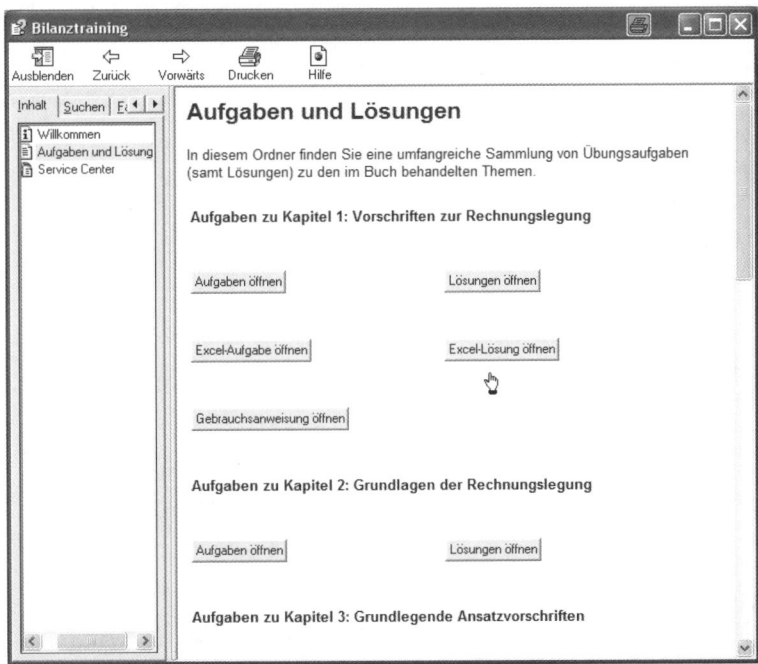

Screenshot der CD-ROM: Sie sehen den Aufgabenblock zu Kapitel 1 „Vorschriften der Rechnungslegung". Öffnen Sie diese einfach per Mausklick auf den Button „Aufgaben öffnen".

Bibliographische Information Der Deutschen Bibliothek

Die Deutsche Bibliothek verzeichnet diese Publikation in der Deutschen Nationalbibliographie; detaillierte bibliographische Daten sind im Internet über http://dnb.ddb.de abrufbar.

ISBN: 978-3-448-08525-9   Bestell-Nr. 01109-0004

11. Auflage 2009

© 2009, Rudolf Haufe Verlag GmbH & Co. KG
Niederlassung München
Redaktionsanschrift: Postfach, 82142 Planegg/München
Hausanschrift: Fraunhoferstraße 5, 82152 Planegg/München
Telefon: (089) 895 17-0,
Telefax: (089) 895 17-290
www.haufe.de
online@haufe.de
Lektorat: Dipl.-Kffr. Kathrin Menzel-Salpietro

Redaktion: rausatz, Hans-Jörg Knabel, 77731 Willstätt
Desktop-Publishing: Agentur: Satz & Zeichen, Karin Lochmann, 83129 Höslwang
Umschlag: Simone Kienle, 70182 Stuttgart
Druck: Bosch-Druck GmbH, 84030 Ergolding

Zur Herstellung dieses Buches wurde alterungsbeständiges Papier verwendet.

Bilanztraining

von
Prof. Dr. Stefan Müller
Prof. Dr. Inge Wulf

11. Auflage

Haufe Mediengruppe
Freiburg · Berlin · München

Inhaltsverzeichnis

Vorwort

Die Bilanzierung hat die Aufgabe, das Unternehmen in einem Jahresabschluss abzubilden, der zumindest für Kapitalgesellschaften unter Beachtung der Grundsätze ordnungsmäßiger Buchführung ein den tatsächlichen Verhältnissen entsprechendes Bild der Vermögens-, Finanz- und Ertragslage zu vermitteln hat.

Die rechtliche Grundlage der Bilanzierung in Deutschland bildet im Wesentlichen das Handelsgesetzbuch (HGB). Einerseits finden sich darin Verweise auf die IFRS, andererseits gibt es weitere Vorschriften, die auch für die Bilanzierung relevant sind. Aktuell befindet sich das HGB im Umbruch, weil Änderungen durch das Bilanzrechtsmodernisierungsgesetz (BilMoG) anstehen, deren Verabschiedung bei der Drucklegung noch im Jahre 2008 erwartet wird. Deshalb haben wir die vorliegende 11. Auflage völlig neu auf der Basis des aktuellen Rechtsstands unter Einbezug von Hinweisen auf das HGB nach dem BilMoG verfasst. Die hervorragenden Ausführungen von Herrn Dr. Schmidt waren uns dabei eine gute Vorlage, teilweise haben wir Beispiele von ihm übernommen.

Zum Gelingen dieses Werkes haben Herr Dipl.-Wirt.-Inf. Thorsten Bosse, Herrn Dipl.-Kfm. Markus Kreipl, Herr Dipl.-Kfm. Tobias Lange und Herr Dipl.-Oec. Jürgen Sackbrook beigetragen, die die kritische inhaltliche Gesamtdurchsicht übernommen haben. Danken möchten wir darüber hinaus der Lektorin, Frau Kathrin Menzel-Salpietro und dem Redakteur, Herrn Hans-Jörg Knabel, für die außerordentlich gute Zusammenarbeit.

Verbesserungsvorschläge oder Anregungen jeder Art nehmen wir dankend entgegen.

Clausthal-Zellerfeld/Hamburg, im Oktober 2008

Inge Wulf
Stefan Müller

1 Vorschriften zur Rechnungslegung, Prüfung und Offenlegung

1.1 Funktionen der handelsrechtlichen Rechnungslegung

Unter den Begriff der Rechnungslegung werden alle verpflichtenden (und ggf. freiwilligen) primär monetären, also mit Geldeinheiten bezifferten Abbildungen von Unternehmen gefasst, die an externe Adressaten – wie Anteilseigner, Fremdkapitalgeber, Steuerbehörden usw. – gerichtet sind. Die Daten stammen aus dem Rechnungswesen, wobei die Rechnungslegung auch als externes Rechnungswesen bezeichnet wird. Dem internen Rechnungswesen werden Instrumente wie die Kosten- und Leistungs-(Erlös-)rechnung zugerechnet, die primär der Unterstützung der Unternehmensführung mit Blick auf Entscheidungen oder Verhaltensbeeinflussungen dienen. Die Abgrenzung verliert an Trennschärfe, weil auch die externen Daten für die zielorientierte Steuerung von Unternehmen relevant sind und das interne Rechnungswesen ebenfalls umfangreiche Daten für die Rechnungslegung liefern muss. Rechnungs-
legung

In Deutschland ist die pflichtgemäße Rechnungslegung primär im Handelsgesetz geregelt; hinzukommen ergänzend oder mit entsprechenden Verweisen die steuerrechtlichen Vorschriften sowie börsenzugangs-, rechtsform-, größen- oder branchenspezifische Regelungen.

Im Zentrum der pflichtgemäßen Rechnungslegung steht der ordentliche Jahresabschluss, der bei Unternehmen, die am regulierten Kapitalmarkt gehandelt werden, um eine ordentliche unterjährige Berichterstattung zu ergänzen ist. Hinzu kommt eine Fülle von Rechnungen, die aufgrund spezieller Anlässe wie z. B. Verschmelzungen oder Erbschaften zu erstellen sind. Jahresabschluss

Das Handelsrecht erklärt an keiner Stelle explizit das Ziel oder das Zielsystem der Jahresabschlusserstellung. Abgeleitet aus den Generalnormen in § 238 Abs. 1 S. 1 und 2 HGB (Generalnorm für die Buchführung), § 243 Abs. 1 HGB (Generalnorm für den Jahresabschluss von Einzelkaufleuten und Personenhandelsgesellschaften) sowie § 264 Abs. 2 S. 1 HGB (Generalnorm für Kapitalgesellschaften) werden traditionell

- die Dokumentation der Geschäftsvorfälle,
- die Gewinnermittlungsfunktion für die Ausschüttungsbemessung und
- die Rechenschaftslegung der Unternehmensleitung gegenüber den am Unternehmen beteiligten Gruppen

als Hauptaufgaben des Jahresabschlusses angesehen.

Dokumentationsfunktion

Die Dokumentationsfunktion kann aus § 238 Abs. 1 HGB abgeleitet werden. Danach ist jeder Kaufmann verpflichtet, „Bücher zu führen und in diesen seine Handelsgeschäfte und die Lage seines Vermögens nach den Grundsätzen ordnungsmäßiger Buchführung ersichtlich zu machen. Die Buchführung muss so beschaffen sein, dass sie einem sachverständigen Dritten innerhalb angemessener Zeit einen Überblick über die Geschäftsvorfälle und über die Lage des Unternehmens vermitteln kann. Die Geschäftsvorfälle müssen sich in ihrer Entstehung und Abwicklung verfolgen lassen." In diesem Sinne ist unter Dokumentation zum einen die Buchführungspflicht, die ein übersichtliches, vollständiges, richtiges und systematisches Aufschreiben und Festhalten von Geschäftsvorfällen erfordert, zu subsumieren. Zum anderen erfüllt die Dokumentation eine präventive Wirkung als Beweisfunktion, weil Unterschlagungen (dolose Handlungen) durch das Management aufgrund der Nachprüfbarkeit der Aufzeichnungen verhindert oder zumindest erschwert werden. Die Aufzeichnungen können zur Beweissicherung im Streitfall herangezogen werden.[1] Insbesondere die strafrechtlichen Vorschriften verdeutlichen die Dokumentationsfunktion des Jahresabschlusses (§§ 283 und 283 b StGB).

Gewinnermittlungsfunktion

Im Rahmen der Jahresabschlusserstellung wird unter anderem der **Gewinn ermittelt, der die Basis für die Bemessung der Ausschüttungen** an Gesellschafter und Aktionäre bildet. Vor allem bei Kapi-

---

[1] Vgl. Baetge/Kirsch/Thiele, Bilanzen, S. 96 f.

talgesellschaften muss aufgrund der Haftungsbeschränkung auf das Gesellschaftsvermögen zum Schutze der Gläubiger sichergestellt sein, dass die Haftungssubstanz nicht durch Ausschüttungen verringert wird, die über den Bilanzgewinn hinausgehen. Der Jahresabschluss ist ein Instrument, mit dessen Hilfe die Höhe des Gewinns nach allgemein verbindlichen Normen unter Beachtung der Grundsätze ordnungsmäßiger Buchführung und Bilanzierung (GoB)[2] ermittelt wird.

Zum Zwecke der Sicherung des Unternehmensbestandes erfolgt die Gewinnermittlung unter Beachtung des Vorsichtsprinzips und unter Beachtung von Liquiditäts- und Substanzerhaltungsrestriktionen. Das Problem, welcher Gewinn entnommen werden darf, steht im Mittelpunkt der Unternehmenserhaltungskonzeptionen. Inzwischen wurden verschiedene Konzepte wie die Nominalkapitalerhaltung, die Realkapitalerhaltung und die Substanzerhaltung entwickelt.[3]

Während Einzelkaufleute und Personenhandelsgesellschaften wegen der Vollhaftung auch mit dem Privatvermögen zumindest eines der Gesellschafter (Komplementär der oHG) frei in ihren Entscheidungen bezüglich der Ausschüttungen sind, bestehen für Kapitalgesellschaften rechtsformspezifische Ausschüttungsregelungen, die bei Aktiengesellschaften in den §§ 58 und 150 AktG und bei GmbHs in den §§ 29 und 30 GmbHG verankert sind. So besteht die Pflicht, jährlich bestimmte Beträge des Jahresergebnisses in die gesetzlichen Rücklagen zu überführen. Außerdem ist vorgeschrieben, dass vor einer Auflösung der Gesellschaft nur der Bilanzgewinn ausgeschüttet werden darf; der Bilanzgewinn ist der nach Rücklagenbildung/-auflösung und Gewinn-/Verlustvorträgen verbleibende Jahresüberschuss.

Dementsprechend steht einer Mindestausschüttung als Ausschüttungssicherung zum Zwecke des Gesellschafterschutzes eine Höchstausschüttung als Ausschüttungsbegrenzung zum Zwecke des Gläubigerschutzes gegenüber. Es wird somit als erforderlich angesehen, dass die Eigentümer bei entsprechender Erfolgslage des Unterneh-

---

[2] Vgl. Kapitel 2.4.
[3] Vgl. ausführlich Coenenberg, Jahresabschluss und Jahresabschlussanalyse, S. 1183–1220.

mens eine angemessene Gewinnausschüttung erhalten, womit einerseits dem Jahresabschluss die Aufgabe zukommt, die Gesellschafter gegen willkürliche Gewinnkürzungen und -einbehaltungen abzusichern. Andererseits kommt dem Jahresabschluss auch die Aufgabe zu, gläubigergefährdende Ausschüttungen, die das Mindesthaftungskapital verringern könnten, zu verhindern, weil die Haftung der Eigentümer gegenüber den Gläubigern bei Kapitalgesellschaften auf das Haftungskapital beschränkt ist.

Die handelsrechtliche Gewinnfeststellung im Einzelabschluss ist aufgrund des sog. Maßgeblichkeitsgrundsatzes gem. § 5 Abs. 1 EStG – vorbehaltlich bestimmter Ausnahmen – die Basis für die steuerrechtliche Gewinnermittlung zur Bestimmung der an den Fiskus zu leistenden Zahlungen. Die Gewinnfeststellungsfunktion des Jahresabschlusses dient deshalb auch den Zwecken der Besteuerung.[4]

Rechenschaftslegung

Die Rechenschaftslegung ergibt sich gem. § 238 Abs. 1 S. 1 HGB aus der Pflicht des Kaufmanns, die Lage seines Vermögens ersichtlich zu machen. Ebenso ist der Kaufmann gem. § 242 HGB verpflichtet, regelmäßig eine Bilanz als „einen das Verhältnis seines Vermögens und seiner Schulden darstellenden Abschluss" (Abs. 1) aufzustellen. Die Rechenschaftslegung der Unternehmensführung erfolgt zum einen gegenüber sich selbst und zum anderen gegenüber Dritten (Gläubigern, Kunden, Lieferanten, Arbeitnehmern und der Öffentlichkeit). Die Rechenschaft der Unternehmensführung vor sich selbst dient der Kontrolle getroffener Entscheidungen und hilft bei der weiteren Entscheidungsbildung (**Selbstinformation**). Der gesetzlich vorgeschriebene Zwang zur Rechenschaftslegung soll im Sinne des Gläubigerschutzes verhindern, dass der Kaufmann durch unzureichende Informationen über Schuldendeckungsmöglichkeiten in Zahlungsschwierigkeiten gerät. Die Rechenschaftslegung ist mit der Informationsfunktion verbunden. Die mit dem Jahresabschluss präsentierten Informationen geben vor allem Kapitalgebern Rechenschaft über die Verwendung der zur Verfügung gestellten Mittel.

---

[4] Vgl. Baetge/Kirsch/Thiele, Bilanzen, S. 102-104.

Dokumentation	Gewinnermittlung	Rechenschaft
	(auch Zahlungsbemessung)	(auch Informationsfunktion)
Buchführungspflicht: Übersichtliche, vollständige und für Dritte nachvollziehbare Aufzeichnung aller Geschäftsvorfälle.	**Kapitalerhaltung zur Sicherung des Unternehmensbestandes**	Rechenschaft über die Verwendung der zur Verfügung gestellten (anvertrauten) Mittel
	Ausschüttungsbemessungsfunktion Mindestausschüttung/Ausschüttungssicherung: Gesellschafterschutz	Rechenschaft gegenüber sich selbst (Selbstinformation)
Beweisfunktion: Dolose Handlungen werden durch Dokumentation der realen Sachverhalte verhindert oder zumindest erschwert	Höchstausschüttung/Ausschüttungsbegrenzung: Gläubigerschutz	Rechenschaft gegenüber Dritten, wie z.B. Gläubigern, Kunden, Lieferanten, Arbeitnehmern und Öffentlichkeit (Drittinformation)
	Handelsrechtlicher Jahresabschluss (nur der Einzelabschluss!) ist (noch) Grundlage der Steuerzahlung **(Maßgeblichkeitsgrundsatz)**	

Abb. 1-1: Funktionen der Rechnungslegung im Überblick

Aufgrund der Vielfalt der am Unternehmen partizipierenden und interessierten Gruppen kann nur ein gesetzlich normierter Jahresabschluss eine zufriedenstellende Abwägung der zum Teil gegensätzlichen Interessen gewährleisten. Da der Jahresabschluss prinzipiell einen für alle Interessenten befriedigenden Einblick in die Vermögens-, Finanz- und Ertragslage eines Unternehmens geben soll, wird der handelsrechtliche Jahresabschluss zu einem gesetzlich vorgesehenen Informationskompromiss zwischen den verschiedenen am Unternehmen interessierten Gruppen.[5] Das verdeutlicht die folgende Abbildung:

---

[5] Vgl. Coenenberg/Haller/Mattner/Schultze, Rechnungswesen, S. 20.

Interessenregelung

Das Unternehmen wird als KOALITION zwischen Partnern mit divergierenden Interessen verstanden. Der Jahresabschluss ist ein gesetzlich diktierter Kompromiß zur Befriedigung dieser Interessen, der insbesondere auf den zwei Säulen "Ausschüttungsregelung" und "Informationsregelung" beruht.

Ausschüttungsregelung	Informationsregelung
Ausschüttungsbegrenzung (im Dienste des Gläubigerschutzes)	Der Jahresabschluss ist ein informatorischer Kompromiss.
Ausschüttungssicherung (im Dienste des Aktionärsschutzes)	Da die Informationsinteressen der Gruppen zum Teil erheblich divergieren, kann keine der Gruppen ihre Informationswünsche vollständig, sondern jede Gruppe nur insoweit erfüllt bekommen, wie nicht essentielle Schutzbelange einer anderen Gruppe tangiert werden. In dieser informationsregelnden Funktion dient der Jahresabschluss der Rechenschaft, der Selbstinformation und der Dokumentation.

Abb. 1-2: System der Jahresabschlusszwecke

Trotz der durch den Kompromisscharakter bedingten Aussagebegrenzungen ist der Jahresabschluss ein zentrales, für viele Gruppen sogar *das* zentrale Instrument zur Unterrichtung über die wirtschaftliche Lage von Unternehmen.[6]

1.2 Rechtliche Grundlagen der Rechnungslegung

Handelsrechtliche Vorschriften zur Buchführungspflicht

gewerbliche Tätigkeit

Gemäß § 238 Abs. 1 S. 1 HGB ist jeder Kaufmann verpflichtet, Bücher zu führen. Kaufmann im Sinne des HGB ist jede Person, die ein Handelsgewerbe betreibt (§ 1 Abs. 1 HGB). Ein Handelsgewerbe ist nach § 1 Abs. 2 HGB jeder Gewerbebetrieb, der nach Art oder Umfang einen in kaufmännischer Weise eingerichteten Geschäftsbetrieb erfordert. Die Definition eines Gewerbebetriebs ist nicht explizit im

---

[6] Vgl. Lachnit, Bilanzanalyse, S. 1-7.

HGB aufgeführt. Nach § 15 Abs. 3 EStG wird ein Gewerbebetrieb definiert als eine selbstständige, auf Dauer angelegte Tätigkeit mit der Absicht, Gewinne zu erzielen, es sei denn, es liegt die Ausübung von Land- und Forstwirtschaft (§ 13 EStG) oder die Ausübung eines freien Berufs oder einer anderen selbstständigen Tätigkeit (§ 18 EStG) vor.

Die gewerbliche Tätigkeit ist vor allem von der selbstständigen frei-beruflichen Tätigkeit abzugrenzen. Gemäß § 18 EStG zählen zur selbstständigen Tätigkeit:

selbstständige freiberufliche Tätigkeit

1. Freiberufler:
    - selbstständig ausgeübte wissenschaftliche, künstlerische, schriftstellerische, unterrichtende oder erzieherische Tätig-keiten;
    - die selbstständige Berufstätigkeit der Ärzte, Zahnärzte, Tier-ärzte, Rechtsanwälte, Notare, Patentanwälte, Vermessungsin-genieure, Ingenieure, Architekten, Handelschemiker, Wirt-schaftsprüfer, Steuerberater, beratenden Volks- und Betriebs-wirte, vereidigten Buchprüfer (vereidigten Bücherrevisoren), Steuerbevollmächtigten, Heilpraktiker, Krankengymnasten, Journalisten, Bildberichterstatter, Dolmetscher, Übersetzer, Lotsen und ähnlicher Berufe.
2. Staatliche Lotteriebetreiber (sonst nicht gewerblich).
3. Sonstige selbstständige Arbeiten (Testamentsvollstrecker, Ver-mögensverwalter, Aufsichtsratsmitglieder).
4. Veräußerungsgewinne aus selbstständiger Arbeit.

Von der Buchführungspflicht sind grundsätzlich Kleingewerbetrei-bende befreit. Sie haben nachzuweisen, dass ein in kaufmännischer Weise eingerichteter Geschäftsbetrieb nicht erforderlich ist. Die Beurteilung erfolgt nach der Gesamtwürdigung der betrieblichen Verhältnisse unter Anwendung der folgenden möglichen Kriterien:

Kleingewerbe-treibende

- Art der gewerblichen Tätigkeit,
- Zahl der Beschäftigten,
- Vielfalt der Geschäftsvorfälle und -beziehungen,
- Höhe des Umsatzes und des Anlage-/Betriebskapitals.

Nicht-, Ist-, Kann- und Formkaufleute

Land- und Forstwirte, Freiberufler und Kleingewerbetreibende sind grundsätzlich keine Gewerbetreibenden und somit keine Kaufleute nach § 1 HGB. Sie sind deshalb nicht buchführungspflichtig. Während diese Personengruppen **Nichtkaufleute** sind, handelt es sich bei den Gewerbetreibenden, bei denen eine kaufmännische Organisation erforderlich ist, um **Istkaufleute**. Bei Istkaufleuten ist ein Eintrag ins Handelsregister gem. § 29 HGB verpflichtend; der Eintrag hat jedoch nur deklaratorischen Charakter. Demgegenüber können sich Land-/Forstwirte oder Gewerbetreibende ohne kaufmännische Organisation freiwillig und widerrufbar in Handelsregister eintragen lassen; ihre Eintragung ist konstitutiv, d. h. rechtserzeugend. Da sie erst kraft Eintragung ins Handelsregister als Kaufleute gelten, handelt es sich um **Kannkaufleute**. Darüber hinaus existieren **Formkaufleute**, die kraft Rechtsform als Kaufleute gelten (§ 6 HGB); dazu zählen Kapitalgesellschaften und Genossenschaften.[7]

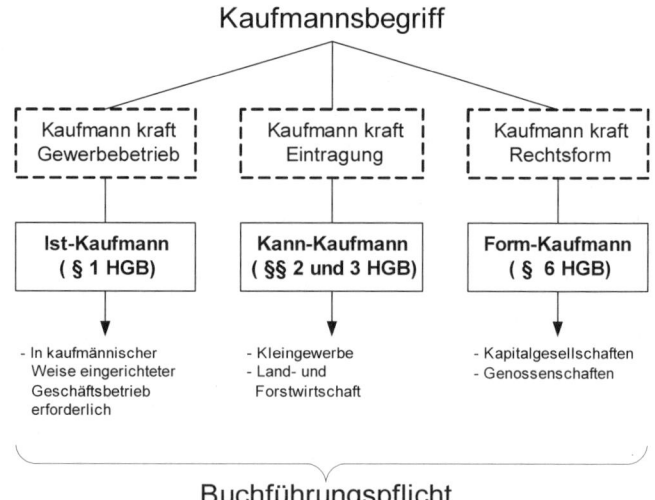

Abb. 1-3: Kaufmannseigenschaften[8]

---

[7] Vgl. Müller/Hüfner, Buchführung und Finanzberichte, S. 49-50.
[8] Vgl. Coenenberg/Mattner/Schultze, Rechnungswesen, S. 51.

Durch die Einführung des BilMoG (Bilanzrechtsmodernisierungsgesetz) ergeben sich **Erleichterungen** für Einzelkaufleute, die nicht kapitalmarktorientiert sind. Diese Unternehmen sind von der Pflicht zur Buchführung und Erstellung eines Inventars befreit und müssen die Vorschriften der §§ 238 bis 241 HGB nicht anwenden, wenn sie an den Abschlussstichtagen von zwei aufeinander folgenden Geschäftsjahren nicht mehr als 500.000 € Umsatzerlöse und 50.000 € Jahresüberschuss aufweisen (§ 241 a HGB i. d. F. BilMoG). Dennoch haben diese Personengesellschaften für Zwecke der Gewinnermittlung und zur Beweiserbringung bei Rechtsstreitigkeiten faktisch zumindest einen rudimentären Jahresabschluss aufzustellen, sodass die Geschäftsvorfälle (auch weiterhin) geordnet zu erfassen und nachzuweisen sind. Zudem können steuerrechtliche Buchführungspflichten greifen.

nicht kapitalmarktorientierte Einzelkaufleute

Steuerrechtliche Vorschriften zur Buchführungspflicht

Eine Buchführungs- und Aufzeichnungspflicht für steuerliche Zwecke resultiert aus den Bestimmungen der Abgabenordnung. Nach § 140 AO ist die steuerrechtliche Buchführungs- und Aufzeichnungspflicht zunächst an andere Gesetze gekoppelt; das wird als abgeleitete (derivative) Buchführungspflicht bezeichnet. Konkret heißt es: „Wer nach anderen Gesetzen als den Steuergesetzen Bücher und Aufzeichnungen zu führen hat, die für die Besteuerung von Bedeutung sind, hat die Verpflichtungen, die ihm nach den anderen Gesetzen obliegen, auch für die Besteuerung zu erfüllen."

derivative Buchführungspflicht

Darüber hinaus sind gem. § 141 AO Gewerbetreibende sowie Land- und Forstwirte auch dann buchführungspflichtig (originäre Buchführungspflicht), wenn eine der folgenden Grenzen überschritten ist:

originäre Buchführungspflicht

- Umsatz größer als 500.000 € p. a. oder
- selbst bewirtschaftete land- und forstwirtschaftliche Flächen mit einem Wirtschaftswert größer als 25.000 € oder
- Gewinn aus Gewerbebetrieb größer als 30.000 € oder
- Gewinn aus Land- und Forstwirtschaft größer als 30.000 € im Kalenderjahr.

Mit dem 2. Gesetz zum Abbau bürokratischer Hemmnisse insbesondere für die mittelständische Wirtschaft wurde die Grenze für den Gewinn auf mehr als 50.000 € für ab 2008 beginnende Geschäftsjahre erhöht. Nach dem BilMoG wird mit § 241 a HGB eine Buchführungsgrenze für Einzelkaufleute auch für das Handelsrecht eingeführt, wenn in zwei aufeinander folgenden Geschäftsjahren die Umsatzerlöse 500.000 € und die Gewinne 50.000 € nicht überschreiten.

Durch die Bestimmungen des § 141 AO wird der Kreis der zur Buchführung und zum Erstellen von Jahresabschlüssen verpflichteten Personen auch auf Nicht-Kaufleute, die die genannten Größenkategorien überschreiten, ausgedehnt. Diese originäre steuerrechtliche Buchführungspflicht gilt aber nicht für Freiberufler.[9]

> **Beispiel:**
>
> In den folgenden Fällen ist zu prüfen, ob für die Personen eine Buchführungspflicht vorliegt oder nicht
>
> 1. Sarah Probst betreibt ein Großhandelsunternehmen für Wäschereibedarf in Varel. Sie beschäftigt insgesamt 17 Arbeitnehmer, von denen zwei für die eigene kaufmännische Organisation zuständig sind. Der jährliche Umsatz des Unternehmens beträgt ca. 500.000 €.
>   ⇨ Sarah Probst betreibt einen Gewerbebetrieb, der einen in kaufmännischer Weise eingerichteten Geschäftsbetrieb erfordert. Indiz hierfür ist die Größe des Unternehmens, insbesondere der Geschäftsumfang (Umsatz, Zahl der Arbeitnehmer). Somit betreibt sie ein Handelsgewerbe nach § 1 Abs. 2 HGB. Dadurch ist sie ein Kaufmann im Sinne des § 1 HGB (Ist-Kaufmann). Frau Probst ist deshalb nach § 238 HGB und nach § 140 AO buchführungspflichtig.
>
> 2. Lukas Braun betreibt einen Kiosk in Wiefelstede. Er beschäftigt eine Aushilfskraft. Sein Gewinn beträgt jedes Jahr ca. 55.000 €. Herr Braun spielt mit dem Gedanken, sich ins Handelsregister eintragen zu lassen.
>   ⇨ Der Kiosk des Herrn Braun ist zwar ein Gewerbebetrieb, Art und Umfang der Geschäftstätigkeit erfordern jedoch keinen in kaufmännischer Weise eingerichteten Geschäftsbetrieb. Herr Braun

---

[9] Vgl. Coenenberg/Haller/Mattner/Schulze, Rechnungswesen, S. 48 f.

besitzt somit kein Handelsgewerbe; er ist ein Kleingewerbetreibender. Somit ist er nach § 238 HGB nicht buchführungspflichtig. Da er jedoch die Gewinngrenze des § 141 AO überschreitet, ist Herr Braun steuerrechtlich buchführungspflichtig. Sollte er sein Unternehmen in das Handelsregister eintragen lassen, wäre er ab der Eintragung ein (Kann-)Kaufmann. Er wäre dann nach § 238 HGB und nach § 140 AO buchführungspflichtig.

3. Maike B. ist eine selbstständige Tierärztin. Sie betreibt eine Praxis in Starnberg. Der Jahresumsatz beträgt ca. 600.000 €, der Gewinn liegt bei rund 100.000 €. Sie beschäftigt einen angestellten Tierarzt und zwei weitere Arbeitnehmerinnen ganztägig, von denen eine ausschließlich für die kaufmännische Büroorganisation zuständig ist.
⇨ Maike B. betreibt keinen Gewerbebetrieb, sondern eine freiberufliche Tierarztpraxis. Sie ist deshalb weder nach Handels- noch nach Steuerrecht buchführungspflichtig.

Auch wenn keine handels- oder steuerrechtliche Buchführungspflicht vorliegt, ist für die Bemessung der Steuerzahlungen eine Einnahmen-Überschussrechnung zu erstellen, was ebenfalls mit einer rudimentären Buchführung und mit Dokumentationspflichten verbunden ist.

Kopplung der Steuerbilanz an die Handelsbilanz

In Deutschland sind Handels- und Steuerbilanz miteinander verbunden. In § 5 Abs. 1 EStG ist der sog. Maßgeblichkeitsgrundsatz kodifiziert: „Bei Gewerbetreibenden, die aufgrund gesetzlicher Vorschriften verpflichtet sind, Bücher zu führen und regelmäßig Abschlüsse zu machen, ... ist für den Abschluss des Wirtschaftsjahres das Betriebsvermögen anzusetzen, das nach den handelsrechtlichen Grundsätzen ordnungsmäßiger Buchführung auszuweisen ist". Hieraus folgt, dass für die steuerliche Rechnungslegung im Prinzip die handelsrechtlichen Grundsätze ordnungsmäßiger Buchführung und Bilanzierung gelten (Maßgeblichkeit der Handelsbilanz für die Steuerbilanz).

Diese Maßgeblichkeit wird aber durch die Vorschriften in § 5 Abs. 1 S. 1 und Abs. 2-5 EStG in wesentlichen Teilen hinfällig. In § 5 Abs. 2-5 EStG ist kodifiziert, dass in vielen Fällen von den handels-

Maßgeblichkeitsgrundsatz

rechtlichen Vorschriften abweichende spezielle steuerliche Ansatz- und Bewertungsvorschriften für die steuerliche Gewinnermittlung verpflichtend sind. Daraus folgt, dass die steuerlichen Vorschriften für die Steuergewinnermittlung die handelsrechtlichen Vorschriften trotz der prinzipiellen Gültigkeit der handelsrechtlichen Bestimmungen in den auseinanderlaufenden Punkten außer Kraft setzen. Das betrifft u. a. die handelsrechtlichen Wahlrechte, die im Steuerrecht nicht übernommen werden. So wird aus handelsrechtlichen Aktivierungswahlrechten grundsätzlich eine steuerliche Aktivierungspflicht und aus handelsrechtlichen Passivierungswahlrechten ein steuerliches Passivierungsverbot.

umgekehrte Maßgeblichkeit

Darüber hinaus wird gem. § 5 Abs. 1 S. 2 EStG für die Akzeptanz steuerlicher Vorteile bislang ausdrücklich zur Voraussetzung gemacht, dass die entsprechenden steuerlichen Wertansätze auch in der Handelsbilanz ausgewiesen werden (Umkehrung des Maßgeblichkeitsprinzips, Maßgeblichkeit der Steuerbilanz für die Handelsbilanz). Die umgekehrte Maßgeblichkeit wird mit dem BilMoG aufgehoben, sodass rein steuerrechtlich motivierte Vorschriften nicht mehr in das Handelsrecht eingehen.

Einheitsbilanz

Viele kleinere und mittlere Betriebe bzw. Nichtkapitalgesellschaften streben das Erstellen nur einer Bilanz an, die gleichzeitig für Handels- und steuerliche Zwecke genutzt wird. Deshalb werden die handelsrechtlichen Vorschriften bei einer großen Anzahl von Unternehmen von vornherein an die entsprechenden steuerlichen Ansatz- und Bewertungsvorschriften angepasst, soweit es das Handelsrecht erlaubt. Gelingt das, wird gemeinhin von einer Einheitsbilanz besprochen. Für die Wahrnehmung steuerlicher Vorteile ist die umgekehrte Maßgeblichkeit zudem rechtlich zwingend. Durch die Handelsrechtsvorschriften der §§ 238 ff. HGB und die Vorschriften des § 5 EStG ist die handels- und steuerrechtliche Rechnungslegung für Vollkaufleute festgelegt.

Aufbau der handelsrechtlichen Rechnungslegungsvorschriften

Das deutsche Bilanzrecht wurde als Folge entsprechender Richtlinien des Rates der Europäischen Gemeinschaft durch das am 19.12.1985 verabschiedete Bilanzrichtlinien-Gesetzes (BiRiLiG) strukturell und inhaltlich wesentlich reformiert. Das BiRiLiG ist auf die 4. (Bilanzrichtlinie) und 7. (Konzernbilanzrichtlinie) EG-Richtlinie zurückzuführen. Änderungen dieser Richtlinien haben in der Folge zu vielen Anpassungen des HGB geführt, die über entsprechende Artikelgesetze vorgenommen wurden; wobei die grundsätzliche Struktur des Handelsbilanzrechts jedoch nicht wesentlich verändert wurde. Zudem können sich Sachverhalte mit Relevanz für die Rechnungslegung auch aus weiteren Gesetzen wie z. B. dem Aktiengesetz, dem GmbH-Gesetz, dem Genossenschaftsgesetz usw. ergeben.

Handelsbilanzrecht

Das Handelsbilanzrecht ist im Dritten Buch des HGB (Rechnungslegungsbuch) kodifiziert. Hier sind die Vorschriften grundsätzlich in Schichten gestuft:

- Vorschriften für alle Kaufleute (§§ 238–263 HGB),
- ergänzende Vorschriften für Kapitalgesellschaften (§§ 264–335 HGB),
- ergänzende Vorschriften für eingetragene Genossenschaften (§§ 336–339 HGB),
- ergänzende Vorschriften für Unternehmen bestimmter Geschäftszweige (§§ 340–341 p HGB),
- Privates Rechnungslegungsgremium, Rechnungslegungsbeirat (§§ 342, 342 a HGB) und
- Prüfstelle für Rechnungslegung (§§ 342 b–342 e HGB).

Einen Überblick über die Unterabschnitte und Titel vermittelt die folgende Abbildung:

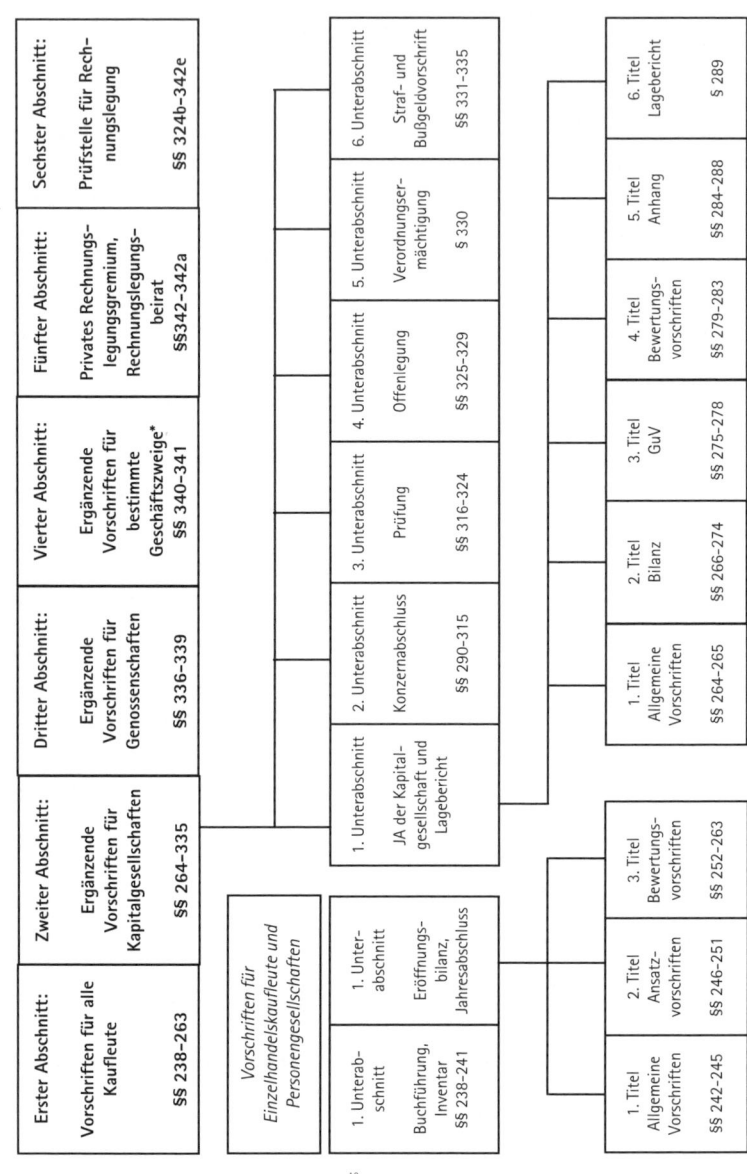

Abb. 1-4: Vorschriften für alle Kaufleute[10]

---

[10] Entnommen aus: Coenenberg/Haller/Mattner/Schulze, Rechnungswesen, S. 37.

Die handelsrechtlichen Vorschriften für alle Kaufleute umfassen im Einzelnen:

- Vorschriften über Buchführungspflicht und Führung der Handelsbücher (§§ 238–239 HGB),
- Vorschriften über Inventur und Inventar (§§ 240–241 HGB),
- Mindestumfang von Jahresabschluss als Bilanz und GuV (§§ 242–245 HGB),
- Ansatzvorschriften (§§ 246–251 HGB),
- Bewertungsvorschriften (§§ 252–256 HGB).

Gemäß Publizitätsgesetz sind die Rechnungslegungspflichten bei Überschreiten bestimmter Größenmerkmale auch von Einzelunternehmen und Personenhandelsgesellschaften zu erfüllen, wenn sie nicht in der Rechtsform von Kapitalgesellschaften, bestimmten anderen haftungsbeschränkten Personengesellschaften, Genossenschaften oder Versicherungsvereinen auf Gegenseitigkeit auftreten. Damit wird der Erkenntnis Rechnung getragen, dass Großunternehmen – unabhängig von ihrer Rechtsform – eine erhebliche wirtschaftliche Bedeutung besitzen. So sind zahlreiche Marktakteure wie z. B. Lieferanten, Kunden, Gläubiger und Arbeitnehmer auf den Fortbestand der Unternehmen angewiesen.[11]

Publizitätsgesetz

Nach § 1 PublG besteht für Unternehmen unabhängig von der Unternehmensform eine Rechnungslegungspflicht, wenn an drei aufeinander folgenden Abschlussstichtagen jeweils mindestens zwei der drei folgenden Merkmale erfüllt sind:

- Bilanzsumme > 65 Mio. €,
- Umsatzerlöse > 130 Mio. € im Jahr,
- Arbeitnehmer > 5.000 im Jahresdurchschnitt.

---

[11] Vgl. Möller/Hüfner, Buchführung und Finanzberichte, S. 58.

Das Größenkriterium „Arbeitnehmer" ist ohne Auszubildende zu berechnen. Nicht als Arbeitnehmer gelten außerdem nach herrschender Kommentarmeinung[12]

- Leiharbeiter, sofern sie nicht über § 3 AÜG arbeitsrechtlich doch als Arbeitnehmer zu klassifizieren sind,
- freie Mitarbeiter und Personen, die auf der Basis von Werkverträgen beschäftigt sind,
- Mitglieder der gesellschaftsrechtlichen Aufsichtsorgane, soweit sie nicht gleichzeitig Arbeitnehmer des Unternehmens sind,
- gesetzliche Vertreter der Gesellschaft,
- ausgeschiedene Arbeitnehmer im Vorruhestand, in Altersteilzeit oder Altersfreizeitregelung,
- ohne Arbeitsvertrag mitarbeitende Familienangehörige,
- Grundwehr- oder Ersatzdienstleistende trotz Beibehaltung des Arbeitsverhältnisses,
- Arbeitnehmer im Erziehungsurlaub bei ruhendem Arbeitsverhältnis und Arbeitnehmerinnen im Mutterschutz.

Für die Berechnung ist eine Durchschnittsbetrachtung des Geschäftsjahrs erforderlich, die – je nach Schwankungen der Mitarbeiterzahl – monatlich, quartalsweise oder bei geringen Schwankungen als Jahresdurchschnitt ermittelt werden kann. Bei Teilzeitbeschäftigten ist die Anzahl der Mitarbeiter auf der Basis von Vollzeitstellenäquivalenten zu berechnen.[13]

weitere Vorschriften

Darüber hinaus werden die Rechnungslegungspflichten zum einen um strengere und detailliertere Vorschriften für Kapitalgesellschaften sowie um rechtsform- oder branchenspezifische Vorschriften, die sich in den jeweiligen Spezialgesetzen (wie z. B. im Aktiengesetz, im GmbH-Gesetz, im Genossenschaftsgesetz, im Gesetz über das Kreditwesen oder im Versicherungsaufsichtsgesetz) finden, ergänzt.

---

[12] Vgl. z. B. Marx/Dallmann, in: Baetge/Kirsch/Thiele: Bilanzrecht-Kommentar, § 267 HGB, Rz. 29.

[13] Vgl. Wulf, in: Baetge/Kirsch/Thiele: Bilanzrecht-Kommentar, § 285, Rz. 125.

Seit der Etablierung des **privaten Rechnungslegungsgremiums** im Jahre 1998 existieren zusätzliche Vorschriften außerhalb des HGB-Gesetzesstandes. Die vom Deutschen Standardisierungsrat (DSR) erstellten und vom Bundesminister der Justiz veröffentlichten Deutschen Rechnungslegungsstandards (DRS) gelten als vermutete Grundsätze ordnungsmäßiger Bilanzierung. Der eigentliche Auftrag des DSR bezieht sich gem. § 342 HGB nur auf die Ausgestaltung der Konzernbilanzierung, dennoch finden sich in den DRS auch Empfehlungen für Einzelabschlüsse.[14] Bisher wurden 26 DRS bekannt gegeben, verabschiedet oder diskutiert (eine aktuelle Liste findet sich im Anhang und unter www.drsc.de). *(Randnotiz: Deutsche Rechnungslegungsstandards)*

Im Gegensatz zu den primär einzelfallorientierten Regelungen international anerkannter Rechnungslegungsvorschriften ist das deutsche Bilanzrecht prinzipienorientiert. Das bedeutet, dass per Definition grundsätzlich alle Sachverhalte durch das Gesetz abgedeckt sind. Damit dieser umfassende Ansatz durchgehalten werden kann, bedient sich der Gesetzgeber neben den in den Gesetzen kodifizierten Vorschriften der sog. Grundsätze ordnungsmäßiger Buchführung und Bilanzierung, mit deren Hilfe die nicht konkret im Gesetz beschriebenen Sachverhalte eingeordnet werden können.[15] *(Randnotiz: Grundsätze ordnungsmäßiger Buchführung und Bilanzierung)*

1.3 Informationsinstrumente der handelsrechtlichen Rechnungslegung

Gemäß § 242 Abs. 3 HGB besteht der Jahresabschluss aus einer Bilanz und einer Gewinn- und Verlustrechnung (GuV). Bei Kapitalgesellschaften werden diese beiden Rechenwerke gemäß § 264 Abs. 1 HGB um einen Anhang erweitert, der gemeinsam mit der Bilanz und der GuV den Jahresabschluss bildet. Zusätzlich ist ein Lagebericht aufzustellen. Schließlich ist gem. § 325 Abs. 1 HGB eine Gewinnverwendungsrechnung offenzulegen, soweit sich diese Information nicht aus anderen Unterlagen ergibt und kein Gebrauch vom Ausnahmerecht für GmbHs gemacht werden soll.

---

[14] Vgl. Baetge/Kirsch/Thiele, Bilanzen, S. 48 f.
[15] Vgl. Kapitel 2.4.

Informations-
instrumente

Die handelsrechtliche Rechnungslegung umfasst somit die folgenden Informationsinstrumente:

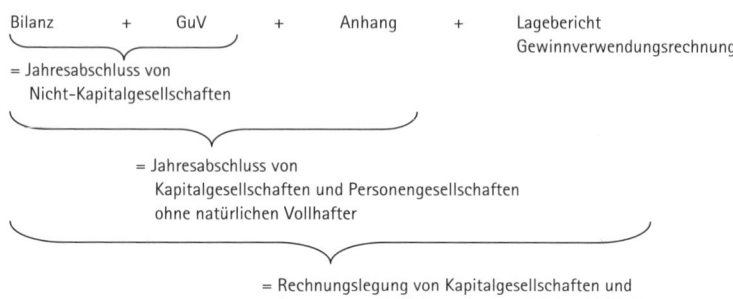

Abb. 1-5: Bestandteile des Jahresabschlusses

Gemäß § 242 Abs. 1 HGB soll die Bilanz als Stichtagsbild die Bestände an Vermögen und Kapital eines Unternehmens darstellen und einen Einblick in die Finanzlage vermitteln. Die Gewinn- und Verlustrechnung als Periodenrechnung ist eine Gegenüberstellung der Aufwendungen und Erträge eines Geschäftsjahres, die einen Einblick in die Erfolgslage des Unternehmens gibt.

Bilanz

Die Bilanz ist eine Wiedergabe der Wertemasse „Unternehmung", wobei die Wertemasse „Unternehmung" aus zwei verschiedenen Blickwinkeln dargestellt wird: auf der Aktivseite als Vermögen und auf der Passivseite als Kapital. Die Vermögensseite lässt erkennen, welche wirtschaftlichen Werte im Unternehmen in welchen konkreten Formen vorhanden sind; sie kann deshalb als eine Darstellung der Ausstattung des Unternehmens und als ein Investitionsbericht verstanden werden. Die Kapitalseite der Bilanz zeigt, von welchen Personen und Institutionen in welcher Höhe Rechtsansprüche gegen die Vermögensmasse des Unternehmens erhoben werden. Die Kapitaldarstellung kann zugleich als ein Bericht über die Herkunft der Werte verstanden werden, d. h. als ein Bericht darüber, welche finanziellen Mittel für die Finanzierung der auf der Vermögensseite ausgewiesenen Werte zur Verfügung stehen.

Die Grundstruktur der Bilanz ist in § 266 HGB vorgeschrieben und gliedert sich wie folgt:

A. Anlagevermögen	A. Eigenkapital
I. Immaterielle Vermögensgegenstände	I. Gezeichnetes Kapital
II. Sachanlagen	II. Kapitalrücklage
III. Finanzanlagen	III. Gewinnrücklage
	IV. Gewinnvortrag/Verlustvortrag
B. Umlaufvermögen	V. Jahresüberschuss/Jahresfehlbetrag
I. Vorräte	
II. Forderungen	B. Rückstellungen
III. Wertpapiere	
IV. Schecks, Kassenbestand, Bundesbank- oder Postgiroguthaben, Guthaben bei Kreditinstituten	C. Verbindlichkeiten
	D. Rechnungsabgrenzungsposten
C. Rechnungsabgrenzungsposten	

Abb. 1-6: Grundstruktur einer Bilanz

Die Gewinn- und Verlustrechnung (GuV) ist eine zeitraumbezogene Darstellung der Erfolgsvorgänge des Geschäftsjahres. Es handelt sich um eine Aufzeichnung der Aufwendungen und Erträge des Berichtszeitraumes, d. h. derjenigen Vorgänge, die das Eigenkapital – abgesehen von Vorgängen mit Eigenkapitalgebern – mehren bzw. mindern. Als Differenz der Erträge und Aufwendungen des Jahres ergibt sich der Jahresüberschuss bzw. Jahresfehlbetrag. Die GuV ist eine Darstellung der Erfolgsentstehung, gegliedert nach positiven und negativen Erfolgskomponenten. Aus dieser Übersicht sind Einzelheiten für eine Erfolgslenkung, eine Erfolgskontrolle und eine Erfolgsanalyse des Unternehmens zu erkennen.

Gewinn- und Verlustrechnung

Gemäß § 275 HGB gliedert sich die Grundstruktur der GuV wie folgt:

	betriebliche und finanzielle Erträge
+	betriebliche und finanzielle Aufwendungen
=	Ergebnis der gewöhnlichen Geschäftstätigkeit
+	außerordentliches Ergebnis
=	Ergebnis vor Steuern
−	Steuern von Einkommen und Ertrag
=	Jahresüberschuss/-fehlbetrag

Abb. 1-7: Grundstruktur einer GuV

Anhang

Der Anhang dient gem. § 284 HGB primär der Erläuterung von Bilanz und GuV, wobei die Erläuterung der benutzten Bilanzierungsmethoden im Mittelpunkt steht. Gemäß § 285 HGB enthält der Anhang eine Fülle weiterer Pflichtangaben, die teils nur verbale und teils auch zusätzliche quantitative Informationen, zu verschiedenen Bilanzierungssachverhalten liefern.

Lagebericht

Zusätzlich umfasst die Rechnungslegung von Kapitalgesellschaften den Lagebericht, der den Jahresabschluss ergänzt. Der Berichtsumfang des Lageberichts – konkretisiert in § 289 HGB – wurde durch die Umsetzung der EU-Modernisierungsrichtlinie erweitert. Gemäß § 289 HGB sind im Lagebericht der Geschäftsverlauf einschließlich Geschäftsergebnis und die Lage der Kapitalgesellschaft unter Einbeziehung finanzieller und nicht finanzieller Leistungsindikatoren darzustellen. Ferner ist die voraussichtliche Entwicklung mit ihren wesentlichen Chancen und Risiken zu beurteilen und zu erläutern. Des Weiteren sind Vorgänge von besonderer Bedeutung zu benennen, die nach dem Schluss des Geschäftsjahres eingetreten sind. Ebenso ist im Lagebericht auf den Bereich „Forschung und Entwicklung" einzugehen.[16]

1.4 Aufstellungs-, Prüfungs- und Offenlegungspflichten

Größenklassen

Unternehmensgröße

Der Umfang der zu beachtenden Vorschriften für die Aufstellung, Prüfung und Offenlegung ist bei Kapitalgesellschaften von der Unternehmensgröße abhängig. Für die Kategorisierung als kleine, mittelgroße oder große Kapitalgesellschaft sind die in § 267 Abs. 1 und 2 HGB benannten Grenzwerte der drei Merkmale Bilanzsumme, Umsatzerlös und Mitarbeiterzahl ausschlaggebend. Die Grenzwerte von mindestens zwei der drei bezeichneten Merkmale müssen an zwei aufeinander folgenden Stichtagen erfüllt sein.

---

[16] Vgl. Kapitel 9.4.

	Größenklassen		
	klein	mittel	groß
Umsatzerlöse (in Mio. €)	≤ 8,030 (9,68)	≤ 32,12 (38,50)	> 32,12 (38,50)
Bilanzsumme (in Mio. €)	≤ 4,015 (4840)	≤ 16,06 (19,25)	> 16,06 (19,25)
Beschäftigte	≤ 50	≤ 250	> 250
			(Angaben gem. § 267 HGB i. d. F. BilMoG)

Abb. 1-8: Größenklassen

Unabhängig von den Größenkriterien gilt eine Kapitalgesellschaft gem. § 267 Abs. 3 HGB stets als groß, wenn sie kapitalmarktorientiert i. S. d. § 264 d HGB i. d. F. BilMoG ist. Das ist der Fall, „wenn sie einen organisierten Markt i. S. d. § 2 Abs. 5 WpHG durch von ihr ausgegebene Wertpapiere i. S. d. § 2 Abs. 1 S. 1 des Wertpapierhandelsgesetzes in Anspruch nimmt oder die Zulassung zum Handel an einem organisierten Markt beantragt hat."

kapitalmarktorientierte Unternehmen

Für Großunternehmen gem. 1 PublG gelten dieselben Vorschriften wie für große Kapitalgesellschaften.

Größenabhängige Aufstellung, Prüfung und Offenlegung

Einzelunternehmen und Personenhandelsgesellschaften müssen eine Bilanz und eine GuV erstellen. Darüber hinaus gibt es keine weiteren Vorschriften; sie unterliegen weder der Prüfungs- noch der Offenlegungspflicht, es sei denn, es resultieren Aufstellungspflichten aus dem PublG.

Einzelunternehmen und Personenhandelsgesellschaften

Müssen Unternehmen gem. PublG einen Jahresabschluss aufstellen, gelten für den Inhalt des Jahresabschlusses, seine Gliederung und für die einzelnen Posten des Jahresabschlusses die §§ 265, 266, 268–275, 277, 278, 281 und 282 HGB. Ein Anhang und ein Lagebericht sind nur von Unternehmen aufzustellen, die nicht in der Rechtsform einer Personenhandelsgesellschaft oder eines Einzelkaufmanns geführt werden.

Darüber hinaus ist zu beachten, dass für Personenhandelsgesellschaften ohne einen natürlichen Vollhafter die Vorschriften für Kapitalgesellschaften gelten (§ 264 a HGB). Das ist nur konsequent, weil der Vollhafter in diesen Konstruktionen durch eine haftungsbeschränkte Kapitalgesellschaft ersetzt wird und es sich somit ökonomisch gesehen letztlich um eine mit einer Kapitalgesellschaft vergleichbare Gesellschaft handelt.

Umfang der Aufstellungspflicht

Der Umfang der Aufstellungspflicht des Jahresabschlusses für Kapitalgesellschaften gestaltet sich in Abhängigkeit von der Größenklasse wie folgt:

	Größenklassen		
	klein	mittel	groß
Bilanz	Ja	Ja	Ja
GuV-Rechnung	Ja*	Ja*	Ja
Anhang	Ja	Ja	Ja
Lagebericht	Nein	Ja	Ja
Gewinnverwendungsrechnung**	Ja	Ja	Ja

* in verkürzter Form ohne Umsatzausweis

** soweit sie sich nicht aus dem Jahresabschluss ergibt

Abb. 1-9: Aufstellungspflichten für den Jahresabschluss von Kapitalgesellschaften

Aufstellungsfrist

Der Jahresabschluss und der Lagebericht sind bei großen und mittelgroßen Kapitalgesellschaften in den ersten drei Monaten des Geschäftsjahres für das vergangene Geschäftsjahr aufzustellen. Für kleine Kapitalgesellschaften verlängert sich die Aufstellungsfrist für den Jahresabschluss; er ist aber innerhalb der ersten sechs Monate des Geschäftsjahres zu erstellen (§ 264 Abs. 1 S. 2 u. 3 HGB). Die Aufstellungsfrist ist zwingend, sie kann durch die Satzung weder verlängert noch verkürzt werden. Der Jahresabschluss ist allein wegen Überschreitens der Aufstellungsfrist nicht nichtig. Die Verletzung der Aufstellungsfrist ist nicht bußgeldbewehrt. Möglich ist nur eine Festsetzung von Zwangsgeld nach § 335 S. 1 Nr. 1 HGB durch das Registergericht.

Bei Personenunternehmen verlangt § 243 Abs. 2 lediglich, dass der Jahresabschluss innerhalb der einem ordnungsmäßigen Geschäftsgang entsprechenden Zeit aufzustellen ist.

Prüfung

Der Jahresabschluss von mittelgroßen und großen Kapitalgesellschaften ist dem Abschlussprüfer vorzulegen, der nach der Prüfung den Bestätigungsvermerk gem. § 322 HGB erteilt. Bei einer mittelgroßen GmbH sind vereidigte Buchprüfer oder Buchprüfungsgesellschaften zur Prüfung berechtigt;[17] ansonsten sind gem. §§ 316 ff. HGB zur Abschlussprüfung nur Wirtschaftprüfer oder Wirtschaftsprüfungsgesellschaften berechtigt.

Nachdem der Jahresabschluss – soweit notwendig – geprüft und festgestellt ist, ist er rechtswirksam. Um unternehmensexternen Jahresabschlussadressaten einen Einblick in die Rechnungslegung zu ermöglichen, ist der Jahresabschluss offenzulegen. Die Vorschriften zur Offenlegung wurden durch das am 1. Januar 2007 in Kraft getretene Gesetz über elektronische Handelsregister und Genossenschaftsregister sowie durch das Unternehmensregister (EHUG) geändert.

Offenlegung

Während zuvor zwischen einer Publizität im Handelsregister und im Bundesanzeiger unterschieden wurde, besteht nunmehr die Pflicht, den Jahresabschluss innerhalb von zwölf Monaten nach dem Abschlussstichtag in elektronischer Form beim Betreiber des **elektronischen Bundesanzeigers** einzureichen (§ 325 Abs. 1 S. 1 und 2 HGB); eine Einreichung beim Handelsregister entfällt.

elektronische Form

Diese Regelung gilt über § 264 a HGB auch für die haftungsbeschränkten Personengesellschaften und über § 9 Abs. 1 PublG auch für offenlegungspflichtige Personengesellschaften und über § 325 Abs. 3 HGB auch für Konzernabschlüsse. Gem. § 325 Abs. 4 HGB ist für Kapitalgesellschaften, die einen organisierten Markt i. S. v. § 2 Abs. 5 WpHG in Anspruch nehmen und keine Kapitalgesellschaften nach § 327 a HGB darstellen, die zwölfmonatige Einreichungsfrist des § 325 Abs. 1 S. 2 HGB auf vier Monate verkürzt.

Darüber hinaus sind weitere Informationen offenzulegen, die in der folgenden Abbildung aufgelistet sind.

weitere Informationen

---

[17] Der Berufszugang zum vBP wurde zum 01.01.2005 geschlossen.

Unterlagen	Kapitalgesellschaften / haftungsbeschränkte Personengesellschaften		
	Kleine § 325 Abs. 1 / § 326	Mittelgroße § 325 Abs. 1 / §327	Große § 325 Abs. 2
Bilanz	offenzulegen (verkürzt aufgestellt)	offenzulegen (verkürzte Gliederung)	offenzulegen
GuV	keine Aufstellungspflicht	offenzulegen (verkürzt aufgestellt)	offenzulegen
Anhang	offenzulegen (ohne Angaben zur GuV)	offenzulegen (verkürzt aufgestellt und ohne Angaben zu § 285 Nr. 2, 5, 8a, 12)	offenzulegen
Lagebericht	keine Aufstellungspflicht	offenzulegen	offenzulegen
Bestätigungs- oder Versagungsvermerk	keine Prüfungspflicht	offenzulegen	offenzulegen
Bericht des Aufsichtsrates (sofern ein Aufsichtsrat besteht)	keine Aufstellungspflicht	offenzulegen	offenzulegen
Jahresergebnis	offenzulegen	offenzulegen	offenzulegen
Vorschlag oder Beschluss über Ergebnisverwendung *	offenzulegen (beachte § 325 Abs. 1 Satz 1)	offenzulegen (beachte § 325 Abs. 1 Satz 1)	offenzulegen (beachte § 325 Abs. 1 Satz 1)
Beteiligungsliste	offenzulegen	offenzulegen	offenzulegen

* soweit diese Angaben nicht bereits aus dem Jahresabschluss ersichtlich sind.

Abb. 1-10: Offenzulegende Unterlagen im elektronischen Bundesanzeiger[18]

Ausnahmen und Befreiungen

Zu beachten ist, dass es nach § 264 b HGB konkrete Ausnahmen und Befreiungen für bestimmte, den Kapitalgesellschaften gleichgestellte Personengesellschaften gibt. Hierbei handelt es sich um Unternehmen, die als Tochtergesellschaften in einen Konzernabschluss einbezogen sind. Wenn der Konzernabschluss veröffentlicht wird, sind die Tochtergesellschaften von den Aufstellungs- und Offenlegungsvorschriften für Kapitalgesellschaften entbunden.

gemeinsame Offenlegung

Darüber hinaus gibt es in § 325 Abs. 3 a HGB die Möglichkeit, den Einzel- und Konzernabschluss zusammen offenzulegen, wobei primär ein gemeinsamer Anhang bzw. ein gemeinsamer Lagebericht denkbar ist.

---

[18] Entnommen aus: Baetge/Kirsch/Thiele, Bilanzen, S. 44.

Auch eine pflichtgemäße oder freiwillige Anwendung der IFRS be- IFRS
dingt eine Offenlegung. Für Konzernabschlüsse gelten im Prinzip
die Offenlegungsvorschriften wie bei großen Kapitalgesellschaften.[19]
Auch wenn der Umfang der zu veröffentlichenden Unternehmens- Änderungen der Prüfungs-pflichten und Sanktionen
informationen durch das EHUG nicht verändert wurde, dürften die
mit dem Gesetz eingeführten Änderungen der Prüfungspflichten
und Sanktionen eine große Wirkung auf die Offenlegungspraxis entfalten. Noch 2005 erfüllten Schätzungen zufolge lediglich ca. 5 % aller über § 325 HGB erfassten Unternehmen ihre Offenlegungspflich-
ten,[20] obwohl die Nichtveröffentlichungsquote in der Vergangenheit
schon öfter durch Verschärfung der Sanktionen vermindert werden
sollte, wie etwa mit dem Kapitalgesellschaften und Co. Richtlinien
Gesetz (KapCoRiLiG). Demnach bestand mit § 335 a HGB bereits
seit dem Geschäftsjahr 2000 die Möglichkeit, dass jedermann ohne
nachzuweisendes Interesse das Recht hatte, einen Antrag auf Veröffentlichung von Rechnungslegungsdaten beim Registergericht zu
stellen, der nicht zurückgenommen werden konnte. Mit diesem Antrag wurde das Ordnungsgeldverfahren in Gang gesetzt, was bis zur
Einreichung der Unterlagen ggf. mehrfach wiederholt werden konnte.

Mit dem EHUG wurde nunmehr der Betreiber des elektronischen Prüfung der Offenlegung
Handelsregisters nach § 329 Abs. 1 HGB damit beauftragt, zu prü-
fen, ob die Unterlagen fristgemäß und vollständig eingereicht wurden und ggf. in Anspruch genommene größenabhängige Erleichterungen oder die Erleichterungsmöglichkeit des § 327 a HGB zurecht
genutzt wurden. Um die Prüfung der Offenlegung zweckgerichtet
durchführen zu können, stellt der Betreiber des Unternehmensregis-
ters hierfür die von den Landesjustizverwaltungen übermittelten
Unternehmensdaten nach § 8 a Abs. 3 Nr. 2 HGB und die ggf. von
den Unternehmen eingereichten Unterlagen zur Verfügung. Ergibt
sich der Hinweis auf einen Verstoß, muss er dies nach § 329 Abs. 4
HGB der zuständigen Verwaltungsbehörde zur Durchführung von
Ordnungsgeldverfahren – insbesondere nach § 335 HGB – melden.
Die Verwaltungsbehörde droht dann im Rahmen des Ordnungs-

---

[19] Vgl. Kapitel 10.
[20] Vgl. Liebscher/Scharf, NJW, S. 3750.

geldverfahrens den Mitgliedern des vertretungsberechtigten Organs der Kapitalgesellschaft oder der Kapitalgesellschaft selbst mit einem Ordnungsgeld zwischen 2.500 € und 25.000 € plus Verfahrenskosten. Sofern der Aufforderung zur Offenlegung nicht binnen sechs Wochen nachgekommen wird – wobei ein Einspruch gegen die Androhung nunmehr keine aufschiebende Wirkung mehr hat – wird das Ordnungsgeld festgesetzt und gleichzeitig die frühere Verfügung unter Androhung eines erneuten Ordnungsgeldes wiederholt. Somit findet eine Prüfung nach neuer Gesetzeslage nicht erst auf Antrag, sondern schon von Amts wegen statt, wobei die Regelung gem. Art. 61 Abs. 5 EGHGB bereits ab den Jahres- und Konzernabschlüssen für nach dem 31.12.2005 beginnende Geschäftsjahre gilt. Die elektronischen Möglichkeiten lassen erwarten, dass ab Ende 2007 nach Ablauf der Einreichungspflicht für die Abschlüsse ab dem Geschäftsjahr 2006 eine große Anzahl von Ordnungsgeldverfahren anzustrengen sein wird und somit der Großteil der bisherigen Publikationsverweigerer die Rechnungslegungsdaten offenlegen wird.

Unterzeichnung des Jahresabschlusses

Zudem ist zu beachten, dass der Jahresabschluss von den zu seiner Aufstellung verpflichteten Personen zu unterzeichnen (§ 245 HGB) ist. Die Unterzeichnung des Jahresabschlusses gehört nicht mehr zu seiner Aufstellung. Das ergibt sich daraus, dass die §§ 242 ff. HGB zwischen der Aufstellung und der Unterzeichnung des Jahresabschlusses unterscheiden. Während die §§ 242–244 HGB die Aufstellung des Jahresabschlusses behandeln, regelt § 245 die Unterzeichnung des aufgestellten Jahresabschlusses. Daraus folgt, dass die Unterschrift nicht im Zusammenhang mit der Aufstellung, und damit nicht innerhalb der Aufstellungsfrist erfolgen muss. Es ist zweckmäßig, den Jahresabschluss erst später zu unterschreiben, weil sich aus der Prüfung und der Feststellung des Jahresabschlusses noch Änderungen ergeben können. Es ist deshalb ordnungsgemäß, wenn der Jahresabschluss erst unmittelbar nach der Feststellung unterschrieben wird. Diese Unterschrift ist im Normalfall nicht mit dem „Bilanzeid" zu verwechseln, der über das Transparenzrichtlinie-Umsetzungsgesetz (TUG) ab dem Jahr 2008 eingeführt wurde. Dieser Bilanzeid gem. § 37 y Nr. 1 WpHG i. V. m. §§ 297 Abs. 2 S. 4 und 315 Abs. 1 S. 6 HGB gilt nur für kapitalmarktorientierte Unternehmen. Der Deutsche Standardisierungsrat schlägt dafür folgende Formulierung für den Konzernabschluss vor:

„Wir versichern nach bestem Wissen, dass gemäß den anzuwendenden Rechnungslegungsgrundsätzen der Konzernabschluss ein den tatsächlichen Verhältnissen entsprechendes Bild der Vermögens-, Finanz- und Ertragslage des Konzerns vermittelt und im Konzernlagebericht der Geschäftsverlauf einschließlich des Geschäftsergebnisses und die Lage des Konzerns so dargestellt sind, dass ein den tatsächlichen Verhältnissen entsprechendes Bild vermittelt wird, sowie die wesentlichen Chancen und Risiken der voraussichtlichen Entwicklung des Konzerns beschrieben sind."[21]

Die vom Deutschen Standardisierungsrat vorgeschlagene Formulierung kann im Falle einer Verpflichtung zur Erstellung eines Jahresfinanzberichts gem. § 37 v Abs. 1 und 2 WpHG (Einzelabschluss) unter Beachtung der Vorgaben der §§ 264 Abs. 2 S. 3 und 289 Abs. 1 S. 5 HGB analog übertragen werden.

1.5 Aufgaben und Lösungen

Aufgaben

Aufgabe 1: Gewinn- und Verlustrechnung

Ermitteln Sie über die Konten „Gewinn- und Verlustrechnung" und „Eigenkapital", wie hoch das Eigenkapital zum 31.12.t1 ist:

Eigenkapital am 01.01.t1	240.000,00 €
Mieterträge	3.000,00 €
Löhne und Gehälter	12.000,00 €
Aufwendungen für Rohstoffe	17.000,00 €
Umsatzerlöse	67.000,00 €
Bankguthaben	2.000,00 €
Fremdinstandhaltung	3.000,00 €
Verbindlichkeiten	20.000,00 €

---

[21] www.standardsetter.de/drsc/docs/press_releases/Bilanzeid_im_Konzernabschluss_.pdf (19.05.2008).

Aufgabe 2: Größenklassen

Nach dem HGB hängen verschiedene Pflichten zur Erstellung, Prüfung und Offenlegung des Jahresabschlusses und des Lageberichts davon ab, in welche Größenklasse eine Kapitalgesellschaft einzuordnen ist.

a) Erläutern Sie, unter welchen Voraussetzungen eine Kapitalgesellschaft als klein bzw. groß im Sinne des HGB gilt.

b) Welche konkreten Erleichterungen gelten für kleine Kapitalgesellschaften im Vergleich zu großen Kapitalgesellschaften bezüglich der Pflicht zur Erstellung von Bilanz, Gewinn- und Verlustrechnung, Anhang und Lagebericht sowie zur Prüfung und zur Offenlegung?

c) Welcher Größenklasse nach § 267 HGB ist die X AG mit den folgenden Kennzahlen zuzuordnen? Im Jahre 0 wurde sie als klein klassifiziert. Begründen sie die Antwort!

in Mio. €	Jahr 1	Jahr 2	Jahr 3	Jahr 4
Bilanzsumme	3,50	4,50	4,50	16,10
Umsatzerlöse	8,50	8,00	8,10	38,00
Mitarbeiter	89	48	251	264

d) Welche Größenklasse nach § 267 HGB ergäbe sich bei Anwendung des BilMoG?

Lösungen

Lösung zu Aufgabe 1

Soll		Gewinn- und Verlustrechnung		Haben
Löhne und Gehälter	12.000 €	Umsatzerlöse		67.000 €
Aufwendungen für Rohstoffe	17.000 €	Mieterträge		3.000 €
Fremdinstandhaltung	3.000 €			
Jahresüberschuss	38.000 €			
	70.000 €			70.000 €

Soll		Eigenkapital		Haben
EB 31.12.t1 Eigenkapital	278.000 €	EK Anfangsbestand		240.000 €
		Jahresüberschuss		38.000 €
	278.000 €			278.000 €

Lösung zu Aufgabe 2

a) Zur Einstufung einer Kapitalgesellschaft werden gemäß § 267 HGB grundsätzlich drei Kriterien herangezogen:

Größenkriterium	Kleine Kap.–Ges.	Große Kap.–Ges.
Bilanzsumme	≤ 4.015.000 €	> 16.060.000 €
Jahresumsatz	≤ 8.030.000 €	> 32.120.000 €
Ø jährliche Beschäftigtenzahl	≤ 50 Arbeitnehmer	> 250 Arbeitnehmer

Nach Entwurf BilMoG:

Größenkriterium	Kleine Kap.–Ges.	Große Kap.–Ges.
Bilanzsumme	4.840.000 €	> 19.200.000 €
Jahresumsatz	9.680.000 €	> € 38.500.000 €
Ø jährliche Beschäftigtenzahl	50 Arbeitnehmer	> 250 Arbeitnehmer

Damit eine Kapitalgesellschaft als „kleine" bzw. „große" Kapitalgesellschaft eingestuft werden kann, müssen von diesen drei Größenkriterien mindestens zwei in zwei aufeinander folgenden Geschäftsjahren erfüllt sein.

Ebenso gilt nach § 267 Abs. 3 S. 2 HGB gemäß KapCoRiLiG eine Kapitalgesellschaft stets als „groß", wenn

— sie einen organisierten Markt i. S. d. § 2 des Wertpapierhandelsgesetzes durch von ihr ausgegebene Wertpapiere i. S. d. § 2 Abs. 1 S. 1 Wertpapierhandelsgesetzes in Anspruch nimmt oder

— an einem organisierten Markt die Zulassung zum Handel beantragt wurde.

b) Die folgenden wesentlichen Erleichterungen werden kleinen Kapitalgesellschaften gewährt, bezüglich der

1. Erstellungspflicht

Bilanz:
Eine kleinformatige Bilanz darf erstellt werden, d. h. nach § 266 Abs. 2 u. 3 HGB i. V. m. § 266 Abs. 1 S. 3 HGB sind nur die mit Buchstaben und römischen Zahlen bezeichneten Posten aufzuführen.

Außerdem sind kleine Kapitalgesellschaften nach § 268 HGB i. V. m. § 274 a HGB befreit von

- § 268 Abs. 2 HGB: der Aufstellung eines Anlagegitters,
- § 268 Abs. 6 HGB: dem gesonderten Ausweis eines Rechnungs-abgrenzungspostens nach § 250 Abs. 3 HGB (Disagio),
- zudem nach BilMoG auch von der Steuerabgrenzung

GuV-Rechnung:
Es muss nur eine verkürzte GuV-Rechnung erstellt werden.

Anhang:
Es muss nur ein verkürzter Anhang erstellt werden. Daraus resul-tiert eine Befreiung von den folgenden Vorschriften nach §§ 268 u. 269 HGB i. V. m. § 274 a HGB:

- § 268 Abs. 2 HGB über die Aufstellung eines Anlagegitters,
- § 268 Abs. 4 S. 2 HGB über die Pflicht zur Erläuterung von For-derungen, die erst nach dem Bilanzstichtag entstehen,
- § 268 Abs. 5 S. 3 HGB über die Erläuterung von Verbindlichkei-ten, die erst nach dem Bilanzstichtag entstehen,
- § 268 Abs. 6 HGB über den Rechnungsabgrenzungsposten nach § 250 Abs. 3 HGB (Disagio),
- § 269 S. 1 HGB insoweit, als dass die Aufwendungen für die Ingangsetzung und Erweiterung des Geschäftsbetriebes im An-hang erläutert werden müssen.

Außerdem brauchen kleine Kapitalgesellschaften nach § 276 S. 2 HGB die in § 277 Abs. 4 S. 2 und S. 3 HGB verlangten Erläuterun-gen zu den Posten „außerordentliche Erträge" und „Aufwendun-gen" nicht zu machen.

Darüber hinaus sind kleine Kapitalgesellschaften nach §§ 284 u. 285 HGB i. V. m. § 288 HGB von den folgenden Vorschriften be-freit:

- § 284 Abs. 2 Nr. 4 HGB über den Ausweis der Unterschiedsbe-träge der Buchwerte zur Bewertung zu letzten Börsen- oder Marktpreisen bei Gruppen-, LiFo- oder FiFo-Bewertung,
- § 285 S. 1 Nr. 2 HGB über die Aufgliederung der Verbindlich-keiten,
- § 285 S. 1 Nr. 3 HGB über die Angabe der sonstigen finanziel-len Verpflichtungen,
- § 285 S. 1 Nr. 4 HGB über die Aufgliederung des Umsatzerlöses nach Tätigkeitsbereichen und regionalen Märkten,
- § 285 S. 1 Nr. 5 HGB über den Einfluss steuerrechtlicher Vor-schriften auf das Jahresergebnis,

- § 285 S. 1 Nr. 6 HGB über den Umfang der Belastung durch Steuern vom Einkommen und Ertrag,
- § 285 S. 1 Nr. 7 HGB über die durchschnittliche Anzahl der Arbeitnehmer, getrennt nach Gruppen,
- § 285 S. 1 Nr. 8 a HGB über die Angabe des Materialaufwandes beim Umsatzkostenverfahren;
- § 285 S. 1 Nr. 9 a und Nr. 9 b HGB über die Angabe der Gesamtbezüge von Mitgliedern des Vorstandes, Aufsichtsrates u. Ä.,
- § 285 S. 1 Nr. 12 HGB über die Erläuterung des Postens „sonstige Rückstellungen",
- § 285 S. 1 Nr. 17 HGB Angaben zu Abschlussprüferhonoraren,
- § 285 S. 1 Nr. 18 HGB Angaben zu Finanzanlagen.

Nach dem BilMoG kommen hinzu:
- § 285 S. 1 Nr. 21 HGB Angaben zu Geschäften mit nahe stehenden Personen,
- § 285 S. 1 Nr. 22 HGB Angaben zu Forschung und Entwicklung.

Lagebericht:
Kleine Kapitalgesellschaften müssen keinen Lagebericht erstellen (§ 264 Abs. 1 S. 3 HGB).
Die Frist zur Erstellung der Bilanz, der GuV-Rechnung und des Anhang beträgt 6 Monate (§ 264 Abs. 1 S. 3 HGB).

2. Prüfungspflicht

Bei kleinen Kapitalgesellschaften entfällt die Prüfung des erweiterten Jahresabschlusses (§ 316 Abs. 1 S. 1 HGB).

3. Offenlegungspflicht

Offengelegt werden müssen nur
- die verkürzte Bilanz und
- der doppelt verkürzte Anhang, d. h. der Anhang ohne die Erläuterungen zur GuV-Rechnung (§ 325 Abs. 1 i. V. m. § 326 HGB)

c) Die Rechtsfolgen treten gemäß § 267 Abs. 4 HGB bzw. gemäß § 1 Abs. 1 PublG nur dann ein, wenn zwei der drei Merkmale an den Abschlussstichtagen von zwei aufeinander folgenden Geschäftsjahren jeweils unter- oder überschritten werden.

in Mio. €	Jahr 1	Jahr 2	Jahr 3	Jahr 4
Bilanzsumme	klein	mittel	mittel	groß
Umsatzerlöse	mittel	klein	mittel	groß
Mitarbeiter	mittel	klein	groß	groß
Einordnung:	klein, weil Vorjahr noch klein	klein	klein, weil Vorjahr noch klein	mittel

d) Lösung bei Anwendung des BilMoG

in Mio. €	Jahr 1	Jahr 2	Jahr 3	Jahr 4
Bilanzsumme	klein	klein	klein	mittel
Umsatzerlöse	mittel	klein	klein	mittel
Mitarbeiter	mittel	klein	groß	groß
Einordnung:	klein, weil Vorjahr noch klein	klein	klein	klein, weil Vorjahr noch klein

Siehe CD-ROM

Hinweis:

Diese und weitere Aufgaben samt Lösungen finden Sie auf der beiliegenden CD-ROM.

2 Grundlagen der Rechnungslegung

2.1 Begriffsbestimmungen

Betriebsvermögen

Abgrenzung nach wirtschaftlichen Gesichtspunkten

Nach § 242 Abs. 1 HGB hat der Kaufmann „sein" Vermögen und „seine" Schulden in die Bilanz aufzunehmen. Das Vermögen muss dem Kaufmann gehören und die Schulden müssen ihm zuzurechnen sein. Dabei muss ihm das Vermögen nicht zwangsweise bürgerlich-rechtlich (juristisches Eigentum), sondern wirtschaftlich (wirtschaftliches Eigentum) gehören. Häufig stimmen juristisches und wirtschaftliches Eigentum jedoch überein.

Im Bilanz- und Steuerrecht kommt es auf das wirtschaftliche Eigentum an. Als wirtschaftliches Eigentum wird Eigentum an Sachen bezeichnet, die dem Inhaber zwar nicht sachenrechtlich zustehen, wenn bei ihm aber Besitz, Gefahr, Nutzen und Lasten der Sache liegen. Wesentliche Kriterien zur Abgrenzung des betrieblichen Vermögens sind Nutzungsrecht und Gefahrenübergang.[22] Der wirtschaftliche Eigentümer ist somit jene Person, die die Vermögensgegenstände nutzt, verarbeitet und damit auch für den Untergang haftet.

wirtschaftliches Eigentum

So sind einem Unternehmen als wirtschaftlichem Eigentümer die Vermögensgegenstände zuzurechnen, über die es in der Weise die tatsächliche Herrschaft ausübt, dass es den (anderen) juristischen Eigentümer im Regelfall für die gewöhnliche Nutzungsdauer von der Einwirkung auf die Vermögensgegenstände ausschließen kann (§ 39 Abs. 2 Nr. 1 Satz 1 AO).

Juristisches und wirtschaftliches Eigentum können – etwa bei Kommissionsgeschäften, Treuhandverhältnissen, Factoringverhältnissen,

---

[22] Vgl. Förschle/Kroner, in: Beck'scher Bilanzkommentar, § 246 HGB, Rz. 7.

Leasingverhältnissen[23], Pensionsgeschäften und Bauten auf fremden Grundstücken – auseinanderfallen.

Werden Waren unter Eigentumsvorbehalt geliefert oder auch als Sicherungsgut übereignet, z. B. verpfändet, sind die Vermögensgegenstände nach § 246 Abs. 1 S. 2 HGB beim wirtschaftlichen Eigentümer zu bilanzieren. Der wirtschaftliche Eigentümer ist der Erwerber (bei Eigentumsvorbehalt) bzw. der Sicherungsgeber (bei Sicherungsübereignung).

> **Beispiel:**[24]
>
> Wirtschaftlicher Eigentümer ist bei Treuhandverhältnissen der Treugeber, bei Eigentumsvorbehalt, bei Sicherungsübereignung und bei Sicherungszession der Sicherungsgeber (bzw. Schuldner), bei Eigenbesitz der Eigenbesitzer und bei der Einkaufskommission der Kommittent. Beim Grundstückskauf ist das Grundstück beim Käufer schon vor der Eintragung des Eigentumsübergangs zu aktivieren, wenn Besitz, Gefahr, Nutzung und Lasten auf ihn übergegangen sind und die Auflassung dem Grundbuchamt vorliegt.

Vorräte

Wurden Konnossements, Ladescheine, indossable Lagerscheine oder Frachtbriefe an den Käufer ausgehändigt oder hat der Käufer die Mitteilung erhalten, dass die Vorräte zu seiner Verfügung stehen, sind die Vorräte beim Käufer zu bilanzieren, auch wenn sich die Vorräte im Unternehmensbereich eines Spediteurs, Lagerhalters oder Frachtführers befinden. Gleiches gilt, wenn ein Einkaufskommissionär für den Käufer handelt, sobald die Vorräte beim Kommissionär eingegangen sind. Unterwegs befindliche, sog. rollende oder schwimmende Ware, ist vom Käufer zu bilanzieren, sobald die Gefahr des zufälligen Untergangs oder der zufälligen Verschlechterung gem. §§ 445–446 BGB auf ihn übergegangen ist.[25]

---

[23] Vgl. Kapitel 8.2.
[24] Entnommen aus: Schmidt, Bilanztraining, S. 27.
[25] Vgl. Schmidt, Bilanztraining, S. 27 f.

Abgrenzung vom Privatvermögen

Während bei Kapitalgesellschaften durch die eigene Rechtspersönlichkeit der Gesellschaft vergleichsweise geringe Abgrenzungsprobleme bestehen, besteht bei Personengesellschaften häufig keine klare Trennung von Betriebs- und Privatvermögen. Die selbst genutzte Wohnung kann sich im betrieblich genutzten Haus befinden oder ein Auto kann sowohl privat als auch betrieblich genutzt werden. Anders als bei der Kapitalgesellschaft besteht aber eine Identität des Eigentümers; sowohl der betriebliche als auch der private Gegenstand gehören also zunächst demselben Eigentümer.

Betriebs- und Privatvermögen von Personengesellschaften

Handelsrechtlich sind nur die Vermögensgegenstände und Schulden zu bilanzieren, die zum **Betriebsvermögen** des Kaufmanns gehören. Privatvermögen darf in der Bilanz nicht angesetzt werden.

Analog werden steuerrechtlich die zum Betriebsvermögen zählenden Wirtschaftsgüter bilanziert. Wirtschaftsgüter gehören zu Betriebsvermögen, wenn sie überwiegend und unmittelbar für eigenbetriebliche Zwecke genutzt werden oder dazu bestimmt sind (notwendiges Betriebsvermögen); dazu zählen betrieblich genutzte Bürogebäude oder betrieblich genutzte Maschinen und Anlagen.

notwendiges Betriebsvermögen

Davon abzugrenzen ist das notwendige Privatvermögen, das nicht in der Unternehmensrechnung berücksichtigt werden darf, weil diese Gegenstände aufgrund ihrer Beschaffenheit und aufgrund ihrer tatsächlichen Verwendung im privaten Bereich des Steuerpflichtigen nicht zum Betriebsvermögen gehören, wie z. B. das Segelboot eines Brauereibesitzers.

notwendiges Privatvermögen

Demgegenüber hängt es beim gewillkürten Betriebsvermögen vom Ermessen des Unternehmens ab, ob es dem Betriebsvermögen zugerechnet wird oder nicht. Beim gewillkürten Betriebsvermögen handelt es sich um Wirtschaftsgüter, die weder zum notwendigen Betriebs- noch zum notwendigen Privatvermögen gehören. Diese Güter können nur zum Betriebsvermögen gerechnet werden, wenn sie in einem gewissen objektiven Zusammenhang mit dem Betrieb stehen und dazu bestimmt und geeignet sind, den Betrieb zu fördern. Beispiele hierfür sind zu Anlagezwecken gekaufte Wertpapiere oder Bürogebäude des Steuerpflichtigen, die vermietet sind. Bei diesen Wirtschaftsgütern ist die Buchung und Bilanzierung aus-

gewillkürtes Betriebsvermögen

schlaggebend dafür, ob sie tatsächlich dem Betriebsvermögen zugerechnet werden.[26]

Die folgende Tabelle informiert – in Abhängigkeit von der eigenbe-
trieblichen oder privaten Nutzung – über die Zurechnung zum Betriebsvermögen, zum Privatvermögen oder zum gewillkürten Betriebsvermögen bei der Bilanzierung (R 13 Abs. 1 S. 4–7 EStR).

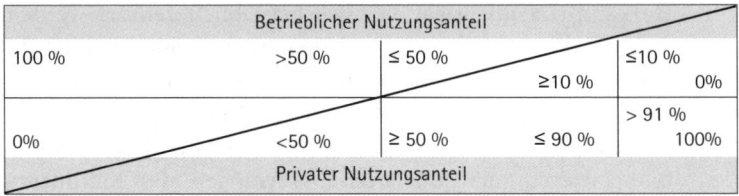

Betrieblicher Nutzungsanteil			
100 %	>50 %	≤ 50 % ≥10 %	≤10 % 0%
0%	<50 %	≥ 50 %	> 91 % 100%
		≤ 90 %	
Privater Nutzungsanteil			

notwendiges Betriebsvermögen	neutrales Vermögen (gewillkürtes BV oder PV)	not- wendiges Privat- vermögen

Abb. 2-1: Abgrenzung Betriebsvermögen zum Privatvermögen[27]

Da diese Abgrenzungen primär den steuerlichen Bereich betreffen,
soll an dieser Stelle nicht auf weitere Besonderheiten, etwa im Falle
von Grundstücken (R 13 Abs. 7–10 EStR), eingegangen werden.

Rechengrößen des Rechnungswesens

Das Rechnungswesen ist unmittelbar mit den Größen Liquidität
und Erfolg verknüpft, die bei jedem Unternehmen im Zielsystem
verankert sein müssen, damit es nachhaltig existieren kann. Für die
Zielgröße Liquidität sind die Rechengrößen Einzahlungen/Aus-
zahlungen bzw. Einnahmen/Ausgaben unter Berücksichtigung von
Kreditgeschäften relevant. Die Rechengrößen für den Erfolg sind
Erträge/Aufwendungen für die Bilanzierung und Leistungen/Kosten
für die Kosten- und Leistungsrechnung.

---

[26] Vgl. Coenenberg, Jahresabschluss und Jahresabschlussanalyse, S. 84.
[27] Vgl. Federmann, Bilanzierung nach Handelsrecht und Steuerrecht, S. 208.

Ziel-größen	Rechengrößen	Definition
Liquidität	Einzahlungen/ Auszahlungen	Zugang/Abgang liquider Mittel (Bargeld und Sicht-guthaben) pro Periode
	Einnahmen/ Ausgaben	Wert aller veräußerten Leistungen (Umsätze)/ Wert aller zugegangenen Güter und Dienstleistungen (Beschaffungswert) pro Periode
Erfolg	Erträge/ Aufwendungen	Wert aller erbrachten Leistungen/aller verbrauchten Güter und Dienstleistungen pro Periode
	Leistungen/ Kosten	Wert aller erbrachten Leistungen/aller verbrauchten Güter und Dienstleistungen pro Periode im Rahmen der „eigentlichen" betrieblichen Tätigkeit

Abb. 2-2: Ziel- und Rechengrößen

Bei Einzahlungen und Auszahlungen handelt es sich um tatsächliche Geldzahlungen, die den Bestand an flüssigen Mitteln verändern. Beispiele sind alle Bareinkäufe und -verkäufe. Wird z. B. ein Vermögensgegenstand eingekauft und in bar bezahlt, liegt eine Auszahlung vor.

Einzahlungen/ Auszahlungen

Einnahmen und Ausgaben sind Begriffe für Vorgänge, die einen Rechtsanspruch bzw. eine Rechtsverpflichtung herbeiführen. Der Abschluss eines Kaufvertrages bewirkt, dass der Käufer dem Verkäufer den Kaufpreis schuldet und der Verkäufer das betreffende Gut liefern muss. Für den Käufer liegt eine Rechtsverpflichtung zur Zahlung von Geldbeträgen (Ausgaben) und für den Verkäufer ein Rechtsanspruch auf Zufluss von Geldbeträgen (Einnahmen) vor. Eine Ausgabe kann gleichzeitig eine Auszahlung sein, wenn die Ware eingekauft und in bar bezahlt wird. In diesem Fall handelt es sich aufgrund der Zahlungsverpflichtung um eine Ausgabe und durch den Geldfluss gleichzeitig um eine Auszahlung. Wird die Ware erst später bezahlt (wie z. B. bei einem Kauf mit Zahlungsziel), liegt nur eine Ausgabe vor; die Bezahlung, und somit die Auszahlung, erfolgt zu einem späteren Zeitpunkt.

Einnahmen/ Ausgaben

Aufwendungen und Erträge (wie z. B. Umsatzerlöse bzw. Material- oder Personalaufwendungen) sind Begriffe für den Wertzuwachs (Ertrag) bzw. Wertverzehr (Aufwand) in der Finanzbuchhaltung eines Unternehmens. In der Finanzbuchhaltung werden Aufwendungen als negative und Erträge als positive Erfolgsbeiträge bezeich-

Aufwendungen/ Erträge

net, die das Jahresergebnis beeinflussen und die Höhe des Eigenkapitals verändern. Die Höhe der Aufwendungen und Erträge und auch deren zeitliche Erfassung werden durch das Rechnungslegungssystem, d. h. hier durch das HGB, determiniert.

Mit dem Entstehen einer Ausgabe oder einer Auszahlung sind zwar rechtliche Ansprüche entstanden bzw. Geldmittel abgeflossen, die erworbenen Güter liegen aber möglicherweise noch auf Lager und sind noch nicht verbraucht. Erst wenn erworbene Rohstoffe tatsächlich im Betriebsprozess verbraucht werden, liegt ein Aufwand (Wertverzehr) vor.

Leistungen/ Kosten

Leistungen und Kosten sind Begriffe der Betriebsbuchhaltung (Kosten- und Leistungsrechnung). Hierbei handelt es sich um Wertezuwachs- bzw. -verbrauch, der allein durch die Erfüllung der spezifischen Aufgaben der betrieblichen Tätigkeit verursacht wird. Leistungen werden oft auch als Erlöse bezeichnet. Zusätzlich werden in der Kostenrechnung **kalkulatorische Kosten** verrechnet, die in der Finanzbuchhaltung entweder gar nicht (z. B. kalkulatorische Eigenkapitalkosten) oder zumindest in anderer Höhe (z. B. kalkulatorische Abschreibungen) entstehen; sie werden als Zusatzkosten bzw. Anderskosten bezeichnet.[28]

Demgegenüber beziehen die Begriffe der Finanzbuchhaltung, Aufwendungen und Erträge, alle Aktivitäten des Unternehmens und nicht nur die Leistungserstellung und -verwertung ein. Dazu zählen alle betriebsfremden, periodenfremden und außerordentlichen Aufwendungen und Erträge wie z. B. Spekulationsgewinne, Steuernachzahlungen, Erträge aus dem Verkauf von Produktionsanlagen und Spenden. Diese in der Kosten- und Leistungsrechnung nicht zwangsläufig erfassten Aufwendungen und Erträge werden als neutrale Aufwendungen und Erträge bezeichnet.[29]

Wie das folgende Beispiel zeigt, können die Rechengrößen in einer Aufeinanderfolge betrachtet werden.

---

[28] Vgl. Deimel/Isemann/Müller, Kosten- und Erlösrechnung, S. 47–58.

[29] Vgl. Coenenberg/Haller/Mattner/Schulze, Rechnungswesen, S. 13 f.

Beispiel:

- Am 20.01. kaufen wir Rohstoffe für 80.000 € mit Zahlungsziel ⇨ Ausgabe
- Am 07.02. bezahlen wir die Rechnung per Banküberweisung ⇨ Auszahlung
- Am 10.02 werden die Rohstoffe in der Produktion verarbeitet ⇨ Aufwand
- In gleicher Höhe liegen Kosten vor ⇨ Kosten

2.2 Inventur und Inventar

Definition und Stichtage

Gem. § 240 Abs. 1 HGB hat jeder Kaufmann für den Schluss eines jeden Geschäftsjahres eine Aufstellung seiner Grundstücke, Forderungen und Schulden, seines baren Geldes und seiner sonstigen Vermögensgegenstände zu machen und dabei den Wert der einzelnen Vermögensgegenstände und Schulden anzugeben (Inventar).

Die Inventur ist die körperliche Bestandsaufnahme aller Vermögensgegenstände und Schulden. Sie wird durch Zählen, Messen oder Wiegen vorgenommen. Die Vermögensteile und Schulden werden jeweils einzeln erfasst, und zwar nach

Inventur

- Art (Bezeichnung),
- Menge (Stückzahl, Gewicht, Länge u. a.),
- Wert (€ zum Stichtag).

Für bestimmte Vermögensposten und Schulden erfolgt anstelle der körperlichen Inventur eine Buchinventur, auch Beleginventur genannt (z. B. für die Ermittlung der Forderungsbestände).

Neben der Art der Durchführung kann sich die Inventur nach dem Zeitpunkt und dem Umfang der Bestandsaufnahme unterscheiden. Hinsichtlich des Zeitpunktes der Bestandsaufnahme ist zwischen Stichtagsinventur (§ 240 Abs. 3 HGB), zeitlich verlegter Inventur (§ 241 Abs. 3 HGB) und permanenter Inventur (§ 241 Abs. 2 HGB) zu unterscheiden. Hinsichtlich des Umfanges kann eine Voll- oder eine Stichprobeninventur in Betracht kommen.

Inventar

Das Ergebnis der Inventur ist ein Bestandsverzeichnis, das als Inventar bezeichnet wird. Es ist systematisch aufgebaut. Zunächst ist das gesamte Vermögen nach zunehmender Liquidierbarkeit aufgelistet. An erster Stelle wird das dem Unternehmen langfristig dienende Vermögen notiert, d. h. Vermögensposten wie z. B. Grundstücke und Gebäude, Anlagen und Maschinen oder Lizenzen. Das dem Unternehmen kurzfristig dienende Vermögen, wie z. B. Roh-, Hilfs- und Betriebsstoffe oder fertige Erzeugnisse, wird erst danach ausgewiesen.

Im Anschluss an das Vermögen werden die Schulden bzw. das Fremdkapital nach abnehmender Fälligkeit in die Aufstellung aufgenommen. Demnach wird zunächst das lang- und anschließend das kurzfristige Fremdkapital aufgeführt.

Aus der wertmäßigen Differenz zwischen Vermögen und Schulden ergibt sich das Reinvermögen bzw. Eigenkapital. Hierbei handelt es sich inhaltlich um den Betrag, den der Unternehmer erhalten würde, wenn alle Vermögenswerte liquidiert und die Schulden beglichen würden. Dem Inventar können die folgenden **Aufgaben** zugeordnet werden:

- Das Inventar dokumentiert alle Vermögensteile und Schulden eines Unternehmens zu einem bestimmten Zeitpunkt nach Art, Menge und Wert. Die wertmäßige Differenz zwischen dem aufgelisteten Vermögen und den Schulden wird als Reinvermögen (Eigenkapital) bezeichnet.

- Das Inventar bildet die Grundlage für die im Jahresabschluss auszuweisenden Endbestände von Vermögen und Schulden.

- Das Inventar trägt zur Aufdeckung und Korrektur von Fehlern in der Buchführung bei und hat i. d. R. auch eine Präventivwirkung, indem es zur Vermeidung von Buchungs- und anderen Fehlern beiträgt.[30]

Stichtags-inventur

Nach § 240 Abs. 1 und 2 HGB muss der Kaufmann zu Beginn seines Handelsgewerbes und danach für den Schluss eines jeden Geschäfts-

---

[30] Vgl. Baetge/Kirsch/Thiele, Bilanzen, S. 67–69.

jahres ein Inventar erstellen (Stichtagsinventur). Die Dauer eines Geschäftsjahres darf 12 Monate betragen. Außerdem ist es sinnvoll, ein Inventar bei der Liquidation eines Unternehmens, bei der Aufspaltung eines Unternehmens in mehrere Unternehmen oder bei einem Eigentümerwechsel aufzustellen.

Das Inventar ist „innerhalb der einem ordnungsmäßigen Geschäftsgang entsprechenden Zeit" aufzustellen (§ 240 Abs. 2 Satz 3 HGB). Dementsprechend ist zwischen einem Inventurstichtag und einem Inventuraufnahmetag zu unterscheiden. Während der Inventurstichtag der Zeitpunkt ist, für den die Vermögensgegenstände und Schulden wertmäßig festzustellen sind, ist der Inventuraufnahmetag der Zeitpunkt, an dem die Bestandsaufnahme von Vermögen und Schulden durchgeführt wird. Die Aufnahme muss zeitnah durchgeführt werden, d. h. in der Regel innerhalb einer Frist von zehn Tagen vor oder nach dem Inventurstichtag. Auftretende Bestandsveränderungen zwischen Inventuraufnahme- und Inventurstichtag müssen anhand von Belegen oder Aufzeichnungen ordnungsgemäß durchgeführt werden.[31]

Bestandsbewertung

Die Bewertung der ins Inventar aufgenommenen Vermögensgegenstände und Schulden ist eine der größten Herausforderungen im Rechnungswesen. Der Grund dafür ist, dass häufig keine objektiven Werte existieren und den Vermögensgegenständen und Schulden deshalb nur über gesetzlich objektivierte Betrachtungen ein Wert zugeordnet werden darf. So ist etwa der Wert einer 4 Jahre alten Maschine, die theoretisch (und bei entsprechendem Reparaturaufwand) noch lange laufen kann, aber inzwischen durch den technischen Fortschritt nicht mehr auf dem neusten Stand ist, extrem schwierig festzustellen. Auch wenn das Unternehmen auf Schadensersatz verklagt wird, lässt sich die Höhe des Betrages, den das Gericht dem Kläger zuspricht, vorher nicht eindeutig bestimmen. Ebenso ist der Wert eines bezogenen Bauteils lediglich zum Zeitpunkt des Abschlusses des Kaufvertrages als objektiv zu bezeichnen, und das auch nur dann, wenn beide Vertragsparteien als voneinan-

Bewertung

---

[31] Vgl. Schmidt, Bilanztraining, S. 26.

der unabhängig und gut informiert einzustufen sind. Schon bei der Lieferung könnten sich am Markt andere Werte ergeben. Fraglich ist überdies, wie etwa mit Transportkosten umzugehen ist. Erhöhen sie den Wert der Vermögensgegenstände?

Bevor im Einzelnen auf die Wertbestimmung der Vermögensgegenstände und Schulden eingegangen wird, erfolgt zunächst die Darstellung der grundsätzlichen Methoden der Bestandsbewertung. Dabei fordert das HGB zunächst explizit die Einzelbewertung. Jeder Vermögensgegenstand und jede Schuld ist also isoliert zu betrachten. Hiervon gibt es nur die Ausnahmen der Festbewertung, der Gruppenbewertung, der Sammelbewertung (Kap. 6.2) und – mit dem BilMoG auch im Gesetz verankert – der Bewertungseinheiten.[32]

Festwert

Die Festbewertung nach § 240 Abs. 3 HGB ist eine Ausnahme der Einzelbewertung. Sie gilt nur für Vermögensgegenstände des Sachanlagevermögens sowie für Roh-, Hilfs- und Betriebsstoffe, wenn

- sie regelmäßig ersetzt werden,
- ihr Gesamtwert für das Unternehmen von nachrangiger Bedeutung ist und
- ihr Bestand in Größe, Wert und Zusammensetzung nur geringen Veränderungen unterliegt.

Sind die Voraussetzungen für eine Festbewertung erfüllt, dürfen die benannten Vermögensgegenstände **mit einer gleichbleibenden Menge und einem gleichbleibenden Wert** angesetzt werden (Festwert), d. h. Zugänge werden sofort als Aufwand verbucht. Eine jährliche Bestandsaufnahme ist nicht erforderlich, jedoch ist in der Regel alle drei Jahre eine körperliche Bestandsaufnahme durchzuführen.

Die Festbewertung ist **auf bestimmte Vermögensgegenstände begrenzt**. Es dürfen nur Sachanlagen sowie Roh-, Hilfs- und Betriebsstoffe mit dem Festwert angesetzt werden. Immaterielles Anlagevermögen und Finanzanlagen sind ebenso ausgeschlossen wie unfertige und fertige Erzeugnisse sowie Handelswaren. Die steuerrechtlichen Vorschriften stimmen hiermit überein, auch wenn das

---

[32] Zu den Bewertungseinheiten vgl. Kap 2.5 (Änderungen nach dem BilMoG).

Steuerrecht den Festwert nur für bewegliches Anlagevermögen erlaubt (R 5.4 Abs. 4 S. 1 EStR). Auch handelsrechtlich kann der Festwert nur für bewegliche Anlagegüter Anwendung finden, weil unbewegliche Sachanlagen in der Regel nicht „von nachrangiger Bedeutung" sind und auch nicht „regelmäßig ersetzt" werden.[33] Analog zum Handelsrecht ist gemäß Steuerrecht im Regelfall an jedem dritten, spätestens aber an jedem fünften Bilanzstichtag eine körperliche Bestandsaufnahme vorzunehmen.

Sachanlagen sind nach § 247 Abs. 2 HGB die materiellen Anlagegegenstände, die dazu bestimmt sind, dauernd dem Geschäftsbetrieb zu dienen.

Sachanlagen

Beispiele für eine Festbewertung:

Bahn- und Gleisanlagen, Laboreinrichtungen, Mess- und Prüfeinrichtungen, Hotelwäsche sowie Gerüst- und Schalungsteile.

Roh-, Hilfs- und Betriebsstoffe gehören zu den Vorräten des Unternehmens, aus denen Erzeugnisse hergestellt werden. Während Rohstoffe als Hauptbestandteile und Hilfsstoffe als Nebenbestandteile unmittelbar in das Erzeugnis eingehen, werden Betriebsstoffe bei der Herstellung verbraucht.

Roh-, Hilfs- und Betriebsstoffe

Beispiel:

- Rohstoffe: Blech bei der Autoproduktion, Holz bei der Möbelherstellung.
- Hilfsstoffe: Farbe, Leim, Nägel.
- Betriebsstoffe: Brennstoffe, Reinigungsmaterial, Schmierstoffe.

Die Voraussetzung des **„regelmäßigen Ersatzes"** der Vermögensgegenstände unterstellt, dass sich Zu- und Abgänge, Verbrauch sowie Abschreibungen in etwa ausgleichen. Da die Zugänge als Aufwendungen gebucht werden, solange der Festwert gleich bleibt, trägt die Festbewertung in Zeiten steigender Einkaufspreise zu einer Substanzerhaltung bei.[34]

---

[33] Vgl. Coenenberg/Haller/Mattner/Schulze, Rechnungswesen, S. 163.
[34] Vgl. Schmidt, Bilanztraining, S. 37 f.

Die zweite Voraussetzung, nämlich dass der **Gesamtwert für das Unternehmen von nachrangiger Bedeutung** ist, wird an einem Prozentsatz der Bilanzsumme gemessen. Vermögensgegenstände sind in ihrer Bedeutung nachrangig, wenn ihr Gesamtwert in den letzten fünf Jahren vor dem Bilanzstichtag im Durchschnitt 10 % der Bilanzsumme nicht überstiegen hat.[35] Demnach sind auch Überschreitungen der 10%-Grenze erlaubt, wenn in anderen Jahren entsprechende Unterschreitungen zu verzeichnen sind.

Außerdem ist die Festbewertung an die Voraussetzung geknüpft, dass sich der **Bestand der Größe, dem Wert und der Zusammensetzung nach nur gering verändern** darf. Demnach dürfen Rohstoffe, die erfahrungsgemäß erheblichen Wertschwankungen unterliegen (wie z. B. Blei, Kaffee, Kakao oder Kupfer), nicht mit einem Festwert angesetzt werden. Sachanlagen mit erheblich unterschiedlichen Nutzungsdauern dürfen nicht zusammengefasst werden, weil sich die Zusammensetzung nur gering verändern darf.

Bei **erstmaliger Bildung des Festwertes** sind die Anschaffungs- oder Herstellungskosten der betreffenden Vermögensposten zu berücksichtigen. Bei beweglichen Sachanlagen sind zunächst Abschreibungen in Höhe von 40 bis 50 % der Anschaffungs- oder Herstellungskosten vorzunehmen (sog. Anhaltewerte). Dieser Wert ist anhand der zulässigen linearen oder degressiven (wenn vor dem 01.01.2008 angeschafft) Absetzungen für Abnutzungen nach § 7 EStG zu ermitteln; erhöhte Absetzungen oder Sonderabschreibungen dürfen nicht berücksichtigt werden.[36]

Der Festwert braucht **nur alle drei Jahre** im Rahmen der durchzuführenden Bestandsaufnahme geprüft zu werden. Die Einkommensteuerrichtlinien bestimmen eine Höchstdauer von fünf Jahren.[37] Wenn die körperliche Bestandsaufnahme eine Wertänderung des Festwertes ergibt, ist eine Wertanpassung zu prüfen.[38] Hinsichtlich der Vorschriften zur Wertanpassung unterscheiden sich Handels- und Steuerrecht im Detail. Bei einer mehr als 10%igen Werterhö-

---

[35] Vgl. BMF, Schr. v. 8.3.1993 IV B 2 – S 2174 a – 1/93, BStBl 193 I, S. 276.
[36] Vgl. Schmidt, Bilanztraining, S. 39.
[37] Vgl. R 5.4 Abs. 4 S. 1 EStR.
[38] Vgl. R 5.4 Abs. 4 EStR.

hung des Festwertes sind Wertanpassungen vorzunehmen, bei einer Werterhöhung bis zu 10 % können Wertanpassungen vorgenommen werden. Demgegenüber besteht bei einer Wertminderung handelsrechtlich eine Abwertungspflicht, während steuerrechtlich ein Beibehaltungswahlrecht existiert.[39]

Der Festwert wird erhöht, indem er um die Anschaffungs- oder Herstellungskosten der im abgelaufenen Geschäftsjahr zugegangenen Vermögensgegenstände aufgestockt wird, bis der neue Festwert erreicht ist.[40]

Gruppenbewertung

Nach § 240 Abs. 4 HGB dürfen bei der Bestandsaufnahme bestimmte Positionen in Gruppen zusammengefasst werden. Im Einzelnen handelt es sich hierbei um:

- Vorratsgegenstände, die gleichartig sind,
- andere bewegliche Vermögensgegenstände, die gleichartig oder annähernd gleichwertig sind,
- Schulden, die gleichartig oder annähernd gleichwertig sind.

Zum Vorratsvermögen zählen neben Roh-, Hilfs- und Betriebsstoffen auch unfertige und fertige Erzeugnisse sowie Handelswaren. Eine Gruppenbewertung setzt eine Gleichartigkeit der Vorräte voraus. Eine Gleichartigkeit ist bei Gattungs- oder Funktionsgleichheit gegeben, also dann, wenn die Vorräte zu einer Warengattung gehören oder die gleiche Verwendbarkeit haben; eine Gleichwertigkeit ist nicht gefordert.[41] *Gleichartigkeit*

Anders als beim Vorratsvermögen ist bei beweglichen Vermögensgegenständen und bei Schulden zusätzlich zur Gleichartigkeit noch die Gleichwertigkeit gefordert. Bewegliche Vermögensgegenstände sind u. a. Maschinen, maschinelle Anlagen und sonstige Betriebsvorrichtungen, Geschäftseinrichtungsgegenstände sowie Werkzeuge. Annähernd gleichwertig sind Vermögensgegenstände, wenn ihre Werte nicht wesentlich voneinander abweichen. Wenn die Vermö- *Gleichwertigkeit*

---

[39] Vgl. R 5.4 Abs. 4 S. 2–5 EStR.
[40] Vgl. R 5.4 Abs. 4 S. 3 EStR.
[41] Vgl. Hense/Philipps, in: Beck'scher Bilanzkommentar, § 240 HGB, Rdn. 136.

gensgegenstände einen geringen Wert haben, ist eine Gleichwertigkeit gegeben, sofern die Preisabweichung zwischen dem höchsten und dem niedrigsten Einzelwert ca. 20 % beträgt. Bei Schulden, d. h. Verbindlichkeiten und Rückstellungen, bezieht sich die Gleichwertigkeit auf die Risikoarten.[42]

Die Gruppenbewertung erfolgt mit dem gewogenen Durchschnittswert. Der gewogene Durchschnittswert ergibt sich aus der Division des Gesamtwertes durch die Menge der Einzelpositionen.

Beispiel:

Für eine Warengattung wurden folgende Mengen zu folgenden Einkaufspreisen beschafft:

Datum	Menge in Tonnen	Preis pro Tonne	Gesamtbetrag
10. Jan.	15	5,40 €	81,00 €
25. Apr.	60	4,60 €	276,00 €
29. Mai.	40	5,30 €	212,00 €
3. Jul.	100	4,20 €	420,00 €
1. Sep.	75	4,40 €	330,00 €
30. Okt.	35	4,30 €	150,50 €
7. Dez.	25	5,70 €	142,50 €
	350		1.612,00 €

1.612 €/350 t = 4,61 €/t

Der Endbestand beträgt 80 Tonnen. Der Gesamtwert des Warenbestandes beläuft sich unter Verwendung der gewogenen Durchschnittsmethode auf 368,80 € (= 80 x 4,61).

Kann eine bestimmte Reihenfolge in der Verbrauchsfolge glaubhaft gemacht werden, können weitere Bewertungsvereinfachungsverfahren Anwendung finden?

---

[42] Vgl. ADR, § 240 HGB, Rdn. 128; Budde/Kunz, in: Beck'scher Bilanzkommentar, § 240 HGB, Rdn. 137.

Verfahren der Inventur

Da die oben beschriebene Stichtagsinventur mit dem Nachteil behaftet ist, dass innerhalb weniger Tage viel Arbeit durch das Unternehmen zu bewältigen ist, erlaubt der Gesetzgeber Erleichterungen der Inventur.

Stichprobeninventur

Nach § 241 Abs. 1 HGB darf die Bestandsaufnahme der Vermögensgegenstände nach Art, Menge und Wert mit Hilfe anerkannter mathematisch-statistischer Methoden aufgrund von Stichproben ermittelt werden. Voraussetzung ist, dass das Verfahren den Grundsätzen ordnungsmäßiger Buchführung entspricht und dass der Aussagewert einer solchen Inventur dem Aussagewert einer körperlichen Bestandsaufnahme gleichkommt.

Bei der Stichprobeninventur muss gewährleistet sein, dass eine Stichprobe pro Vermögensposten gezogen wird und bei der Auswahl der Stichprobe jeder einzelne Vermögensgegenstand des Lagerbestandes die gleiche Chance hat, ausgewählt zu werden. Die Werte der in der Stichprobe enthaltenen Vermögensposten werden genau ermittelt; anschließend wird der Mittelwert berechnet. Da dieser Mittelwert als Mittelwert aller im Lager befindlichen Vermögensposten interpretiert wird, ergibt sich aus der Multiplikation der Anzahl aller im Lager befindlichen Vermögensposten der Gesamtwert für den Lagerbestand.

Das einfache Mittelwertverfahren kann nur angewendet werden, wenn die Stichprobe für den gesamten Lagerbestand repräsentativ ist.

einfaches Mittelwertverfahren

> **Beispiel:**
> Im Lager befinden sich 50 verschiedene Produktarten. Es wird eine Stichprobe von insgesamt 5 verschiedenen Produkten genommen, denen folgende Werte zuzuordnen sind:

Produktart	Wert
1	350,00 €
2	410,00 €
3	280,00 €
4	590,00 €
5	800,00 €

2.430,00 €

Der Durchschnittswert der Stichprobe beträgt 486,00 €
(= 2.430,00 € : 5).
Der gesamte Lagerbestand hat somit einen Wert von 24.300,00 €
(= 486,00 € x 50).

geschichtetes Mittelwertverfahren

Das geschichtete Mittelwertverfahren ist wegen der geringeren Streuung der Einzelwerte der Stichprobe genauer als das einfache Mittelwertverfahren. Hier wird aus jeder Schicht eine Stichprobe genommen und jeweils deren Mittelwert bestimmt. Durch Multiplikation des Mittelwerts mit der Anzahl der Positionen der Schicht wird der Wert der Schicht ermittelt. Die Werte aller Schichten zusammen ergeben den Lagerwert.[43]

Permanente Inventur

Nach § 241 Abs. 2 HGB kann eine körperliche Bestandsaufnahme zum Bilanzstichtag entfallen, wenn „durch Anwendung eines den Grundsätzen ordnungsmäßiger Buchführung entsprechenden anderen Verfahrens gesichert ist, dass der Bestand der Vermögensgegenstände nach Art, Menge und Wert auch ohne die körperliche Bestandsaufnahme für diesen Zeitpunkt festgestellt werden kann" (§ 241 Abs. 2 HGB).

Die mengenmäßige Fortschreibung der Bestände kann über Lagerbücher, Lagerkarteien oder aber über Scanner-Kassen erfolgen. Die Bestände müssen einmal im Geschäftsjahr zu einem beliebigen Zeitpunkt körperlich aufgenommen werden. Der Tag der Inventur ist in den Lagerbüchern/-karteien zu vermerken. Wenn sich zwischen dem Inventurwert und dem fortgeschriebenen Lagerwert Differenzen ergeben, sind die Lagerbücher/-karteien zu korrigieren.

---

[43] Vgl. Schmidt, Bilanztraining, S. 46–48.

Die permanente Inventur darf nicht bei besonders wertvollen Wirtschaftsgütern des Unternehmens angewendet werden. Auch ist eine permanente Inventur bei Beständen, bei denen Schwund, Verdunsten, Verderb, leichte Zerbrechlichkeit oder ein ähnlicher Vorgang vorliegen kann, untersagt, es sei denn, diese Abgänge können mit Hilfe von Erfahrungssätzen schätzungsweise annähernd zutreffend berücksichtigt werden.[44]

Zeitverschobene Inventur

Für Vermögensgegenstände kann gem. § 243 Abs. 3 HGB eine körperliche Inventur zum Inventurstichtag entfallen, wenn der Kaufmann ihren Bestand aufgrund einer körperlichen Bestandsaufnahme oder aufgrund eines den Grundsätzen ordnungsmäßiger Buchführung entsprechenden Fortschreibungs- oder Rückrechnungsverfahrens nach Art, Menge und Wert in einem besonderen Inventar verzeichnet hat. Voraussetzung ist, dass das Inventar für einen Tag innerhalb der letzten **drei Monate vor oder der ersten beiden Monate nach dem Schluss des Geschäftsjahres** aufgestellt ist.

Die Vor- und Rückrechnung vom Inventurtag zum Bilanzstichtag ist durch die folgenden Merkmale gekennzeichnet:

- Die Bestände werden innerhalb der letzten drei Monate vor oder der beiden ersten Monate nach dem Bilanzstichtag körperlich einzeln aufgenommen oder durch permanente Inventur ermittelt.
- Der Bestand wird bewertet.
- Der Gesamtwert wird wertmäßig zum Aufnahmetag auf den folgenden Bilanzstichtag fortgeschrieben oder vom Inventurtag auf den zurückliegenden Bilanzstichtag zurückgerechnet.

Die zeitverschobene Inventur hat den Vorteil, dass die Bestandsaufnahme in beschäftigungsschwache Zeiten oder in Zeiten mit geringem Lagerbestand (Saisonbetriebe) verlegt werden kann. Nachteilig ist der zusätzliche Aufwand durch die notwendigen Wertfortschreibungen.[45]

---

[44] Vgl. Baetge/Kirsch/Thiele, Bilanzen, S. 84 f.

[45] Vgl. Coenenberg/Haller/Mattner/Schulze, Rechnungswesen, S. 60; Schmidt, Bilanztraining, S. 51–53.

2.3 Zusammenhang zwischen Finanzbuchhaltung, Bilanz und Gewinn- und Verlustrechnung

Die Aufgabe von Finanzbuchhaltung und Jahresabschluss besteht darin, die Geschäftsvorgänge des Berichtsjahres in systematischer Weise zu erfassen und in den gesetzlich geforderten Informationsinstrumenten Bilanz und GuV zusammenzufassen. Die Gesamtentwicklung eines Jahres kann man als Weg von der Anfangsbilanz zur Schlussbilanz interpretieren. In einfachster Form lässt sich die Ableitung einer Bilanz unmittelbar aus dem Inventar des Unternehmens vorstellen.

Bilanz

Die Umsetzung der Inventaraufstellung in eine Bilanz geschieht, indem entsprechend der gesetzlich vorgeschriebenen Bilanzgliederung Positionsgruppen des Vermögens und der Schulden gebildet werden. Je Gruppe werden nur noch Wertangaben geboten; die Mengenangaben entfallen.

Die Bilanz soll gemäß § 242 Abs. 1 HGB einen das Verhältnis des Vermögens und der Schulden darstellenden Abschluss ergeben. Auch in § 242 Abs. 1 HGB ist die Position Eigenkapital nicht eigens erwähnt, gleichwohl ist sie für jede Bilanz unerlässlich. Zum richtigen Verständnis des Wesens des Eigenkapitals muss man sich vergegenwärtigen, dass sich das Eigenkapital in der Bilanz aus der Gegenüberstellung von Vermögen und Schulden als Saldo ergibt. Damit wird deutlich, dass das Eigenkapital keine eindeutige bzw. festliegende Größe ist, sondern dass es sich als rechnerischer Rest aus der Erfassung und Bewertung von Vermögen und Schulden ableitet.

Zugleich zeigt dieser Zusammenhang, dass eine Bilanz stets ausgeglichen sein muss, weil jede Bilanz durch Einsetzen des Saldos Eigenkapital zum Ausgleich kommt. Das zeigen die Grundgleichungen der Bilanzierung:

Aktiva	=	Passiva
⇔ Vermögen	=	Eigenkapital + Fremdkapital
⇔ Eigenkapital	=	Vermögen – Fremdkapital

Neben der Bilanz umfasst der Jahresabschluss gemäß § 242 HGB die Gewinn- und Verlustrechnung. Die GuV ist eine Gegenüberstellung der Aufwendungen und Erträge des Geschäftsjahres. Sie endet mit dem Periodenerfolg. Der Erfolgsbegriff im Abbildungsmodell des Jahresabschlusses bezieht sich auf das Eigenkapital. Als Erfolg gilt die durch die Unternehmenstätigkeit bewirkte Eigenkapitalveränderung, d. h. die Eigenkapitalmehrung als Gewinn bzw. die Eigenkapitalminderung als Verlust. Erträge und Aufwendungen sind eigenkapitalmehrende bzw. -mindernde Wirkungen von Unternehmensgeschehnissen, wobei Kapitaleinlagen und Entnahmen durch Eigentümer ausgenommen sind. Die GuV erfasst die erfolgswirksamen Auswirkungen des Geschäftsgeschehens der Periode auf das Eigenkapital. Wegen der Bedeutung des Erfolges für die Unternehmensberichterstattung werden diese Einflüsse in einer getrennten Rechnung, eben der GuV, detailliert erfasst und über entsprechende Kontenreihen und Berichtssysteme einer laufenden Kontrolle zugänglich gemacht.

Gewinn- und Verlustrechnung

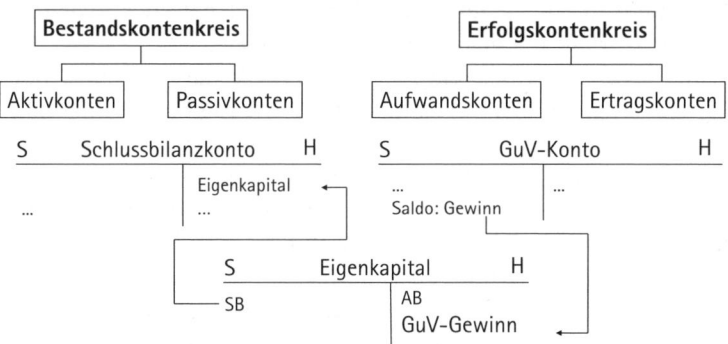

→ Das Eigenkapitalkonto ist das Bindeglied zwischen beiden Kontenkreisen

Abb. 2-3: Zusammenhang von Bilanz und GuV

Buchhaltung, Bilanz und GuV bilden zusammen ein geschlossenes System zur laufenden Erfassung und periodischen Abbildung des Unternehmensgeschehens und des Unternehmenszustandes. Die Anfangsbilanz als Aufnahme der Bestände an Vermögen, Schulden und Eigenkapital bildet den Ausgangspunkt der Erfassung in der Finanzbuchhaltung. Zur laufenden Erfassung der Geschäftsgescheh-

Anfangs-/ Schlussbilanz

nisse in zeitlicher und sachlicher Ordnung wird die Anfangsbilanz in Einzelrechnungen, die sogenannten Konten, zerlegt. Auf diese Weise kann die Fortschreibung der Anfangsbestände an Vermögen und Kapital im Wege einer systematischen Plus-Minus-Rechnung als Erfassung der Geschäftsvorfälle geschehen. Mit diesen Erfassungsregeln stehen die formalen Richtlinien für die laufende Abbildung des Unternehmensgeschehens im System der Finanzbuchhaltung fest. Nachdem alle Geschäftsvorfälle des Geschäftsjahres im System der Finanzbuchhaltung erfasst sind, können die Konten abgeschlossen und die Schlussbilanz abgeleitet werden.

erfolgsneutrale Vorgänge

Geschäftsvorfälle, die nur die Konten von Bilanzposten verändern, gelten als erfolgsneutrale Vorgänge. Zu den erfolgsneutralen Vorgängen zählen alle Geschäftsvorfälle mit Buchung und Gegenbuchung auf Bestandskonten der Bilanz. Hierbei kann es sich sowohl um Bestandsbuchungen außerhalb des Eigenkapitals (wie z. B. die Begleichung einer Verbindlichkeit aus Lieferungen und Leistungen per Banküberweisung) als auch um Bestandsänderungen von Bilanzkonten, die auch direkt das Eigenkapital betreffen (wie z. B. Geschäftsvorfälle mit den Eigentümern) handeln.

erfolgswirksame Vorgänge

Demgegenüber sind alle Geschäftsvorfälle, die die Aufwands- oder Ertragskonten der Gewinn- und Verlustrechnung betreffen, erfolgswirksame Vorgänge (z. B. der Verkauf von Fertigerzeugnissen oder die Zahlung von Fremdkapitalzinsen). Der aus der Gegenüberstellung von Erträgen und Aufwendungen in der GuV resultierende Periodenerfolg wird auf das Eigenkapitalkonto als Gewinn bzw. Verlust des Geschäftsjahres übertragen.

Die Finanzbuchhaltung ist die systematische Erfassung der Geschäftsvorgänge, ausgehend von einer Anfangsbilanz und hinführend zu einer Schlussbilanz. Auf diesem Wege wird die Erfolgswirkung in einem getrennten Kontensystem über die GuV separat sichtbar gemacht. Das Gesamtgefüge von Bilanz und GuV sieht demnach im systematischen Zusammenhang wie folgt aus:

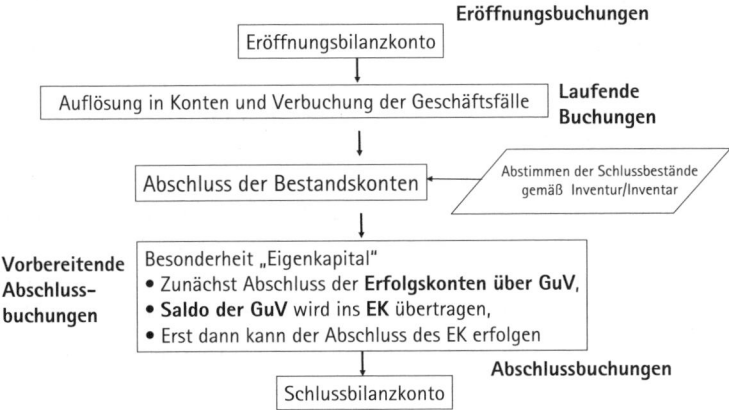

Abb. 2-4: Von der Anfangsbilanz zur Schlussbilanz

2.4　Grundsätze ordnungsmäßiger Buchführung (GoB)

Zweck und Aufgabe der GoB

§ 243 Abs. 1 HGB fordert, dass der Jahresabschluss nach den Grundsätzen ordnungsmäßiger Buchführung aufzustellen ist. Die in den Paragraphen des Handels- und Steuerrechts kodifizierten Regelungen können, weil sie prinzipienorientiert formuliert sind, die konkrete Handhabung der Rechnungslegung einzelner Sachverhalte in Unternehmen nur in Grundzügen bestimmen. In der wirtschaftlichen Praxis existiert eine solche Fülle von differenzierten Problemen, dass der Gesetzgeber dieses Spektrum an Einzelproblemlagen gar nicht vollständig regeln kann und zur Erhaltung der notwendigen Anpassungsflexibilität an veränderte wirtschaftliche Lagen auch nicht vollständig regeln sollte. Die Grundsätze ordnungsmäßiger Buchführung (GoB) stellen rechtsnormergänzende Konkretisierungen zur Handhabung der verschiedenen, praktisch auftretenden Rechnungslegungsprobleme dar. Es sind allgemein anerkannte Regeln über das Führen der Handelsbücher und das Erstellen des Jahresabschlusses der Unternehmung. Die GoB sind zwingende Rechtssätze, die das Gesetz ergänzen und immer dort greifen, wo Gesetzeslücken auftreten bzw. spezifische Gesetzesvorschriften einer Auslegung bedürfen. Durch die gesetzliche Verweisung wird die den GoB zugrunde liegende Ordnungsvorstellung zum unmittelbaren **Normbefehl**.[46]

Für Kapitalgesellschaften und Personengesellschaften ohne natürlichen Vollhafter wird in § 264 Abs. 2 HGB explizit formuliert, dass der Jahresabschluss **unter Beachtung der GoB** ein den tatsächlichen Verhältnissen entsprechendes Bild der Vermögens-, Finanz- und Ertragslage zu vermitteln hat. Damit kommt der tatsachengemäßen Darstellung (sog. true and fair view) des Unternehmens im Jahresabschluss keine übergeordnete Funktion zu. Vielmehr fungieren die GoB als übergeordneter Grundsatz unabhängig von der Frage, ob damit ein den tatsächlichen Verhältnissen entsprechendes Bild entsteht.

Bei den GoB handelt es sich um einen unbestimmten Rechtsbegriff, der im Zusammenwirken von

- Praxis (induktive Ableitung aus der Kaufmannspraxis),
- Theorie (deduktive Ableitung aus den allgemeinen Rechnungslegungszielen durch Rechtssprechung oder Vertreter der BWL) und
- Hermeneutik (Auslegung von Rechtsnormen, juristische Methodenlehre)[47]

konkretisiert wird.

Die GoB sind von Gewerbetreibenden auch in der Steuerbilanz zu beachten, wenn sie zur Buchführung verpflichtet sind oder freiwillig Bücher führen (§ 5 Abs. 1 S. 1 EStG).

---

[46] Vgl. Baetge/Apelt, HdJ, Abt. I/2, Rdn. 2.
[47] Vgl. ausführlich Baetge/Kirsch/Thiele, Bilanzen, S. 108–115.

Elemente der GoB

Grundsätze für Buchführung, Inventur und Datenverarbeitung

Die Grundsätze ordnungsmäßiger Buchführung beziehen sich auf die vertiefende Regelung der §§ 238 und 239 HGB, in denen die Buchführungspflicht der Kaufleute festgelegt ist. Die Grundsätze ordnungsmäßiger Buchführung regeln die Buchführungsorganisation und die Eintragung in die Handelsbücher; sie liefern Vorschriften, in welcher Weise die Buchführung der kaufmännischen Unternehmen zu geschehen hat (**Dokumentationsgrundsatz**). Grundsätze ordnungs-mäßiger Buchführung

Die Buchführung muss so beschaffen sein, dass sie einem sachverständigen Dritten innerhalb angemessener Zeit einen Überblick über die Geschäftsvorfälle und die Lage des Unternehmens vermitteln kann.

Die Geschäftsvorfälle müssen sich in ihrer Entstehung und Abwicklung verfolgen lassen.

Jeder Kaufmann ist zur Aufbewahrung von Schriftgut verpflichtet, soweit es Belegcharakter hat. Die Wiedergabe kann als Kopie (auch Mikrokopie), Abdruck, Abschrift oder sonstige Wiedergabe des Wortlauts auf Schrift-, Bild- oder anderem Datenträger erfolgen.

Die Verwendung einer lebenden Sprache ist zwingend. Der Abschluss muss nach § 244 HGB zwingend in deutscher Sprache und in der Währungseinheit Euro aufgestellt werden. Die Bedeutung von Abkürzungen, Ziffern, Buchstaben oder Symbolen muss im Einzelfall festgelegt und nachvollziehbar sein.

Zudem sind gem. § 239 Abs. 2 HGB Ordnungsregeln zu beachten. Demnach ist für die Buchhaltung die Vollständigkeit, Richtigkeit, Zeitgerechtheit (zeitnahe Buchung, tägliche Eintragungen sind nur noch für die Kassenführung gefordert) sowie die sachliche und zeitliche Ordnung zu beachten.

Schließlich darf eine Eintragung oder eine Aufzeichnung nicht so verändert werden, dass der ursprüngliche Inhalt nicht mehr feststellbar ist und dass nicht mehr erkennbar ist, ob die Veränderung ursprünglich ist oder erst später gemacht wurde. Fehlerhafte Eintragungen in der konventionellen Buchhaltung können gestrichen und müssen mit Namenszeichen des Korrigierenden versehen werden. In der EDV-Buchführung ist die fehlerhafte Buchung in jedem Fall zu stornieren!

Neben den Regelungen über die Vollständigkeit der Konten, die fortlaufende Eintragung, die zeitliche Unverzüglichkeit, die Klarheit und die Nachprüfbarkeit, die Übersichtlichkeit der Darstellung, das Belegprinzip und die Einhaltung der Aufbewahrungsfristen sind auch Regelungen über den systematischen Aufbau der Buchführung und die Handhabung EDV-gestützter Buchführungssysteme sowie Voraussetzungen im Hinblick auf die notwendige Fehlerabsicherung solcher Systeme erforderlich. Hierbei hat eine Sicherstellung der Zuverlässigkeit und Ordnungsmäßigkeit über ein internes Kontrollsystem (IKS) sowie eine Dokumentation und Sicherung des IKS zu erfolgen.[48]

Grundsätze ordnungsmäßiger Inventur

Die Grundsätze ordnungsmäßiger Inventur beziehen sich auf die §§ 240 und 241 HGB. Durch die Grundsätze ordnungsmäßiger Inventur soll über die im Gesetz gegebenen Hinweise hinaus sichergestellt werden, dass die körperliche Bestandsaufnahme und Fortschreibung der Bestände sachlich zutreffend ist. Hierzu sind Regelungen erforderlich, die Lösungen über die Stichtagsinventur hinaus ermöglichen (z. B. bei permanenter Inventur oder für Stichprobeninventuren). Ebenso sind hier die konkreten Inventurdurchführungsformen hinsichtlich der Abwicklungstechnik, des Termins und der organisatorischen Machbarkeit zu beachten.

Anstelle der Handelsbücher kann eine gesonderte Ablage von Belegen treten, deren Vollständigkeit z. B. durch fortlaufende Nummerierung nachgewiesen werden muss; Beispiele sind Offene-Posten-Buchhaltung oder Sammelbuchungen, die den Zusammenhang mit nach einem bestimmtem System geordneten Belegen erkennen lassen. Ebenso können auf Datenträgern aufgenommene Angaben verwendet werden, soweit diese Formen der Buchführung einschließlich des dabei angewandten Verfahrens den GoB entsprechen.

Grundsätze ordnungsmäßiger Datenverarbeitung

Die Grundsätze ordnungsmäßiger Datenverarbeitung stellen Anforderungen für die sachgemäße Ausgestaltung und Anwendung von Buchhaltungssoftware. Hier ist zunächst konzeptionell über die Grundsätze ordnungsmäßiger EDV-Dokumentation sicherzustellen,

---

[48] Vgl. Baetge/Kirsch/Thiele, Bilanzen, S. 116 f.

dass die eingesetzte Software die Grundsätze der Vollständigkeit, Übersichtlichkeit, Durchsichtigkeit, Zeitgerechtheit und Prüfbarkeit erfüllt. Die konkrete Ausgestaltung der Anwendungsprozesse steht im Mittelpunkt der Grundsätze ordnungsmäßiger EDV-Arbeitsabwicklung, die Anforderungen bezüglich der Zuverlässigkeit, Richtigkeit, Zeitgerechtigkeit, Vollständigkeit und Prüfbarkeit der Bedienung stellen. Aus der Problematik virtueller Lösungen folgen zudem die Grundsätze ordnungsmäßiger Funktionssicherheit der EDV, die durch notwendige Maßnahmen der Betriebssicherheit, Funktionstrennung, Datensicherung und Sicherheitsüberwachung Gefährdungspotenziale eindämmen.[49] Gerade beim Einsatz der EDV ist sicherzustellen, dass die Akten während der Dauer der Aufbewahrungsfrist verfügbar sind und innerhalb einer angemessenen Frist jederzeit lesbar gemacht werden können, was insbesondere bei jedem Soft- oder Hardwarewechsel zu bedenken ist.

Grundsätze ordnungsmäßiger Bilanzierung

Im Hinblick auf die Jahresabschlusserstellung bilden die Grundsätze ordnungsmäßiger Bilanzierung das eigentliche Kernstück. Sie werden üblicherweise in Rahmen-, System-, Ansatz-, Definitions- und Kapitalerhaltungsgrundsätze untergliedert.

Die **Rahmengrundsätze** legen die grundlegenden Anforderungen an eine aussagekräftige Abbildung des wirtschaftlichen Geschehens von Unternehmen fest. Dazu zählen die Grundsätze der Wahrheit, der Klarheit und Übersichtlichkeit, der Vollständigkeit, der Vergleichbarkeit, der Wirtschaftlichkeit sowie das Bilanzstichtags- und Periodisierungsprinzip. Bei den **Systemgrundsätzen** handelt es sich um generelle Regeln für die anderen GoB. Diese können als Klammer zwischen den Jahresabschlusszwecken und den anderen GoB gesehen werden. Dazu zählen das Prinzip der Unternehmensfortführung, der Grundsatz der Pagatorik und der Grundsatz der Einzelbewertung.

---

[49] Vgl. Wöhe/Kußmaul, Grundzüge der Buchführung und Bilanztechnik, S. 45 f.

Die **Definitionsgrundsätze für den Jahreserfolg** legen fest, wann die Ein- und Auszahlungen erfolgswirksam in der GuV oder erfolgsneutral in der Bilanz zu erfassen sind. Es wird zwischen zwei Ausprägungen (Realisationsprinzip sowie Grundsatz der Abgrenzung der Sache und der Zeit nach) unterschieden.

Grundsatz der Kapitalerhaltung

Der Grundsatz der Kapitalerhaltung hängt mit dem Rechnungslegungszweck der Gewinnermittlung/Zahlungsbemessungsfunktion zusammen. Zu den Kapitalerhaltungsgrundsätzen zählen das Imparitäts- und das Vorsichtsprinzip.[50]

Im Folgenden werden die zentralen Grundsätze genauer betrachtet.

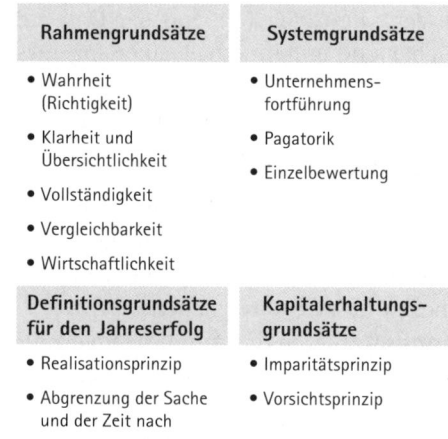

Rahmengrundsätze	Systemgrundsätze
• Wahrheit (Richtigkeit)	• Unternehmensfortführung
• Klarheit und Übersichtlichkeit	• Pagatorik
• Vollständigkeit	• Einzelbewertung
• Vergleichbarkeit	
• Wirtschaftlichkeit	

Definitionsgrundsätze für den Jahreserfolg	Kapitalerhaltungsgrundsätze
• Realisationsprinzip	• Imparitätsprinzip
• Abgrenzung der Sache und der Zeit nach	• Vorsichtsprinzip

Abb. 2-5: Grundsätze ordnungsmäßiger Buchführung

Grundsatz der Wahrheit (Richtigkeit)

Der Grundsatz der Wahrheit wird in der Literatur als Bilanzrichtigkeit beschrieben. Damit wird zum Ausdruck gebracht, dass es sich nicht um eine objektive Wahrheit, sondern nur um eine den Vorschriften entsprechende Wahrheit handelt. Eine Bilanz kann im Prinzip nicht objektiv wahr sein, sondern nur normgemäß richtig.[51]

---

[50] Vgl. Baetge/Kirsch/Thiele, Bilanzen, S. 144.

[51] Vgl. Coenenberg/Haller/Mattner/Schulze, Rechnungswesen, S. 55.

Unter dem Grundsatz der Bilanzwahrheit sind

- die bestandsmäßige und
- die wertmäßige

Richtigkeit der Ausweise als Teilprobleme zu behandeln.

Die bestandsmäßige Richtigkeit beinhaltet die Anforderung, dass Vermögen und Kapital vollständig abgebildet sind, die richtigen Mengen jeweils dem Ausweis zugrunde gelegt werden und die vorhandenen Bestände unter der Postenbezeichnung artlich richtig erscheinen (Ansatz). Die bestandsmäßige Richtigkeit beruht zunächst auf der gem. § 246 Abs. 1 HGB geforderten Vollständigkeit der Darstellung. Die wertmäßige Richtigkeit ist gegeben, wenn der Posten in der richtigen Höhe ausgewiesen wird.

Neben der Richtigkeit gehört die **Willkürfreiheit** zum Grundsatz der Wahrheit. Die Willkürfreiheit besagt, dass der Bilanzierende bei Schätzungen keine Werte ansetzen darf, die er selbst nicht für zutreffend hält, und dass er durch Ausnutzung der gesetzlichen Wahlrechte den Geschäftserfolg nicht willkürlich schönen oder verschlechtern darf.[52] Verstöße gegen die Bilanzwahrheit sind als Bilanzfälschungen zu klassifizieren und werden gesetzlich sanktioniert.

Gem. § 243 Abs. 2 HGB muss der Jahresabschluss klar und übersichtlich sein. Während der Grundsatz der Wahrheit eine materielle Richtigkeit fordert (richtige Wiedergabe), muss der Jahresabschluss nach dem Grundsatz der Klarheit formell richtig sein (eindeutige Wiedergabe). Der Grundsatz der Bilanzklarheit bezieht sich auf

Grundsatz der Klarheit und Übersichtlichkeit

- die eindeutige Bezeichnung der einzelnen Abschlussposten und
- die übersichtliche Anordnung der Posten in Bilanz und GuV.

Verstöße gegen den Grundsatz der Bilanzklarheit werden als Bilanzverschleierung bezeichnet.

Zur Konkretisierung der Gliederung und der Positionenbenennung dienen die im Gesetz gegebenen Schemata zur Gliederung von Bi-

---

[52] Vgl. Leffson, GoB, S. 199–201.

lanz und GuV sowie die in diesen Vorlagen benutzten Begriffe für die auszuweisenden Positionen.

Die konkreten Vorlagen für die Gliederung der Rechenwerke finden sich

- in § 266 HGB (Bilanzgliederung) und
- in § 275 HGB (GuV-Gliederung).

Zudem sind die Posten eindeutig zu benennen, sodass dem Jahresabschlussleser die inhaltlichen Unterschiede der einzelnen Posten deutlich werden.

Des Weiteren ist das Verrechnungsverbot, auch Saldierungsprinzip genannt, des § 246 Abs. 2 HGB zu beachten, das eine Verrechnung von Aktiva und Passiva sowie von Aufwendungen und Erträgen miteinander untersagt, um einen möglichst hohen Informationsgehalt des Jahresabschlusses sicherzustellen.

Sachlich verschiedene Bilanzpositionen dürfen nicht in einer Position ausgewiesen werden. So ist beispielsweise eine Zusammenfassung von Wertpapieren und Bankguthaben nicht mit dem Gliederungsschema des § 266 HGB vereinbar.[53]

Eine **Einschränkung** erfährt der Grundsatz der Klarheit durch die in § 276 HGB gebotene größenabhängige Erleichterung für kleine und mittelgroße Kapitalgesellschaften. Danach dürfen die Posten Umsatzerlöse, Bestandsänderungen der Erzeugnisse, andere aktivierte Eigenleistungen, sonstige betriebliche Erträge und der Materialaufwand nach dem Gesamtkostenverfahren (§ 275 Abs. 2 HGB) bzw. Umsatzerlöse, Herstellungskosten der zur Erzielung der Umsatzerlöse erbrachten Leistungen, das Bruttoergebnis vom Umsatz sowie sonstige betriebliche Erträge beim Umsatzkostenverfahren (§ 275 Abs. 3 HGB) in der Position Rohergebnis zusammengefasst ausgewiesen werden.

Grundsatz der Vollständigkeit
Der Grundsatz der Vollständigkeit ist in § 246 Abs. 1 HGB kodifiziert. Im Jahresabschluss sind alle Vermögensgegenstände, Schulden, Rechnungsabgrenzungsposten, Aufwendungen und Erträge zu erfassen. Auszuweisen sind die Posten jedoch nur insofern, als sie zum

---

[53] Vgl. Schmidt, Bilanztraining, S. 61–62.

Betriebsvermögen des Unternehmens gehören und wirtschaftliches Eigentum darstellen.

Ausnahmen vom Vollständigkeitsgrundsatz sind erlaubt, wenn das Unternehmen z. B. gesetzlich eingeräumte Wahlrechte in Anspruch nimmt[54] oder Einschätzungsspielräume nutzt.

Der Grundsatz der Vergleichbarkeit umfasst die formelle und materielle Stetigkeit. Die **formelle Stetigkeit** ist gewährleistet, wenn die Grundsätze der Bilanzidentität sowie die Bezeichnungs-, Gliederungs- und Ausweisstetigkeit (formale Bilanzkontinuität) eingehalten werden.

Grundsatz der Vergleichbarkeit (Stetigkeit)

Die **Bilanzidentität** fordert nach. § 252 Abs. 1 Nr. 1 HGB die Gleichheit von Schlussbilanz und Anfangsbilanz des Folgejahres (d. h. Endbestände t0 = Anfangsbestände t1).

Die **formale Bilanzkontinuität** erstreckt sich auf die Beibehaltung der Bilanzierungszeitpunkte, der Positionenbenennungen und der gewählten Gliederung. Gem. § 265 Abs. 1 HGB ist die Form der Darstellung, insbesondere die Gliederung, beizubehalten (Darstellungsstetigkeit).

Als **materielle Stetigkeit**, auch materielle Bilanzkontinuität genannt, wird die Beibehaltung der Bewertungsmethoden bezeichnet. Gem. § 252 Abs. 1 Nr. 6 HGB **sollen** bislang die auf den vorhergehenden Jahresabschluss angewandten Bewertungsmethoden beibehalten werden (Bewertungsstetigkeit). Das BilMoG postuliert ab dem 01.01.2009 hierfür eine Pflicht („sind"). Der Grundsatz der Bewertungsstetigkeit ist somit bislang als Soll-Vorschrift ausgestaltet. Dennoch unterliegt dieser Grundsatz dem gleichen strengen Maßstab wie die anderen in § 252 Abs. 1 HGB kodifizierten Muss-Vorschriften. Ebenso wird mit § 246 Abs. 3 HGB i. d. F. BilMoG für Ansatzmethoden eine Stetigkeit vorgeschrieben.

Dieser Grundsatz verlangt, dass gleichartige Bewertungsobjekte nach den gleichen Methoden zu bewerten sind (Einheitlichkeit der Bewertung). Besondere Bedeutung bekommt die Methodenstetigkeit im Zusammenhang mit den gesetzlich eingeräumten Bewertungs-

---

[54] Vgl. Wöhe/Kußmaul, Grundzüge der Buchführung und Bilanztechnik, S. 61 f.

wahlrechten.[55] Demgegenüber ist im HGB eine Ansatzstetigkeit nicht explizit gefordert.[56]

Beispiel:

Die Verfahren zur Ermittlung der Herstellungskosten sind von Jahr zu Jahr beizubehalten.

Werden Vorräte nach der Lifo-Methode bewertet, sind diese auch in den folgenden Geschäftsjahren nach dieser Methode zu bewerten.

Abweichungen vom Stetigkeitsprinzip sind nur in begründeten Ausnahmefällen zulässig (§ 252 Abs. 2 HGB). Ein solcher Fall liegt vor, wenn der Jahresabschluss kein klares und richtiges Bild der Unternehmenslage und -entwicklungen mehr geben würde.[57] Kapitalgesellschaften müssen im Anhang die Abweichungen von den Bilanzierungs- und Bewertungsmethoden angeben und begründen. Ferner ist ihr Einfluss auf die Vermögens-, Finanz- und Ertragslage gesondert darzustellen (§ 284 Abs. 2 Nr. 3 HGB).

Auch in DRS 13 (Grundsatz der Stetigkeit und Berichtigung von Fehlern), der zumindest für Konzerne auf der Basis der Vermutung, es handle sich um GoB, gilt, wird die Stetigkeit als Beibehaltung von Bilanzierungsgrundsätzen in sachlicher und zeitlicher Hinsicht definiert (DRS 13.6). Bei Abweichungen vom Stetigkeitsprinzip sind zusätzliche Angaben geboten (DRS 13.10–11).

Grundsatz der Wirtschaftlichkeit

Der Grundsatz der Wirtschaftlichkeit zielt darauf ab, dass der Aufwand für die Darstellung der Jahresabschlussinformationen nicht geringer sein soll als der damit verbundene Informationsnutzen für die Adressaten. Da der Informationsnutzen von den Abschlussadressaten unterschiedlich bewertet wird, kann die Wirtschaftlichkeit des Jahresabschlusses nicht objektiv nachgeprüft werden.[58]

Der Grundsatz der Wirtschaftlichkeit wird durch ein genormtes Kriterium der Wesentlichkeit ersetzt. Es gibt aber keine gesetzliche Normierung der Wesentlichkeit, sodass vom Bilanzierenden eine

---

[55] Vgl. insbesondere die Ausführungen in Kapitel 4.1.
[56] Vgl. Baetge/Kirsch/Thiele, Bilanzen, S. 119–121.
[57] Vgl. Leffson, GoB, S. 439.
[58] Vgl. Baetge/Kirsch/Thiele, Bilanzen, S. 125.

eher qualitative Beurteilung vorzunehmen ist, ob und wieweit die anderen Grundsätze sowie Rechnungslegungsvorschriften beachtet werden müssen.[59]

Unter den Wirtschaftlichkeitsgrundsatz sind z. B. die Vorschriften in den §§ 240 Abs. 3 und 4 sowie 256 HGB zu subsumieren; hier werden unter bestimmten Voraussetzungen Erleichterungen bei der Inventur und der Bewertung eingeräumt.

Bei der Bewertung von Vermögen und Schulden ist nach § 252 Abs. 1 Nr. 2 HGB die Fortsetzung der Unternehmenstätigkeit (Going-concern-Prinzip) zu unterstellen. Das bedeutet, dass der Bilanzierende nicht ohne Grund von einer Zerschlagungsfiktion ausgehen darf. Vielmehr sind die Vermögensgegenstände mit ihren sog. Fortführungswerten anzusetzen.

Grundsatz der Unternehmensfortführung

Der Grundsatz der Pagatorik ist in § 252 Abs. 1 Nr. 5 HGB verankert. Danach dürfen die Bilanzposten nur mit Rechengrößen bewertet werden, die letztlich auf tatsächliche Zahlungsvorgänge zurückzuführen sind. Kalkulatorische Werte oder individuelle Wertvorstellungen des Bilanzierenden dürfen nicht als Wertansätze berücksichtigt werden.[60]

Grundsatz der Pagatorik

Der Grundsatz der Einzelbewertung fordert, dass die Vermögensgegenstände und Schulden einzeln zu erfassen und einzeln zu bewerten sind (§ 252 Abs. 1 Nr. 3 HGB). Die Bewertung wird sodann durch § 252 Abs. 1 Nr. 4 HGB modifiziert, in dem das Vorsichtsprinzip als Richtschnur für die Bewertung benannt wird.

Grundsatz der Einzelbewertung

In begründeten Ausnahmefällen darf vom Grundsatz der Einzelbewertung abgewichen werden, was eine Durchbrechung der GoB darstellt. Als Beispiele hierfür sind zu nennen:

- § 240 Abs. 3 HGB: Festbewertung,
- § 240 Abs. 4 HGB: Gruppenbewertung (gew. Durchschnitt),
- § 256 HGB: Bewertungsvereinfachungsverfahren/Sammelbewertung (Fifo-/Lifo-Verfahren, gewogener Durchschnitt).

---

[59] Vgl. Ossadnik, Grundsatz und Interpretation der "Materiality", S. 617–629.
[60] Vgl. Baetge/Kirsch/Thiele, Bilanzen, S. 128 f.

Grundsatz
der Perioden-
abgrenzung

Gem. § 252 Abs. 1 Nr. 5 HGB sind Aufwendungen und Erträge des Geschäftsjahres ohne Rücksicht auf den Zeitpunkt ihrer Ausgabe oder Einnahme im Jahresabschluss zu berücksichtigen. Anders als beim Realisations- und Imparitätsprinzip werden Aufwendungen und Erträge nicht unter dem Gesichtspunkt der Vorsicht abgegrenzt. Bei der Periodenabgrenzung erfolgt eine Abgrenzung nach der Sache und nach der Zeit.[61] In beiden Fällen ist das Verursachungsprinzip maßgebend.

Bei der **Abgrenzung der Sache nach** werden Zahlungen nach ihrer wirtschaftlichen Verursachung erfolgsmäßig abgegrenzt: Den realisierten Erträgen werden die ihnen (sachlich) zurechenbaren Aufwendungen gegenübergestellt (Finalprinzip). Für die Aufwandsverrechnung ist deshalb das Prinzip der leistungsentsprechenden Gegenüberstellung von Aufwendungen und Erträgen von entscheidender Bedeutung.[62]

Beispiele:[63]

Ausgaben für Sachanlagen vor dem Bilanzstichtag werden der Sache nach Aufwendungen als Abschreibungen während der betriebsgewöhnlichen Nutzungsdauer.

Nach dem Realisationsprinzip werden Teile dieser Aufwendungen durch Aktivierung als Herstellungskosten der Erzeugnisse den Erträgen zugeordnet.

Erfassung von Ausgaben nach dem Bilanzstichtag, für die am Bilanzstichtag eine gewisse oder ungewisse Verpflichtung besteht, durch Passivierung einer Verbindlichkeit oder einer Rückstellung für ungewisse Verbindlichkeiten.

Der Grundsatz der **Abgrenzung der Zeit nach** ordnet Einnahmen und Ausgaben periodengerecht zu, die ihrer Natur nach zeitraumbezogen anfallen. Zeitliche Abgrenzungen sind notwendig für

---

[61] Vgl. Leffson, GoB, S. 188 ff.
[62] Vgl. Coenenberg/Haller/Mattner/Schulze, Rechnungswesen, S. 58.
[63] Schmidt, Bilanztraining, S. 72.

- Ausgaben des abgelaufenen Geschäftsjahres, soweit sie als Aufwand in die Zeit nach dem Bilanzstichtag gehören, und
- Einnahmen des abgelaufenen Geschäftsjahres, soweit sie als Ertrag in die Zeit nach dem Bilanzstichtag gehören.

Die Abgrenzung erfolgt durch die Bilanzierung von Rechnungsabgrenzungsposten (RAP).

Beispiel:[64]

Ein Unternehmen hat Geschäftsräume angemietet. Das Mietverhältnis beginnt am 01.10. Die jährliche Miete beträgt 60.000 € und wird am 01.10. überwiesen. Das Geschäftsjahr endet zum 31.12. Welche Buchungen sind vorzunehmen, um die Ausgabe im Sinne der Abgrenzung der Zeit nach erfolgsmäßig zutreffend zeitlich abzugrenzen?

01.10.: Mietaufwand an Bank (60.000 €)

31.12.: (aktiver) RAP an Mietaufwand (45.000 €)

01.01.: Mietaufwand an (aktiver) RAP (45.000 €)

Das Realisationsprinzip ist der Maßstab für den zeitgerechten Ausweis von Erträgen und Aufwendungen – und damit das grundlegende Aktivierungs- und Passivierungskriterium. Es ist in § 252 Abs. 1 Nr. 4 HGB kodifiziert und besagt, dass Gewinne nur zu berücksichtigen sind, wenn sie am Abschlussstichtag realisiert sind. Das Realisationsprinzip hat zwei Komponenten:

Realisationsprinzip

1. Bestimmung des Wertansatzes für noch nicht realisierungsfähige Erzeugnisse und Leistungen,
2. Regelung der Ertragsrealisation.[65]

Wenn die vom Unternehmen zu liefernden Güter und Leistungen noch nicht den „Sprung zum Absatzmarkt" geschafft haben und damit noch nicht den Wertsprung zum Verkaufspreis erfahren haben, sind sie höchstens mit ihren Anschaffungs-/Herstellungskosten anzusetzen (§ 253 Abs. 1 HGB). Zweck des **Anschaffungskosten-/Herstellungskostenprinzips** ist es, dass Zugänge von Vermögensgegenständen den Erfolg nicht positiv verändern sollen (Ge-

---

[64] Vgl. Schmidt, Bilanztraining, S. 73.
[65] Vgl. Baetge/Apelt, HdJ, Abt. I/2, Rdn. 80 ff.

winnneutralität). Nur voraussichtlich gewinnbringende Geschäfte dürfen nicht gewinnerhöhend behandelt werden.

Entsprechend dem Realisationsprinzip dürfen demnach nur realisierte Erträge ausgewiesen werden. Als **Zeitpunkt der Ertragsrealisation** gilt jener Zeitpunkt, zu dem die Güter den „Sprung zum Absatzmarkt" geschafft haben. Zu diesem Zeitpunkt ist der erzielte Erlös als Forderung oder – falls eine sofortige Zahlung erfolgte – als Zugang liquider Mittel zu buchen. Gleichzeitig ist der Abgang der verkauften Güter als Aufwand zu bilanzieren.

Folgende Bedingungen müssen erfüllt sein, damit der Gewinnrealisationszeitpunkt erreicht ist:

1. Ein Kaufvertrag muss abgeschlossen worden sein.
2. Die geschuldete Lieferung oder Leistung muss erbracht worden sein.
3. Das Gut muss den Verfügungsbereich – und somit den Verwertungsbereich – des liefernden oder leistenden Unternehmens verlassen haben.
4. Die Abrechnungsfähigkeit muss gegeben sein.[66]

Beispiel:[67]

Ein Unternehmen erhält am 15.10. den Auftrag, eine bestimmte Produktionsanlage zu liefern. Die Lieferung erfolgt am 03.02. des folgenden Jahres. Die Rechnung beläuft sich auf über 200.000 € zzgl. USt. Die Herstellungskosten haben 170.000 € betragen; bis zum 31.12. waren hiervon 150.000 € angefallen.

Buchung am 31.12.: Aktivierung der Produktionsanlage in Höhe von 150.000 € (Gewinnneutralität).

Buchung am 03.02.: Die Netto-Forderung in Höhe von 200.000 € und die Herstellungskosten in Höhe von 170.000 € (150.000 € Aufwand aus Bestandsminderung und 20.000 € laufender Aufwand) sind zu buchen, sodass ein Erfolg in Höhe von 30.000 € realisiert wird.

Imparitäts-
prinzip

Das klare Realisationsprinzip wird allerdings durch das Vorsichtsprinzip abgewandelt. Das Imparitätsprinzip ist in § 252 Abs. 1 Nr. 4

---

[66] Vgl. Baetge/Kirsch/Thiele, Bilanzen, S. 132 ff.
[67] Vgl. Schmidt, Bilanztraining, S. 66 f.

HGB kodifiziert und fordert, im Jahresabschluss „namentlich alle vorhersehbaren Risiken und Verluste, die bis zum Abschlussstichtag entstanden sind, zu berücksichtigen, selbst wenn diese erst zwischen dem Abschlussstichtag und dem Tag der Aufstellung des Jahresabschlusses bekannt geworden sind; …" Negative Erfolgsbeiträge werden im Interesse der Kapitalerhaltung und des Gläubigerschutzes bereits in der abzuschließenden Periode antizipiert, indem sie als Aufwand in die GuV eingestellt werden, um künftige Rechnungsperioden von vorhersehbaren Risiken und Verlusten freizuhalten, die am Bilanzstichtag zwar noch nicht realisiert, aber bereits verursacht sind.[68]

Voraussichtlich verlustbringende Geschäfte müssen umgehend gewinnmindernd behandelt werden. Eine Berücksichtigung von negativen Erfolgsbeiträgen muss erfolgen, wenn sie

- aus Geschäften des abgelaufenen Geschäftsjahres herrühren (bis zum Abschlussstichtag entstanden sind) und
- am Abschlussstichtag vorhersehbar sind.[69]

Abwertungen bei Vermögen bzw. Zunahmen bei Schulden sind also auch zu berücksichtigen, wenn sie noch nicht durch entsprechende Marktverkäufe realisiert wurden. Gewinne dürfen dagegen nur berücksichtigt werden, wenn sie am Abschlussstichtag bereits realisiert, d. h. marktlich verwirklicht wurden. Diese asymmetrische, aus dem Vorsichtsprinzip stammende Bewertungsregel wird als Imparitätsprinzip bezeichnet. Das Imparitätsprinzip schlägt sich bei Vermögen als Niederstwertprinzip und bei Schulden als Höchstwertprinzip nieder.

---

[68] Vgl. BFH, Beschl. v. 23.6.1997 GrS 2/93, BStBl 1997 II, S. 735.
[69] Vgl. Leffson, GoB, S. 339 ff.

Beispiel[70]

Die Kaufkap GmbH hat am 20.12.t1 einen Vertrag zum Kauf von Rohstoffen abgeschlossen

20.000 kg zu 17,90 €/kg	358.000 €
Der Marktpreis am Abschlussstichtag (31.12.t1) beträgt 16,80 €/kg	<u>336.000 €</u>
Differenz:	22.000 €

Noch im Dezember (22.12.t1) verkauft die Kaufkap GmbH die Rohstoffe zum Festpreis von 21,00 €/kg weiter an die Einmalkauf KG   420.000 €

Wie muss die Kaufkap GmbH die Differenz in Höhe von 22.000 € zum 31.12. im Jahresabschluss ausweisen, wenn die Rohstoffe am

a) 23.12. (t1),
b) 05.01. (t2)

angeliefert werden?

Lösung:

Die Kaufkap GmbH hat die Rohstoffe am Abschlussstichtag noch nicht an seinen Kunden geliefert. Es liegt ein schwebendes Geschäft vor; Gewinne aus schwebenden Geschäften dürfen nach dem Realisationsprinzip nicht ausgewiesen werden. Deshalb darf das Unternehmen keine Forderungen aus dem Verkaufsgeschäft aktivieren.

In Fall a) hat die Kaufkap GmbH die Rohstoffe bereits erhalten und innerhalb der Vorräte bilanziert. Allerdings ist der Wert der Vorräte am Bilanzstichtag um 22.000 € gesunken. Nach dem Imparitätsprinzip ist eine Abschreibung vorzunehmen und die Rohstoffe sind mit dem niedrigeren Wert in Höhe von 336.000 € anzusetzen (§ 253 Abs. 3 S. 1 und 2 HGB).

In Fall b) ist am Bilanzstichtag vorhersehbar, dass die Kaufkap GmbH die Rohstoffe um 22.000 € günstiger hätte erwerben können. Am Bilanzstichtag ist deshalb ein Verlust in Höhe von 22.000 € erkennbar, der zu antizipieren und in der Bilanz als drohender Verlust aus schwebenden Geschäften auszuweisen ist (§ 249 Abs. 1 S. 1 HGB).

---

[70] Vgl. Schmidt, Bilanztraining, S. 69.

Entsprechend dem Grundsatz der Vorsicht hat der Kaufmann den Wert seiner Vermögensgegenstände und Schulden vorsichtig zu bewerten (§ 252 Abs. 1 Nr. 4 HGB). Das Vorsichtsprinzip ist heranzuziehen, wenn bezüglich künftiger Sachverhalte unsichere Erwartungen beim Bilanzierenden vorliegen.

Vorsichtsprinzip

Konkret geht es stets darum, ein vorsichtiges Vorgehen bei der Bewertung und bei der Schätzung im Rahmen gegebener Spielräume zu praktizieren. Der Kaufmann solle sich im Zweifel lieber „ärmer" als „reicher" rechnen.[71] Die damit verbundene asymmetrische Bilanzierungsweise erscheint zwar aus Sicht des Kapitalerhaltungszwecks gerecht zu sein, sie steht jedoch dem Rechenschaftszweck entgegen. Eine vorsichtige Bewertung führt zu einer Gewinnminderung und zu einer Minderung des Ausschüttungspotenzials. Eine Unterbewertung von Aktiva und eine Überbewertung von Passiva führen zur Bildung stiller Reserven, deren Existenz und Umfang die Jahresabschlussadressaten i. d. R. nicht erkennen können. Aufgrund der dadurch entstehenden unzutreffenden Unternehmensabbildung im Jahresabschluss kann die Anwendung des Vorsichtsprinzips dem Rechenschaftszweck nicht gerecht werden.

Nach dem BilMoG ist zur Abmilderung des Vorsichtsprinzips die Bildung von **Bewertungseinheiten** erlaubt. Konkret heißt es im § 254 i. d. F. d. BilMoG: „Werden Vermögensgegenstände, Schulden, schwebende Geschäfte oder mit hoher Wahrscheinlichkeit vorgesehene Transaktionen zur Absicherung von Zins-, Währungs- und Ausfallrisiken oder gleichartiger Risiken mit Finanzinstrumenten zusammengefasst (Bewertungseinheit), sind § 249 Abs. 1, § 252 Abs. 1 Nr. 3 und 4, § 253 Abs. 1 S. 1 und § 256 a nicht anzuwenden, soweit der Eintritt der abgesicherten Risiken ausgeschlossen ist."

---

[71] Vgl. Schmalenbach, Dynamische Bilanz, S. 83–85; Leffson, GoB, S. 466.

2.5   Aufgaben und Lösungen

Aufgaben

Aufgabe 1: GoB

Anfang Dezember t0 schließt die Müller-OHG einen Vertrag zur Lieferung von Handelsware ab. Dementsprechend sind im Januar des nächsten Jahres 20.000 Stück zu je 25,00 € zzgl. USt an den Kunden zu liefern. Die OHG hat für die Ware selbst 15,00 € pro Stück bezahlt.

a) Wann entsteht der Gewinn bei der Müller-OHG? Wie hoch ist er? Welches Prinzip gilt?

b) Wie werden Gläubiger durch den vorsichtigen Erfolgsausweis geschützt?

Aufgabe 2: GoB (2)

Die Grundsätze ordnungsmäßiger Buchführung und Bilanzierung (GoB) enthalten unter anderem die folgenden Bewertungs- und Gliederungsgrundsätze:

A   Grundsatz der Bilanzidentität,

B   Grundsatz der Bilanzwahrheit,

C   Grundsatz der formellen Bilanzkontinuität,

D   Grundsatz der Fortsetzung der Unternehmenstätigkeit,

E   Grundsatz der Klarheit und Übersichtlichkeit,

F   Grundsatz der Periodenabgrenzung,

G   Grundsatz des Verrechnungsverbots,

H   Grundsatz der Vollständigkeit,

I   Grundsatz der Vorsicht,

J   Grundsatz der Wesentlichkeit,

K   Grundsatz der materiellen Bilanzkontinuität,

L   Grundsatz der Einzelbewertung.

a) Den folgenden Beispielen ist jeweils – unter Nennung der gesetzlichen Norm – einer dieser Grundsätze zuzuordnen:

1. In der Bilanz sind alle bilanzierungsfähigen Wirtschaftsgüter des Unternehmens aufzunehmen, es sei denn, gesetzlich eingeräumte Wahlrechte werden in Anspruch genommen.

2. Für aufeinander folgende Jahresabschlüsse sind die Form der Darstellung, insbesondere die Gliederung und die inhaltliche Abgrenzung der Posten, beizubehalten.

3. Die Wertansätze in der Eröffnungsbilanz des Geschäftsjahres müssen mit den Wertansätzen in der Schlussbilanz des vorhergehenden Geschäftsjahres übereinstimmen.

4. Sachlich verschiedene Bilanzpositionen dürfen nicht in einer Position ausgewiesen werden (z. B. Zusammenfassung von Schecks, Kassenbestand, Bundesbank- und Postscheckguthaben sowie Guthaben bei Kreditinstituten zu einem Posten „Flüssige Mittel").

5. Die angewendeten Bewertungsmethoden sollen in der Regel von Jahresabschluss zu Jahresabschluss beibehalten werden.

6. Der Jahresabschluss von Kapitalgesellschaften soll unter Beachtung der Grundsätze ordnungsmäßiger Buchführung ein den tatsächlichen Verhältnissen entsprechendes Bild der Vermögens-, Finanz- und Ertragslage des Unternehmens vermitteln.

7. Am Abschlussstichtag dürfen nur die realisierten Gewinne ausgewiesen werden; vorhersehbare Risiken und Verluste, die im Geschäftsjahr oder früher entstanden sind, sind zu berücksichtigen.

8. Bei der Bewertung der Wirtschaftsgüter ist in der Regel die Fortsetzung der Unternehmenstätigkeit zu unterstellen.

9. Aufwendungen und Erträge für das Geschäftsjahr sind ohne Rücksicht auf den Zeitpunkt ihrer Ausgabe oder Einnahme im Jahresabschluss zu berücksichtigen.

10. Führen trotz Anwendung der Grundsätze ordnungsmäßiger Buchführung besondere Umstände dazu, dass der Jahresabschluss der Kapitalgesellschaft kein den tatsächlichen Verhältnissen entsprechendes Bild der Vermögens-, Finanz- und Ertragslage vermittelt, sind zusätzliche Angaben im Anhang zu machen.

11. Forderungen und Verbindlichkeiten dürfen in der Regel nicht saldiert ausgewiesen werden. Entsprechendes gilt für den Ausweis von Aufwendungen und Erträgen.

12. Die Vermögensgegenstände und Schulden sind zum Abschlussstichtag einzeln zu bewerten.

b) In welchen Fällen ist eine Durchbrechung dieser Grundsätze im Gesetz gegeben und worin liegen die Motive dafür?

Lösungen

Lösung zu Aufgabe 1

a) Gewinn entsteht erst mit der Auslieferung der Ware in t1. Der Gewinn beträgt 200.000 € (Realisationsprinzip).

b) Erst mit der Erfüllung aller Pflichten hat der Unternehmer einen Rechtsanspruch auf den Kaufpreis. Dann nämlich ist der Anspruch nicht mehr gefährdet.
Anders wäre es, wenn die Ware noch im Lager ist; dann könnte sie durch einen Brand o. Ä. zerstört werden und das liefernde Unternehmen müsste das Risiko des Verlustes tragen. Die Möglichkeit, die Ware mit Gewinn zu verkaufen, reicht deshalb nicht aus.
Der eher späte Gewinnausweis führt zu eher niedrigen Gewinnen.

Lösung zu Aufgabe 2

Paragraphen im HGB

1. Grundsatz der Vollständigkeit (H) § 246 Abs. 1
2. Grundsatz der formellen Bilanzkontinuität (C) § 265 Abs. 1
3. Grundsatz der Bilanzidentität (A) § 252 Abs. 1 Nr. 1
4. Grundsatz der Klarheit und Übersichtlichkeit (E) § 243 Abs. 2
5. Grundsatz der materiellen Bilanzkontinuität (K) § 252 Abs. 1
6. Grundsatz der Bilanzwahrheit (B) nicht kodifiziert
7. Grundsatz der Vorsicht (I) § 252 Abs. 1 Nr. 4
8. Grundsatz der Fortsetzung der Unternehmenstätigkeit (D) § 252 Abs. 1 Nr. 2
9. Grundsatz der Periodenabgrenzung (F) § 252 Abs. 1 Nr. 5
10. Grundsatz der Wesentlichkeit (J) nicht kodifiziert
11. Grundsatz des Verrechnungsverbots (G) § 246 Abs. 2
12. Grundsatz der Einzelbewertung (L) § 252 Abs. 1 Nr. 3

Durchbrechung der Grundsätze im HGB:

Durchbrechung des Grundsatzes:	HGB	Gegenstand	Begründung/ Motive
der Einzelbewertung	§ 240 Abs. 3	Ansatz mit gleich bleibender Menge und gleich bleibendem Wert	- Vereinfachung - nachrangige Bedeutung
der Einzelbewertung	§ 240 Abs. 4	Gewogene Durchschnittsbewertung	- Vereinfachung
der Einzelbewertung	§ 256	Bewertungsvereinfachungsverfahren	- Vereinfachung
Stichtagsprinzip	§ 241	Inventurvereinfachungsverfahren	- Vereinfachung
Zusätzlich nach BilMoG			
der Einzelbewertung	§ 254	Bewertungseinheiten	- angestrebte tatsachengemäße Darstellung

Hinweis:

Diese und weitere Aufgaben samt Lösungen finden Sie auf der beiliegenden CD-ROM.

Siehe CD-ROM

3 Grundlegende Ansatzvorschriften

3.1 Allgemeine Ansatzregelungen

Gem. § 246 Abs. 1 HGB hat der Jahresabschluss sämtliche Vermögensgegenstände, Schulden, Rechnungsabgrenzungsposten [...] zu
enthalten, soweit gesetzlich nichts anderes bestimmt ist (Vollständigkeitsgebot). Das Vollständigkeitsgebot bezieht sich nur auf bilanzierungsfähige Vermögensgegenstände und Schulden, für die kein
Ansatzwahlrecht oder -verbot besteht. Es erstreckt sich somit lediglich auf alle zum Betriebsvermögen gehörenden Vermögensgegenstände und Schulden. Vermögensgegenstände und Schulden des
Privatvermögens dürfen nicht angesetzt werden.

Vollständig-
keitsgebot

In § 246 Abs. 1 S. 2 HGB wird die Zurechnung bislang unter dem
Gesichtspunkt wirtschaftlicher Zugehörigkeit ausdrücklich für den
Erwerb unter Eigentumsvorbehalt, die Verpfändung und die Sicherungsübereignung hervorgehoben. „Vermögensgegenstände, die
unter Eigentumsvorbehalt erworben oder an Dritte für eigene oder
fremde Verbindlichkeiten verpfändet oder in anderer Weise als
Sicherheit übertragen worden sind, sind in die Bilanz des Siche-
rungsgebers aufzunehmen. In die Bilanz des Sicherungsnehmers
sind sie nur aufzunehmen, wenn es sich um Bareinlagen handelt."

Ferner ist das Verrechnungsverbot zu beachten. Posten der Aktivseite dürfen bislang nicht mit Posten der Passivseite und Grundstücks-
rechte nicht mit Grundstückslasten verrechnet werden (§ 246 Abs. 2
HGB). Grundsätzlich ist jeder Posten einzeln in der Bilanz zu erfassen. Eine Verrechnung ist nur zulässig, wenn z. B. gegenüber dersel-
ben Person eine Forderung und eine Verbindlichkeit besteht, die bis
zum Bilanzstichtag durch Aufrechnung getilgt werden können.[72]

Verrechnungs-
verbot

Mit dem BilMoG wird § 246 Abs. 1 u. 2 HGB völlig neu gefasst.
Demnach wird die wirtschaftliche Zugehörigkeit weiter ausgebaut
und nur durch ausdrückliche gesetzliche Konkretisierungen einge-

---

[72] Vgl. Schmidt, Bilanztraining, S. 86.

schränkt. In Abs. 2 wird bestimmt, dass Vermögensgegenstände, die ausschließlich der Erfüllung von Altersversorgungsverpflichtungen und vergleichbaren langfristigen Verpflichtungen dienen, die gegenüber Arbeitnehmern eingegangen wurden, nicht auf der Aktivseite der Bilanz anzusetzen, sondern mit den entsprechenden Schulden zu verrechnen sind. Dabei sollen Vermögensgegenstände als solche klassifiziert werden, wenn sie dem Zugriff aller übrigen Gläubiger entzogen sind und nur zur Erfüllung der Schulden verwertet werden können. Hiermit wird insbesondere eine saldierte Darstellung von Pensionsvermögen und Pensionsverpflichtungen bezweckt, wie sie auch in internationalen Rechnungslegungssystemen (z. B. IAS 19) üblich ist.

Periodenabgrenzung
Aus dem Grundsatz der Periodenabgrenzung resultiert das Ansatzgebot für aktive und passive Rechnungsabgrenzungsposten.

Handelsrechtlich gibt es keine konkrete Definition von Vermögensgegenständen und Schulden (unbestimmter Rechtsbegriff). Aus nicht kodifizierten GoB wurden Definitionskriterien für Vermögensgegenstände bzw. Schulden abgeleitet. So ist festgelegt, was in der Bilanz prinzipiell unter den Aktiva bzw. Passiva angesetzt werden muss bzw. darf. Hieraus leiten sich die Aktivierungs- und Passivierungsgebote ab.

Die Grundlinie der Ansatzpflichten (Vollständigkeitsgebot) wird durch die folgenden beiden Sachverhalte unterbrochen:

1. Ansatzwahlrechte für Vermögensgegenstände und Schulden
2. Problemkreis der Abgrenzungen beim Vermögensausweis:
   – Abgrenzung Privatvermögen/Betriebsvermögen
   – Abgrenzung Anschaffungskosten/Erhaltungsaufwand
   – Abgrenzung der Zugehörigkeit nach wirtschaftlichem, nicht nach juristischem Eigentum (relevant z. B. bei Kommissionsvermögen, Eigentumsvorbehalt, Sicherungsübereignung und Leasing)

Während es sich bei Punkt 1 um vom Gesetzgeber eingeräumte Wahlrechte handelt, liegen bei den unter Punkt 2 genannten Problemen unvermeidliche Auslegungsspielräume vor, die kaum eingegrenzt werden können.

Darüber hinaus kennt das Handelsrecht Bilanzierungshilfen, die wegen des fehlenden Vermögensgegenstandscharakters an sich nicht bilanzierungsfähig sind, für die aber ein Wahlrecht zur Aktivierung eingeräumt wurde.

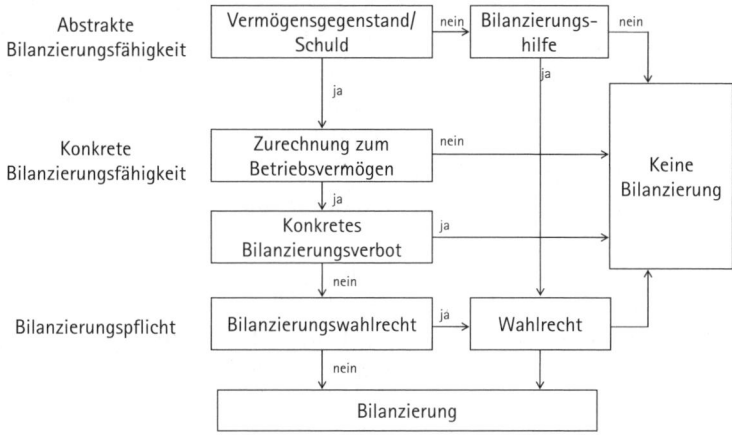

Abb. 3-1: Bilanzansatz-Entscheidung im HGB-Abschluss[73]

3.2 Ansatz von Aktiva

Aktivierungsgebot

Grundsätzlich unterliegen gem. § 246 Abs. 1 HGB alle aktivierungsfähigen Vermögensgegenstände, die zum Betriebsvermögen gehören und die sich im wirtschaftlichen Eigentum des Unternehmens befinden, einem Aktivierungsgebot, es sei denn, sie stehen dem Ansatzverbot entgegen oder es liegen Ansatzwahlrechte oder Ermessensspielräume vor. In diesem Zusammenhang wird zwischen abstrakter und konkreter Aktivierungsfähigkeit unterschieden. Die abstrakte Aktivierungsfähigkeit wird durch die Kriterien des Aktivierungsgrundsatzes bestimmt, während sich die konkrete Aktivierungsfähigkeit aus den konkreten handelsrechtlichen Aktivierungs-

abstrakte/ konkrete Aktivierungs- fähigkeit

---

[73] Vgl. Coenenberg, Jahresabschluss und Jahresabschlussanalyse, S. 78.

vorschriften ergibt, die beim Vorliegen von Wahlrechten und Verboten vom Aktivierungsgrundsatz abweichen können.

selbstständige Verwertbarkeit

Entscheidend für das Vorliegen eines Vermögensgegenstandes und somit für dessen Bilanzierungsfähigkeit ist die selbstständige Verwertbarkeit (abgeleitet aus den nicht kodifizierten GoB). Die selbstständige Verwertbarkeit stellt auf die Schuldendeckungsfähigkeit von Vermögensgegenständen ab und dient der Wahrung des Gläubigerschutzes; sie ist gegeben, wenn ein Gut gegenüber Dritten „verwertet" und in Geld „umgewandelt" werden kann. Die Verwertung schließt die Veräußerung, die Einräumung eines Nutzungsrechts, den bedingten Verzicht und die Zwangsvollstreckung ein.[74]

selbstständige Bewertbarkeit/ bilanzielle Greifbarkeit

Im Gegensatz zum Handelsrecht spricht das Steuerrecht nicht von Vermögensgegenständen, sondern von Wirtschaftsgütern. Wirtschaftsgüter sind durch die aus BFH-Urteilen abgeleiteten Merkmale selbstständige Bewertbarkeit und bilanzielle Greifbarkeit gekennzeichnet.[75] Die selbstständige Bewertbarkeit fordert, dass ein Gut innerhalb des Gesamtvermögens als Einzeleinheit bewertet werden kann. Bilanzielle Greifbarkeit ist gegeben, wenn ein Gut bei Veräußerung des gesamten Betriebes als Einzeleinheit ins Gewicht fällt oder dem Betrieb in Zukunft zugute kommt, ohne sich – als Abgrenzung zum originären Geschäfts- oder Firmenwert – ins Allgemeine zu verflüchtigen.[76]

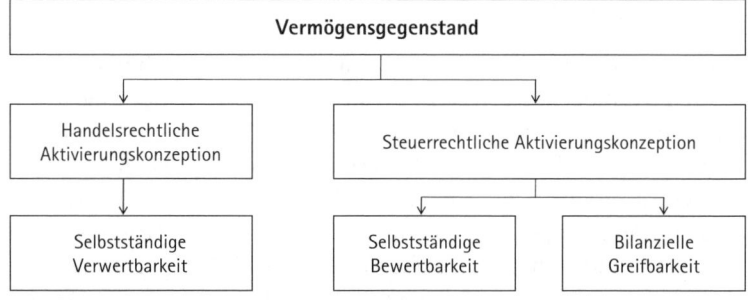

Abb. 3-2: Elemente der abstrakten Aktivierungsfähigkeit nach Handels- und Steuerrecht[77]

---

[74] Vgl. Baetge/Kirsch/Thiele, Bilanzen, S. 158–163.
[75] Vgl. Moxter, Bilanzrechtsprechung, S. 8–12.
[76] Vgl. RFH, Urteil vom 21.10.1931 – VI A 202/29, S. 305.
[77] Entnommen aus: Baetge/Kirsch/Thiele, Bilanzen, S. 159.

Im Vergleich zur handelsrechtlichen Aktivierungskonzeption ist die steuerrechtliche weiter gefasst. Grundsätzlich umfasst die selbstständige Verwertbarkeit stets die selbstständige Bewertbarkeit und die bilanzielle Greifbarkeit. Umgekehrt müssen aber selbstständig bewertbare und bilanziell greifbare Güter nicht zwangsläufig selbstständig verwertbar sein.[78] Das gilt bspw. für Wettbewerbsverbote, die selbstständig bewertbar und bilanziell greifbar, nicht aber selbstständig verwertbar sind, ohne gleichzeitig den Gesamtbetrieb zu veräußern. Nach handelsrechtlicher Aktivierungskonzeption liegt kein Vermögensgegenstand vor.

steuerrechtliche Aktivierungskonzeption

Die steuerrechtliche Aktivierungskonzeption berücksichtigt die Schuldendeckungsfähigkeit nicht hinreichend, was eine Zwecksetzung des handelsrechtlichen Abschlusses ist. Als Kriterium für die abstrakte Aktivierungsfähigkeit ist deshalb handelsrechtlich die selbstständige Verwertbarkeit maßgeblich.

Letztlich ist ein Aktivierungsgebot nur gegeben, wenn keine Aktivierungsverbote oder -wahlrechte bestehen.

Aktivierungsverbote

Die konkrete Aktivierungsfähigkeit wird durch die in § 248 HGB ausdrücklich kodifizierten Aktivierungsverbote eingeschränkt. Ein Aktivierungsverbot besteht bisher

- für Aufwendungen für die Gründung eines Unternehmens und für die Beschaffung des Eigenkapitals (Abs. 1),
- für immaterielle Vermögensgegenstände des Anlagevermögens, die nicht entgeltlich erworben wurden (Abs. 2; das Aktivierungsverbot wird durch das BilMoG gestrichen und die Ansatzfähigkeit konkretisiert) und
- für Aufwendungen für den Abschluss von Versicherungsverträgen (Abs. 3).

Während Abs. 1 lediglich eine klarstellende Regelung ist (Gründungsaufwendungen und Beschaffungskosten für Eigenkapital sind nicht selbstständig verwertbar), verbietet Abs. 3 den Ansatz eines

---

[78] Vgl. Marx, Objektivierungserfordernisse, S. 2382.

transitorischen Rechnungsabgrenzungspostens[79] für mit dem Abschluss von Versicherungen entstehende Aufwendungen, um eine Aktivierung von handelsrechtlichen Non-Valeurs zu verhindern.[80]

Das Ansatzverbot gem. Abs. 2 verbietet dagegen nach den bisherigen Regelungen den Ansatz von abstrakt aktivierungsfähigen Vermögensgegenständen. Das Ansatzverbot wird damit begründet, dass keine unsicheren, nicht durch einen Anschaffungsvorgang objektivierten Werte in der Bilanz erfasst werden.[81] Dieser Aspekt ist hinsichtlich der Aussagefähigkeit der Bilanz sehr problematisch. Bei forschungs- und entwicklungsintensiven Unternehmen kann das dazu führen, dass wesentliche Werte des Unternehmens, verkörpert durch selbst geschaffene (originäre) immaterielle Anlagevermögensgüter wie z. B. Patente, Know-how, Software, Copyrights und Markennamen, nicht als Vermögensposten in der Bilanz erscheinen. Deshalb ist es nur folgerichtig, dass mit dem BilMoG in dieser Position eine Annäherung an die IFRS vollzogen wird und dass es in Zukunft unter bestimmten Voraussetzungen möglich ist, selbst geschaffene immaterielle Vermögenswerte anzusetzen. Dem Ansatzverbot unterliegen nach § 248 Abs. 2 HGB i. d. F. d. BilMoG weiterhin Aufwendungen für die Gründung eines Unternehmens und für die Beschaffung des Eigenkapitals und Aufwendungen für den Abschluss von Versicherungsverträgen. Konkret werden – in Anlehnung an die IFRS – nunmehr zusätzlich Ansatzverbote benannt für:

- nicht entgeltlich erworbene Marken,
- Drucktitel,
- Verlagsrechte und Kundenlisten,
- vergleichbare immaterielle Vermögensgegenstände des Anlagevermögens.

Die Aktivierungsmöglichkeit immaterieller Werte führt zu erheblichen Einschätzungsspielräumen. Deshalb erfolgt in § 255 Abs. 2 a i. d. F. d. BilMoG eine Konkretisierung durch die Bundesregierung. Demnach sind speziell Entwicklungskosten zu aktivieren, wohinge-

---

[79] Vgl. Kapitel 8.1 (Bilanzierungshilfen und Rechnungsabgrenzungen).

[80] Vgl. Baetge/Kirsch/Thiele, Bilanzen, S. 167.

[81] Vgl. ADS, § 248 HGB, Rz. 1.

gen Forschungsaufwendungen weiterhin nicht aktiviert werden dürfen. Als Entwicklung gilt – in Anlehnung an IFRS – die Anwendung von Forschungsergebnissen oder die Weiterentwicklung von Gütern oder Verfahren mittels wesentlicher Änderungen. Dagegen ist Forschung die eigenständige und planmäßige Suche nach neuen wissenschaftlichen oder technischen Erkenntnissen oder Erfahrungen allgemeiner Art, über deren technische Verwertbarkeit und über deren wirtschaftliche Erfolgsaussichten grundsätzlich keine Aussagen gemacht werden können.

Aktivierungswahlrechte

Neben Aktivierungsverboten existieren im Handelsrecht bisher zahlreiche Aktivierungswahlrechte. Im Einzelnen sind zu nennen:

- Bestimmte steuerlich gebotene Rechnungsabgrenzungsposten (§ 250 Abs. 1 S. 2), jedoch Aktivierungspflicht nach dem BilMoG:

  - Als Aufwand berücksichtigte Zölle und Verbrauchssteuern, soweit sie auf am Abschlussstichtag auszuweisende Vermögensgegenstände des Vorratsvermögens entfallen (Nr. 1)

  - Als Aufwand berücksichtigte Umsatzsteuer auf am Abschlussstichtag auszuweisende oder von den Vorräten offen abgesetzte Anzahlungen (Nr. 2)

- Disagio (§ 250 Abs. 3 HGB i. V. m. § 268 Abs. 6 HGB)

- Derivativer Geschäfts- oder Firmenwert (§ 255 Abs. 4 HGB [Einzelabschluss]), jedoch Aktivierungspflicht nach dem BilMoG

Konkret handelt es sich bei den Positionen um die folgenden Sachverhalte:

Rechnungsabgrenzungsposten im Zusammenhang mit gezahlten Steuern entstehen durch das zeitliche Auseinanderfallen von Erfolgs- und Zahlungswirksamkeit von Steuerzahlungen. Aktive Rechnungsabgrenzungsposten sind immer dann zu berücksichtigen, wenn Ausgaben des abgelaufenen Geschäftsjahres Aufwendungen des nächsten Geschäftsjahres betreffen; hier die im Voraus bezahlten Steuern für Vorratsvermögen.

aktive Rechnungs-abgrenzungs-posten

Disagio

Ein Disagio entsteht, wenn der Auszahlungsbetrag einer Verbindlichkeit niedriger ist als der Rückzahlungsbetrag. Gem. § 250 Abs. 3 HGB kann dieser Betrag zum Zeitpunkt der Darlehensgewährung entweder unter dem aktiven Rechnungsabgrenzungsposten ausgewiesen oder als Sofortaufwand in der GuV verrechnet werden. Ein Disagio ist eine vorweggenommene Zinszahlung an den Gläubiger. Als Sofortaufwand verbucht, wird dieser Betrag einer Periode angelastet, obwohl er die Gesamtlaufzeit des Darlehens betrifft. Betriebswirtschaftlich sinnvoll ist eher eine Aktivierung und Verteilung des Unterschiedsbetrages über die Laufzeit. Ein solches Vorgehen bewirkt, dass der laufende Zinsaufwand durch die Abschreibung aus dem abgegrenzten Disagio erhöht wird. Steuerrechtlich besteht für ein Disagio eine Aktivierungspflicht als Rechnungsabgrenzungsposten.

derivativer Firmenwert

Ein derivativer Firmenwert gem. § 255 Abs. 4 HGB darf nicht mit einem Geschäfts- oder Firmenwert verwechselt werden, der bei der Konzernbilanzierung entsteht. Im Einzelabschluss handelt es sich um den Fall, dass die Übernahme über einen sog. Asset-Deal erfolgt, d. h. durch den Erwerb der einzelnen Vermögensgegenstände und Schulden in einer Summe von einem anderen Unternehmen, wobei der juristische Unternehmensmantel weiter existiert. Dabei können die Vermögensgegenstände und Schulden auf dem Weg der Einzel- oder Gesamtrechtsnachfolge übernommen werden. Zunächst ist zu ermitteln, ob der Kaufpreis höher ist als der Wert der übernommenen Vermögensgegenstände abzüglich des Wertes der übernommenen Schulden. Für den Ansatz dieses Unterschiedsbetrages ist das Wahlrecht aus dem Umwandlungsgesetz relevant, wonach die Übertragung des Vermögens und der Schulden entweder zum Buchwert der Schlussbilanz erfolgt oder über eine Neubewertung ermittelt werden darf. Im ersten Fall gelten die in der Schlussbilanz des übertragenden Unternehmens ausgewiesenen Werte als Anschaffungskosten für das übernehmende Unternehmen, sodass eventuell enthaltene stille Reserven Teil des derivativen Firmenwertes werden. Findet eine Neubewertung statt, sind im derivativen Firmenwert dagegen nur die beim Verkäufer nicht ansatzfähigen Bestandteile – wie etwa positive Zukunftserwartungen, Kundenstamm usw. – enthalten. Dabei erlaubt der Gesetzgeber den Ansatz dieses Betrages in der Einzelbilanz des übernehmenden Unternehmens.

Bis auf das Aktivierungswahlrecht für das Disagio werden alle anderen **Aktivierungswahlrechte mit dem BilMoG gestrichen**. Dementsprechend wird der erstgenannte Posten mit der Streichung des § 250 Abs. 1 S. 2 HGB aktivierungspflichtig. Der Geschäfts- oder Firmenwert wird gem. § 246 Abs. 1 HGB i. d. F. d. BilMoG nunmehr zu einem Vermögensgegenstand erklärt und somit auch aktivierungspflichtig. `BilMoG`

Darüber hinaus kennt das deutsche Bilanzrecht Bilanzierungshilfen für bestimmte Sachverhalte, die an sich nicht bilanzierungsfähig sind und somit keine Vermögensgegenstände darstellen. Bilanzierungshilfen dürfen aber in der Handelsbilanz als Vermögensposten angesetzt werden. Speziell für Kapitalgesellschaften bestehen zwei Wahlrechte für

- Aufwendungen für die Ingangsetzung und Erweiterung des Geschäftsbetriebes (Bilanzierungshilfe; § 269 HGB), jedoch Ansatzverbot und somit sofortige Aufwandsverrechnung nach dem BilMoG, und

- aktivische latente Steuern (Bilanzierungshilfe; § 274 Abs. 2 HGB), jedoch Aktivierungspflicht nach dem BilMoG.

Bei den **Kosten der Erweiterung und Ingangsetzung des Geschäftsbetriebes** handelt es sich um reine Bilanzierungshilfen. Zweck dieses Aktivierungswahlrechts ist es, die bilanzielle Überschuldung in der Anlaufphase des Unternehmens zu verhindern. Dies wird erreicht, indem in der Anlaufphase eines Unternehmens bzw. Unternehmensteils die anfallenden erhöhten Aufwendungen, denen noch keine entsprechenden Erträge gegenüberstehen, aktiviert werden, um eine temporäre erfolgswirtschaftliche Schieflage des Unternehmens zu kompensieren.

Die bisherige Aktivierungsmöglichkeit betrifft nur Kapitalgesellschaften und Personengesellschaften i. S. d. § 264 a HGB. Als Ingangsetzungsaufwendungen sind solche Aufwendungen zu klassifizieren, die z. B. bei der Einrichtung und Ausstattung von Produktions- oder Verkaufsstätten, bei Probeläufen, bei der Einrichtung und Ausstattung von Verwaltungs- und Lagerräumen, beim Aufbau der Unternehmensorganisation, bei der Auswahl und Einarbeitung von Personal und für Werbemaßnahmen anfallen. Ausgeschlossen sind dagegen Kosten für die Gründung und die Eigenkapitalbeschaffung (§ 248 Abs. 1 HGB). Zudem sind als Ingangsetzungs- und Erweiterungsaufwendungen nur solche Aufwendungen zu klassifizieren, die nicht ohnehin in anderen Vermögensgegenständen ansatzfähig sind. Im Steuerrecht gibt es eine derartige Regelung nicht. Auch in Anlehnung an internationale Rechnungslegungsstandards wird dieses **Aktivierungswahlrecht mit dem BilMoG gestrichen.** Damit ist keine Aktivierung von Ingangsetzungs- und Erweiterungsaufwendungen mehr möglich und eine sofortige Aufwandsverrechnung geboten.

Latente Steuern entstehen, wenn aufgrund unterschiedlicher Bilanzierungsvorschriften der Gewinnausweis in der Steuerbilanz nicht mit dem Gewinnausweis in der Handelsbilanz übereinstimmt. Dementsprechend ist der effektive Steueraufwand, der auf der Basis der Steuerbilanz ermittelt wird, nicht mit dem fiktiven Steueraufwand konform, der sich auf der Basis der handelsrechtlichen Gewinnermittlung ergibt. Die Steuerdifferenz zwischen dem effektiven steuerrechtlichen und dem fiktiven handelsrechtlichen Steueraufwand wird in der handelsrechtlichen Erfolgsrechnung über latente Steuern geschlossen.[82]

Mit Inkrafttreten des **BilMoG** wird in § 274 HGB i. d. F. d. BilMoG zukünftig eine generelle **Aktivierungspflicht** für aktive latente Steuern gefordert. Die Pflicht zur Bildung von latenten Steuern ist allerdings gemäß § 274 a Nr. 5 HGB auf große und mittelgroße Kapitalgesellschaften im Sinne des § 267 HGB beschränkt.

Werden Ingangsetzungs-/Erweiterungsaufwendungen oder aktivische latente Steuern in der Bilanz angesetzt, dürfen Gewinne nur ausgeschüttet werden, wenn die nach der Ausschüttung verbleibenden jederzeit auflösbaren Gewinnrücklagen zuzüglich eines Gewinnvortrags und abzüglich eines Verlustvortrags mindestens den angesetzten Beträgen entsprechen.

---

[82] Vgl. Kapitel 8.4.

Beispiel: Auswirkungen von Aktivierungswahlrechten

Für die Übernahme der XY AG zahlt ein Unternehmen 300 Mio. €. In der Bilanz der XY AG sind Vermögen in Höhe von 450 Mio. € und Schulden in Höhe von 200 Mio. € ausgewiesen. Wie ist der Unterschiedsbetrag zu behandeln?

Lösung:

Der Unterschiedsbetrag zwischen dem Kaufpreis des Unternehmens (300 Mio. €) und dem Nettovermögen des übernommenen Unternehmens (= 450 Mio. € – 200 Mio. € = 250 Mio. €) ist der derivative Geschäfts- oder Firmenwert (300 Mio. € – 250 Mio. € = 50 Mio. €). Bisher darf gem. § 255 Abs. 4 HGB entweder eine Aktivierung vorgenommen oder der gesamte Unterschiedsbetrag sofort als Aufwand verrechnet werden. Die Auswirkungen sehen wie folgt aus:

Aktivierung		Keine Aktivierung	

A	Bilanz	P	A	Bilanz	P
GFW: +50	Sch (XY AG):		V (XY AG): +450	EK/JE	–50
V (XY AG): +450	+200		Liquide Mittel:	Sch (XY AG):	
Liquide Mittel:			–300	+200	
–300					

→

Buchung eines „Vermögenspostens"
In diesem Fall erfolgt bei Zugangsbuchung keine Minderung des Jahresergebnisses.

→ Bilanzverlängerung

→

Der Differenzbetrag wird als Aufwand verrechnet. Im Vergleich zur Aktivierung ist daher das Jahresergebnis niedriger; es erfolgt keine Buchung als „Vermögensposten".

→ Bilanzverkürzung

Mit Inkrafttreten der Änderungen durch das BilMoG wird zukünftig eine Aktivierung des Geschäfts- oder Firmenwertes geboten sein, weil der Geschäfts- oder Firmenwert gem. § 246 Abs. 1 HGB i. d. F. d. BilMoG explizit zu einem Vermögensgegenstand erklärt wird.

3.3 Ansatz von Passiva

Passivierungsgebote

Nach dem Vollständigkeitsgebot sind auf der Passivseite gem. § 247 Abs. 1 HGB Eigenkapital, Schulden und passivische Rechnungsabgrenzungsposten auszuweisen. Unter Schulden sind alle Passivposten zu subsumieren, die weder Eigenkapital noch passivische Rechnungsabgrenzungsposten sind. Analog zum Vermögen ist auch der Begriff der Schulden nicht definiert, sodass er ebenfalls über den Passivierungsgrundsatz zu konkretisieren ist. Wie auf der Aktivseite wird mit dem Passivierungsgrundsatz die abstrakte Passivierungsfähigkeit nach GoB bestimmt.

konkrete Passivierungsfähigkeit

Die konkrete Passivierungsfähigkeit schränkt die Passivierung von passivierungsfähigen Sachverhalten ein, wenn auf der Grundlage von abweichenden konkreten handelsrechtlichen Vorschriften Passivierungsverbote oder -wahlrechte bestehen. Zudem ist zu prüfen, ob für einen abstrakt nicht passivierungsfähigen Sachverhalt („Nicht-Schuld") – aufgrund bestehender Vorschriften – eine Passivierung geboten bzw. erlaubt ist.[83]

abstrakte Passivierungsfähigkeit

Erfüllt ein Sachverhalt die Kriterien des Passivierungsgrundsatzes, ist er abstrakt passivierungsfähig und vorbehaltlich abweichender gesetzlicher Vorschriften gem. § 246 Abs. 1 S. 1 HGB auch passivierungspflichtig, d. h. als Schuld in der Bilanz anzusetzen. Für die abstrakte Passivierungsfähigkeit nach den GoB sind die folgenden drei Kriterien maßgeblich:[84]

- Es muss eine der folgenden **Verpflichtungen** des bilanzierenden Unternehmens vorliegen:

  – Außenverpflichtung: rechtliche (bürgerlich- oder öffentlich-rechtliche Außenverpflichtung) oder wirtschaftliche (faktische) Leistungsverpflichtung des Unternehmens;

  – Innenverpflichtung.

---

[83] Vgl. Baetge/Kirsch/Thiele, Bilanzen, S. 171.
[84] Vgl. Frericks, Bilanzierungsfähigkeit, S. 226–231.

- Mit der Verpflichtung muss eine bestehende oder hinreichend sicher erwartete **wirtschaftliche Belastung** für das bilanzierende Unternehmen verbunden sein.

- Die Belastung muss **quantifizierbar** sein:

  - exakt quantifizierbar,

  - in einer Bandbreite quantifizierbar.

Das Kriterium der Verpflichtung bezieht sich sowohl auf Verpflichtungen gegenüber Dritten (Außenverpflichtung) als auch auf bestimmte Innenverpflichtungen. Eine Außenverpflichtung kann entweder bürgerlich-rechtlich, öffentlich-rechtlich oder wirtschaftlich begründet sein. *Außenverpflichtungen*

Bürgerlich-rechtliche Verpflichtungen resultieren aus § 241 BGB (z. B. bei zweiseitig verpflichtenden Verträgen, bei denen das bilanzierende Unternehmen eine Leistungsverpflichtung eingeht). *bürgerlich-rechtliche Verpflichtungen*

Öffentlich-rechtliche Verpflichtungen entstehen aus entsprechenden öffentlich-rechtlichen Bestimmungen (z. B. die Verpflichtung einer Kapitalgesellschaft zur Zahlung von Körperschaftsteuern, wenn der Tatbestand der Gewinnerzielung erfüllt ist). *öffentlich-rechtliche Verpflichtungen*

Eine Verpflichtung gegenüber Dritten liegt auch vor, wenn die Verpflichtung nicht auf rechtlichem, sondern auf wirtschaftlichem Zwang beruht. Eine wirtschaftliche Verpflichtung kann betriebswirtschaftlich, sozial oder sittlich begründet sein. Sie liegt z. B. vor, wenn ein Unternehmen Kulanzleistungen für fehlerhafte Produkte gewährt, die auf keiner rechtlichen Gewährleistungsverpflichtung beruhen. Eine wirtschaftliche Verpflichtung resultiert daraus, dass ein Unternehmen erhebliche wirtschaftliche Nachteile hinnehmen müsste, wenn es die Kulanzleistung nicht erbringen würde.[85] *wirtschaftliche Verpflichtungen*

Innenverpflichtungen resultieren – wie wirtschaftliche Verpflichtungen – aus wirtschaftlichem Zwang. Es handelt sich um Verpflichtungen, die der Bilanzierende gegenüber sich selbst hat.[86] Dass Innenverpflichtungen als bilanzrechtliche Schulden erfasst werden, leitet sich aus dem Grundsatz der Unternehmensfortführung und aus *Innenverpflichtungen*

---

[85] Vgl. Baetge/Kirsch/Thiele, Bilanzen, S. 173.

[86] Vgl. Moxter, Bilanzrechtsprechung, S. 82.

dem Grundsatz der sachlichen Abgrenzung ab. So muss das Unternehmen mit gewissen Schwierigkeiten für den Fortgang der Unternehmenstätigkeit rechnen, wenn es die Verpflichtung nicht erfüllt. Der Grundsatz der Abgrenzung der Sache nach leitet sich aus der dynamischen Bilanztheorie ab. Danach begründen Innenverpflichtungen einen passivierungsfähigen Aufwand, wenn der korrespondierende Ertrag bereits im abzuschließenden Geschäftsjahr nach dem Realisationsprinzip erfasst wird. Es dürfen keine Aufwendungen passiviert werden, die für die Erzielung künftiger Erträge notwendig sind.[87]

Kriterium des Leistungszwangs

Neben dem Vorliegen einer wirtschaftlichen oder rechtlichen Verpflichtung muss der Leistungszwang hinreichend konkret sein. Das bedeutet ganz allgemein, dass das Entstehen einer Verpflichtung vorhersehbar sein muss. Eine Vorhersehbarkeit ist dann gegeben, wenn mehr Gründe für als gegen den Eintritt der Verpflichtung sprechen.[88] Bei einem Schadensersatzprozess liegt beispielsweise nur dann eine Verpflichtung i. S. d. Passivierungsgrundsatzes vor, wenn die Wahrscheinlichkeit den Prozess zu verlieren größer ist als die Wahrscheinlichkeit den Prozess zu gewinnen.

Kriterien der wirtschaftlichen Belastung

Das Kriterium der wirtschaftlichen Belastung ist erfüllt, wenn für ein Unternehmen mit einer Verpflichtung eine künftige Bruttovermögensminderung einhergeht. Die wirtschaftliche Belastung drückt sich als zu erbringende Gegenleistung des bilanzierenden Unternehmens in Form einer Geld-, Sach- oder Dienstleistung oder in Form einer Leistungsverpflichtung gegenüber Dritten aus. Deshalb muss bis zur Zahlung des Entgeltes gemäß periodengerechter Aufwandsverrechnung eine Schuld als Aufwandsrückstellung passiviert werden, sofern die Generalüberholung im folgenden Geschäftsjahr (innerhalb der ersten drei Monate) nachgeholt wird.

Darüber hinaus muss auch die wirtschaftliche Verpflichtung hinreichend konkretisiert, d. h. vorhersehbar, sein. Eine fehlende Wahrscheinlichkeit der wirtschaftlichen Belastung liegt bei Bürgschaftsverträgen vor, weil i. d. R. davon ausgegangen wird, dass mehr

---

[87] Vgl. ADS, § 253 HGB, Rz. 58.
[88] Vgl. BFH, Urteil vom 01.08.1984 – I R 88/80, S. 44–47.

Gründe gegen eine Inanspruchnahme aus dem Bürgschaftsvertrag sprechen als dafür.[89]

Eine Quantifizierbarkeit liegt vor, wenn eine Verpflichtung entweder eindeutig punktuell bestimmbar ist oder im Rahmen einer Bandbreite angegeben werden kann. Im letzteren Fall ist die Verpflichtung dem Grunde nach gewiss und der Höhe nach ungewiss.[90] Bei Verbindlichkeiten ist durch den Rückzahlungsbetrag immer eine Quantifizierbarkeit gegeben. Demgegenüber kann die Belastung bei Rückstellungen nur als Bandbreite geschätzt werden. In diesem Zusammenhang ist nach dem Grundsatz der Vorsicht bei gegebenen Bandbreiten möglicher Werte für eine Schuld grundsätzlich der höhere Wert anzusetzen. Allerdings ist nach neuerer Deutung des Vorsichtsprinzips der – nach statistischen oder anderen objektivierten Methoden – errechnete Mittelwert zu passivieren. Gleichzeitig ist aus Vorsichtsgründen eine Bandbreitenrückstellung in Höhe der Differenz zwischen dem höchsten Wert und dem Mittelwert der Bandbreite zu bilanzieren.[91]

Kriterium der Quantifizierbarkeit

Die Bilanzierung einer Schuld als **Verbindlichkeit oder Rückstellung** hängt von der Sicherheit/Unsicherheit einer Verpflichtung und/oder von ihrer Quantifizierbarkeit ab. Ist sowohl das Bestehen als auch die Höhe der Verpflichtung sicher, liegt eine Verbindlichkeit vor, die passivierungspflichtig ist. Sind das Bestehen und/oder die Höhe einer Verpflichtung mit Unsicherheit verbunden, handelt es sich um eine Rückstellung.

Grundsätzlich erfüllen sowohl Verbindlichkeiten als auch Rückstellungen für ungewisse Verbindlichkeiten (Außenverpflichtungen) und Aufwandsrückstellungen (Innenverpflichtungen) die Kriterien der Passivierungsgrundsätze und sind abstrakt passivierungsfähig. Ein Passivierungsgebot liegt jedoch nur vor, wenn gesetzlich Passivierungsverbote oder -wahlrechte eingeräumt werden.

Das **Passivierungsgebot** erstreckt sich auf die folgenden Rückstellungssachverhalte:

---

[89] Vgl. Berger/Ring: in: Beck'scher Bilanzkommentar, § 249 HGB, Rz. 33.

[90] Vgl. Frericks, Bilanzierungsfähigkeit, S. 230.

[91] Vgl. Baetge/Kirsch/Thiele, Bilanzen, S. 177.

- Rückstellungen für ungewisse Verbindlichkeiten (§ 249 Abs. 1 S. 1 (1. HS) HGB):
  - Pensionsrückstellungen
  - Garantieverpflichtungen
  - Steuerrückstellungen
  - Prozesskosten
- Rückstellungen für drohende Verluste aus schwebenden Geschäften (§ 249 Abs. 1 S. 1 (2. HS) HGB) betreffend Beschaffung, Absatz oder Dauerschuldverhältnis
- Rückstellungen für unterlassene Instandhaltungen (Nachholung innerhalb von 3 Monaten) oder für Abraumbeseitigungen (Nachholung innerhalb von 12 Monaten) (§ 249 Abs. 1 S. 2 Nr. 1 HGB)
- Rückstellungen für Gewährleistungen, die ohne rechtliche Verpflichtung erbracht werden, sog. Kulanzleistungen (§ 249 Abs. 1 S. 2 Nr. 2 HGB)
- Rückstellungen für voraussichtliche Steuerbelastungen nachfolgender Geschäftsjahre (§ 274 Abs. 1 HGB)
- passive Rechnungsabgrenzungsposten gem. § 250 Abs. 2 HGB

Passivierungsverbote

Ein Passivierungsverbot besteht nach § 249 Abs. 3 für Sachverhalte, die nicht unter § 249 Abs. 1 u. 2 HGB zu subsumieren sind. Beispielsweise dürfen Rückstellungen nicht gebildet werden für künftige Mietaufwendungen, künftige Aufwendungen für Forschung und Entwicklung, künftige Aufwendungen für Werbung oder künftige Instandhaltungen. In diesen Fällen ist die Bedingung des § 249 Abs. 2 HGB nicht erfüllt, weil der Aufwand nicht dem Geschäftsjahr oder einem früheren Geschäftsjahr zuzuordnen ist. Der RegE BilMoG verbietet die Passivierung von Aufwandsrückstellungen weitgehend. Das betrifft Rückstellungen für im aktuellen Geschäftsjahr unterlassene Instandhaltungsaufwendungen, sofern die Instandhaltung nach Ablauf des ersten Quartals des folgenden Geschäftsjahres nachgeholt wird und Aufwandsrückstellungen für dem Geschäftsjahr oder einem früheren Geschäftsjahr zuzuordnende Aufwendungen, die am

Abschlussstichtag konkretisiert werden, aber hinsichtlich ihrer Höhe und ihres Eintrittszeitpunkt unsicher sind.

Passivierungswahlrechte

Passivierungswahlrechte bestehen bislang für die folgenden, in § 249 HGB benannten Sachverhalte.

- Rückstellungen (§ 249 HGB) für

  - unterlassene Aufwendungen für Instandhaltungen, die nach Ablauf von 3 Monaten innerhalb des folgenden Geschäftsjahres nachgeholt werden (§ 249 Abs. 1 S. 3 HGB), jedoch Passivierungsverbot nach BilMoG;

  - bestimmte Aufwandsrückstellungen (§ 249 Abs. 2 HGB), jedoch Passivierungsverbot nach BilMoG;

  - Pensions-Altzusagen vor dem 01.01.87 und mittelbare Pensionsverpflichtungen (Art. 28 Abs. 2 EGHGB).

- Sonderposten mit Rücklageanteil (§ 247 Abs. 3 HGB). Mit der Aufhebung der umgekehrten Maßgeblichkeit nach BilMoG erfolgt jedoch auch eine Streichung des Passivierungswahlrechts.

  Bei Kapitalgesellschaften: Ausweis von steuerlichen Bewertungsdifferenzen als Sonderposten nur soweit aufgrund umgekehrter Maßgeblichkeit geboten (§ 273 i. V. m. § 281).

Bei Rückstellungen für unterlassene Aufwendungen für Instandhaltung ist grundsätzlich die abstrakte Passivierungsfähigkeit und damit ein Passivierungsgebot gegeben. Dennoch qualifiziert das Handelsrecht bislang bestimme Sachverhalte, nämlich wenn die Unterlassung innerhalb eines Jahres nach Ablauf der ersten 3 Monate im folgenden Geschäftsjahr nachgeholt wird, als Passivierungswahlrecht. Dieses Passivierungswahlrecht wird mit dem BilMoG gestrichen, sodass nur eine Passivierung für unterlassene Aufwendungen für Instandhaltungen geboten ist, wenn sie innerhalb von drei Monaten im neuen Geschäftsjahr nachgeholt werden.

Rückstellungen für unterlassene Instandhaltungsaufwendungen

Aufwandsrück-stellungen

Aufwandsrückstellungen des § 249 Abs. 2 HGB unterscheiden sich von Rückstellungen für ungewisse Verbindlichkeiten und von Drohverlustrückstellungen durch ihren fehlenden Verpflichtungscharakter gegenüber Dritten. Aufwandsrückstellungen sind Innenverpflichtungen, die für Zwecke der periodengerechten Aufwandserfassung gebildet werden und deshalb der dynamischen Bilanztheorie entsprechen. Das Passivierungswahlrecht für Aufwandsrückstellungen ist an die folgenden Bedingungen geknüpft: Die Aufwendungen müssen

- sich ihrer Eigenart nach genau beschreiben lassen,
- dem Geschäftsjahr oder einem früheren Geschäftsjahr zuzuordnen sein,
- am Abschlusstag wahrscheinlich oder sicher sein,
- hinsichtlich der Höhe und/oder des Zeitpunktes ihres Eintritts unbestimmt sein.

Eine Aufwandsrückstellung darf beispielsweise nicht gebildet werden, wenn der geforderte zeitliche Zusammenhang zwischen Unterlassung und Nachholung nicht gegeben ist. Das ist z. B. der Fall, wenn die unterlassene Instandhaltung erst in zwei oder mehr Jahren nachgeholt werden soll. Da die Verursachung nicht dem ablaufenden Geschäftsjahr, sondern erst einem späteren Geschäftsjahr zuzuordnen ist, handelt es sich um eine künftige Instandhaltung. Mit Inkrafttreten des BilMoG ist die Bildung von Aufwandsrückstellungen verboten.

Für direkte **Pensionszusagen** besteht ein Passivierungsgebot als ungewisse Verbindlichkeit gem. § 249 Abs. 1 S. 1 HGB, weil die Kriterien des Passivierungsgrundsatzes erfüllt sind. Die Ansatzpflicht gilt jedoch bislang nur für Pensionszusagen, die nach dem 31. Dezember 1986 gewährt wurden (Art. 28 Abs. 1 S. 1 EGHGB). Dagegen besteht für Pensionszusagen, die vor diesem Zeitpunkt gegeben wurden (sog. Pensionsaltzusagen), noch ein konkretes Passivierungswahlrecht.

Neben unmittelbaren Pensionsverpflichtungen, bei denen das Unternehmen das volle Leistungsrisiko trägt, existieren **mittelbare Pensionsverpflichtungen**, bei denen das Unternehmen nicht das volle Leistungsrisiko trägt. Bei mittelbaren Verpflichtungen erfolgt die Finanzierung mittelbar über einen rechtlich selbstständigen Fonds (z. B. eine Unterstützungskasse, eine Pensionskasse oder einen Pensionsfonds). Dennoch bleibt das Unternehmen gegenüber dem Leistungsempfänger leistungspflichtig, wenn die Mittel der mit der Altersversorgung beauftragen Unterstützungskasse nicht ausreichen, den Verpflichtungen nachzukommen. Auch in diesem Fall ist der Passivierungsgrundsatz erfüllt, die Ansatzpflicht wird jedoch durch das gem. Art. 28 Abs. 1 S. 1 EGHGB konkrete Ansatzwahlrecht eingeschränkt. Ein Ansatzwahlrecht besteht auch für Verpflichtungen im Zusammenhang mit sog. pensionsähnlichen Leistungen wie z. B. der Altersteilzeit.

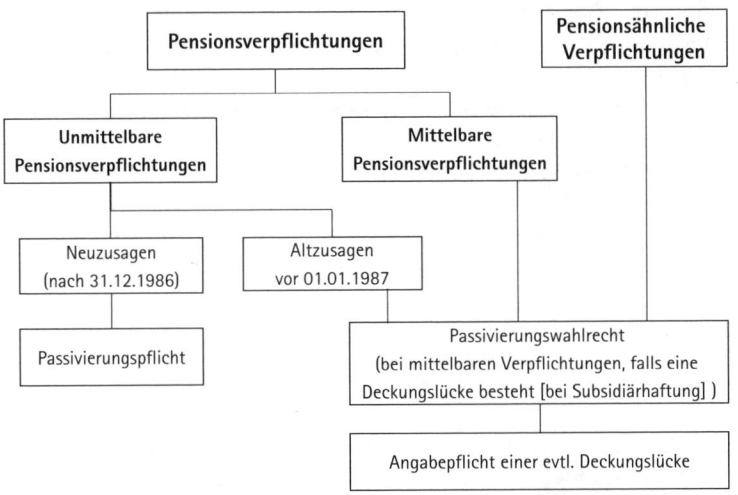

Abb. 3-3: Ansatzpflichten und -wahlrechte für Pensionsverpflichtungen

Beim Sonderposten mit Rücklageanteil handelt es sich um Auswirkungen aus der Steuerbilanz. Er beinhaltet vorübergehend von der Besteuerung freigestellte Beträge (z. B. aus der Auflösung stiller Reserven) und die steuerlichen Mehrbeträge gegenüber den handelsrechtlichen Abschreibungen bei passivischer Buchung der steuerlichen Mehrabschreibungen. Gemäß § 273 HGB darf ein Sonderposten mit Rücklageanteil nur insoweit gebildet werden, als das Steuerrecht die Anerkennung des Wertansatzes in der Steuerbilanz

Sonderposten mit Rücklageanteil

davon abhängig macht, dass der Sonderposten auch in der Handelsbilanz gebildet wird.

Nach dem BilMoG werden – bis auf die mittelbaren Pensionsverpflichtungen und die Verpflichtungen aus sog. Pensionsaltzusagen – alle Passivierungswahlrechte gestrichen und mit einem Passivierungsverbot belegt. Während die Wahlrechtsrückstellungen der allgemeinen Streichung von Wahlrechten und einer Anpassung an die IFRS zum Opfer fallen, erfolgt die Streichung des Sonderpostens mit Rücklageanteil aufgrund der Aufhebung der umgekehrten Maßgeblichkeit von steuerrechtlichen Vorschriften für die Handelsbilanz.

Beispiel: Auswirkung von Passivierungsentscheidungen

Das Unternehmen befindet sich im Rechtsstreit und geht davon aus, dass es

- den Prozess wahrscheinlich verlieren wird; es fallen Kosten in Höhe von 15.900 € an.
- den Prozess wahrscheinlich gewinnen wird.

Passivierung	Keine Passivierung
A Bilanz P	S Bilanz H
Eigenkapital ↓	
Jahresergebnis	
Rückstellung ↑	
→	→
Buchung einer Rückstellung;	In diesem Fall erfolgt keine Buchung.
in diesem Fall erfolgt über die Buchung „Aufwendungen für die Zuführung zu Rückstellungen" eine Minderung des Jahresergebnisses und somit des Eigenkapitals.	Der Aufwand wird erst im nächsten Geschäftsjahr gebucht.
→ Passivtausch	

3.4 Änderungen nach dem BilMoG

Das BilMoG liegt derzeit im Regierungsentwurf vor und soll noch im Jahr 2008 verabschiedet werden. Nach derzeitigem Stand sollen, wie die folgende Abbildung verdeutlicht, fast alle Ansatzwahlrechte gestrichen werden:

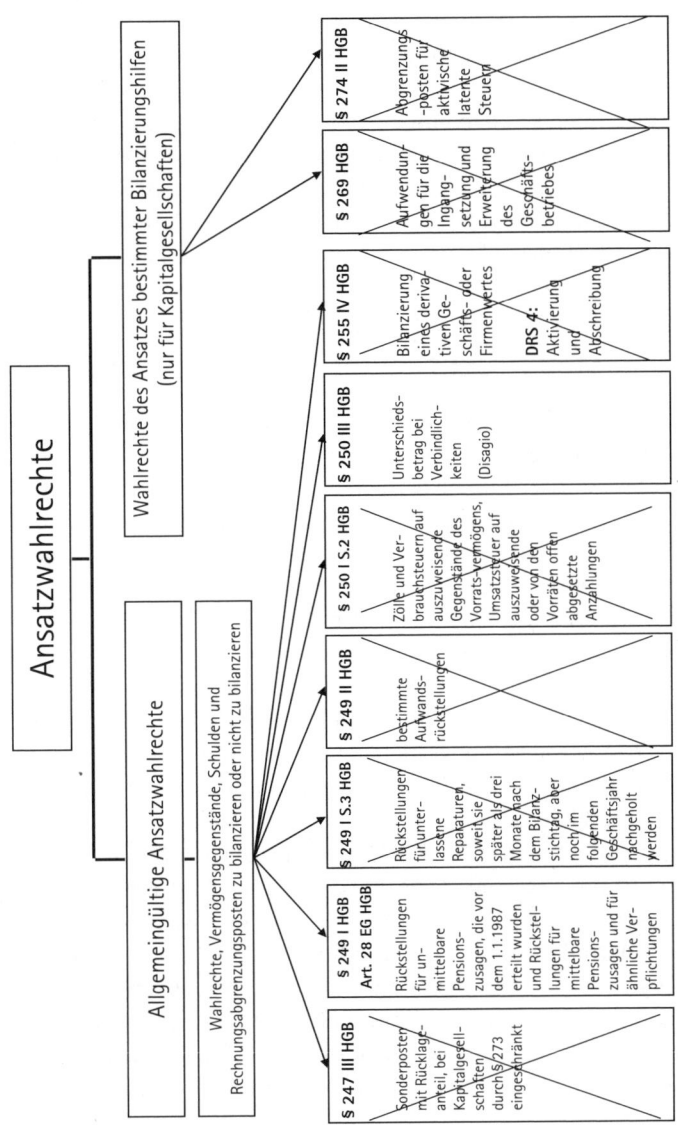

Abb. 3-4: Änderungen der Ansatzwahlrechte durch das BilMoG

Es verbleiben somit lediglich die Wahlrechte für den Ansatz des Disagios und die Wahlrechte im Zusammenhang mit Pensionsverpflichtungen. Die Aktivierungswahlrechte werden zu Ansatzgeboten, während die Passivierungswahlrechte zu Passivierungsverboten werden.

Darüber hinaus sollen mit dem BilMoG einige Ansatzprinzipen – wie das bisherige Verrechnungsverbot und die Kriterien des wirtschaftlichen Eigentums – zumindest tendenziell ausgehöhlt werden. Es bleibt abzuwarten, inwieweit die notwendige Fortentwicklung der GoB hier begrenzend oder weiter auflösend wirken wird.

3.5 Vergleich von handels- und steuerrechtlichen Ansatzvorschriften

Aufgrund des Maßgeblichkeitsgrundsatzes gem. § 5 Abs. 1 S. 1 EStG müssen Vermögensgegenstände und Schulden, die wegen der Erfüllung des Aktivierungs- bzw. Passivierungsgrundsatzes in der Handelsbilanz angesetzt werden müssen, auch in der Steuerbilanz aktiviert bzw. passiviert werden, es sei denn, es liegen andere steuerliche Vorschriften vor.

Wenn den Aktivierungs- bzw. Passivierungsgrundsätzen nicht entsprochen wird, aber aufgrund bestehender handelsrechtlicher Vorschriften dennoch eine Aktivierung bzw. Passivierung vorgenommen werden darf bzw. muss, sind Besonderheiten zu beachten. Transitorische Rechnungsabgrenzungsposten gem. § 250 Abs. 1 S. 1 u. 2 HGB sind in der Steuerbilanz ansatzpflichtig (§ 5 Abs. 5 S. 1 Nr. 1 u. S. 2 EStG).

Gibt es für handelsrechtliche Wahlrechte steuerrechtlich keine expliziten Vorschriften, gilt generell, dass einerseits Vermögensgegenstände, für die handelsrechtlich ein Aktivierungswahlrecht besteht, in **der Steuerbilanz aktivierungspflichtig** sind. Andererseits führen handelsrechtliche Passivierungswahlrechte zu einem **steuerlichen Passivierungsverbot**. Im Sinne und Zwecke der steuerrechtlichen Gewinnermittlung (den vollen Gewinn zu erfassen) kann es nicht im Belieben des Kaufmanns stehen, sich durch Nichtaktivierung von

Wirtschaftsgütern, für die handelsrechtlich ein Aktivierungswahlrecht besteht, ärmer zu machen, als er ist.[92]

Allerdings gilt diese Regelung nicht für **Bilanzierungshilfen**, weil sie nur spezifisch für das Handelsrecht gelten. Sie dürfen auch dann nicht in der Steuerbilanz angesetzt werden, wenn sie in der Handelsbilanz aktiviert sind. Das betrifft Ingangsetzungs- und Erweiterungsaufwendungen (§ 269 HGB) und aktivische latente Steuern (§ 274 Abs. 2 HGB).

Demgegenüber besteht für ein **Disagio** (§ 250 Abs. 3 HGB) und einen (derivativen) **Geschäfts- oder Firmenwert** (§ 255 Abs. 4 HGB) steuerrechtlich eine Aktivierungspflicht.

Während handelsrechtlich passivierungspflichtige Verbindlichkeiten und Rückstellungen auch steuerrechtlich anzusetzen sind, besteht für handelsrechtliche Passivierungswahlrechte steuerrechtlich ein Passivierungsverbot, sofern keine gesonderten steuerrechtlichen Vorschriften existieren. So sind passivische transitorische Rechnungsabgrenzungsposten (§ 250 Abs. 2 HGB) auch steuerrechtlich zu passivieren. Sachverhalte, für die handelsrechtlich derzeit noch ein Passivierungswahlrecht besteht – z. B. bestimmte Aufwandsrückstellungen (§ 249 Abs. 2 HGB) –, unterliegen steuerrechtlich einem Passivierungsverbot. Eine Ausnahme gilt für die sog. Pensionsaltzusagen, weil mit § 6 a EStG eine explizite Regelung existiert. Demnach kann auch steuerrechtlich ein Passivierungswahlrecht vorliegen, wenn die Voraussetzungen nach § 6 a EStG erfüllt sind. Demgegenüber darf für mittelbare Pensionsverpflichtungen, die gem. Art. 28 Abs. 1 S. 2 EGHGB angesetzt werden dürfen, steuerrechtlich keine Rückstellung gebildet werden. Steuerrückstellungen dürfen in der Steuerbilanz nur angesetzt werden, wenn sie als Betriebsausgaben abzugsfähig sind (wie z. B. Gewerbesteuern bis zum Jahr 2007).[93] Mit dem Unternehmenssteuerreformgesetz (UntStRefG) 2008 ist das ab dem Veranlagungszeitraum 2008 für die Gewerbesteuer nicht mehr möglich, weil die Gewerbesteuer gem. § 4 Abs. 5 b EStG direkt auf die Einkommensteuer angerechnet werden kann.

---

[92] Vgl. BFH, Beschluss vom 03.02.1969 – GrS 2/68, S. 291–294.
[93] Vgl. Baetge/Kirsch/Thiele, Bilanzen, S. 182.

Eine besondere Vorschrift besteht bislang für den **Sonderposten mit Rücklageanteil**, der immer dann zum Tragen kommt, wenn das Steuerrecht eine Vergünstigung (z. B. in Form einer steuerfreien Rücklage) gewährt; hier besteht sowohl handels- als auch steuerrechtlich ein Passivierungswahlrecht. Die Passivierung in der Steuerbilanz ist gem. § 5 Abs. 1 S. 2 EStG an die Bedingung geknüpft, dass handelsrechtlich eine Passivierung erfolgen muss, weil steuerrechtliche Wahlrechte nur in Übereinstimmung mit der Handelsbilanz ausgeübt werden dürfen (sog. umgekehrte Maßgeblichkeit). Die umgekehrte Maßgeblichkeit wird bereits seit einiger Zeit heftig kritisiert[94] und soll mit dem BilMoG auch abgeschafft werden.

Die Vorschriften im Steuerrecht **schränken die Bilanzierung bestimmter Passivposten, für die im Handelsrecht ein Passivierungsgebot/-wahlrecht besteht, ein** oder schließen eine Passivierung sogar aus. Dazu zählen:

- Rückstellungen für Verpflichtungen, die nur zu erfüllen sind, soweit künftig Einnahmen oder Gewinne anfallen (§ 5 Abs. 2 a EStG);

- Rückstellungen wegen Verletzung von Patent-, Urheber- oder ähnlichen Schutzrechten (§ 5 Abs. 3 EStG);

- Bestimmte Jubiläumsrückstellungen (§ 5 Abs. 4 EStG);

- Rückstellungen für drohende Verluste aus schwebenden Geschäften (§ 5 Abs. 4 a EStG);

- Rückstellungen für Aufwendungen, die Anschaffungs- oder Herstellungskosten für ein Wirtschaftsgut sind (§ 5 Abs. 4 b S. 1 EStG);

- Rückstellungen für die Verpflichtung zur schadlosen Verwertung radioaktiver Reststoffe und ausgebauter oder abgebauter radioaktiver Anlagenteile (§ 5 Abs. 4 b S. 2 EStG).

---

[94] Vgl. Herzig, Steuerliche Gewinnermittlung, S. 8; Watrin, Regulierungstheorie, S. 244–251.

3.6 Aufgaben und Lösungen

Aufgaben

Aufgabe 1: Bilanzierung von Geschäftsvorfällen

Die SchnellerEuro GmbH kauft am 20.12.t1 von der der Insolvenz nahe stehenden HauRaus AG 100 frostfeste Terrakotta Blumentöpfe für insgesamt 800 € auf Ziel, zahlbar ohne Abzug am 05.01.t2 und mit einem Eigentumsvorbehalt. Die Blumentöpfe werden tagggleich am 20.12.t1 geliefert und sind am 31.12.t1 – wenig überraschend – noch vorrätig.

1. Wie ist der Geschäftsvorfall am 31.12.t1 bei der SchnellerEuro GmbH zu bilanzieren? Begründen Sie Ihre Antwort mit den relevanten GoB.

2. Wie sind die Blumentöpfe bilanziell zu behandeln, wenn sie von der SchnellerEuro GmbH noch am 20.12.t1 vollständig zum Gesamtpreis von 1.250 € (12,50 pro Topf) auf Ziel (zahlbar am 08.01.t2) verkauft wurden?

3. Welche Auswirkungen entstehen für den Jahresabschluss, wenn die Blumentöpfe erst am 05.01.t2 geliefert werden und auch dann erst bezahlt werden sollen? Welche grundsätzlichen bilanziellen Konsequenzen hat es, wenn die HauRaus AG der SchnellerEuro GmbH am 31.12. mitteilt, dass sie aufgrund der zwischen beiden Vertragsparteien vereinbarten Änderungsklausel bezüglich der Konditionen den Verkaufspreis an Wiederverkäufer ab dem 01.01.t2 auf

   – 7,50 € je Stück senken wird?

   – 9,00 € je Stück erhöhen wird?

   Der geplante Verkaufspreis der Blumentöpfe bei der SchnellerEuro GmbH beträgt weiterhin 12,50 € pro Topf.

4. Wie ändert sich Ihre Beurteilung des schwebenden Geschäfts in Aufgabe (3), wenn die SchnellerEuro GmbH (aus Wettbewerbsgründen) den Ladenverkaufspreis von geplanten 12,50 € pro Topf auf 7 € zurücknehmen muss?

Aufgabe 2: Ansatz von Vermögenswerten und Schulden

Bei Aufstellung der Bilanz eines neu gegründeten Unternehmens stellt sich die Frage, ob und unter welchen Voraussetzungen die folgenden Sachverhalte zu bilanzieren sind:

1. Gründungskosten (Notar, Handelsregister).
2. Schulung der Produktionsmitarbeiter.
3. Unternehmenswert durch das Know-how der Mitarbeiter und den Kundenstamm des Unternehmens.
4. Selbst geplante und gebaute Produktionsanlagen,
5. Patente auf selbst entwickelte Produktionsverfahren.
6. Unterschiedsbetrag zwischen dem Aus- und dem Rückzahlungsbetrag (250.000 € vs. 265.000 €) des aufgenommenen Darlehens. In welcher Höhe wird das Darlehen angesetzt?
7. Ein Zulieferbetrieb wurde für einen Betrag von 200.000 € übernommen. Der Wert des Nettovermögens des Unternehmens betrug zum Zeitpunkt der Übernahme 180.000 €. Wie ist der Unterschiedsbetrag zu behandeln?
8. Für das Betriebsgebäude der Fertigung besteht ein langjähriger Leasingvertrag.
9. Aufgrund hoher Nachfrage sind die Produktionskapazitäten voll ausgelastet. Die notwendigen Instandsetzungsarbeiten an einer Maschine werden auf die nachfrageschwächere Zeit im vierten Monat des Folgejahres verschoben.

Lösungen

Lösung zu Aufgabe 1

Zu 1:

Die Blumentöpfe sind als Vermögensgegenstände zu klassifizieren, weil eine abstrakte Aktivierungsfähigkeit und eine selbstständige Verwertbarkeit gegeben sind. Zudem sind sie unbeschadet des Eigentumsvorbehalts in das wirtschaftliche Eigentum der SchnellerEuro GmbH übergegangen, weil die SchnellerEuro GmbH die ganz überwiegenden Rechte und Pflichten an den Vermögensgegenständen hat.

Zudem besteht für Waren kein Wahlrecht und kein Verbot, sodass Waren an Verb. 800 gebucht werden können (ohne Umsatzsteuer). Die Bewertung erfolgt zu den Anschaffungskosten gem. § 255 Abs. 1), d. h. zum Kaufpreis und eventuellen Anschaffungsnebenkosten: Grundsatz der Pagatorik.

Der Ausweis erfolgt unter § 266 Abs. 2 B.I.3 HGB (fertige Erzeugnisse und Waren) sowie unter den Verbindlichkeiten aus Lieferungen und Leistungen, weil es sich um eine zukünftige Belastung handelt, die bezüglich ihrer Höhe und ihres Zeitpunkt feststeht.

Zu 2:

Nach Verkauf darf kein Blumentopf mehr in der Bilanz aktiviert sein, allerdings bleibt die Verbindlichkeit bestehen. Zusätzlich tritt eine Bilanzierung einer Forderung hinzu, weil der Anspruch an den Käufer selbstständig verwertbar ist (sie könnte durch Factoring übertragen werden). Der Anzusetzende Wert der Forderung beläuft sich auf 1.250 €. Das Realisationsprinzip ist erfüllt, weil die Erträge realisiert sind (der Kaufvertrag ist abgeschlossen, die geschuldete Lieferung und Leistung ist erbracht, die Güter haben das Unternehmen verlassen und die Abrechnungsfähigkeit ist gegeben).

Aus dem Grundsatz der Abgrenzung folgt, dass den Erträgen die entsprechenden Aufwendungen (der Wareneinstandspreis) gegenüberzustellen sind. Es ergeben sich die folgenden Buchungssätze (ohne USt.):

- Forderungen aus Lieferungen und Leistungen an Umsatzerlöse 1.250 €
- Materialaufwand an Waren 800 €

Zu 3:

Bei Sachverhalt 3 liegt ein zweiseitig unerfüllter Vertrag vor, der als schwebendes Geschäft zu klassifizieren ist. Die Blumentöpfe sind noch nicht geliefert, die SchnellerEuro GmbH demzufolge auch nicht der wirtschaftliche Eigentümer. Ein Bilanzansatz scheidet deshalb sowohl für die Waren als auch für die Verbindlichkeit aus. Die Preisänderung führt zu keinen Konsequenzen, wenn der erwartete Verkaufspreis weiter bei 12,50 € pro Stück liegt, weil die Ansprüche mindestens so groß sind wie die Verpflichtung, sodass keine Drohverlustrückstellung zu bilden ist.

Zu 4:

Sinkt der erwartet Verkaufspreis jedoch unter den vereinbarten Einstandspreis und kann sich die SchnellerEuro GmbH dem Geschäft nicht entziehen, bleibt es zwar ein schwebendes Geschäft, aber der Wert der eigenen Leistung übersteigt den Wert der erwarteten Gegenleistung. Dieser negative Erfolgsbeitrag aus schwebenden Geschäften ist zum Stichtag (31.12.t1) zu antizipieren (Imparitätsprinzip) als Drohverlustrückstellung nach § 249 Abs. 1 S. 1 HGB und unter den sonstigen Rückstellungen auszuweisen.

Nach § 253 Abs. 1 S. 2 HGB beträgt diese bei einem Einstandspreis von 7,50 € und einem angenommenen Verkaufspreis von 7,00 € 50,00 € und im Fall eines erhöhten Einstandspreises von 9,00 € 200,00 €.

Lösung zu Aufgabe 2

1. Ansatzverbot. Gründungskosten werden als Aufwand in der GuV erfasst.

2. Ansatzwahlrecht. Die Aufwendungen können als Aufwendungen für Ingangsetzung und Erweiterung des Geschäftsbetriebes aktiviert werden (Vgl. § 269 HGB). Es handelt sich um eine Bilanzierungshilfe, die ab dem Folgejahr mit mindestens 25 % abgeschrieben werden muss. Es gilt ein Ausschüttungsverbot in Höhe des aktivierten Betrages. Nach BilMoG gilt: Aktivierungsverbot!

3. Ansatzverbot. Es handelt sich um den originären Firmenwert.

4. Ansatzpflicht. Als Vermögensgegenstand des Anlagevermögens besteht für die Produktionsanlage ein Aktivierungsgebot zu Herstellungskosten gemäß § 255 HGB.

5. Ansatzverbot. Es handelt sich um einen selbst erstellten immateriellen Vermögenswert, der nicht aktiviert werden darf. Nach BilMoG gilt: Aktivierungspflicht (plus Ausschüttungssperre)!

6. Ansatzwahlrecht. Der Unterschiedsbetrag darf als Disagio aktiviert (Abschreibung maximal über Laufzeit des Darlehens) oder sofort ergebniswirksam in der GuV erfasst werden (§ 250 (3) HGB).

7. Ansatzwahlrecht. Der derivative Geschäftswert kann gemäß § 255 Abs. 4 HGB als Aktivposten angesetzt werden. Abschreibung über 4 Jahre oder über die Nutzungsdauer. Nach BilMoG: Aktivierungspflicht!

8. Ansatzpflicht, weil das Betriebsgebäude als wirtschaftliches Eigentum qualifiziert wird.

9. Ansatzwahlrecht. Laut § 249 Abs. 1 kann eine Rückstellung für unterlassene Instandhaltung gebildet werden, weil die Reparatur innerhalb des folgenden Geschäftsjahres nachgeholt wird. Nach BilMoG: Passivierungsverbot!

Siehe CD-ROM

Hinweis:
Diese und weitere Aufgaben samt Lösungen finden Sie auf der beiliegenden CD-ROM.

4 Grundlegende Bewertungsvorschriften

4.1 Allgemeine Bewertungsgrundsätze im Überblick

Im Rahmen der grundlegenden Ansatzvorschriften wurde darüber entschieden, ob ein Vermögensgegenstand bzw. eine Schuld in der Bilanz angesetzt werden muss oder darf (Ansatz dem Grunde nach). Erfolgt ein Bilanzansatz, ist im nächsten Schritt darüber zu entscheiden, welcher Wert dem Bilanzposten zugewiesen wird (Ansatz der Höhe nach). Bei der Bewertung wird den in der Bilanz anzusetzenden Vermögensgegenständen und Schulden entsprechend den GoB und den handelsrechtlichen Bewertungsvorschriften jeweils ein Geldbetrag zugeordnet.

Für die Bewertung sind zahlreiche GoBs zu beachten. In § 252 HGB sind die allgemeinen Bewertungsvorschriften mit sieben generellen Grundsätzen kodifiziert. Dazu zählen die im Folgenden genannten Prinzipien.

- Identitätsprinzip, Bilanzkontinuität (§ 252 Abs. 1 Nr. 1 HGB),
- Going-concern-Prinzip (§ 252 Abs. 1 Nr. 2 HGB),
- Einzelbewertungsprinzip (§§ 246 Abs. 1 u. 252 Abs. 1 Nr. 3 HGB),
- Stichtagsprinzip (§ 252 Abs. 1 Nr. 3 HGB),
- Realisations- bzw. Imparitätsprinzip und Vorsichtsprinzip (§ 252 Abs. 1 Nr. 4 HGB),
- Abgrenzungsgrundsatz (§ 252 Abs. 1 Nr. 5 HGB),
- Stetigkeitsprinzip (§ 252 Abs. 1 Nr. 6 HGB).

Dem **Vorsichtsprinzip** kommt bei der Bewertung eine große Bedeutung zu. Bei der Bewertung sind Risiken und Verluste zu berücksichtigen, die bis zum Abschlussstichtag entstanden sind, auch wenn sie erst am Tag der Aufstellung des Jahresabschlusses bekannt geworden sind. In diesem Zusammenhang ist zwischen wertaufhellen-

Vorsichtsprinzip

den und wertbegründenden bzw. wertbeeinflussenden Tatsachen zu unterscheiden.[95]

wertaufhellende Tatsachen

Wertaufhellende Tatsachen beziehen sich auf die Begebenheiten vor dem Abschlussstichtag, während wertbegründende Tatsachen erst nach dem Abschlussstichtag verursacht werden. Da die wertaufhellenden Tatsachen die für den Wert maßgebenden Verhältnisse so zeigen, wie sie am Bilanzstichtag objektiv bestanden, sind sie bei der Bewertung zum Bilanzstichtag des abgelaufenen Geschäftsjahres zu berücksichtigen.

wertbegründende Tatsachen

Demgegenüber verändern wertbegründende Tatsachen die für den Wert maßgeblichen Verhältnisse. Sie sind deshalb bei der Bewertung erst am folgenden Bilanzstichtag zu berücksichtigen.

Beispiel:

Ein Kunde der Heicomp GmbH meldet am 15.02.t2 Insolvenz an. Die Heicomp GmbH hat gegen diesen Kunden eine Forderung in Höhe von 90.000 € zum Bilanzstichtag des Jahres t1. Die Heicomp GmbH stellt ihre Bilanz für das Jahr t1 am 30.03.t2 auf.

Ist die Insolvenz des Kunden bei der Bewertung der Forderung zum 31.12.t1 zu berücksichtigen, wenn

a) der Kunde sich bereits am 31.12.t1 in einer wirtschaftlich ausweglosen Situation befunden hat?

b) der Kunde aufgrund von Umständen zahlungsunfähig geworden ist, die am Bilanzstichtag weder bestanden haben noch vorhersehbar waren?

Lösung

Im Fall a) liegt eine wertaufhellende Tatsache vor. Der Kunde hat sich bereits im abgelaufenen Geschäftsjahr in einer Lage befunden, die eine Abschreibung der Forderung gerechtfertigt hat. Auch wenn das der Heicomp GmbH zum Bilanzstichtag noch nicht bekannt gewesen ist, wurde die Wertminderung der Forderung zum 31.12.t1 durch die Insolvenzanmeldung offensichtlich. Da die Werterhellung zwischen dem Bilanzstichtag und dem Zeitpunkt der Bilanzerstellung eingetreten ist, muss sie bei der Forderungsbewertung zum 31.12.t1 berücksichtigt werden.

---

[95] Vgl. BFH, Urt. v. 04.04.1973 I R 130/71, BStBl 1973 II, S. 485.

Demgegenüber liegt in Fall b) eine wertbegründende Tatsache vor, weil sie erst nach dem Bilanzstichtag eingetreten ist. Deshalb ist dieser Sachverhalt zum Bilanzstichtag noch nicht zu berücksichtigen und wirkt sich somit nicht auf die Bilanz zum 31.12.t1 aus.

Die Bewertungsvorschriften sind in §§ 252–256 HGB kodifiziert. Neben dieser für alle Kaufleute geltenden Regelung gibt es für Kapitalgesellschaften und für haftungsbeschränkte Personenhandelsgesellschaften mit den §§ 279–283 HGB ergänzende Bewertungsvorschriften. Die Bewertungsvorschriften umfassen zwei Schritte:

1. Die Zugangsbewertung bei der Einbuchung der Vermögensgegenstände und Schulden und
2. die Folgebewertung in den nächsten Geschäftsjahren.

Die Zugangsbewertung hat zu marktmäßig realisierten, nachweisbaren Werten zu geschehen. Marktmäßig realisierte, nachweisbare Werte sind gemäß § 253 HGB:

Zugangsbewertung

- für gekauftes Anlage- und Umlaufvermögen die Anschaffungskosten (§ 255 Abs. 1 HGB),
- für selbst erstelltes Anlage- und Umlaufvermögen die Herstellungskosten (§ 255 Abs. 2 u. 3 HGB),
- für Verbindlichkeiten der Rückzahlungsbetrag (§ 253 Abs. 1 S. 2 HGB; nach dem BilMoG der Erfüllungsbetrag),
- für Renten ohne Gegenleistung der Barwert (§ 253 Abs. 1 S. 2 HGB; nach dem BilMoG der abgezinste Erfüllungsbetrag) und
- für Rückstellungen der gemäß vernünftiger kaufmännischer Beurteilung anzusetzende Betrag (§ 253 Abs. 1 S. 2 HGB; nach dem BilMoG der gemäß vernünftiger kaufmännischer Beurteilung anzusetzende Erfüllungsbetrag).

Nutzungsbedingte und außerplanmäßige Wertminderungen wie auch ggf. nutzbare steuerliche Sondervorschriften erfordern Wertkorrekturen, denen durch Abschreibungen an den folgenden Bilanzstichtagen Rechnung getragen wird (Folgebewertung). Als Wertkorrekturen sind die folgenden Zeitwerte zu unterscheiden:

Folgebewertung

- Der Zeitwert nach planmäßiger Abschreibung (nur bei abnutzbarem AV).

- Der Zeitwert nach außerplanmäßiger Abschreibung:

  Zu jedem Bilanzstichtag ist zu prüfen, ob die planmäßig fortgeführten Anschaffungswerte für das Anlagevermögen unverändert weiterhin Gültigkeit haben oder ob Umstände eingetreten sind, die dazu führen, dass eine außerplanmäßige Abschreibung vorgenommen werden muss (Abschreibungspflicht bei voraussichtlich dauernder Wertminderung) oder darf (Abschreibungswahlrecht bei voraussichtlich vorübergehender Wertminderung; nach dem BilMoG nur für das Finanzanlagevermögen erlaubt).

  Für Umlaufvermögen muss unabhängig von der Dauer der voraussichtlichen Wertminderung immer auf den niedrigeren Wert am Bilanzstichtag außerplanmäßig abgeschrieben werden. Folgende Korrekturwerte kommen in Betracht:

  - Am Abschlussstichtag beizulegender niedrigerer Wert (AV und UV).

  - Sich aus dem Börsen- oder Marktpreis ergebender Wert (nur UV gem. strengem Niederstwertprinzip).

  - Abwertungen zur Vorwegnahme künftiger Wertschwankungen (Abschreibungswahlrecht nur auf das UV und nur für Personenhandelsgesellschaften; nach dem BilMoG gestrichen).

  - Abschreibungen im Rahmen vernünftiger kaufmännischer Beurteilung (Abschreibungswahlrecht nur für Personenhandelsgesellschaften; nach dem BilMoG gestrichen).

  - Niedrigere steuerliche Werte (umgekehrte Maßgeblichkeit; Abschreibungswahlrecht nur für den Einzelabschluss) z. B. steuerliche Sonderabschreibungen oder erhöhte Absetzungen; nach dem BilMoG gestrichen.

  - Teilwert (§ 6 Abs. 1 Nr. 1 EStG).

Gemäß § 253 Abs. 5 HGB dürfen bislang niedrigere Wertansätze aufgrund der außerplanmäßigen Abschreibung beibehalten werden, auch wenn die Gründe dafür nicht mehr bestehen (sog. Beibehaltungs- bzw. Zuschreibungswahlrecht). Das Beibehaltungs- bzw. Zuschreibungswahlrecht wird in Angleichung an die steuerrechtlichen Regelungen und an die bisher geltenden Regelungen für Kapitalgesellschaften mit dem BilMoG gestrichen; zukünftig besteht ein Zuschreibungsgebot.

Für **Kapitalgesellschaften und haftungsbeschränkte Personenhandelsgesellschaften** sind die Abschreibungswahlrechte schon jetzt deutlich eingeschränkt, sodass die Änderungen durch das BilMoG hier bereits weitgehend vorweggenommen sind. So greift das Abwertungswahlrecht zur außerplanmäßigen Abschreibung auf das Anlagevermögen bei voraussichtlich vorübergehender Wertminderung nur beim Finanzanlagevermögen. Auch besteht anstelle des Beibehaltungswahlrechts eine Zuschreibungspflicht.

Darüber hinaus erlaubt das Handelsrecht – abweichend vom Grundsatz der Einzelbewertung – **Bewertungsvereinfachungen** (§ 256 HGB), die für bestimmte Posten des Anlage- und Umlaufvermögens in Anspruch genommen werden dürfen.

Das BilMoG sieht vor, dass die §§ 249 u. 253 im Falle der Bildung von **Bewertungseinheiten** nicht anzuwenden sind, soweit sich die gegenläufigen Wertänderungen oder Zahlungsströme aufheben und Vermögensgegenstände, Schulden, schwebende Geschäfte oder mit höchster Wahrscheinlichkeit vorgesehene Transaktionen zum Ausgleich gegenläufiger Wertänderungen oder Zahlungsströme aus vergleichbaren Risiken zusammengefasst werden.

4.2 Zugangsbewertung von Vermögensgegenständen

Anschaffungskosten

Gemäß § 253 Abs. 1 S. 1 HGB sind Vermögensgegenstände höchstens mit den Anschaffungs- oder Herstellungskosten (AK/HK) anzusetzen. Die AK/HK sind in § 255 Abs. 1–3 HGB festgelegt. Die **Anschaffungskosten** bezeichnen jene Aufwendungen, die im Rahmen des Erwerbs von Vermögensgegenständen anfallen. Sie bilden die Wertobergrenze für den Wertansatz der Vermögensposten.

---

§ 253 Abs. 1 HGB:

„Anschaffungskosten sind die Aufwendungen, die geleistet werden, um einen Vermögensgegenstand zu erwerben und ihn in einen betriebsbereiten Zustand zu versetzen, soweit sie dem Vermögensgegenstand einzeln zugeordnet werden können. Zu den Anschaffungskosten gehören auch die Nebenkosten sowie die nachträglichen Anschaffungskosten. Anschaffungspreisminderungen sind abzusetzen."

Anschaffung

Unter „Anschaffung" sind der Erwerb und das Versetzen des erworbenen Vermögensgegenstandes in einen betriebsbereiten Zustand zu verstehen. Entscheidendes Kriterium für den **Erwerb** ist das Erlangen der Verfügungsgewalt über den Vermögensgegenstand, d. h. der Zeitpunkt, zu dem das wirtschaftliche Eigentum auf den Käufer übergeht. Der Zeitpunkt der Bezahlung ist nicht entscheidend. Anschaffungskosten umfassen nicht nur den eigentlichen Anschaffungspreis; Anschaffungskosten setzten sich aus den folgenden Komponenten zusammen:

Zusammensetzung

Kaufpreis (Listenpreis mit Zu- und Abschlägen, netto)

− Anschaffungspreisminderungen

  • Zahlungsnachlässe (Skonti, Rabatte);

  • Zuwendungen (Subventionen, Zuschüsse Dritter)

+ Anschaffungsnebenkosten

  • Nebenkosten des Erwerbs (z.B. GrErwSt, Gebühren)

  • Nebenkosten der Verbringung in das Unternehmen
    (z.B. Fracht, Transportversicherung)

  • Nebenkosten zur Erreichung der Betriebsfähigkeit
    (z.B. Montage, Fundamentierungsarbeiten, Sicherheitsüberprüfung)

= Anschaffungswert/Anschaffungskosten

+ nachträgliche Anschaffungskosten
  stehen im sachlichen Zusammenhang mit der Anschaffung
  (z.B. Kaufpreiserhöhungen)

Ausschluss:

Nicht zu den Anschaffungskosten zählen

• Gemeinkosten der Beschaffung

• Finanzierungskosten (Geldbeschaffungskosten)
  (Ausnahme: Kreditaufnahme für Anzahlungen)

Abb. 4-1: Bestandteile der Anschaffungskosten

Anschaffungspreis

Der Anschaffungspreis stimmt im Regelfall mit dem Rechnungsbetrag überein. Es handelt sich um den Bruttopreis abzüglich der Umsatzsteuer.

Bei Anschaffungen in einer Fremdwährung ist eine Euroumrechnung erforderlich. Maßgeblich ist der Wechselkurs zu dem Zeitpunkt, zu dem die wirtschaftliche Verfügungsmacht erlangt wurde. *Fremdwährung*

Wird für mehrere Vermögensgegenstände ein Gesamtanschaffungspreis gezahlt, ist er nach dem Grundsatz der Einzelbewertung auf die einzelnen Vermögensgegenstände zu verteilen. *Gesamtanschaffungspreis*

> **Beispiel:**
>
> Ein Unternehmen kauft ein Grundstück mit aufstehendem Gebäude.
> Der Grund und Boden ist ein nicht abnutzbarer Anlagegegenstand.
> Das Gebäude ist ein abnutzbarer Anlagegegenstand. Beide Anlagege-
> genstände sind deshalb einzeln zu bewerten.

Falls der Kaufpreis im Kaufvertrag auf Grund und Boden und auf Gebäude aufgeteilt ist, ist diese Aufteilung nach dem Grundsatz der Einzelbewertung auch für die Bilanzierung beizubehalten, wenn sie wirtschaftlich vernünftig und nicht willkürlich erscheint. Ist das nicht der Fall, ist der Gesamtanschaffungspreis auf die einzelnen Vermögensgegenstände nach dem Verhältnis der Zeitwerte zu verteilen.[96] Wenn der Gesamtanschaffungspreis die Summe der Teilwerte der erworbenen Vermögensgegenstände beim Erwerb eines Unternehmens im Ganzen übersteigt, ist der verbleibende Differenzbetrag im Verhältnis der Zeitwerte aufzuteilen.

Übersteigt jedoch beim Kauf ganzer Betriebe oder Betriebsteile der vereinbarte Gesamtanschaffungspreis die Summe der Zeitwerte der einzelnen Vermögensgegenstände (abzüglich der Zeitwerte der übernommenen Schulden), ist der Differenzbetrag als Geschäfts- oder Firmenwert gem. § 255 Abs. 4 S. 1 HGB zu aktivieren.

Tausch- **geschäfte** Anschaffungsvorgänge können rechtlich auch als Tausch vollzogen werden. Bei Tauschgeschäften ist das eingetauschte Gut steuerrechtlich mit dem Zeitwert des hingegebenen Gutes zu bewerten. Die in den Wirtschaftsgütern enthaltenen stillen Reserven sind also aufzulösen; ein dabei realisierter Veräußerungsgewinn ist zu versteuern (vollständige Gewinnrealisierung). Demgegenüber schreibt das Handelsrecht eine Auflösung stiller Reserven nicht zwingend vor. Deshalb darf der Vermögensgegenstand nach überwiegend vertretener Ansicht in der Handelsbilanz mit den fortgeführten Anschaffungs- oder Herstellungskosten des hingegebenen Gutes als fiktivem Anschaffungspreis bewertet werden (sog. Buchwertfortführung). Außerdem wird eine teilweise Realisation der stillen Reserven im Handelsrecht als zulässig erachtet; das erworbene Gut darf aber höchstens zum Zeitwert angesetzt werden. Zur Diskussion steht

---

[96] Vgl. Ellrott/Schmidt-Wendt, in: Beck'scher Bilanzkommentar, § 255 HGB, Rz. 82.

ferner die ergebnisneutrale Behandlung (Ansatz erfolgt zum Buchwert des hingegebenen Postens zuzüglich Ertragsteuerbelastung).[97]

Beim unentgeltlichen Erwerb (wie z. B. bei einer Schenkung oder bei einer Erbschaft) ist die bilanzielle Behandlung umstritten. Im Schrifttum reichen die Meinungen vom Aktivierungsverbot über ein Wahlrecht bis hin zum Aktivierungsgebot.[98] Bei der Aktivierung bildet der Zeitwert des erhaltenen Vermögensgegenstandes die Wertobergrenze.[99]

unentgeltlicher Erwerb

Beim entgeltlichen Erwerb sind gemäß dem Grundsatz der Pagatorik nur die mit der Beschaffung im Zusammenhang stehenden Ausgaben zu aktivieren.

entgeltlicher Erwerb

Anschaffungspreisminderungen

Der Kaufpreis ist um Anschaffungspreisminderungen zu kürzen; hierbei ist zwischen Nachlässen und Zuwendungen zu unterscheiden.

Nachlässe sind in Anspruch genommene Rabatte, Skonti und Boni. Da ein **Bonus** eine Vergütung darstellt, die nicht für eine bestimmte Lieferung oder Leistung, sondern beim Vorliegen bestimmter Voraussetzungen (z. B. Mindestabnahmemenge in einem bestimmten Zeitraum) gewährt wird, kann keine direkte Zurechnung auf den einzelnen Vermögensgegenstand erfolgen. Deshalb darf ein Bonus nicht als Anschaffungspreisminderungen abgezogen werden.[100] Demgegenüber sind sowohl Rabatte als auch Skonti direkt zurechenbar und als Anschaffungspreisminderungen vom Kaufpreis abzuziehen. **Rabatte** sind Abschläge vom Verkaufspreis, die aus bestimmten Gründen gewährt werden (z. B. Barzahlungsrabatt, Mengenrabatt oder Treuerabatt). Rabatte werden in der Rechnung bereits offen vom Anschaffungspreis abgesetzt. Es wird nur der um den Rabatt geminderte Anschaffungspreis gebucht.

Nachlässe

Skonti sind Preisnachlässe für eine vorzeitige Zahlung der Lieferantenrechnung. Sie drücken die Differenz zwischen dem höheren Bar-

---

[97] Vgl. IDW (Hrsg.), § 255 HGB, Rz. 252, S. 267.

[98] Vgl. Baetge/Kirsch/Thiele, Bilanzen, S. 196 m. w. N.

[99] Vgl. z. B. Kahle, in: Baetge/Kirsch/Thiele: Bilanzrecht-Kommentar, § 255 HGB, Rz. 35–59, 74–77.

[100] Vgl. ADS, § 255 HGB, Rz. 50.

zahlungspreis und dem niedrigeren Zielkaufpreis aus. Die Gewährung von Skonti wird erst bei der Zahlung des Kaufpreises in Anspruch genommen. Deshalb sind am Bilanzstichtag noch nicht bezahlte Waren i. d. R. mit dem Bruttowert zu bewerten. Grundsätzlich darf die Behandlung der Skonti aber nicht von der tatsächlichen Inanspruchnahme bzw. von der Art der Finanzierung des Beschaffungsvorgangs abhängig sein. Deshalb ist der Vermögensgegenstand zu dem um das Skonto verminderten Betrag zu buchen. Nicht in Anspruch genommene Skonti sind beim Käufer als Zinsaufwände zu buchen. Mit diesem Vorgehen wird der Kaufpreis in ein Entgelt für ein Gütergeschäft und in ein Entgelt für ein Kreditgeschäft (die Nutzung eines Lieferantenkredits) geteilt.[101]

Zuwendungen   Zu den Zuwendungen zählen Subventionen und Zuschüsse Dritter. Voraussetzungen für einen Zuschuss sind:

- Kein unmittelbarer wirtschaftlicher Zusammenhang der Zahlung mit einer Leistung des Zahlungsempfängers an den Zahlenden.
- Der Zahlende verfolgt mit der Leistung an den Empfänger einen in seinem Interesse liegenden Zweck.[102]

Steuerrechtlich besteht für die bilanzielle Behandlung von Zuwendungen nach R 6.5 Abs. 2 EStR ein Wahlrecht. Folgende Behandlungsalternativen kommen in Betracht:
- Berücksichtigung der Zuwendung als Anschaffungskostenminderung,
- sofortige erfolgswirksame Vereinnahmung der Zuwendung.

Die Berücksichtigung der Zuwendung als Anschaffungskostenminderung ist erfolgsneutral. Der Anschaffungspreis wird sofort um den Zuschussbetrag gemindert; die Zuwendung wirkt sich somit erst in den Folgeperioden durch geringere Abschreibungsbeträge in der GuV aus. Diese Vorgehensweise ist grundsätzlich nur erlaubt, wenn das Unternehmen die Zuwendung nicht zurückzahlen muss. Bei der erfolgswirksamen Vereinnahmung werden die Anschaffungskosten in voller Höhe angesetzt, der Zuwendungsbetrag wird erfolgswirk-

---

[101] Vgl. Baetge/Kirsch/Thiele, Bilanzen, S. 197 m. w. N.
[102] Vgl. Schmidt, Bilanztraining, S. 298.

sam als Ertrag gebucht. Wird ein Zuschuss bereits vor der Anschaffung gewährt, ist er zunächst als steuerfreie Rücklage zu buchen und bei der Anschaffung des Vermögensgegenstandes auf den Vermögensgegenstand zu übertragen.

Handelsrechtlich ist als dritte Variante noch der Ansatz eines speziellen Passivpostens (z. B. eines Sonderpostens für Investitionszuschüsse zum Anlagevermögen) erlaubt. Der Vermögensgegenstand wird in Höhe der Anschaffungskosten brutto ausgewiesen. Die Zuwendung wird als passiver Sonderposten verbucht, der über die Nutzungsdauer des Vermögenspostens aufgelöst wird, sodass die GuV insgesamt nur mit der Netto-Abschreibung belastet wird.[103] Diese indirekte Methode wird in der Literatur kritisch gesehen, weil sie den Einblick in die Unternehmenslage erschwert.[104]

Zuwendungen, die nicht im Zusammenhang mit der Investitionstätigkeit stehen, sind sofort erfolgswirksam zu erfassen.

Investitionszulagen sind keine Zuschüsse. Sie werden nach H 6.5 EStH nicht erfolgswirksam als Einnahmen behandelt und mindern auch nicht die Anschaffungs- oder Herstellungskosten des angeschafften Wirtschaftsgutes (§ 12 InvZulG).

Anschaffungsnebenkosten

Als Anschaffungsnebenkosten gelten alle Ausgaben, die unmittelbar mit der Beschaffung oder mit der Versetzung in den betriebsbereiten Zustand zusammenhängen, soweit sie den Positionen einzeln zugerechnet werden können. Zu nennen sind u. a.

- **Nebenkosten der Beschaffung:** Zum Beispiel Courtagen, Provisionen, Aufwendungen der Begutachtung eines Kaufobjektes, Notariats-, Gerichts- und Registerkosten, Grunderwerbsteuern sowie Speditionskosten und Transportversicherungsaufwendungen, Lagergelder wie auch Abfuhr- und Abladekosten.

- **Nebenkosten der Inbetriebnahme bzw. der Versetzung in den betriebsbereiten Zustand:** Zum Beispiel Kosten der Fundamentierung, Montagekosten, Kosten für Probeläufe und Sicherheits-

---

[103] Vgl. HFA des IDW, Bilanzierungsfragen bei Zuwendungen, S. 612–615.
[104] Vgl. ADS, § 255 HGB, Rz. 56.

überprüfungen (durch Dritte), Kosten für die Abnahme von Gebäuden und Anlagen.

Sachanlagen

Die Betriebsbereitschaft eines Vermögenspostens ist gegeben, sobald der Vermögensposten seiner Zweckbestimmung entsprechend genutzt werden kann. Bei Sachanlagen liegt die Betriebsbereitschaft i. d. R. mit der Montage am betrieblichen Einsatzort (ggf. nach Abschluss von Probeläufen) vor, wenn die betriebliche Nutzbarkeit des Vermögensgegenstandes erreicht ist.

Gegenstände des Umlaufvermögens

Demgegenüber werden Gegenstände des Umlaufvermögens betrieblich verbraucht. Ihre Betriebsbereitschaft ist gegeben, wenn sie den Zustand der Verbrauchbarkeit, der Verwertbarkeit oder der Veräußerbarkeit erreicht haben.

> **Beispiel:**
>
> Ein Unternehmer kauft eine Maschine von einem Maschinenbauer. Der Unternehmer lässt von seinen Mitarbeitern ein Fundament erstellen. Die dafür aufgewendeten Löhne werden anhand der Stundenzettel, die aufgewendeten Sachmittel anhand der Materialentnahmescheine ermittelt. Zusätzlich schließt ein beauftragter Monteur die Maschine an das Stromnetz an.
>
> **Lösung**
>
> Die Maschine ist erst betriebsbereit, wenn sie betrieblich nutzbar ist. Voraussetzung hierfür ist, dass sie auf dem Fundament montiert und an das Stromnetz angeschlossen ist. Deshalb zählen die Fundamentierungs- und die Anschlusskosten zu den Anschaffungskosten. Das gilt auch dann, wenn das Fundament in Eigenarbeit und nicht durch fremde Arbeitnehmer errichtet wird. Die zurechenbaren Löhne wurden – ebenso wie die zurechenbaren Sachmittel – durch die Nutzbarmachung der Maschine verursacht.

Anlaufkosten

Aufwendungen für die Durchführung von eigenen Versuchen, Probeläufen und die Einstellung auf ein bestimmtes Fertigungsprogramm (sog. **Anlaufkosten**) können nicht als Anschaffungskosten aktiviert werden. Sie sind aufwandswirksam zu verbuchen. Beauftragt das Unternehmen aber einen Lieferanten oder einen fremden Montagebetrieb gegen besonderes Entgelt für das Einstellen und den

Probebetrieb einer Maschine, sind die Anlaufkosten als zusätzliche Anschaffungskosten zu aktivieren.[105]

Beim Kauf eines Grundstücks zählen auch die Abbruchkosten für ein Gebäude zu den Anschaffungsnebenkosten, sofern schon zum Erwerbszeitpunkt beabsichtigt war, das Grundstück unbebaut zu nutzen.[106]

Abbruchkosten

Die Bestimmung der Anschaffungsnebenkosten ist an den Zeitraum des Anschaffungsvorganges geknüpft. Der Anschaffungsvorgang beginnt mit Tätigkeiten, die auf die Beschaffung des Vermögensgegenstandes gerichtet sind, und endet, wenn der Gegenstand in die wirtschaftliche Verfügungsgewalt des Erwerbers gelangt, d. h., wenn er selbstständig verwertbar ist und ggf. in den betriebsbereiten Zustand versetzt wurde.[107] Bei Ausgaben, die nach diesem Zeitraum anfallen, ist zu prüfen, ob sie als nachträgliche Anschaffungskosten aktiviert werden können.

Zeitraum des Anschaffungsvorganges

Gemeinkosten als Anschaffungsnebenkosten

Gemäß § 255 Abs. 1 S. 1 HGB dürfen nur direkt zurechenbare Ausgaben, d. h. Einzelkosten, in die Anschaffungskosten einbezogen werden. Während Einzelkosten direkt dem Produkt zugerechnet werden, können Gemeinkosten, die gemeinsam für eine Vielzahl von Vermögensgegenständen anfallen, nur indirekt dem Produkt zugerechnet werden.

Grundsätzlich sind dem Vermögensgegenstand nur Anschaffungsnebenkosten in der tatsächlich angefallenen Höhe zuzurechnen (Grundsatz der Pagatorik). Jedoch sind aus Vereinfachungsgründen Pauschalierungen von direkt zuzurechnenden Anschaffungskosten zulässig (z. B. bei Transportversicherungen).[108]

Eine Beschränkung der Anschaffungsnebenkosten auf Einzelkosten ist nicht plausibel. Wenn für einen gekauften Vermögensgegenstand noch Montagearbeiten anfallen, sind sie Bestandteile der Anschaffungskosten, wenn die Montagearbeiten fremdvergeben werden. Würde die Montage dagegen von eigenen Mitarbeitern durchge-

---

[105] Vgl. Schmidt, Bilanztraining, S. 290.

[106] Vgl. ADS, § 255 HGB, Rz. 13 u. 24.

[107] Vgl. Knop/Küting, in: Küting/Weber, HdR-E, § 255 HGB, Rz. 29.

[108] Vgl. IDW (Hrsg.), § 255 HGB, Rz. 237, S. 263.

führt, lägen Gemeinkosten vor, die nach strenger Auslegung nicht in die Anschaffungsnebenkosten mit einbezogen werden dürften.[109]

Ebenso können im Anschaffungsbereich Herstellungskosten anfallen. Rohstoffe wie z. B. Holz oder Wein steigen durch längere Lagerung im Wert. Die Aus- oder Nachreife ist ein Herstellungsprozess im weiteren Sinne. Deshalb sind auf die Zeit der Aus- oder Nachreife entfallende Aufwendungen als Herstellungskosten zu aktivieren.[110]

Die Einbeziehung von Anschaffungsnebenkosten kann dazu führen, dass die aktivierten Anschaffungskosten höher sind als der Zeitwert des Vermögenspostens. Deshalb ist zusätzlich zu prüfen, ob ggf. eine außerplanmäßige Abschreibung gemäß § 253 Abs. 2 S. 3 HGB erforderlich ist.

Nachträgliche Anschaffungskosten

Bei den nachträglichen Anschaffungskosten wird unterschieden zwischen

* nachträglichen Ausgaben für bereits beschaffte Vermögensgegenstände und
* nachträgliche Erhöhungen des ursprünglichen Kaufpreises.

nachträgliche Aufwendungen

Zu den nachträglichen Aufwendungen zählen jene Ausgaben, die nicht zeitnah zum Anschaffungszeitpunkt angefallen sind, aber in einem sachlichen Zusammenhang mit der Anschaffung stehen und den Vermögensgegenstand in einen betriebsbereiten Zustand versetzten. Die Ausgaben können somit auch längere Zeit nach dem Erwerb entstanden sein. Ausgaben zählen auch dann zu den nachträglichen Aufwendungen, wenn mit ihnen eine andere als die bisherige Nutzung des Vermögensgegenstandes ermöglicht wird (z. B. Straßenanlieger- und Erschließungsbeiträge, die entstehen, wenn ein zunächst im unbebauten Zustand genutztes Grundstück in späteren Jahren als Bauland ausgewiesen wird).[111]

nachträgliche Erhöhung des Kaufpreises

Nachträgliche Erhöhungen des Kaufpreises können eintreten, wenn der Kaufpreis zum Teil durch spätere Ereignisse erhöht wird. Das ist

---

[109] Vgl. Baetge/Kirsch/Thiele, Bilanzen, S. 199.
[110] Vgl. Schmidt, Bilanztraining, S. 292.
[111] Vgl. Schmidt, Bilanztraining, S. 294.

beispielsweise bei der Nennung von Gewinnschwellen beim Beteiligungskauf oder bei Kaufpreisanpassungen aufgrund von Gerichtsprozessen denkbar.[112]

Finanzierungskosten

Finanzierungskosten gehören nicht zu den Anschaffungskosten, weil sie gem. § 255 Abs. 3 HGB auf den Zeitraum der Herstellung entfallen müssen und somit nur für die Bestimmung der Herstellungskosten relevant sind. Außerdem ist keine direkte Zurechenbarkeit der Fremdkapitalzinsen zum Vermögensgegenstand möglich.[113] Finanzierungskosten können allenfalls als Herstellungskosten aktiviert werden.

Beispiel 1:

Ein Unternehmen kauft am 01.07.t1 ein an das Betriebsgrundstück angrenzendes Grundstück, auf dem ein Lagerhaus steht. Zur Kaufpreisfinanzierung nimmt das Unternehmen eine Hypothek auf. Es entstehen Maklerkosten für die Grundstücksvermittlung, Kosten für ein erstelltes Wertgutachten, Notariatsgebühren für die Bestellung der Hypothek, den Kaufvertrag und die Auflassung, Grunderwerbsteuern an das Finanzamt sowie Kosten für die Eintragung der Hypothek und die Eigentumseintragung in das Grundbuchamt. Außerdem fallen im Jahr t1 bereits Zinsen für die Hypothek an.

Lösung

Die Kosten für das Wertgutachten, die Maklerkosten, die Notariatsgebühren, die Grunderwerbsteuern und die Grundbuchgebühren sind Aufwendungen, die für den Eigentumsübergang erforderlich sind; sie zählen folglich zu den Anschaffungskosten.

Die Bestellung der Hypothek dient der Sicherung des Darlehens, das zur Finanzierung des Kaufpreises aufgenommen wurde. Die Notariatsgebühr und die Grundbuchgebühr stehen im Zusammenhang mit der Finanzierung und sind Finanzierungs- und keine Anschaffungskosten.

---

[112] Vgl. Kahle in: Baetge/Kirsch/Thiele: Bilanzrecht-Kommentar, § 255 HGB, Rz. 111.

[113] Vgl. Baetge/Kirsch/Thiele, Bilanzen, S. 200.

Beispiel 2:

Die Clever AG kauft am 14.04.t0 eine Anlage zu einem Preis von 204.000 € (netto). Auf den Nettolistenpreis erhält die AG 5 % Rabatt und 2 % Skonto für sofortige Barzahlung.

Für den Transport der Anlage muss die Clever AG 10.000 € (netto) bezahlen. Die anteiligen Kosten der Beschaffungsabteilung, die zwei Monate für die Auswahl des Modells benötigt hat, betragen 20.000 €.

Die Installation wird durch die betriebseigene Elektroabteilung der Clever AG durchgeführt. Es entstehen Lohnaufwendungen i. H. v. 10.000 €. Zeitgleich mit der Anschaffung der Anlage werden die Räume renoviert. Dafür entstehen Materialkosten i. H. v. 20.000 € (netto).

Mit welchem Betrag sind die handelsrechtlichen Anschaffungskosten anzusetzen?

Lösung

Listenpreis	204.000 €
Rabatt 5%	− 10.200 €
Skonto 2%	− 3.876 €
Transportkosten (netto)	+ 10.000 €
Installationskostenkosten (netto)	+ 10.000 €
Anschaffungskosten	**= 209.924 €**

Hinweis:

- Rabatt: 5 % von 10.200 €
- Skonto: 2 % von 193.800 €
- Bei den Aufwendungen für die allgemeine Entscheidungsfindung vor der Anschaffung handelt es sich nicht um Anschaffungsnebenkosten. Die Renovierungsaufwendungen sind ebenfalls keine Anschaffungsnebenkosten.

Welcher Betrag würde sich ergeben, wenn die Clever AG zwei Monate nach dem Kauf ein für die endgültige Betriebsbereitschaft erforderliches Zusatzgerät für die Anlage zum Preis von 80.000 € (netto) erwerben würde?

Lösung

Anschaffungskosten:	209.924 €
+ Anschaffungsnebenkosten:	80.000 €
= (neue) Anschaffungskosten (b):	**289.924 €**

Beispiel 3:

Das Bauunternehmen Baugro GmbH hat im September einen Bagger gekauft, für den sie 238.000 € incl. 19 % USt bezahlt hat. Vom Staat erhält das Unternehmen einen nicht rückzahlbaren Investitionszuschuss in Höhe von 23.000 €. Außerdem erhält das Unternehmen für den Kauf einen Bonus über 11.500 €; die Transportversicherung über 250 € muss die Baugro GmbH selbst tragen.
Wie hoch sind die Anschaffungskosten?

Lösung

Rechnungsbetrag (brutto)	238.000 €
Umsatzsteuer	− 38.000 €
Investitionszuschuss	− 23.000 €
Anschaffungsnebenkosten	+ 250 €
Anschaffungskosten	**= 177.250 €**

Anmerkung:
Der Bonus bleibt unberücksichtigt, weil er nicht einzeln zurechenbar ist. Die dargestellte Behandlung des Investitionszuschusses stellt nur eine mögliche Behandlung dar; alternativ könnte eine sofortige erfolgswirksame Verbuchung erfolgen oder aber ein Sonderposten für Investitionszuschüsse gebildet werden.

Drei Monate später erhält der technische Leiter der Baugro GmbH ein Angebotsschreiben: Durch den Einbau zweier zusätzlicher Motorteile und eines Doppelauspuffs kann die Leistung des Baggers wesentlich erhöht werden. Die Kosten betragen netto 1.200 € zzgl. 300 € Nutzungsausfall. Der technische Leiter bestellt unverzüglich die zusätzlichen Teile, die am 28.12. in den Bagger eingebaut werden.
Ändern sich dadurch die Anschaffungskosten des Baggers?

Lösung

Die Anschaffungskosten des Baggers ändern sich, weil der Einbau der Motorteile die Leistung des Baggers wesentlich verbessert und somit nachträgliche Anschaffungskosten anfallen.
Da die Anschaffungs- oder Herstellungskosten pagatorischer Natur sein müssen (d. h. auf Zahlungen basierend), entfällt eine Berücksichtigung des Nutzungsausfalls (= kalkulatorisch).
Deshalb steigen die Anschaffungskosten von 177.250 € um 1.200 € auf 178.450 €.

Herstellungskosten

Begriff der Herstellungskosten

Die Herstellungskosten sind der Wertmaßstab für die Zugangsbewertung aller vom Unternehmen selbst erstellter Vermögensgegenstände, die am Bilanzstichtag zum Betriebsvermögen zählen. Sie sind für die Bewertung von fertigen und unfertigen Erzeugnisbeständen, aber auch von selbst erstellten Sach- oder Immaterialanlagen relevant. Nach § 255 Abs. 2 S. 1 HGB sind die Herstellungskosten wie folgt definiert:

---

§ 255 Abs. 2 S. 1 HGB

„Herstellungskosten sind die Aufwendungen, die durch den Verbrauch von Gütern und die Inanspruchnahme von Diensten für die Herstellung eines Vermögensgegenstands, seine Erweiterung oder für eine über seinen ursprünglichen Zustand hinausgehende wesentliche Verbesserung entstehen."

Der Begriff der Herstellungskosten umfasst per Definition „Aufwendungen". Im Gegensatz zum Kostenbegriff der „Herstellkosten" beschränken sich die bilanziellen Herstellungskosten auf **aufwandsgleiche Kosten** (pagatorischer Begriff). Nicht pagatorische Teile der kalkulatorischen Kosten (wie die kalkulatorische Miete, der kalkulatorische Unternehmerlohn, die kalkulatorischen Eigenkapitalzinsen) und der über die bilanzielle Abschreibung hinausgehende Teil der kalkulatorischen Abschreibung dürfen nicht in die bilanziellen Herstellungskosten einbezogen werden. Konsequenterweise wäre die Bezeichnung Herstellungsaufwendungen/-ausgaben zutreffender.

Die Herstellungskosten setzen sich aus dem **Verbrauch von Gütern** und der Inanspruchnahme von Diensten zusammen. Erstere umfassen Roh-, Hilfs- und Betriebsstoffe, die bei der Herstellung des Vermögensgegenstandes verarbeitet werden sowie Abschreibungen auf die bei der Herstellung eingesetzten Maschinen und Fertigbauten, in denen die Maschinen stehen. Zur **Inanspruchnahme von Diensten** zählen alle Leistungen der in der Produktion beschäftigten Arbeitnehmer, die bei der Erstellung in Anspruch genommen werden.

Abgrenzung zwischen Herstellungskosten und Erhaltungsaufwand

Die Herstellungskosten werden aufgewendet, um einen Vermögensgegenstand herzustellen, zu erweitern oder über seinen ursprünglichen Zustand hinaus wesentlich zu verbessern. Während die **Herstellung** die Neuschaffung eines Vermögensgegenstandes bedeutet (z. B. der Bau einer Spezialmaschine durch eigene Arbeitnehmer oder die Produktion von Erzeugnissen), ist die **Erweiterung** mit einer Substanzmehrung verbunden (z. B. Gebäudeanbau, Ausbau des Dachgeschosses oder Aufteilung eines Großraumbüros in Einzelbüros). Eine **über den ursprünglichen Zustand hinaus wesentliche Verbesserung** liegt vor, wenn der Vermögensgegenstand in seiner Verwendungs- und Nutzungsmöglichkeit deutlich geändert wird. In diesem Zusammenhang ist die Abgrenzung zwischen aktivierungspflichtigen Herstellungskosten und aufwandswirksam zu verrechnenden Erhaltungsaufwendungen von Bedeutung. Wenn Maßnahmen dazu dienen, einen Vermögensgegenstand in ordnungsgemäßem Zustand zu erhalten, liegen keine aktivierungspflichtigen Vermögensmehrungen vor. Es sind regelmäßig vorzunehmende notwendige Ausbesserungen. Dementsprechend bewirken Erhaltungsaufwendungen lediglich, dass die Vermögensgegenstände nutzbar bleiben und verhindern einen vorzeitigen Verschleiß.

Werden dagegen Vermögensgegenstände in ihrer Substanz wesentlich vermehrt (z. B. durch einen Anbau oder eine Erweiterung von Gebäuden) oder ihre Gebrauchs- bzw. Verwertungsmöglichkeiten wesentlich verändert bzw. erweitert (z. B. durch den Umbau eines Frachtschiffes zum Passagierschiff) oder wenn die Nutzungsdauer des Vermögensgegenstandes durch die getätigten Maßnahmen nicht nur geringfügig verlängert wird, handelt es sich um bilanzierungspflichtige Vermögensmehrungen.[114]

---

[114] Vgl. Coenenberg, Jahresabschluss und Jahresabschlussanalyse, S. 85.

Herstellungskosten versus Erhaltungsaufwendungen	
Herstellungskosten	Erhaltungsaufwendungen
Vermögensgegenstand wird - neu geschaffen - erweitert - wesentlich verbessert	Die Substanz oder die Verwendungs- oder Nutzungsmöglichkeit eines Vermögens- gegenstands wird - erhalten (Instandhaltungsaufwand) oder - wiederhergestellt (Instandsetzungsaufwand)
Aktivierung	Sofortaufwand

Abb. 4-2: Herstellungskosten versus Erhaltungsaufwendungen

Ob Aufwendungen für Vermögensgegenstände als Herstellungskosten zu behandeln sind, hängt von der Verhältnismäßigkeit der Ausgaben in Relation zum Gesamtwert des Vermögensgegenstandes ab. Herstellungskosten liegen vor, wenn der Vermögensgegenstand durch Instandhaltungs- bzw. Modernisierungstätigkeiten wesentlich verbessert oder erweitert wird oder wenn durch eine Generalüberholung faktisch ein neuer Vermögensgegenstand geschaffen wird.[115]

Zusammensetzung der Herstellungskosten

Herstellungseinzelkosten

Gemäß § 255 Abs. 2 S. 2 HGB gehören zu den Herstellungskosten die Materialkosten, die Fertigungskosten und die Sonderkosten der Fertigung. Erst in Zusammenhang mit S. 3, der darüber hinaus eine Einbeziehung notwendiger Materialgemein- und Fertigungsgemeinkosten fordert, wird deutlich, dass es sich bei den in Abs. 2 S. 3 genannten Kosten lediglich um Einzelkosten handelt. Zu den **aktivierungspflichtigen Bestandteilen der Herstellungskosten** und somit zur Wertuntergrenze zählen derzeit lediglich die Material- und die Fertigungseinzelkosten sowie die Sondereinzelkosten der Fertigung.[116] Mit dem BilMoG wird für den Herstellungskostenbegriff eine Angleichung an die steuerlichen Regelungen erreicht, die auch die fertigungsbezogenen Gemeinkosten pflichtgemäß umfasst.

Materialeinzelkosten

Zu den Materialeinzelkosten gehören der bewertete Verbrauch für Roh-, Hilfs- und Betriebsstoffe sowie Fertigteile, sofern sie dem Vermögensgegenstand einzeln zugerechnet werden können.

---

[115] Vgl. Schmidt, Bilanztraining, S. 305 ff.

[116] Vgl. Meyer, Bilanzierung nach Handels- und Steuerrecht, S. 70.

> **Beispiel:**
>
> Zu den Materialeinzelkosten zählen auch selbst hergestellte unfertige Erzeugnisse und Abfälle, die bei der Produktion verwertet werden. E-benso zählt die Warenumschließung des Erzeugnisses zu den Materialeinzelkosten, wenn das Produkt später in der Verpackung ausgeliefert wird (wie z. B. Verpackung bei Nahungs- und Genussmitteln, Schokolade in Papierumhüllung, Gefrierkühlkost in Pappumhüllung oder Beuteln oder aber Säfte und Bier in Flaschen oder Dosen).

Fertigungseinzelkosten sind die dem Vermögensgegenstand darüber hinaus direkt zurechenbaren Herstellungsaufwendungen. Das sind die Fertigungslöhne und Nebenkosten.

Fertigungs-einzelkosten

> **Beispiel:**[117]
>
> Die Fertigungslöhne umfassen die den in der Produktion tätigen Arbeitnehmern direkt zurechenbaren Löhne einschließlich Werkmeister und Techniker. Ferner sind auch Überstunden- und Feiertagszuschläge, Entgelte für Ausfallzeiten und gesetzliche und tarifliche Sozialaufwendungen in die Fertigungslöhne einzubeziehen, sofern sie direkt zurechenbar sind.

Sondereinzelkosten der Fertigung sind Ausgaben, die pro Auftrag gesondert erfasst werden können (wie z. B. Ausgaben für Modelle, Schablonen, Spezialwerkzeuge, Vorrichtungen und Entwürfe).[118] Pflichtmäßig sind alle Einzelkosten in die Herstellungskosten einzubeziehen, die einzeln zurechenbar sind. Das schließt auch eine direkte Zurechnung mit Hilfe von reinen Zeit- oder Mengenschlüsseln ein, sodass auch Zeitlöhne als Einzelkosten in die Herstellungskosten einzubeziehen sind.[119]

Sondereinzel-kosten der Fertigung

Herstellungsgemeinkosten

Die Behandlung der Herstellungsgemeinkosten ist bezogen auf Material- und Fertigungsgemeinkosten in § 255 Abs. 2 S. 3 HGB derzeit wie folgt geregelt:

---

[117] Vgl. ADS, 6. Aufl., § 255 HGB, Rz. 144, 147

[118] Vgl. IDW (Hrsg.), § 255 HGB, Rz. 265, S. 267.

[119] Vgl. Kahle, in: Baetge/Kirsch/Thiele: Bilanzrecht-Kommentar, § 255 HGB, Rz. 160; Schneeloch, Herstellungskosten in Handels- und Steuerbilanz, S. 287.

---

§ 255 Abs. 2 S. 3 HGB

„Bei der Berechnung der Herstellungskosten dürfen auch angemessene Teile der notwendigen Materialgemeinkosten, der notwendigen Fertigungsgemeinkosten und des Werteverzehrs des Anlagevermögens, soweit er durch die Fertigung veranlasst ist, eingerechnet werden."

Nach dem BilMoG sind diese Bestandteile pflichtgemäß in die Herstellungskosten einzubeziehen.

Material- und Fertigungsgemeinkosten

Zu den Material- und Fertigungsgemeinkosten zählen jene Kosten, die nicht als Materialeinzel- und Fertigungseinzelkosten einbeziehungspflichtig sind.

Beispiel:

Materialgemeinkosten: Aufwendungen für Materialbestellungen, -prüfungen, -lagerung und -verwaltung.

Fertigungsgemeinkosten: Aufwendungen für Instandhaltung, Arbeitsvorbereitung, Fertigungsplanung und -steuerung.

Der **Werteverzehr des Anlagevermögens** umfasst die planmäßigen handelsrechtlichen Abschreibungen. Die Ergänzung „soweit er durch die Fertigung veranlasst ist" zielt wieder auf die Angemessenheit bzw. Notwendigkeit ab. So dürfen keine außerplanmäßigen und steuerrechtlich motivierten Abschreibungen in die Herstellungskosten einbezogen werden.[120]

Angemessene Teile sind in Verbindung mit dem Begriff „notwendig" als jene Aufwendungen zu interpretieren, die sachlich mit der Produktion zusammenhängen und somit betrieblich bedingt sind. Außerdem bedeutet „angemessen", dass nur jene Aufwendungen in die Herstellungskosten einbezogen werden dürfen, die das normale Maß nicht wesentlich übersteigen. Demnach dürfen keine betriebsfremden und außergewöhnlichen Aufwendungen als Herstellungskosten deklariert werden (z. B. Kosten stillgelegter Produktionsanlagen oder Abschreibungen in Katastrophenfällen), sondern nur betriebliche und gewöhnliche Aufwendungen.[121]

---

[120] Vgl. ADS, § 255 HGB, Rn. 191.
[121] Vgl. Baetge/Kirsch/Thiele, Bilanzen, S. 204 m. w. N.

Durch den ausdrücklichen Hinweis auf die Begriffe „angemessen" und „notwendig" kommen nur Nutzkosten als aktivierbar in Betracht; sog. Leerkosten scheiden hingegen aus. Leerkosten sind die Aufwendungen, die bei Unterbeschäftigung entstehen, weil die fixen Gemeinkosten in diesem Fall auf eine geringere Produktionsmenge verteilt werden. Die Vermögensgegenstände werden dementsprechend mit einem höheren Betrag an anteiligen Gemeinkosten belastet.

Leerkosten

> **Beispiel:**
>
> Leerkosten, die nicht als Herstellungskosten der Erzeugnisse aktiviert werden dürfen, sind Kosten, die in einem Betrieb entstehen, der infolge teilweiser Stilllegung wegen mangelnder Aufträge nicht voll ausgenutzt wird.

Die Höhe der einzubeziehenden Material- und Fertigungsgemeinkosten wird wesentlich von der zugrunde gelegten Beschäftigung (Kapazität) beeinflusst, sodass die Frage zu beantworten ist, ab welchem Beschäftigungsgrad eine Unterbeschäftigung gegeben ist und somit Leerkosten entstehen. Zur Bestimmung der Grenze kann eine optimale, maximale oder normale Beschäftigung zugrunde gelegt werden. Da die Bestimmung der optimalen und maximalen Beschäftigung eher theoretisch und somit praktisch kaum zu ermitteln ist, sollte für die Bestimmung der Leerkosten die **Normalbeschäftigung** herangezogen werden, die als Intervall und nicht als exakt bestimmbarer Punkt zu definieren ist. Als Untergrenze gilt eine tatsächliche Beschäftigung von 70 % der normalerweise erreichbaren maximalen Beschäftigung. Eliminierungsnotwendige Leerkosten entstehen demnach erst bei einer Beschäftigung unter 70 % der Kapazität.[122] Die geforderte „Angemessenheit" impliziert neben der Höhe auch, dass keine willkürliche Schlüsselung und damit keine willkürliche Zuordnung der Gemeinkosten erfolgen darf.

Da die Verrechnung der Kosten auf die betrieblichen Bereiche bei der traditionellen Kostenrechnung mit Hilfe von Schlüsselungen und Umlagen erfolgt, bestehen erhebliche Ermessensspielräume und

---

[122] Vgl. Wohlgemuth, in: HdJ, Abt. I/10, Rz. 96; Knop/Küting, in: Küting/Weber, HdR-E, § 255 HGB, Rn. 309.

firmenindividuelle Handhabungsunterschiede.[123] In diesem Zusammenhang bietet die Prozesskostenrechnung einen Weg, um eine verursachungsgerechtere Zurechnung der Gemeinkosten auf die Kostenträger zu erreichen.

soziale Aufwendungen

Für soziale Aufwendungen gilt ein Einbeziehungswahlrecht. Nach § 255 Abs. 2 S. 4 HGB brauchen Kosten der allgemeinen Verwaltung sowie Aufwendungen für soziale Einrichtungen des Betriebs, Kosten für freiwillige soziale Leistungen und die betriebliche Altersversorgung nicht in die Herstellungskosten eingerechnet zu werden, was auch steuerrechtlich und nach dem BilMoG so ausgestaltet ist.

Beispiel:[124]

- Kosten der allgemeinen Verwaltung: Aufwendungen für Geschäftsleitung, Betriebsrat, Rechnungswesen und Personalbüro.
- Aufwendungen für soziale Einrichtungen: Kantinen und Sporteinrichtungen, Bibliotheken.
- Aufwendungen für freiwillige soziale Leistungen: Jubiläumsgeschenke, Weihnachtszuwendungen oder Wohnungsbeihilfen.
- Aufwendungen für betriebliche Altersversorgung: Direktversicherungen, Unterstützungskassen und Pensionsrückstellungen.

Bei den Verwaltungskosten kann zudem eine Zurechnung nach betrieblichen Funktionen vorgenommen werden, um die herstellungsbezogenen Verwaltungskosten zu separieren. Beispielsweise können Lohn- und Gehaltsabrechnungen für den Produktionsbereich der Produktion zugerechnet werden. Ebenso können auch Aufwendungen für bestimmte soziale Leistungen sowie die betriebliche Altersvorsorge nach betrieblichen Funktionen aufgeteilt werden.[125]

In Abgrenzung zu den Fertigungseinzelkosten handelt es sich bei den einrechenbaren sozialen Aufwendungen um freiwillige Leistungen. Wenn diese Leistungen arbeitsvertraglich oder tarifvertraglich bestimmt sind, zählen die Zahlungen zu den einbeziehungspflichtigen Fertigungseinzelkosten.

---

[123] Vgl. Lachnit, in: Bonner Handbuch der Rechnungslegung, § 275 HGB, Rz. 129.
[124] Vgl. Meyer, Bilanzierung nach Handels- und Steuerrecht, S. 71.
[125] Vgl. Coenenberg, Jahresabschluss und Jahresabschlussanalyse, S. 99.

Die Einrechnung von Herstellgemeinkosten sowie Kosten der allgemeinen Verwaltung darf nur insoweit geschehen, als sie auf den **Zeitraum der Herstellung** entfallen (§ 255 Abs. 2 S. 5 HGB). Der Zeitraum der Herstellung beginnt mit dem erstmaligen Anfall von betriebsbedingten Aufwendungen und endet, wenn der Vermögensgegenstand absatzbereit ist oder – bei eigenerstellten Anlagen – wenn er zur Nutzung eingesetzt werden kann. Ausgaben, die vor diesem Zeitraum anfallen (wie z. B. Ausgaben für die Grundlagenforschung), dürfen deshalb nicht in die Herstellungskosten einbezogen werden. Auch alle nach der Fertigstellung des absatzreifen bzw. nutzbaren Vermögensgegenstandes anfallenden Kosten dürfen nicht aktiviert werden, es sei denn, es handelt sich um nachträgliche Herstellungskosten.

Vertriebskosten

Vertriebskosten gehören gem. § 255 Abs. 2 S. 6 HGB generell nicht zu den Herstellungskosten. Zu den Vertriebskosten zählen Aufwendungen, die im Zusammenhang mit dem Verkauf, dem Versand, dem Kundendienst, der Werbung und der Marktforschung anfallen. Das Einbeziehungsverbot gilt auch für die Sondereinzelkosten des Vertriebs. Das sind Kosten, die sich einem einzelnen Auftrag zurechnen lassen (wie z. B. Kosten der Auftragserlangung einschließlich der Kosten für die Erstellung von Angeboten sowie Reisekosten).

Eine Abgrenzung von Fertigungs- und Verwaltungskosten bereitet häufig Probleme. So z. B. bei Auftragserlangungskosten, die zugleich einbeziehungspflichtige Fertigungseinzelkosten (Sondereinzelkosten der Fertigung) sein können. Das gilt bspw. für Projektierungskosten für Installationen, wenn auf der Basis des Angebots ein Auftrag erfolgt und die Projektierungsarbeit bei der Auftragsausführung Verwendung findet. Erfolgt keine Auftragserteilung handelt es sich bei den Ausgaben um Vertriebskosten.[126]

---

[126] Vgl. Selchert, Problem der Unter- und Obergrenze von Herstellungskosten, S. 2304.

Zinsen für Fremdkapital

---

§ 255 Abs. 3 HGB

„Zinsen für Fremdkapital gehören nicht zu den Herstellungskosten. Zinsen für Fremdkapital, das zur Finanzierung der Herstellung eines Vermögensgegenstandes verwendet wird, dürfen angesetzt werden, soweit sie auf den Zeitraum der Herstellung entfallen; in diesem Falle gelten sie als Herstellungskosten des Vermögensgegenstandes"

Grundsätzlich sind Zinsen für Fremdkapital wie alle Finanzierungskosten Entgelte für einen Kredit und damit nicht Anschaffungs- oder Herstellungskosten der mit dem Kredit finanzierten Anschaffung oder Herstellung eines Vermögensgegenstandes.[127] § 255 Abs. 3 S. 1 HGB (Zinsen für Fremdkapital gehören nicht zu den Herstellungskosten) ist deshalb nur als Klarstellung zu sehen.

Kreditzinsen dürfen aber unter zwei Voraussetzungen in die Herstellungskosten einbezogen werden, nämlich

- wenn Fremdkapital zur Finanzierung der Herstellung eines Vermögensgegenstandes verwendet wird und
- wenn sie auf den Zeitraum der Herstellung des Vermögensgegenstandes entfallen.

Da in der Bilanzierung keine Bindung zwischen Kapitalherkunft (Finanzierung) und Kapitalverwendung (Investition) besteht, gilt das Einbeziehungswahlrecht für Fremdkapitalzinsen in die Herstellungskosten nur bei langfristiger Fertigung mit entsprechendem Einsatz an Fremdkapital. Das betrifft z. B. Branchen wie Flugzeugbau, Werften oder Unternehmen der (Hoch-/Tief-)Bauwirtschaft.[128]

Umfang der Herstellungskosten nach Handels- und Steuerrecht im Vergleich

Die handelsrechtlichen Vorschriften definieren die Herstellungskosten aktuell noch in einer Bandbreite von minimal Material- und Fertigungseinzelkosten zuzüglich Sondereinzelkosten der Fertigung

---

[127] Vgl. BFH, Urt. v. 24.05.1968 VI R 6/67, BStBl 1968 II, S. 574.
[128] Vgl. Schmidt, Bilanztraining, S. 315 f.

(Teilkostenansatz) bis maximal Vollkosten ohne Vertriebskosten. Somit besteht in der Handelsbilanz bei der Einbeziehung der Herstellungskosten ein beträchtlicher Ermessensspielraum, der allerdings nicht in gleichem Maße für die Steuerbilanz gilt. Die folgende Übersicht zeigt die Bestandteile der Herstellungskosten und ihre Aktivierbarkeit differenziert nach Handels- und Steuerrecht (§ 255 Abs. 1 HGB, § 5 Abs. 1 S. 1 EStG; R 6.3 EStR):

	Handelsrecht	Steuerrecht	Handelsrecht (nach BilMoG)*
Materialeinzelkosten	Pflicht	Pflicht	Pflicht
Fertigungseinzelkosten			
Sondereinzelkosten der Fertigung			
Materialgemeinkosten	Wahlrecht	Wahlrecht	Wahlrecht
Fertigungsgemeinkosten einschließlich Abschreibungen			
Verwaltungskosten			
Aufwendungen für bestimmte soziale Leistungen/betriebl. Altersversorgung			
Herstellungsbezogene Zinsen			
Vertriebskosten	Verbot	Verbot	Verbot
Forschungskosten			

* einschließlich Entwicklungskosten. sofern Kriterien erfüllt

Abb. 4-3: Herstellungskosten nach Handels- und Steuerrecht

Sowohl das Handels- als auch das Steuerrecht unterscheiden zwischen aktivierungspflichtigen (Pflicht), aktivierbaren (Wahlrecht) und nicht aktivierbaren (Verbot) Ausgaben. Als wesentlicher Unterschied ist festzustellen, dass die steuerrechtlichen Einbeziehungspflichten über die des aktuellen Handelsrechts hinausgehen, mit dem BilMoG jedoch eine Annäherung erfolgt. Demzufolge ist die Wertuntergrenze im Steuerrecht im Vergleich zum aktuellen Handelsrecht höher angesetzt. Hier besteht auch hinsichtlich der Material- und Fertigungsgemeinkosten eine Ansatzpflicht (R 6.3 Abs. 1 EStR). Das handelsrechtliche Aktivierungswahlrecht der Zinsen als Herstellungskosten gilt nach R 6.3 Abs. 4 S. 1 EStR auch für die Steuerbilanz (Grundsatz der Maßgeblichkeit). Gleichzeitig ist für die steuerliche Anerkennung der Fremdkapitalzinsen eine Aktivierung in der Handelsbilanz vorzunehmen.[129] Zu beachten ist, dass die Werte zwischen dem Steuerrecht und dem HGB i. d. F. d. BilMoG in der Praxis dennoch voneinander abweichen können, weil teilweise unterschiedliche Ansatz- und Bewertungsmethoden vorliegen. Das ist z. B. bei selbsterstellten immateriellen Vermögensgegenständen wie den aktivierten Entwicklungskosten der Fall.

In § 255 Abs. 2 u. 3 HGB wird für Geschäftsjahre bis einschließlich 2008 eine Definition der Herstellungskosten geboten, die sowohl den Ansatz zu Teilkosten (aktivierungspflichtige Bestandteile) als auch zu Vollkosten (einschließlich aktivierbare Bestandteile, ohne Vertriebskosten) zulässt. Dieser bilanzpolitische Spielraum wird durch den Grundsatz der Stetigkeit begrenzt, nach dem von der einmal gewählten Bewertungsmethode nur in begründeten Ausnahmefällen (z. B. Änderung von Produktionsverfahren) abgewichen werden darf.

Beispiel: Auszug aus dem Geschäftsbereich der Hochtief AG

„Die Vorräte werden unter Beachtung des Niederstwertprinzips mit Anschaffungs- bzw. handelsrechtlich aktivierungspflichtigen Herstellungskosten bewertet. Die Herstellungskosten der nicht abgerechneten Bauarbeiten umfassen Material- und Fertigungseinzelkosten."[130]

Wenn vom Wahlrecht des Teilkostenansatzes Gebrauch gemacht wird, wird der geforderte Grundsatz der Erfolgsneutralität verletzt, weil die Gemeinkosten nicht in die Herstellungskosten einbezogen, sondern erfolgswirksam verrechnet werden. Die praktizierte Methode ist im Anhang von Kapitalgesellschaften und haftungsbeschränkten Personenhandelsgesellschaften anzugeben; ferner sind Methodenabweichungen anzugeben und zu begründen sowie deren Einfluss auf die Vermögens-, Finanz- und Ertragslage gesondert darzustellen (§ 284 Abs. 2 Nr. 1 u. 3 HGB).

---

[129] Vgl. Knobbe-Keuk, Bilanz- und Unternehmenssteuerrecht, S. 170; Baetge/Hense, Steuerliche Auswirkungen des Bilanzrichtlinien-Gesetzes, S. 388.

[130] Hochtief AG: Geschäftsbericht 2007 (Einzelabschluss), S. 8.

Beispiel:

Aus der Kostenrechnung werden die folgenden Angaben zur Ermittlung der Herstellungskosten für das Produkt A bereitgestellt.

Materialeinzelkosten	16.000 €
Fertigungseinzelkosten	8.000 €
freiwillige soziale Kosten (Fertigung)	500 €
Marktforschungsaufwendungen	700 €
Raumkosten des Materiallagers	200 €
anteilige Kosten des Rechnungswesens	500 €
zurechenbare Entwicklungskosten	1.000 €
kalkulatorischer Eigenkapitalzins	800 €
sonstige Materialgemeinkosten	3.800 €
sonstige Fertigungsgemeinkosten	6.000 €
kalkulatorische Abschreibungen	5.000 €
bilanzielle planmäßige Abschreibungen	4.000 €
sonstige Sondereinzelkosten der Fertigung	3.000 €
sonstige Verwaltungsgemeinkosten	2.500 €
sonstige Vertriebsgemeinkosten	5.300 €

Ermitteln Sie die handels- und steuerrechtliche Wertuntergrenze, die handelsrechtliche Wertuntergrenze nach BilMoG sowie die handels- und steuerrechtliche Wertobergrenze.

Lösung

	a)	b)	c)
Materialeinzelkosten	16.000 €	16.000 €	16.000 €
Fertigungseinzelkosten	8.000 €	8.000 €	8.000 €
freiwillige soziale Kosten (Fertigung)			500 €
Marktforschungsaufwendungen			
Raumkosten des Materiallagers		200 €	200 €
anteilige Kosten des Rechnungswesens			500 €
zurechenbare Entwicklungskosten			
kalkulatorischer Eigenkapitalzins			
sonstige Materialgemeinkosten		3.800 €	3.800 €
sonstige Fertigungsgemeinkosten		6.000 €	6.000 €
kalkulatorische Abschreibungen			
bilanzielle planmäßige Abschreibungen		4.000 €	4.000 €
sonstige Sondereinzelkosten der Fertigung	3.000 €	3.000 €	3.000 €
sonstige Verwaltungsgemeinkosten			2.500 €
sonstige Vertriebsgemeinkosten			

a) handelsrechtliche Wertuntergrenze (aktuell): 27.000 €
b) steuerrechtliche Wertuntergrenze und
handelsrechtliche Wertuntergrenze (BilMoG): 41.000 €
c) handels- und steuerrechtliche Wertobergrenze: 44.500 €

4.3 Folgebewertung von Vermögensgegenständen

In den Folgejahren sind Vermögensgegenstände, deren Nutzung zeitlich begrenzt ist, planmäßig abzuschreiben; darüber hinaus ist zu prüfen, ob den Vermögensgegenständen am Bilanzstichtag ein niedrigerer Wert beizulegen ist. Vermögensgegenstände, die in ihrer Nutzung nicht zeitlich begrenzt sind, werden mit ihren Zugangswerten unverändert fortgeführt, es sei denn, eine außerplanmäßige Abschreibung ist erforderlich. Als Vergleichswert für eine außerplanmäßige Abschreibung ist der am Abschlussstichtag beizulegende Wert zu ermitteln.

Auch für Gegenstände des Umlaufvermögens kommt keine planmäßige Abschreibung, sondern ggf. nur eine außerplanmäßige Abschreibung in Betracht. Beim Umlaufvermögen ist der Börsen- oder Marktpreis oder der niedrigere beizulegende Wert als Vergleichswert heranzuziehen. Darüber hinaus können außerplanmäßige Abschreibungen auf den sog. nahen Zukunftswert erfolgen.

Unabhängig davon, ob es sich um Anlage- oder Umlaufvermögen handelt, kann ein Wert nach vernünftiger kaufmännischer Beurteilung herangezogen werden (§ 253 Abs. 4 HGB, nur für Personenhandelsgesellschaften). Außerdem sind steuerrechtliche Abschreibungen (§ 254 HGB) zulässig. Beides wird mit dem BilMoG gestrichen.

Planmäßige Abschreibung

Nach § 253 Abs. 2 S. 1 u. 2 HGB sind die Anschaffungs- oder Herstellungskosten bei Vermögensgegenständen des Anlagevermögens, deren Nutzung zeitlich begrenzt ist, um planmäßige Abschreibungen zu vermindern.

> **§ 253 Abs. 2 S. 2 HGB**
>
> „Der Plan muß die Anschaffungs- oder Herstellungskosten auf die Geschäftsjahre verteilen, in denen der Vermögensgegenstand voraussichtlich genutzt werden kann."

Im ersten Jahr der Nutzung ist ein Abschreibungsplan zu erstellen, in dem der Ausgangsbetrag der Abschreibung, die voraussichtliche Nutzungsdauer und die Abschreibungsmethode als Einflussdeterminanten der planmäßigen Abschreibung festgehalten werden. *(Abschreibungsplan)*

Der Ausgangsbetrag der Abschreibung stellt die erste Grundlage für die Bemessung der Abschreibung dar. Den Ausgangswert bilden die aktivierten Anschaffungs- oder Herstellungskosten.[131] *(Ausgangsbetrag)*

Der Beginn der Abschreibung ist in Abhängigkeit vom Zugang zu definieren. Die Abschreibung beginnt *(Beginn der Abschreibung)*

---

[131] Vgl. Schmidt, in: Federmann/Kußmaul/Müller (Hrsg.): HdB, Beitrag 1, Abschreibungen.

- bei angeschafften Anlagen mit dem Zeitpunkt der Lieferung,
- bei hergestellten Anlagen mit dem Zeitpunkt der Fertigstellung und
- bei aus dem Privatvermögen zugeführten Wirtschaftsgütern mit dem Zeitpunkt der Zuführung.

Die Lieferung ist vollbracht, wenn die wirtschaftliche Verfügungsmacht auf den Erwerber übergegangen ist, d. h., wenn der Erwerber Eigenbesitzer geworden ist und Gefahr, Nutzen und Lasten auf ihn übergegangen sind. Falls der Vermögensgegenstand noch zu montieren ist, ist zu unterscheiden, ob die Montage per Kaufvertrag durch den Verkäufer zu erfolgen hat oder ob der Käufer die Montage durchführt bzw. per Auftrag durch einen Dritten durchführen lässt. Im ersten Fall beginnt die Abschreibung erst mit Beendigung der Montage; im zweiten Fall beginnt die Abschreibung bereits bei Übergang der wirtschaftlichen Verfügungsmacht auf den Käufer. Bei selbst erstellten Vermögensgegenständen ist die Fertigstellung mit der Inbetriebnahme gegeben.

Abschreibungen auf im Laufe des Jahres angeschaffte, hergestellte oder aus dem Privatvermögen zugeführte Vermögensgegenstände werden im Jahr der Anschaffung, Herstellung oder Einlage grundsätzlich dem ersten und letzten Geschäftsjahr **zeitanteilig** (pro rata temporis) auf Monatsbasis zugerechnet, wobei im Allgemeinen eine Aufrundung auf volle Monate erlaubt ist. Nach § 7 Abs. 1 S. 4 EStG wird die AfA vom Monat der Herstellung oder Anschaffung an vorgenommen. Besondere Vorschriften gelten für Gebäude und Gebäudeteile (§ 7 Abs. 4 u. 5 EStG).

Nutzungsdauer

Die Nutzungsdauer entspricht dem voraussichtlichen Zeitraum der Nutzung des Vermögensgegenstandes. Der Abschreibungszeitraum beginnt mit der Inbetriebnahme; das Ende und somit die Länge der Nutzungsdauer wird durch technische, wirtschaftliche und/oder rechtliche **Abschreibungsursachen** beeinflusst. Zu den technischen Ursachen zählen bei maschinellen Anlagen der normale nutzungsbedingte und/oder zeitbedingte Verschleiß (verbrauchsbedingte Ursachen) oder der Substanzabbau (im Bergbau). Der zeitbedingte

Verschleiß resultiert aus äußeren Ursachen (wie z. B. Witterungseinflüssen bei Maschinen und Gebäuden). Als wirtschaftliche Ursachen kommen technische Überholung, Fehlinvestition, Nachfrageverschiebung oder Preisänderung in Betracht. Darüber hinaus kann die Nutzungsdauer insbesondere bei zeitlich begrenzten immateriellen Vermögensgegenständen durch rechtliche Ursachen bestimmt werden (z. B. zeitlicher Ablauf von Verträgen oder zeitlicher Ablauf von Schutzrechten; Patente, Lizenzen).

Die betriebsgewöhnliche oder voraussichtliche Nutzungsdauer entspricht der Anzahl an Jahren, in denen gleiche oder ähnliche Anlagen nach den bisherigen Erfahrungen in dem betreffenden Betrieb genutzt wurden. Fehlen solche betriebsindividuellen Erfahrungen, können die Erfahrungen zugrunde gelegt werden, die mit gleichen oder ähnlichen Wirtschaftsgütern in Betrieben des gleichen Geschäftszweigs gemacht wurden. Um bilanzielle Einschätzungsspielräume bei der Bestimmung der Nutzungsdauer auszuschließen, gelten die steuerlichen **AfA (Absetzung für Abnutzung)-Tabellen**, die vom Bundesfinanzministerium in Zusammenarbeit mit den Wirtschaftsverbänden branchenbezogen die Nutzungsdauer von Vermögensgegenständen normieren, als Anhaltspunkt zur Beurteilung der Angemessenheit der Absetzungen für Abnutzung in der Steuerbilanz. Mangels handelsrechtlicher Normierungen, können die AfA-Tabellen auch in der Handelsbilanz zur Schätzung der Nutzungsdauer herangezogen werden. Alternativ können Herstellerangaben zur Schätzung der wirtschaftlichen Nutzungsdauer verwendet werden.

Die im Abschreibungsplan zugrunde gelegte Nutzungsdauer richtet sich i. d. R. nach der geschätzten wirtschaftlichen Nutzungsdauer und wird durch die technische Nutzungsdauer begrenzt.

Erinnerungswert und Schrottwert/Restwert

Die Abschreibungen sind so zu bemessen, dass die Anschaffungs- oder Herstellungskosten nach Ablauf der betriebsgewöhnlichen Nutzungsdauer voll abgeschrieben sind. Befindet sich der Anlagegegenstand nach Ablauf des Abschreibungszeitraums noch in Betrieb, wird er mit dem sog. Erinnerungswert angesetzt. Der Ansatz des Erinnerungswertes folgt aus dem Vollständigkeitsprinzip. Durch

Erinnerungswert

diesen Merkposten wird sichergestellt, dass ein voll abgeschriebener Vermögensposten nicht „unbemerkt" aus dem Betriebsvermögen ausscheiden kann. Beim Verkauf eines bereits voll abgeschriebenen Vermögenspostens, ist der Buchwert auszubuchen und ein Ertrag in Höhe der Differenz eines ggf. höheren erzielten Veräußerungserlöses zu buchen.[132]

Schrottwert Bei der Bemessung der Abschreibung ist ein Schrottwert zu berücksichtigen, wenn er im Vergleich zu den Anschaffungs- oder Herstellungskosten wesentlich ist. Das ist z. B. bei Seeschiffen regelmäßig der Fall. Die Anschaffungs- oder Herstellungskosten werden bei Zugang um den Schrottwert gekürzt und nur der verbleibende Restbetrag auf die voraussichtliche Nutzungsdauer als Abschreibung verteilt. Die Berücksichtigung des Schrottwertes führt dazu, dass der Schrottwert beim Ausscheiden bzw. beim Verkauf des Wirtschaftsgutes als Aufwand gegengebucht wird und eine Ertragsbuchung in dieser Höhe vermieden wird.[133]

Abschreibungsmethode

Neben der Bestimmung der Nutzungsdauer wird durch die Wahl der Abschreibungsmethode bestimmt, in welcher Höhe die Anschaffungsausgabe eines Vermögensgegenstandes auf die Perioden der Nutzung verteilt wird. Das Handelsrecht schreibt keine konkreten Abschreibungsmethoden vor. Nach dem Steuerrecht ist grundsätzlich zwischen zeitabhängigen und leistungsabhängigen Abschreibungsmethoden zu unterscheiden. Zu den zeitabhängigen Verfahren zählen die lineare Abschreibung (§ 7 Abs. 1 S. 1 u. 2 EStG), die degressive Abschreibung (§ 7 Abs. 2 EStG, jedoch i. d. F. vom 20. Dezember 2007 gestrichen, BGBl. I, S. 3150), die kombinative Abschreibung (§ 7 Abs. 3 EStG jedoch ebenso i. d. F. vom 20. Dezember 2007 gestrichen, BGBl. I, S. 3150) und die Abschreibung nach Leistungsabgabe (erfolgt nach der sog. Inanspruchnahme; § 7 Abs. 1 S. 6 EStG). Darüber hinaus kann in bestimmten Fällen (wie z. B. Großkraftwerken oder Erdgasleitungen) die progressive Abschreibung zur Anwendung kommen.

---

[132] Vgl. Schmidt, Bilanztraining, S. 341 f.
[133] Vgl. ADS, § 253 HGB, Rn. 416.

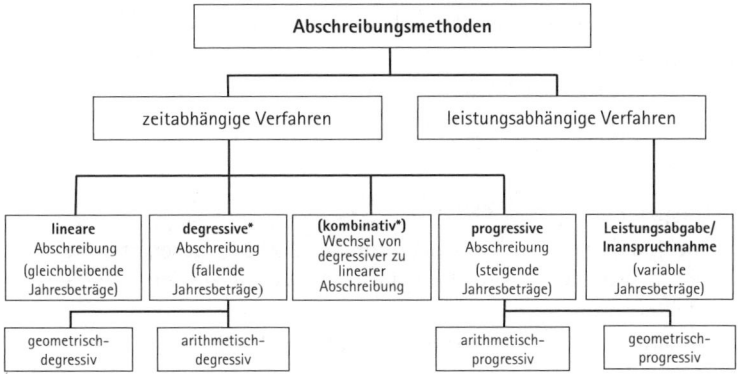

* Ist im Rahmen der Unternehmensteuerreform 2008 im Steuerabschluss für ab dem 01.01.2008 neu angeschaffte Güter nicht mehr erlaubt.

Abb. 4-4: Mögliche planmäßige Abschreibungsmethoden

Die lineare Abschreibung

Bei der linearen Abschreibung werden die Anschaffungs- oder Herstellungskosten gleichmäßig auf die Jahre der Nutzung verteilt und als Aufwendungen erfasst. Der Zeitraum der Abschreibung bemisst sich nach der betriebsgewöhnlichen Nutzungsdauer. Konkrete steuerliche Regelungen bestehen für den Geschäfts- oder Firmenwert, dessen Nutzungsdauer auf 15 Jahre fixiert ist (§ 7 Abs. 1 S. 3 EStG), und für Gebäude und selbstständige Gebäudeteile (§ 5 a EStG). Der jährliche Abschreibungsbetrag (a) ergibt sich, indem die Anschaffungs- oder Herstellungskosten durch die Zahl der Jahre der betriebsgewöhnlichen Nutzungsdauer geteilt werden.

$$a_t = \frac{(AHK - R_N)}{N} \text{ mit } t = 1, ..., N$$

AHK = Anschaffungs- oder Herstellungskosten
N = geschätzte Nutzungsdauer (Jahre)
a = jährlicher Abschreibungsbetrag
R = Restwert am Ende der Nutzungsdauer

Der Abschreibungssatz entspricht bei der linearen Abschreibung dem Prozentsatz der Anschaffungs- oder Herstellungskosten (Abschreibungsbetrag) der jährlich abgeschrieben wird. Er wird wie folgt ermittelt:

$$p = \frac{100\ \%}{N}$$

Beispiel:

Eine Maschine wird im Januar für 140.000 € angeschafft. Die betriebsgewöhnliche Nutzungsdauer beträgt nach der AfA-Tabelle 7 Jahre.

Abschreibungsbetrag: 140.000 € : 7 Jahre = 20.000 €/Jahr

Abschreibungssatz: 100 % : 7 Jahre = 14,29 %/Jahr

Die folgende Tabelle zeigt den entsprechenden Abschreibungsplan:

t	Abschreibungsbetrag (€/Jahr)	Restbuchwert (€)
1	20.000	120.000
2	20.000	100.000
3	20.000	80.000
4	20.000	60.000
5	20.000	40.000
6	20.000	20.000
7	19.999	1
	139.999	

Beispiel:

Bezogen auf das obige Beispiel wird nunmehr davon ausgegangen, dass der Restwert (R_N) 3.500 € beträgt.

Während der Abschreibungssatz unverändert bei 14,29 %/Jahr liegt, ändert sich der jährliche Abschreibungsbetrag.

$$a_t = \frac{140.000 - 3.500}{7} = 19.500\ \text{€/Jahr}$$

Der Abschreibungsplan sieht nunmehr wie folgt aus:

t	Abschreibungsbetrag (€/Jahr)	Restbuchwert (€)
1	19.500	120.500
2	19.500	101.000
3	19.500	81.500
4	19.500	62.000
5	19.500	42.500
6	19.500	23.000
7	19.500	3.500
	136.500	

Vorteile der linearen Abschreibung sind die einfache Ermittlung der Abschreibungsbeträge und die gleich bleibende Ergebnisbelastung. Die lineare Abschreibung ist sinnvoll, wenn unterstellt werden kann, dass sich der Vermögensgegenstand über die gesamte Nutzungszeit gleichmäßig abnutzt. Zu berücksichtigen ist aber, dass im Zeitablauf häufig mit steigenden Wartungs- und Instandhaltungskosten zu rechnen ist. Werden diese Aufwendungen mit berücksichtigt, ist keine gleichmäßige Ergebnisbelastung mehr gegeben.

Die degressive Abschreibung

Degressive Abschreibung bedeutet, dass zu Beginn der Nutzungsdauer relativ hohe Abschreibungsbeträge zu berücksichtigen sind, die von Jahr zu Jahr stetig sinken. Deshalb wird auch von fallenden Abschreibungsbeträgen gesprochen. Als wichtigste degressive Abschreibungsmethoden sind die geometrisch-degressive und die arithmetisch-degressive Abschreibung zu nennen. Für zum 1. Januar 2008 neu angeschaffte Vermögensgegenstände darf die degressive Abschreibung nicht mehr angewendet werden (§ 7 Abs. 2, § 52 Abs. 21 a EStG). Für zuvor angeschaffte Vermögensposten darf die degressive Abschreibung weiterhin Anwendung finden. Allerdings ist ihre Anwendung auf bewegliche Anlagegegenstände begrenzt (§ 7 Abs. 2 EStG i. d. F. vor Dezember 2007).

Bei der arithmetisch-degressiven Abschreibung in Form der sog. digitalen Abschreibung vermindern sich die jährlichen Abschreibungsbeträge um denselben Differenzbetrag (arithmetische Folge). Diese in den USA anzutreffende Abschreibung ist steuerrechtlich

arithmetisch-
degressive
Abschreibung

nicht zulässig und findet deshalb in der deutschen Praxis kaum Anwendung.

> **Beispiel (arithmetisch-degressive Abschreibung):**[134]
>
> Bei Anschaffungskosten in Höhe von 40.000 € und einer Nutzungs-
> dauer von 4 Jahren werden die Abschreibungsbeträge wie folgt ermit-
> telt:
>
> Differenzbetrag　　= 40.000 € : (1 + 2 + 3 + 4) =
> 　　　　　　　　　　= 30.000 € : 10 = 4.000 €
>
> Abschreibungsbeträge:
>
> 1. Jahr: 4 x 4.000 € = 16.000 €
> 2. Jahr: 3 x 4.000 € = 12.000 €
> 3. Jahr: 2 x 4.000 € = 8.000 €
> 4. Jahr: 1 x 4.000 € = 4.000 €

geometrisch-
degressive
Abschreibung

Bei der geometrisch-degressiven Abschreibung wird die Abschreibung nach einem gleich bleibenden Prozentsatz vom jeweiligen
Restbuchwert bemessen (geometrische Folge); es handelt sich um
die sog. Buchwertabschreibung.

Der Abschreibungsbetrag wird durch Multiplikation des Restbuch-
wertes mit einem konstanten Prozentsatz (s) ermittelt.

$$a_t = s \times RBW_{t-1}$$

mit: s = konstant und t = 2, ..., N

Die geometrisch-degressive Abschreibung ist der Höhe nach begrenzt. Der anzuwendende Prozentsatz darf steuerrechtlich höchstens das 2-fache des vergleichbaren linearen Abschreibungssatzes
betragen, jedoch 20 % nicht übersteigen. Anzumerken ist, dass für
Anschaffungen in den Jahren 2006 und 2007 die folgende steuerliche
Regelung galt: Höchstens das 3-fache des vergleichbaren linearen
Satzes, jedoch max. 30 %.

---

[134] Entnommen aus: Schmidt, Bilanzen, S. 352.

Beispiel (geometrisch-degressive Abschreibung):

Das bedeutet bei einer Nutzungsdauer von 7 Jahren:

Abschreibungssatz: 100 % : 7 = 14,29 %

2-facher Satz: 14,29 % x 2 = 28,58 %

Max. 20 %

→ Der Abschreibungssatz lautet 20 %

Angenommen sei die Anschaffung einer Maschine für 140.000 €, die nach der Regelung mit maximal 20 % abgeschrieben werden darf. In diesem Fall sieht der Abschreibungsplan bei einer degressiven Abschreibung folgendermaßen aus:

t	Abschreibungsbetrag (€/Jahr)	Restbuchwert (€)
1	28.000	112.000
2	22.400	89.600
3	17.920	71.680
4	14.336	57.344
5	11.469	45.875
6	9.175	36.700
7	36.699	1
	139.999	

Im Gegensatz zur linearen Abschreibung wird bei der degressiven Abschreibung in den ersten Jahren der Nutzung mehr, in den späteren Jahren weniger abgeschrieben. Die degressive Abschreibung wird zum einen dem Vorsichtsprinzip gerecht, zum anderen spiegelt sie eher den Nutzungsverlauf vieler Anlagegegenstände wider.[135] Diese Methode erscheint zudem sowohl aus Gründen der realen Substanzerhaltung als auch aus dem Umstand, dass mit fortgeschrittener Nutzungsdauer auch der Reparaturaufwand steigt, sinnvoll zu sein.

Durch die prozentuale Abschreibung auf den Restbuchwert wird der Nullwert nicht erreicht; die Abschreibungen laufen theoretisch ins Unendliche. Da die Vermögensgegenstände nur während ihrer Nutzungsdauer abgeschrieben werden dürfen, ist im letzten Jahr voll bzw., wenn der Vermögensgegenstand noch betrieblich genutzt wird, auf den Erinnerungswert abzuschreiben. Daraus ergibt sich im

---

[135] Vgl. Baetge/Kirsch/Thiele, Bilanzen, S. 210.

letzten Jahr ein relativ hoher Abschreibungsbetrag. Aus diesem Grund ist es sinnvoll, ab einem bestimmten Zeitpunkt auf die lineare Abschreibung umzusteigen.

Die kombinative Abschreibung

Die geometrisch-degressive Abschreibungsmethode beginnt zu Anfang mit deutlich höheren Abschreibungen als bei der linearen Methode. Nach zehn Jahren verbleibt aber ein beträchtlicher Restwert, der als ein Verlust aus einem Abgang von Gegenständen des Anlagevermögens ausgebucht werden muss, wenn kein adäquater Verkauf möglich ist. Um dieses Problem zu beseitigen, sieht § 7 Abs. 3 EStG i. d. F. vor Dezember 2007 einen Übergang von der geometrisch-degressiven zur linearen Abschreibung vor. Der optimale Zeitpunkt für einen Übergang ist gekommen, wenn der Abschreibungsbetrag der fortgesetzten geometrisch-degressiven Abschreibung unter den Betrag der linearen Abschreibung sinkt. Um den optimalen Zeitpunkt für den Abschreibungsübergang zu ermitteln, wird eine Vergleichsrechnung zwischen der degressiven und der linearen Abschreibung vorgenommen.

Da der Abschreibungssatz bei einer Nutzungsdauer von fünf Jahren mit 20 % der steuerrechtlichen Höchstgrenze entspricht, hat sich die geometrisch-degressive Abschreibung bei einer steueroptimalen Nutzung der Abschreibungsmethoden erst bei einer Nutzungsdauer von mehr als 5 Jahren angeboten. Das folgende Beispiel zeigt den Abschreibungsverlauf mit einem Wechsel der Abschreibungsmethode von der degressiven zur linearen Abschreibung.

Beispiel:

Analog zu den Beispielen der linearen und geometrisch-degressiven Abschreibung betragen die Anschaffungskosten 140.000 € und die Nutzungsdauer 7 Jahre.

Linear		degressiv		Wechsel
AK	140.000	AK	140.000	Geom.-degr.
– AfA für 01	20.000	– AfA für 01 (20%)	– 28.000	=>lin in Jahr 03
= RBW 31.12.t1	120.000	= RBW 31.12.t1	112.000	
– AfA 02	20.000	– AfA 02 (20%)	– 22.400	
= RBW 31.12.t2		= RBW 31.12.t2	89.600	89.600/5
	100.000			
– AfA 03	20.000	– AfA 03 (20%)	– 17.920	= 17.920
= RBW 31.12.t3	80.000	= RBW 31.12.t3	71.680	71.680
– AfA 04	20.000	– AfA 04 (20%)	– 14.336	– 17.920
= RBW 31.12.t4	60.000	= RBW 31.12.t4		53.760
– AfA 05	20.000	– AfA 05 (20%)		17.920
= RBW 31.12.t5	40.000	= RBW 31.12.t5		– 35.840
– AfA 06	20.000	– AfA 06 (20%)		17.920
= RBW 31.12.t6	20.000	= RBW 31.12.t6		17.920
– AfA 07	19.999	– AfA 07 (20%)		– 17.919
RBW 31.12.t7	1	= RBW 31.12.t7		1

Im Jahr t3 sind die degressive und die lineare Abschreibung gleich hoch; im Jahr t4 ist der lineare Abschreibungsbetrag größer als der Betrag der degressiven Abschreibung. Deshalb ist spätestens in diesem Jahr ein Wechsel auf die lineare Abschreibung vorzunehmen. In den Folgejahren werden bis zum Erreichen der Nutzungsdauer jährlich 17.920 € abgeschrieben. Wird der Vermögensposten noch im Unternehmen genutzt, bleibt ein Erinnerungswert von 1 € stehen.

Der optimale Übergangszeitpunkt kann mathematisch berechnet werden.

Tipp:

$$d \cdot RBW_{t-1} \leq \left(RBW_{t-1}\right) : \left(N - t + 1\right)$$

20 % x 89.000 $\leq$ 89.600 : (7 – 3 + 1)
17.920 $\leq$ 17.920

Alternativ lässt sich der optimale Zeitpunkt für den Wechsel rechnerisch nach der folgenden Formel ermitteln:

> **Tipp:**
>
> Nutzungsdauer – 100 : Abschreibungssatz + 1
>
> 7 – 100 : 20 + 1 = 3

Das bedeutet, dass der optimale Übergangszeitpunkt nach dem 3. Jahr (also im 4. Jahr) ist.

Bei einer zehnjährigen Nutzungsdauer ist der optimale Zeitpunkt für einen Wechsel der Abschreibungsmethode Jahr 7:

10 – 100 : 20 + 1 = 6

Als Möglichkeit der Kombination von Abschreibungsverfahren bietet sich auch die Kombination der leistungsabhängigen und der linearen Abschreibung als Verfahren der Zeitabschreibung an.

Die progressive Abschreibung

Die progressive Abschreibung ist dadurch gekennzeichnet, dass die Abschreibungsbeträge im Zeitablauf ansteigen. Die progressive Abschreibung ist steuerrechtlich nicht zulässig, wohl aber prinzipiell im Handelsrecht; sie ist jedoch in der Praxis nur sehr selten vorzufinden. Voraussetzung für die Anwendung der progressiven Abschreibung ist, dass die Anlagen erst langsam in ihre volle Nutzung hineinwachsen.[136] Anwendung findet diese Abschreibungsmethode deshalb z. B. nur bei Großkraftwerken oder Erdgasleitungen.

Bei der progressiven Abschreibung wird unterstellt, dass das Anlagegut in den ersten Jahren der Nutzungsdauer weniger und in späteren Jahren mehr genutzt – und somit entwertet – wird.

Die leistungsabhängige Abschreibung

Bei Anlagegütern, deren Leistung erheblich schwankt, weist der periodische Verschleiß wesentliche Unterschiede auf. Deshalb kann die Abschreibung auch nach Maßgabe der Inanspruchnahme/Leistung (Kilometer, Stunden) vorgenommen werden. Die Abschreibung ist in § 7 Abs. 1 S. 6 EStG wie folgt geregelt:

---

[136] Vgl. ADS, § 253 HGB, Rn. 401.

---

§ 7 Abs. 1 S. 6 EStG

„Bei beweglichen Wirtschaftsgütern des Anlagevermögens, bei denen es wirtschaftlich begründet ist, die Absetzung für Abnutzung nach Maßgabe der Leistung des Wirtschaftsguts vorzunehmen, kann der Steuerpflichtige dieses Verfahren statt der Absetzung für Abnutzung in gleichen Jahresbeträgen anwenden, wenn er den auf das einzelne Jahr entfallenden Umfang der Leistung nachweist."

Die leistungsabhängige Abschreibung kann nur bei beweglichen Anlagegegenständen angewandt werden und alternativ zur linearen Abschreibung vorgenommen werden. Das ist gegeben, wenn die Leistung erheblich schwankt und sich ihr Verschleiß deshalb von Jahr zu Jahr wesentlich unterscheidet (R 7.4 Abs. 5 S. 2 EStR).

Die Leistungsabschreibung darf gem. § 7 Abs. 6 EStG auch bei Bergbauunternehmen, Steinbrüchen und anderen Betrieben, die einen Verbrauch der Substanz mit sich bringen, genutzt werden; sie wird in diesen Fällen als Absetzungen nach Maßgabe des Substanzverzehrs (Absetzung für Substanzverringerung) bezeichnet.

In der Steuerbilanz darf die Leistungsabschreibung nur genutzt werden, wenn sie auch in der Handelsbilanz angewandt wird. Die folgenden steuerrechtlichen Voraussetzungen bestehen für eine leistungsabhängige Abschreibung:

- bewegliches Anlagevermögen,
- mindestens lineare Abschreibung,
- Leistungsabschreibung kann wirtschaftlich begründet werden,
- Nachweis des auf das einzelne Jahr entfallenden Umfangs der Leistung sowie
- gleich lautende Abschreibung in der Handelsbilanz.

Die leistungsabhängige Abschreibungsmethode erfordert für die Aufstellung des Abschreibungsplans neben den Anschaffungs- oder Herstellungskosten als Ausgangsbasis eine Planung der Leistungsbeanspruchung für die Nutzungsdauer über die Gesamtleistung des Vermögensgegenstandes des Anlagevermögens sowie die Leistung der Anlage im einzelnen Geschäftsjahr. Während die Gesamtleistung der Anlage anhand der betrieblichen oder branchenspezifischen

Erfahrungen zu ermitteln bzw. notfalls zu schätzen ist, ist die Anlagenleistung im Geschäftsjahr nachzuweisen (z. B. durch ein die Anzahl der Arbeitsvorgänge registrierendes Zählwerk oder bei Kraftfahrzeugen durch den Kilometerzähler).

Beispiel:

Die Anschaffungskosten für einen betrieblich genutzten Pkw betragen 30.000 €.

Die voraussichtliche Gesamtfahrleistung wird auf 150.000 km geschätzt.

Die Periodenleistung verteilt sich wie folgt auf die einzelnen Jahre:

Jahr 1: 50.000 km

Jahr 2: 30.000 km

Jahr 3: 70.000 km

Der Abschreibungsbetrag a_t wird mit Hilfe der folgenden Formel ermittelt:

$$a_t = \left(\left(AHK - R_N \right) \cdot l_t \right) : L$$

mit

AHK = Anschaffungs- oder Herstellungskosten

R_N = Restwert nach N Jahren

l_t = Leistungsmenge in t

L = Gesamtleistungsmenge

Bezogen auf das Beispiel ergeben sich die folgenden jährlichen Abschreibungsbeträge:

Jahr 1: (30.000 € x 50.000 €) : 150.000 € = 10.000 €

Jahr 2: (30.000 € x 30.000 €) : 150.000 € = 6.000 €

Jahr 3: (30.000 € x 70.000 €) : 150.000 € = 15.000 €

Ein Vorteil der leistungsabhängigen Abschreibung ist, dass die Höhe der periodischen Abschreibung von der periodischen Inanspruchnahme bestimmt wird und die Anschaffungsausgabe somit verursachungsgerecht über die Perioden der Nutzung verteilt wird.

Änderungen des Abschreibungsplans

In den Folgejahren kann sich herausstellen, dass der Abschreibungsplan nicht mehr mit dem Wertminderungsverlauf übereinstimmt, sodass eine Korrektur des Abschreibungsplanes erforderlich ist. Diese nachträgliche Korrektur kann sich auf die folgenden drei Größen beziehen:

- Änderung des Abschreibungsausgangswertes durch nachträgliche Herstellungskosten,
- Änderung der Abschreibungsmethode,
- Änderung der Nutzungsdauer.

Nachträgliche Anschaffungs- oder Herstellungskosten führen zu einer Änderung des Abschreibungsausgangswertes. Diese Kosten sind ab dem Jahr ihres Anfalles im Abschreibungsplan zu berücksichtigen. Sie sind zusammen mit den fortgeführten Anschaffungs- oder Herstellungskosten auf die Restnutzungsdauer zu verteilen. Eine Korrektur des Abschreibungswertes ist auch notwendig, wenn eine außerplanmäßige Abschreibung, eine steuerliche Abschreibung oder eine Zuschreibung vorgenommen wird.

Änderung des Abschreibungsausgangswertes

Ebenso kann es bei Vorliegen sachlicher Gründe notwendig sein, den Abschreibungsplan während der Nutzungsdauer zu verändern. Die Änderung hat unverzüglich zu erfolgen, wenn die bisher angesetzte Nutzungsdauer aus

- technischen (z. B. zunächst Einsatz im Mehrschichtbetrieb, später im Einschichtbetrieb),
- wirtschaftlichen (z. B. veränderte Nutzung durch Produktionsumstellung) oder
- rechtlichen Gründen (z. B. Änderung von Umweltbestimmungen)

nicht mehr als realistisch erscheint.

Stellt sich in späteren Jahren der Nutzung heraus, dass die bisher angewandte Abschreibungsmethode dauerhaft zu einer Überbewertung des Anlagebestandes führen würde, ist die Abschreibungsmethode zu ändern. So kann beispielsweise ein Wechsel von der pro-

Änderung der Abschreibungsmethode

gressiven Abschreibung auf die lineare oder degressive Abschreibung sinnvoll sein.[137]

Änderung der Nutzungsdauer

Bei Fehleinschätzung der Nutzungsdauer ist entsprechend dem Imparitätsprinzip die Änderung einer zu kurz geschätzten Nutzungsdauer zulässig, wohingegen bei einer zu lang geschätzten Nutzungsdauer eine Änderung des Abschreibungsplanes zwingend notwendig ist. Geboten ist eine Änderung des Abschreibungsplanes auch dann, wenn die tatsächliche Nutzungsdauer wesentlich von der geschätzten Nutzungsdauer abweicht.

Es bestehen unterschiedliche Möglichkeiten, den Abschreibungsplan bei einer zu kurz geschätzten Nutzungsdauer zu korrigieren. Sie werden hier anhand eines Beispiels erläutert.[138]

Beispiel:

Die Anschaffungskosten einer Anlage betragen 120.000 €; die Nutzungsdauer beträgt 10 Jahre. Es erfolgt eine planmäßige Abschreibung in Höhe von 12.000 €. Nach fünf Jahren stellt sich heraus, dass die Nutzungsdauer tatsächlich 15 Jahre betragen wird.

Bei der **ersten Möglichkeit** wird so weiter verfahren wie bisher. Nach 10 Jahren steht die Anlage nur noch mit einem Erinnerungswert von 1 € in der Bilanz. Ab dem fünften Jahr hätte die Anlage mit einem geringeren Betrag abgeschrieben werden müssen.

Wird der Abschreibungsbetrag auf 15 Jahre bemessen, wären nur 8.000 € (120.000 € : 15 Jahre) abzuschreiben. Demnach wird das Jahresergebnis in den Jahren 6–10 zu niedrig und in den Jahren 11–15 zu hoch ausgewiesen.

Die **zweite Möglichkeit** sieht vor, den am Ende des fünften Jahres verbleibenden Restbuchwert in Höhe von 60.000 (= 120.000 € – 5 Jahre x 12.000 €) linear auf die nunmehr verbleibenden 10 Jahre zu verteilen. Es werden also jährlich 6.000 € abgeschrieben. Im Vergleich zur ersten Möglichkeit erfolgt hier ein tendenziell besserer Ausweis der Vermögens- und Erfolgslage; dennoch werden auch hier Vermögen und Erfolg nicht richtig ausgewiesen.

Bei der **dritten Möglichkeit** wird nach dem fünften Jahr der Restbuchwert um den Abschreibungsbetrag gemindert, der sich aus dem ursprünglichen Anschaffungswert und aus der tatsächlichen Nut-

---

[137] Vgl. ADS, § 252 HGB, Rn. 427.
[138] Vgl. im Folgenden Baetge/Kirsch/Thiele, Bilanzen, S. 238 ff.

zungsdauer ergibt. In unserem Beispiel ergibt siche eine Minderung des Abschreibungsbetrags um 8.000 € (= 120.000 € : 15 Jahre). Ebenso wie bei der ersten Möglichkeit ist auch in diesem Fall der Vermögensgegenstand vor Ende der Nutzungsdauer voll abgeschrieben. Im 13. Jahr kann nur noch der Restbuchwert in Höhe von 4.000 € abgeschrieben werden. In den letzten beiden Jahren kann keine Abschreibung mehr berücksichtigt werden.

Nach der **vierten Möglichkeiten**[139] werden – analog zur dritten Möglichkeit – 8.000 € abgeschrieben. Allerdings wird zuvor eine Zuschreibung vorgenommen, um den Restbuchwert in der Höhe auszuweisen, der sich ergeben hätte, wenn von Anfang an 8.000 € pro Jahr abgeschrieben worden wären. Diese Vorgehensweise führt zwar ab dem sechsten Jahr zu einem richtigen Vermögens- und Erfolgsausweis, der Ausweis ist aber im fünften Jahr erheblich verzerrt. Die Vorgehensweise ist handelsrechtlich umstritten. Sie dürfte handelsrechtlich nicht zulässig sein, weil das Handelsrecht eine Zuschreibung bei planmäßiger Abschreibung „bei zweckgerechter Auslegung des Beibehaltungs- bzw. Zuschreibungswahlrechts des § 253 Abs. 5 HGB untersagt."[140]

Außerplanmäßige Abschreibung

Außerplanmäßige Abschreibungen sind Korrekturen der fortgeführten Anschaffungs- oder Herstellungskosten, die das Handelsrecht immer dann vorsieht, wenn der Wert zum Bilanzstichtag unter den fortgeführten Anschaffungswert sinkt. Diese sog. Niederstwertvorschriften sind in § 253 Abs. 2 u. 3 HGB geregelt und unterscheiden sich hinsichtlich der Strenge des Niederstwertprinzips für das Anlage- und Umlaufvermögen.

---

§ 253 Abs. 2 S. 3 HGB a. F.

„Ohne Rücksicht darauf, ob ihre Nutzung zeitlich begrenzt ist, können bei **Vermögensgegenständen des Anlagevermögens** außerplanmäßige Abschreibungen vorgenommen werden, um die Vermögensgegenstände mit dem niedrigeren Wert anzusetzen, der ihnen am Abschlussstichtag beizulegen ist; sie sind vorzunehmen bei voraussichtlich dauernder Wertminderung."

---

[139] Vgl. Schmidt, in: Federmann/Kußmaul/Müller (Hrsg.): HdB, Beitrag 1, Abschreibungen, Rz. 39–47.

[140] Baetge/Kirsch/Thiele, Bilanzen, S. 240.

Mit dem BilMoG wird dieses Wahlrecht für alle Unternehmen auf das Finanzanlagevermögen begrenzt.

Der niedrigere beizulegende Wert kommt in Betracht, wenn der Buchwert höher ist als der tatsächliche Wert. Der Buchwert ergibt sich bei abnutzbarem Anlagevermögen aus den Anschaffungs- und Herstellungskosten vermindert um planmäßige sowie in früheren Jahren vorgenommene außerplanmäßige Abschreibungen. Zusätzlich konnten bis zum Geschäftsjahr 2008 auch steuerrechtliche Sonderabschreibungen berücksichtigt werden. Bei nicht abnutzbarem Anlagevermögen ist der Buchwert analog ohne die planmäßigen Abschreibungen zu berechnen. Für die Bemessung der außerplanmäßigen Abschreibung ist zunächst der Buchwert aus der Schlussbilanz des Vorjahres um die planmäßigen Abschreibungen und ggf. Sonderabschreibungen des laufenden Geschäftsjahres zu kürzen, bevor außerplanmäßig abzuschreiben ist.[141]

Anlage-vermögen

Für das Anlagevermögen – bzw. mit dem BilMoG nur für das Finanzanlagevermögen – gilt das **gemilderte Niederstwertprinzip**, weil eine außerplanmäßige Abschreibung auf den niedrigeren beizulegenden Wert nur vorzunehmen ist (Abwertungspflicht), wenn die Wertminderung voraussichtlich von Dauer ist. Ist die Wertminderung voraussichtlich nur vorübergehend, besteht ein Wertminderungswahlrecht. Begründet wird das Abwertungswahlrecht damit, dass ein drohender Verlust bei einer vorübergehenden Wertminderung eher unwahrscheinlich ist, weil das Anlagevermögen dauernd dem Betrieb dient und mit einer Werterholung noch während der Nutzungsdauer zu rechnen ist.

Kapital-gesellschaften

Gesonderte Vorschriften gelten für Kapitalgesellschaften. Hier gilt das Abwertungswahlrecht bei vorübergehender Wertminderung bereits jetzt nur noch für Finanzanlagen; vorübergehende Wertminderungen bei Immaterial- und Sachanlagen dürfen nicht durch außerplanmäßige Abschreibungen berücksichtigt werden, so wie es nach dem BilMoG für alle Unternehmen vorgeschrieben ist.

Umlauf-vermögen

Anders als beim Anlagevermögen gilt für das Umlaufvermögen sowohl im Falle von Personenhandels- als auch im Falle von Kapitalgesellschaften das **strenge Niederstwertprinzip**, weil unabhängig

---

[141] Vgl. ADS, § 253 HGB, Rz. 453.

von der Dauer der voraussichtlichen Wertminderung im Falle eines unter den Anschaffungs- oder Herstellungskosten liegenden Stichtagswertes eine außerplanmäßige Wertminderung zu berücksichtigen ist. Konkret heißt es in § 253 Abs. 3 S. 1–2 HGB:

---

§ 253 Abs. 3 S. 1–2 HGB

„Bei Vermögensgegenständen des Umlaufvermögens sind Abschreibungen vorzunehmen, um diese mit einem niedrigeren Wert anzusetzen, der sich aus einem Börsen- oder Marktpreis am Abschlussstichtag ergibt. Ist ein Börsen- oder Marktpreis nicht festzustellen und übersteigen die Anschaffungs- oder Herstellungskosten den Wert, der den Vermögensgegenständen am Abschlussstichtag beizulegen ist, so ist auf diesen Wert abzuschreiben."

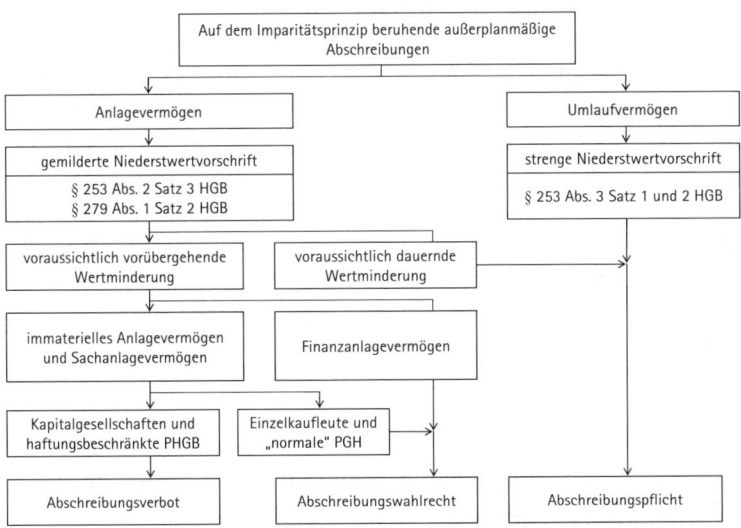

Abb. 4-5: Außerplanmäßige Abschreibungen auf Anlage- und Umlaufvermögen[142]

Für das **Umlaufvermögen** bestehen darüber hinaus derzeit noch weitere **Abwertungswahlrechte**. So dürfen nach § 253 Abs. 3 S. 3 HGB Abschreibungen vorgenommen werden, soweit diese nach vernünftiger kaufmännischer Beurteilung notwendig sind, um zu

---

[142] Entnommen aus Baetge/Kirsch/Thiele, Bilanzen, S. 245.

verhindern, dass der Wertansatz dieser Vermögensgegenstände in nächster Zukunft aufgrund von Wertschwankungen geändert werden muss (Abwertungswahlrecht auf den **niedrigeren Zukunftswert**).

Darüber hinaus dürfen **Personengesellschaften** eine außerplanmäßige Abschreibung auf das Anlage- und Umlaufvermögen vornehmen, soweit eine solche **nach vernünftiger kaufmännischer Beurteilung** notwendig ist (§ 253 Abs. 4 HGB). Hierbei handelt es sich um eine (willkürliche) Unterbewertung des Vermögens, die für Kapitalgesellschaften und haftungsbeschränkte Personenhandelsgesellschaften keine Anwendung finden darf (§ 279 Abs. 1 S. 1 HGB). Nach dem BilMoG sind diese weiteren Abschreibungsmöglichkeiten alle verboten.

Für die außerplanmäßige Abschreibung auf das Anlage- und Umlaufvermögen sind grundsätzlich zwei Wertbegriffe maßgeblich. Der niedrigere beizulegende und der sich aus dem Börsen- und Marktpreis ergebende Wert. Darüber hinaus können beim Umlaufvermögen wie beschrieben bislang noch Wertkorrekturen auf den niedrigeren Zukunftswert vorgenommen werden. Außerdem können bis zum Geschäftsjahr 2008 für das Anlage- und Umlaufvermögen der Wert nach vernünftiger kaufmännischer Beurteilung oder ein steuerlicher Korrekturwert maßgeblich für eine Wertminderung sein. Nach den Übergangsvorschriften des BilMoG dürfen die niedrigeren Werte durch diese Wahlrechtsabschreibungen nach 2008 beibehalten oder erfolgsneutral aufgelöst werden (Art. 66 Abs. 2 EG-HGB i. d. F. d. BilMoG-RegE).

Kriterium „voraussichtlich dauernde Wertminderung" beim Anlagevermögen

Das entscheidende Kriterium für das Wahlrecht bzw. die Pflicht zur Vornahme einer außerplanmäßigen Abschreibung auf das Anlagevermögen ist die **Einschätzung eines „vorübergehenden" und „voraussichtlich dauernden" Zeitraums**. Dieser Maßstab ist gesetzlich nicht definiert und deshalb durch Auslegung zu ermitteln.

Die Anschaffungs- oder Herstellungskosten des abnutzbaren Anlagevermögens werden während der Nutzungsdauer laufend durch planmäßige Abschreibungen im Wertansatz gemindert. Deshalb weicht ihr Stichtagswert während der Dauer ihrer Betriebszugehörigkeit nicht wesentlich vom tatsächlichen Wert ab. Aus diesem Grunde sollen Unternehmen bei voraussichtlich kurzfristigen Unterschreitungen der sich bei der planmäßigen Abschreibung ergebenden Buchwerte nicht gezwungen werden, den Abschreibungsplan zu korrigieren. Eine Wertminderung ist als „vorrübergehend" zu verstehen, wenn die zum Abschlussstichtag eingetretene Wertminderung voraussichtlich weniger als die halbe Restnutzungsdauer bestehen wird. Das Merkmal „vorübergehend" ist deshalb restriktiv auszulegen.[143] Eine voraussichtlich dauerhafte Wertminderung wird angenommen, wenn der beizulegende Wert während eines erheblichen Teils der Restnutzungsdauer unter dem Wert liegt, der sich bei planmäßiger Abschreibung ergibt.[144]

Beispiel:

Die Anschaffung eines abnutzbaren Vermögensgegenstandes des Anlagevermögens erfolgt am 2. Januar t1. Die Anschaffungskosten betragen 50.000 €; der Vermögensposten wird linear über die Nutzungsdauer von 10 Jahren abgeschrieben. Aufgrund eines Ereignisses im Dezember t2 wird der Wert des Anlagevermögens um 10.000 € gemindert.

Nach vorgenommener außerplanmäßiger Abschreibung beträgt der Buchwert 30.000 € (= 50.000 € – 2 x 5.000 € – 10.000 €). Bei linearer Abschreibung würde dieser Wert erst am Ende von t4 erreicht werden. Da die Restnutzungsdauer von t2 bis t10 acht Jahre beträgt, wird der Wert aufgrund der außerplanmäßigen Abschreibung bei planmäßiger Abschreibung erst zwei Jahre später, d. h. bei einem Viertel der Restnutzungsdauer erreicht. Damit wäre die Wertminderung vorübergehend und es bestünde ein Abwertungswahlrecht bzw. ein Abwertungsverbot nach dem BilMoG, weil ein Viertel der Restnutzungsdauer nicht als erheblicher Teil der Restnutzungsdauer angesehen wird.

Hätte die Wertminderung 25.000 € betragen, wäre der Wert bei planmäßiger Abschreibung erst Ende t7 erreicht. In diesem Fall beträgt der Zeitraum, in dem der sich aus planmäßigen Abschreibungen ergebende Wert den niedrigeren Wert aufgrund außerplanmäßiger

[143] Vgl. Hoyos/Schramm/Ring, in: Beck'scher Bilanzkommentar, § 253 HGB, Rz 295.
[144] Vgl. ADS, § 253 HGB, Rz. 477.

Abschreibung erreicht, fünf Jahre, d. h. 5/8 der Restnutzungsdauer. Im überwiegenden Teil der Restnutzungsdauer wäre damit der Buchwert des Anlagevermögens zu hoch ausgewiesen, sodass die Wertminderung nicht mehr als „vorübergehend" eingestuft werden kann.

Demgegenüber ist bei Wertminderungen von nicht abnutzbarem Anlagevermögen i. d. R. von einer voraussichtlich dauernden Wertminderung auszugehen. Die Nutzungsdauer ist in diesem Falle ja gerade nicht begrenzt. Deshalb würde der sich aus der außerplanmäßigen Abschreibung ergebende Wert – anders als beim abnutzbaren Anlagevermögen – in den Folgejahren nicht durch planmäßige Abschreibungen erreicht. Die auf dem Ereignis beruhende Wertminderung bestünde deshalb während der gesamten Dauer der Zugehörigkeit des Anlagevermögens zum Betriebsvermögen.

In der Literatur wird die Auffassung vertreten, dass von einer dauernden Wertminderung auszugehen ist, „wenn für eine Werterhöhung innerhalb der nächsten fünf Jahre bzw. innerhalb der Restnutzungsdauer, falls diese kürzer als fünf Jahre ist, keine konkreten Anzeichen vorliegen."[145] Nach einer Entscheidung des BFH gelten Teilwertabschreibungen bei börsennotierten Wertpapieren des Finanzanlagevermögens schon dann als voraussichtlich dauerhaft, wenn der Börsenwert zum Bilanzstichtag unter die Anschaffungskosten gesunken ist und zum Zeitpunkt der Bilanzerstellung keine konkreten Anhaltspunkte für eine alsbaldige Wertaufholung vorliegen.[146]

Beizulegender Zeitwert als Korrekturwert für das Anlage- und Umlaufvermögen

Das Handelsrecht schreibt für Vermögensgegenstände des Anlagevermögens eine Abschreibung auf den niedrigeren am Abschlussstichtag beizulegenden Wert vor. Beim Anlagevermögen ist eine solche Abschreibung bei voraussichtlich dauernder Wertminderungen geboten; bei vorübergehender Wertminderung ist eine Abschreibung erlaubt. Die **gemilderte Niederstwertvorschrift** ist für Kapitalgesellschaften und haftungsbeschränkte Personengesellschaf-

---

[145] Baetge/Kirsch/Thiele, Bilanzen, S. 251.
[146] BFH-Urteil vom 26. September 2007 I R 58/06.

ten gem. § 279 Abs. 1 S. 2 HGB auf das Finanzvermögen beschränkt, so wie es nach dem BilMoG für alle Unternehmen der Fall ist.

Beim Umlaufvermögen besteht unabhängig davon, ob eine dauernde oder vorübergehende Wertminderung vorliegt, eine Abwertungspflicht auf den niedrigeren beizulegenden Zeitwert (**strenge Niederstwertvorschrift**), wenn kein Börsen- oder Marktpreis feststellbar ist (§ 253 Abs. 3 S. 2 HGB).

Der niedrigere beizulegende Wert ist im Gesetz nicht näher konkretisiert; es handelt sich um einen unbestimmten Rechtsbegriff. Zur Ermittlung des niedrigeren beizulegenden Wertes können die folgenden Vergleichswerte herangezogen werden:

- Ertragswert,
- Einzelveräußerungspreis,
- Wiederbeschaffungswert.

Der Ertragswert entspricht dem Gegenwartswert der Einzahlungsüberschüsse und gilt theoretisch als exaktes Konzept für die Bewertung des Anlagevermögens. In der Praxis ist dieses Bewertungsmodell aber nicht einsetzbar, weil sich die Erfolgsbeiträge nur selten einem einzelnen Vermögensgegenstand zuordnen lassen. Möglich ist eine Zuordnung allenfalls bei Finanzanlagen und langfristig vermieteten oder verpachteten Anlagevermögensgegenständen. Allerdings besteht in diesem Fall das Problem, die Finanzierungsaufwendungen zuzuordnen. Wegen des Grundsatzes der Einzelbewertung kann der Ertragswert nicht eingesetzt werden, sodass im Handelsrecht i. d. R. der Wiederbeschaffungswert (beschaffungsmarktorientiert) oder der Einzelveräußerungspreis (absatzmarktorientiert) zur Anwendung kommen.

Ertragswert

Der absatzmarktorientierte Einzelveräußerungspreis ist als Vergleichswert für Erzeugnisse heranzuziehen, wenn die Absatzmarktpreise sinken und wenn zu erwarten ist, dass aus den auf Lager befindlichen, zu Anschaffungs- oder Herstellungskosten bewerteten Erzeugnissen negative Erfolgsbeiträge resultieren. In diesem Fall sind die Anschaffungs- oder Herstellungskosten mit dem Absatzmarktpreis abzüglich der noch anfallenden Kosten zu vergleichen. Unterschreitet der Betrag aus dem Absatzmarktpreis abzüglich der noch

Einzelveräußerungspreis

anfallenden Kosten die Anschaffungswerte, ist eine Abschreibung auf den niedrigeren Wert vorzunehmen.

Mit dem BilMoG wird der beizulegende Zeitwert als **Marktpreis** definiert. Soweit kein aktiver Markt (und damit kein verlässlicher Preis) existiert, ist der beizulegende Zeitwert mithilfe allgemein anerkannter Bewertungsmethoden zu bestimmen. Ist auch das nicht möglich, sind die Anschaffungs- und Herstellungskosten fortzuführen (§ 255 Abs. 4 HGB i. d. F. d. BilMoG).

Handelsrechtlich werden vor allem die Vorräte nach dem Grundsatz der verlustfreien Bewertung angesetzt. Hiernach soll beim Verkauf der Vermögensgegenstände nach dem Abschlussstichtag kein Verlust mehr ausgewiesen werden. Voraussichtlich beim Verkauf entstehende Verluste werden in der abgeschlossenen Periode vorweggenommen.

Bei der sog. verlustfreien Bewertung werden fertige Erzeugnisse und Waren wie folgt retrograd bewertet:

Retrograde Bewertung

Verkaufserlös abzüglich folgender noch anfallender anteiliger Kosten:

* Erlösschmälerungen,
* Verpackungskosten und Ausgangsfrachten,
* Allgemeine Vertriebskosten,
* Verwaltungskosten,
* Kapitalmarktkosten.

Wieder-
beschaffungs-
kosten

Demgegenüber sind für Roh-, Hilfs- und Betriebsstoffe und für Waren die Absatzmarktpreise des zu erstellenden Endproduktes von Bedeutung. Wegen Problemen bei der Zurechnung von möglichen negativen Erfolgsbeiträgen auf die Einsatzfaktoren kommen bei der Bewertung von Roh-, Hilfs- und Betriebsstoffen die Wiederbeschaffungskosten zum Einsatz.[147]

Beim **Anlagevermögen** kommt i. d. R. ein **niedrigerer Beschaffungsmarktpreis** als Vergleichswert für eine außerplanmäßige Abschreibung zum Tragen. Das wird damit begründet, dass gesunkene Beschaffungsmarktpreise bewirken, dass die Konkurrenz vergleich-

---

[147] Vgl. Wöhe, Handels- und Steuerbilanz, S. 151.

bare Maschinen oder Anlagen günstiger beschaffen kann als das bilanzierende Unternehmen und dass damit Kostenvorteile erreicht werden können, die an den Absatzmarkt weitergegeben werden. Der Kostenvorteil kann sich in der Folgeperiode auf den Absatzmarktpreis der hergestellten Erzeugnisse niederschlagen.

Lässt sich ein Wiederbeschaffungszeitwert ermitteln (z. B. bei gebrauchten Pkws anhand von Gebrauchtwagenlisten), ist dieser Wert als Höchstwert heranzuziehen. Andernfalls muss vom Wiederbeschaffungsneuwert ausgegangen werden, der zeitadäquat abzuschreiben ist.

Beispiel:

Eine Maschine wurde am 03.02.t1 für 20.000 € angeschafft. Die voraussichtliche Nutzungsdauer beträgt 5 Jahre. Am 31.12.t3 kostet die gleiche Maschine nur noch 15.000 €.

Wie hoch ist der niedrigere Wert (Bemessungsgrundlage: Wiederbeschaffungsneuwert)?

Lösung

Anschaffungskosten:	20.000 €
abzüglich AfA für die Jahre 1–3	12.000 €
Buchwert am 31.12.t3	8.000 €
Wiederbeschaffungsneuwert am 31.12.t3:	15.000 €
abzüglich AfA für die Jahre 1–3	9.000 €
Wiederbeschaffungswert = niedrigerer Wert:	6.000 €

Während der Wiederbeschaffungswert als Höchstwert fungiert, wird der Einzelveräußerungswert als Tiefstwert herangezogen. Der Einzelveräußerungspreis kommt als niedrigerer Wert beim Anlagevermögen nur in Betracht, wenn die baldige Veräußerung beabsichtigt ist oder eine Anlage stillliegt und in absehbarer Zeit nicht mit einer Inbetriebnahme zu rechnen ist. Der niedrigere Wert entspricht in diesem Fall dem geschätzten Verkaufserlös abzüglich der Ausbau-, Abbruch- und Demontagekosten.[148]

---

[148] Vgl. ADS, § 253 HGB, Rz. 460 ff.

Börsen- oder Marktpreis als Korrekturwert für das Umlaufvermögen

Zur Folgebewertung des Umlaufvermögens kommen nach § 253 Abs. 3 HGB zum Vergleich mit den Anschaffungs- oder Herstellungskosten drei Wertmaßstäbe als Kontrollwerte in Betracht: Der sich aus dem Börsenpreis oder aus dem Marktpreis ergebende Wert und der beizulegende Wert. Diese Wertmaßstäbe sind in der angegebenen Reihenfolge der Bewertung zugrunde zu legen.[149] Dementsprechend ist zunächst zu untersuchen, ob der Gegenstand an einer Börse gehandelt wird. Falls nicht, ist zu prüfen, ob ein Marktpreis zu ermitteln ist. Wenn ein Marktpreis auch nicht festgestellt werden kann, kommt der beizulegende Wert als Wertmaßstab zum Einsatz.

Ist der Kontrollwert niedriger als die Anschaffungs- oder Herstellungskosten, ist nach dem strengen Niederstwertprinzip gemäß § 253 Abs. 3 S. 2 HGB grundsätzlich der beizulegende Wert anzusetzen. Allerdings ist nicht immer direkt auf den Börsen- oder Marktpreis, sondern auf einen sich daraus ergebenden Wert abzuschreiben. Das bedeutet, dass vom Absatzmarktpreis noch die beim Verkauf des Fertigerzeugnisses anfallenden Vertriebs-, Verpackungs- und Transportkosten in Abzug zu bringen sind (retrograde Bewertung).

Börsenpreis

Der Börsenpreis ist der an einer amtlich anerkannten Börse festgestellte Preis. Es muss sich nicht um einen an einer deutschen Börse festgestellten Preis handeln; es kann auch der Börsenpreis einer ausländischen Börse sein. Kommt der Börsenpreis einer ausländischen Börse zum Einsatz, ist eine Umrechnung mit dem Kassakurs (Brief- oder Geldkurs) erforderlich.

Bestimmte **Rohstoffe** (wie z. B. Kupfer, Aluminium oder Zink) werden an Börsen gehandelt. Dementsprechend gibt es für diese Vorräte Börsenkurse.

Marktpreis

Der Marktpreis ist der Preis, der an einem Handelsplatz oder in einem Handelsbezirk für Vorräte einer bestimmten Gattung von durchschnittlicher Art und Güte zu einem bestimmten Zeitpunkt oder in einem bestimmten Zeitabschnitt im Durchschnitt gezahlt

---

[149] Vgl. Thiele/Prigge, in: Baetge/Kirsch/Thiele: Bilanzrecht-Kommentar, § 253 HGB, Rz. 381.

wird. Die Voraussetzung für einen Börsen- oder Marktpreis ist, dass tatsächlich Umsätze stattgefunden haben. Ein reiner Geld- oder Briefkurs genügt also nicht.[150]

Bei stärkeren Schwankungen der Kurse ist nach dem Vorsichtsprinzip der Stichtagskurs anzusetzen, wenn der Stichtagskurs niedriger ist als der Durchschnittswert. Ist der Stichtagskurs höher, muss der Durchschnittswert verwendet werden.[151] Ob bei den Börsen- oder Marktpreisen der Beschaffungs- oder Absatzmarkt betrachtet wird, hängt von der Art des Vermögensgegenstandes ab; in Zweifelsfällen erfolgt die parallele Betrachtung beider Märkte, wobei der niedrigere Werte anzuwenden ist.

Für **Roh-, Hilfs- und Betriebsstoffe** und für **Waren** gibt es Marktpreise. Für sie sind die Verhältnisse auf dem Beschaffungsmarkt maßgebend. Für Waren sind zudem die Verhältnisse auf dem Absatzmarkt wertbestimmend.

Für **Erzeugnisse** existiert kein Börsenpreis. Gleichartige Massenerzeugnisse haben allenfalls einen Marktpreis. In aller Regel ist der am Abschlussstichtag beizulegende Wert anzusetzen, wenn er niedriger ist als die Herstellungskosten. Dabei ist von den Verhältnissen des Absatzmarktes auszugehen.

Beschaffungsmarkt		Absatzmarkt	
Börsen- oder Marktpreis	Beizulegender Wert	Börsen- oder Marktpreis	Beizulegender Wert
Rohstoffe		Waren	Rohstoffe
Hilfsstoffe		gleichartige	Erzeugnisse
Betriebsstoffe		Massenerzeugnisse	Wertpapiere
Waren		Wertpapiere	
Wertpapiere			

Abb. 4-6: Wertbestimmung bei Vorräten[152]

---

[150] Vgl. ADS, § 253 HGB, Rn. 509.

[151] Vgl. Ellrott/Ring, in: Baetge/Kirsch/Thiele: Bilanzrecht-Kommentar, § 253 HGB, Rn. 514.

[152] Vgl. Schmidt, Bilanztraining, S. 407.

Naher Zukunftswert als Korrekturwert für das Umlaufvermögen

Nach § 253 Abs. 3 S. 3 HGB dürfen bei Vermögensgegenständen des Umlaufvermögens noch zusätzlich außerplanmäßige Abschreibungen vorgenommen werden, soweit sie nach vernünftiger kaufmännischer Beurteilung notwendig sind, um zu verhindern, dass der Wertansatz dieser Vermögensgegenstände in nächster Zukunft aufgrund von Wertschwankungen geändert werden muss (Abschreibung unter Niederstwert). Mit diesem Abwertungswahlrecht soll bisher über die Stichtagsbewertung hinaus künftigen Verlusten, deren Ursachen erst in Ereignissen nach dem Abschlussstichtag liegen, die aber den Wert bereits vorhandener Vermögensgegenstände berühren können, Rechnung getragen werden.[153] Die **Wertschwankungen** beziehen sich im Sinne des Imparitätsprinzip nur auf Wertminderungen.

Mit der Bedingung, dass sich die Prognose an „**vernünftiger kaufmännischer Beurteilung**" orientieren muss, soll die Willkürfreiheit eingeschränkt werden. Die zeitliche Begrenzung auf „**nächste Zukunft**" umfasst einen Zeitraum von etwa zwei Jahren.[154]

Diese zusätzliche Abwertungsmöglichkeit wird mit dem BilMoG konsequenterweise gestrichen, weil das Prinzip der periodengerechten Gewinnermittlung verletzt wird.

Wert nach vernünftiger kaufmännischer Beurteilung als Korrekturwert für das Anlage- und Umlaufvermögen (nur PersHG)

Gemäß § 253 Abs. 4 HGB sind außerdem Abschreibungen im Rahmen vernünftiger kaufmännischer Beurteilung zulässig (Willkürabschreibungen). Da auch die vorgenannten Korrekturwerte diesem Beurteilungskriterium genügen müssen, kommt dieses Abwertungswahlrecht erst zum Zuge, wenn Abschreibungen nach anderen handelsrechtlichen Vorschriften nicht mehr möglich sind. Da es sich um

---

[153] Vgl. ADS, § 253 HGB, Rn. 545.
[154] Vgl. Ellrott/St. Ring, in: Beck'scher Bilanzkommentar, § 253 HGB, Rz. 620.

zusätzliche Abschreibungen handelt, kommen sie für alle Vermögensgegenstände infrage, also sowohl für das Anlage- als auch für das Umlaufvermögen.[155] Diese Abschreibungen dienen im Sinne der Kapitalerhaltung lediglich dem Ziel, stille Reserven zu bilden. Das Wahlrecht gilt jedoch nur für Personengesellschaften; nach § 279 Abs. 1 HGB darf diese Abschreibungsmöglichkeit nicht von Kapitalgesellschaften und Personenhandelsgesellschaften ohne natürlichen Vollhafter genutzt werden.

Lediglich die „vernünftige kaufmännische Beurteilung" beschränkt dieses Abwertungswahlrecht. Damit soll ausreichend Vorsorge gegen eine willkürliche Anwendung getroffen werden. Die bewusste Bildung stiller Reserven wird von den Befürwortern mit dem Vorsichtsprinzip begründet. Im Schrifttum werden dagegen erhebliche Bedenken erhoben. Es wird die Meinung vertreten, dass „dieses Abschreibungswahlrecht nicht mit den Grundsätzen ordnungsmäßiger Buchführung zu vereinbaren [ist]".[156] In der Steuerbilanz sind Abschreibungen nach § 253 Abs. 4 HGB nicht zulässig.

Diese zusätzliche Abwertungsmöglichkeit wird mit dem BilMoG konsequenterweise gestrichen, weil die Prinzipien der periodengerechten Gewinnermittlung und der Willkürfreiheit verletzt werden.

Teilwerte/steuerliche Werte als Korrekturwerte für das Anlage- und Umlaufvermögen

Abschreibungen können auch noch vorgenommen werden, um Vermögensgegenstände des Anlage- oder Umlaufvermögens mit dem (niedrigeren) Wert anzusetzen, der auf einer nur steuerrechtlich zulässigen Abschreibung beruht (§ 254 S. 1 HGB).

Steuerrechtlich werden erhöhte Abschreibungen und Sonderabschreibungen aus steuerpolitischen Gründen (meist zu Subventionszwecken) gewährt. Ihnen liegt keine technische oder wirtschaftliche Abnutzung der zu bewertenden Vermögensgegenstände zugrunde. Für steuerrechtlich erhöhte Abschreibungen, Sonderabschreibungen und Bewertungsabschläge bestehen Wahlrechte. Da diese Wahlrechte

---

[155] Vgl. ADS, § 253 HGB, Rn. 572.
[156] Baetge/Kirsch/Thiele, Bilanzen, S. 253.

in der Steuerbilanz nur in Übereinstimmung mit dem handelsrechtlichen Einzelabschluss ausgeübt werden dürfen (§ 5 Abs. 1 S. 2
EStG), wird von einer sog. umgekehrten Maßgeblichkeit gesprochen. In diesen Fällen müssen die in der Steuerbilanz angesetzten
Werte in den handelsrechtlichen Einzelabschluss übernommen
werden. Die Steuerbilanz ist also für die Handelsbilanz maßgeblich.

> **Beispiel: Steuerrechtlich zulässige Abschreibungen gem.
> § 254 HGB**
>
> - Steuerrechtliche Sonderabschreibungen:
>   - § 7 f EStG (Sonderabschreibungen auf Wirtschaftsgüter des
>   Anlagevermögens privater Krankenhäuser)
>   - § 7 g EStG (Sonderabschreibungen auf Wirtschaftsgüter des
>   Anlagevermögens bei kleinen und mittleren Betrieben)
> - Erhöhte Absetzungen:
>   - § 7 c EStG (Baumaßnahmen zur Schaffung neuer Mietwoh-
>   nungen [für Mietwohnungen, die vor dem 01.01.1996 fertigge-
>   stellt worden sind und deren Bauantrag vor dem 02.10.1989
>   gestellt worden ist])
>   - § 7 h EStG (Gebäuden in Sanierungsgebieten und städtebauli-
>   chen Entwicklungsbereichen)
>   - § 7 i EStG (Baudenkmale)
> - Bewertungsabschläge
>   - § 6 b EStG (Übertragung von Veräußerungsgewinnen)
>   - R 6.5 EStR (Übertragung von Investitionszuschüssen)
> - R 6.6 EStR (Übertragung von aufgedeckten stillen Rücklagen bei
>   Ersatzbeschaffung)

Die Verbuchung dieser steuerrechtlichen Sonderbewertungen ist
sowohl als aktivische als auch als passivische Abschreibung möglich.
Während die Wertansätze der betroffenen Vermögensgegenstände
bei aktivischem Vorgehen um die zusätzlichen steuerrechtlichen
Abschreibungen gemindert werden, bleiben sie bei der passivischen
Abschreibung auf dem handelsrechtlichen Niveau. Die höheren

steuerlichen Abschreibungsbeträge werden über einen Passivposten, den Sonderposten mit Rücklageanteil, in die Bilanz aufgenommen.[157] Außerplanmäßige Abschreibungen auf den niedrigeren beizulegenden Wert entsprechen im Steuerrecht der Absetzung für außergewöhnliche technische und wirtschaftliche Abnutzung (AfaA) nach § 7 Abs. 1 S. 7 EStG und die Abschreibung auf den Teilwert nach § 6 Abs. 1 S. 2 EStG. Die **Absetzung für außergewöhnliche Abnutzung** ist gegenüber der Teilwertabschreibung vorrangig anzuwenden; sie ist im Gegensatz zur Teilwertabschreibung auch bei nur vorübergehender Wertminderung zulässig.

Der **Teilwert** ist der Betrag, den ein Erwerber des ganzen Betriebes im Rahmen des Gesamtkaufpreises für das einzelne Wirtschaftsgut ansetzen würde, wobei eine Unternehmensfortführung unterstellt wird. Die Teilwertabschreibung setzt eine voraussichtlich dauernde Wertminderung voraus. Eine dauernde Wertminderung ist gegeben, wenn zu erwarten ist, dass der Wert eines Wirtschaftsgutes während eines erheblichen Teils der Verweildauer im Unternehmen unter der Bewertungsobergrenze liegt. Ein geringerer Teilwert ist in jedem Jahr neu zu begründen, sodass beim Wegfall eines wertmindernden Faktors eine Zuschreibung erfolgen muss.

In der Praxis führen das handelsrechtliche Konzept des niedrigeren beizulegen Wertes und die steuerrechtliche Teilwertabschreibung zu weitgehend gleichen Ergebnissen.[158] Die Übernahme der nur steuerrechtlich bedingten Abschreibungen (Sonderabschreibungen, erhöhte Absetzungen und Bewertungsabschläge) in die Handelsbilanz wird kritisch betrachtet, weil diese Wertansätze nicht GoB-konform sind und den Rechenschaftszweck des Jahresabschlusses beeinträchtigen können.[159]

Diese zusätzliche Abwertungsmöglichkeit wird mit dem **BilMoG** konsequenterweise gestrichen, weil sie im Zusammenhang mit der ebenfalls gestrichenen umgekehrten Maßgeblichkeit von der steuerlichen auf die handelsrechtliche Gewinnermittlung steht. Das BilMoG

---

[157] Vgl. Kapitel 7.3 (Sonderposten mit Rücklageanteil).

[158] Vgl. Vogt, Die Maßgeblichkeit des Handelsbilanzrechts für die Steuerbilanz, S. 184.

[159] Vgl. Baetge/Kirsch/Thiele, Bilanzen, S. 258.

fordert eine klare Trennung dieser Verbindung. Nur die Maßgeblichkeit der handelsrechtlichen für die steuerrechtliche Gewinnermittlung bleibt bestehen, soweit steuerrechtlich keine abweichenden Vorschriften vorliegen.

Zuschreibung

Wenn der Abschreibungsgrund nach erfolgter außerplanmäßiger Abschreibung in späteren Jahren wieder entfallen ist, darf der niedrigere Wert gem. § 253 Abs. 5 beibehalten werden. Dieses Zuschreibungswahlrecht bezieht sich nur auf zuvor vorgenommene außerplanmäßige Abschreibungen nach § 253 Abs. 2 S. 3 und Abs. 3 HGB. Es ist deshalb nicht auf planmäßige Abschreibungen anzuwenden.

Das Zuschreibungswahlrecht gilt schon jetzt nur noch für Personengesellschaften. Für Kapitalgesellschaften und haftungsbeschränkte Personenhandelsgesellschaften besteht ein Zuschreibungsgebot (§ 280 Abs. 1 S. 1 HGB), das mit dem BilMoG auf alle Unternehmen ausgeweitet wird. Auch in der Steuerbilanz sind Zuschreibungen vorzunehmen (Zuschreibungsgebot), wenn die Voraussetzungen für die steuerrechtliche Abschreibung in späteren Jahren nicht mehr besteht.

Die Obergrenze für die Zuschreibung bilden die fortgeführten Anschaffungs- oder Herstellungskosten. Es darf nur auf den Betrag zugeschrieben werden, der sich ohne eine außerplanmäßige Abschreibung ergeben hätte.[160] Da der niedrigere Buchwert nach dem Zuschreibungswahlrecht beibehalten werden darf, ist es auch möglich, auf einen Zwischenwert, d. h. auf einen Wert, der zwischen dem niedrigeren Buchwert und den höheren fortgeführten Anschaffungs- oder Herstellungskosten liegt, zuzuschreiben.

Ab 2009 besteht nach dem BilMoG die Pflicht, eine Zuschreibung auf den Betrag der fortgeführten Anschaffungs- oder Herstellungskosten vorzunehmen, sofern die Gründe für eine außerplanmäßige Abschreibung nicht mehr gegeben sind.

---

[160] Vgl. Meyer, Bilanzierung nach Handels- und Steuerrecht, S. 86 f.

Beispiel:

Ausgangsdaten:

* Die Krux GmbH kauf eine Maschine zum Anschaffungswert in Höhe von 60.000 €;
* die Nutzungsdauer beträgt 6 Jahre; es wird linear abgeschrieben;
* im zweiten Jahr ist zusätzlich eine außerordentliche Abschreibung (16.000 €) vorzunehmen und
* im vierten Jahr stellt sich heraus, dass der Grund der Wertminderung entfallen ist.

Bitte vervollständigen Sie die Daten in der folgenden Tabelle unter Berücksichtigung der vorzunehmenden außerplanmäßigen Abschreibung und der Zuschreibung.

Lösung

AK	60.000
AfA: 1. Jahr	10.000
Buchwert	50.000
AfA: 2. Jahr	10.000
AO–AfA	16.000
Buchwert	24.000
AfA: 3. Jahr	6.000
Buchwert	18.000
AfA: 4. Jahr	6.000
Zuschreib.	8.000
Buchwert	20.000
AfA: 5. Jahr	10.000
Buchwert	10.000
AfA: 6. Jahr	9.999
Buchwert	1

4.4 Bewertung von Schulden zum Erfüllungsbetrag und Barwert

Verbindlich-
keiten

Schulden sind gegenwärtige Verpflichtungen, die mit zukünftigen Auszahlungen verbunden sind bzw. sein können. Nach § 253 Abs. 1 S. 2 HGB sind Verbindlichkeiten bis 2008 mit ihrem Rückzahlungsbetrag (nach dem BilMoG mit ihrem Erfüllungsbetrag) anzusetzen. Der Begriff „Rückzahlungsbetrag" bezieht sich lediglich auf Geldleistungen (wie z. B. Darlehen), nicht aber auf Sach- und Dienstleistungen. Deshalb ist dieser Begriff zweckmäßigerweise schon jetzt als **Erfüllungsbetrag** auszulegen, d. h. als der Betrag, den der Schuldner zur Begleichung der Verbindlichkeit aufbringen muss. Erfüllungsbetrag in diesem Sinne ist bei Verpflichtungen in Geldleistungen grundsätzlich der Nennbetrag, bei Verpflichtungen zu Sach- oder Dienstleistungen der voraussichtlich aufzuwendende Geldbetrag. In der Regel ist der Erfüllungsbetrag in einer Rechnung oder in dem zugrunde liegenden Vertrag fixiert.

Rückstellungen

Für Rückstellungen schreibt § 253 Abs. 1 S. 2 HGB bislang eine Bewertung mit dem Betrag vor, der **nach vernünftiger kaufmännischer Beurteilung notwendig** ist. Hierbei handelt es sich um einen allgemeinen Schätzmaßstab. Rückstellungen dürfen nur abgezinst werden, wenn die zugrunde liegenden Verbindlichkeiten einen Zinsanteil enthalten. **Renten ohne Gegenleistung sind explizit** zu ihrem **Barwert** anzusetzen (§ 253 Abs. 1 S. 2 HGB). Nach dem BilMoG wird klargestellt, dass Rückstellungen bei einer angenommenen Restlaufzeit von über einem Jahr generell abgezinst anzusetzen sind.

Der Erfüllungsbetrag ist so zu bemessen, dass alle künftig anfallenden Ausgaben erfasst werden, die notwendig sind, um die Verpflichtung zu begleichen. Verbindlichkeiten in Form von Sach- und Dienstleistungsverpflichtungen sowie alle Rückstellungen – mit Ausnahme von Drohverlustrückstellungen – sind demnach mit den **Vollkosten**, d. h. grundsätzlich mit allen Kostenarten einschließlich der Einzelkosten sowie den notwendigen Gemeinkosten, anzusetzen.[161]

---

[161] Vgl. Schmidt, Bilanztraining, S. 455.

Künftige Kosten- und Preissteigerungen dürfen bislang nicht einbezogen werden, weil gem. § 252 Abs. 1 Nr. 3 i. V. m. Nr. 4 eine Bewertung zum Stichtag gefordert wird. Der Erfüllungsbetrag vor dem BilMoG ist deshalb zum Stichtag zu beurteilen, sodass nur jene Kosten- und Preissteigerungen berücksichtigt werden dürfen, die bereits in der abgelaufenen Periode verursacht wurden.[162] Mit dem BilMoG erfolgt ab 2009 eine Änderung dahingehend, dass der Gesetzgeber den Erfüllungsbetrag umfassender definiert und die Einbeziehung zukünftiger Kosten- und Preisniveaus in die Berechnung vorschreibt. Kosten- und Preissteigerungen

Eine Abzinsung von Verbindlichkeiten kommt weder für normalverzinsliche Verbindlichkeiten noch für unverzinsliche oder niedrig verzinsliche Verbindlichkeiten in Betracht, weil mit einer Vorwegnahme künftiger Erträge ein Verstoß gegen das Realisationsprinzip vorliegt. Grundsätzlich gilt das Abzinsungsverbot bisher auch für **Rückstellungen**. Eine Abzinsung ist nach § 253 Abs. 1 S. 2 HGB nur dann geboten, wenn die zugrunde liegenden Verbindlichkeiten einen Zinsanteil enthalten. Zu unterscheiden sind dabei offene und verdeckte Zinszahlungen. Abzinsung von Verbindlichkeiten

Offene Zinszahlungen liegen vor, wenn die Verpflichtung in Zukunft fällig wird, der Verpflichtungsbetrag feststeht und bei vorzeitiger Zahlung ein geringerer Betrag zu zahlen ist. In diesem Fall ist der Erfüllungsbetrag in einen Tilgungs- und Zinsanteil zu trennen (z. B. Skonto). offene Zinszahlungen

In einem Erfüllungsbetrag sind verdeckte Zinszahlungen enthalten, wenn die Verpflichtung zum Stichtag am Markt zu einem geringeren Betrag beglichen werden könnte als zu dem mit dem Gläubiger vereinbarten künftigen Erfüllungsbetrag; eine Unterscheidung des Tilgungs- und Zinsanteils ist jedoch nicht eindeutig erkennbar. So lehnt die Literatur eine Abzinsung von Geldleistungen (wie z. B. Jubiläumszuwendungen oder Gratifikationen) unter Berufung auf das Realisationsprinzip z. T. ab.[163] verdeckte Zinszahlungen

Sind Zinsanteile vereinbart, führt die Abzinsung mit jährlicher Anpassung des Barwertes zu einer periodengerechten Aufwandsvertei-

---

[162] Vgl. Baetge/Kirsch/Thiele, Bilanzen, S. 217 f.
[163] Vgl. Lüdenbach, IFRS, S. 242; Schmidt, Bilanztraining, S. 455 f.

lung (sachlicher und zeitlicher Abgrenzungsgrundsatz); eine Abzinsung des Erfüllungsbetrages ist geboten.

Bei ungewissen Verbindlichkeiten ist überwiegend kein verdeckter Zins enthalten (wie z. B. grundsätzlich bei ungewissen Sachleistungsverpflichtungen, Verpflichtungen aus Bürgschaften oder Schadensersatzleistungen, Rekultivierungsverpflichtungen, Gewährleistungsverpflichtungen, Umweltschutzverpflichtungen oder Rückstellungen für Steuern vom Einkommen und Ertrag).[164]

Demgegenüber sind gem. § 6 Abs. 1 Nr. 3 EStG in der **Steuerbilanz** unverzinsliche Verbindlichkeiten mit einer Restlaufzeit von mehr als einem Jahr schon jetzt mit einem Zinssatz von 5,5 % abzuzinsen. Als Laufzeit für Sachleistungsverpflichtungen gilt nach § 6 Abs. 1 Nr. 3 a Buchst. e EStG der Zeitraum bis zum Beginn der Erfüllung, es sei denn, dass gesonderte Zeiträume vorgeschrieben werden (wie z. B. für die Verpflichtung zur Stilllegung von Kernkraftwerken mit 25 Jahren). Ausgenommen von dem Abzinsungsgebot sind Verbindlichkeiten, die aus einer Anzahlung oder Vorauszahlung resultieren. Das Abzinsungsgebot gilt gem. § 6 Abs. 1 Nr. 3 a Buchst. e EStG auch für Rückstellungen mit einer Laufzeit von mindestens einem Jahr.

Beispiel:[165]

Das Unternehmen passiviert zum 31.12.t1 eine Rückstellung in Höhe von 100.000 €. Die Laufzeit beträgt voraussichtlich noch zwei Jahre.

Der Rückstellungsbetrag wird durch die Abzinsung der 100.000 € über 2 Jahre mit dem Abzinsungssatz von 5,5 % ermittelt.

Für das Beispiel ergibt sich somit der folgende Barwert:

$$K_0 = K_n \frac{1}{(1+i)^2}$$

K_0 = 100.000 € x 0,89845 = 89.845 €

Es ergibt sich ein Abzinsungsbetrag in Höhe von 10.155 €, der als Ertrag zu buchen ist.

Rückstellung 10.155 €

an Zinsertrag 10.155 €

---

[164] Vgl. Baetge/Kirsch/Thiele, Bilanzen, S. 219 f.

[165] Schmidt, Bilanztraining, S. 466 f.

Alternativ kann ein Vervielfältiger als Abzinsungsfaktor für die Abzinsung einer unverzinslichen Schuld nach § 12 Abs. 3 BewG herangezogen werden.

Bei einer Laufzeit von 2 Jahren lautet dieser 0,898 [= $(1 + 0.55)^{-2}$]. Es ergibt sich ein Barwert in Höhe von 89.000 €. Die bestehende Differenz von 845 € ist auf die Abrundung beim Abzinsungsfaktor zurückzuführen.

Das **BilMoG** führt zu einer Anpassung der handelsrechtlichen Abzinsungsvorschriften. So ist nach § 253 Abs. 2 HGB i. d. F. d. BilMoG-RegE eine generelle Abzinsungspflicht für Rückstellungen mit einer Restlaufzeit von über einem Jahr vorgeschrieben.

Nach dem BilMoG ist auch bei Verpflichtungen im Zusammenhang mit Pensionen oder Anwartschaften auf Pensionen mit einem von der Bundesbank vorgegebenen Marktzinssatz abzuzinsen. Nach § 253 Abs. 2 HGB i. d. F. d. BilMoG-RegE besteht hier ein Wahlrecht: Entweder es wird mit den für alle Rückstellungen geltenden Zinssätzen gerechnet, die bei Laufzeiten über einem Jahr unter Berücksichtigung der Restlaufzeiten der Rückstellungen bzw. der zugrunde liegenden Verpflichtungen die durchschnittlichen Marktzinssätze der letzten sieben Jahre verlangen, oder es wird pauschal mit dem durchschnittlichen Marktzinssatz, der sich bei einer angenommenen Laufzeit von 15 Jahren ergibt, gerechnet. Mit der Bildung der Durchschnittszinssätze über die letzten sieben Jahre soll eine Glättung der Zinsentwicklung erfolgen, sodass Änderungen, die erfolgswirksam als Zinsertrag- oder Zinsaufwand im Finanzergebnis auszuweisen sind, keine zu große GuV-Wirkung entfalten. Das aber scheint angesichts des Umfangs der Positionen fraglich. Zudem ist bislang im Gesetz nicht klar formuliert, ob auch der Durchschnittszinssatz für die Pensionsverpflichtungen über die letzten sieben Jahre zu ermitteln ist. Aus der Gesetzesbegründung kann das jedoch so verstanden werden.

Eine Saldierung mit Rückgriffsansprüchen ist unter bestimmten Voraussetzungen geboten. Das betrifft beispielsweise Rückgriffsansprüche gegenüber Lieferanten bei Gewährleistungsansprüchen. Wenngleich Rückgriffsansprüche als bedingte Forderungen nicht

Saldierung mit Rückgriffsansprüchen

aktivierungsfähig sind, ist ihre Saldierung mit dem ursprünglichen Erfüllungsbetrag zulässig. Voraussetzung ist

- ein unmittelbarer Zusammenhang zwischen Rückgriffsanspruch und drohender Inanspruchnahme,
- eine zwangsläufige Folge der Rückgriffsansprüche auf die Entstehung oder Erfüllung der Verbindlichkeit in rechtlich verbindlicher Weise und
- eine vollwertige Rückgriffsinanspruchnahme (der Rückgriffsschuldner verfügt über eine zweifelsfreie Bonität und bestreitet den Anspruch nicht).

Ein Saldierungsgebot besteht demnach nur, wenn die Ansprüche nahezu sicher sind.

In der Steuerbilanz müssen bei der Bewertung von Rückstellungen „künftige Vorteile, die mit der Erfüllung der Verpflichtung voraussichtlich verbunden sein werden" wertmindernd berücksichtigt werden, sofern keine Aktivierung als Forderung möglich ist.[166]

In den **Folgejahren** sind bei der Bewertung von Schulden die Bewertungsgrundsätze des § 252 Abs. 1 HGB zu beachten. Aus dem Imparitätsprinzip gem. § 252 Abs. 1 Nr. 4 2. HS HGB folgt zusammen mit dem Stichtagsprinzip gem. § 252 Abs. 1 Nr. 3 HGB das **Höchstwertprinzip** für die Bewertung von Schulden. Danach sind Schulden zum Bilanzstichtag mit einem höheren Wert anzusetzen, falls die Belastung am Bilanzstichtag höher bemessen wird als der ursprüngliche Erfüllungsbetrag. Ein unter dem ursprünglichen Einbuchungsbetrag liegender Wertansatz ist unzulässig. Nur wenn die Verpflichtung im Zeitablauf über den Einbuchungsbetrag hinaus bewertet wird, ist eine Minderung des Wertansatzes bis zur Höhe des erstmalig eingebuchten Erfüllungsbetrages erlaubt.[167]

Allerdings wird nach herkömmlicher Meinung zumindest für kurzfristige Schulden auch eine Stichtagsbetrachtung ohne Höchstwerttest für möglich gehalten und indirekt auch mit dem BilMoG in § 256 a HGB festgeschrieben.[168]

---

[166] Vgl. Baetge/Kirsch/Thiele, Bilanzen, S. 220 ff.
[167] Vgl. Baetge/Kirsch/Thiele, Bilanzen, S. 261 f.
[168] Vgl. RegE BilMoG, S. 134 f.

Beispiel: Währungsverbindlichkeiten

Von der US-amerikanischen Forro Corp. haben wir im November Waren erhalten; die Fakturierung ist auf Dollar-Basis erfolgt. Die Rechnung belief sich auf 20.000 $; am Tage der Lieferung liegt der Kurs bei 1,5 €. Das Zahlungsziel beträgt 6 Wochen und wird vollständig ausgenutzt.

In welcher Höhe ist die Verbindlichkeit am Abschlussstichtag zu buchen, wenn der Kurs am 31.12. auf

- 1,5 €,
- 1,6 €,
- 1,4 €,

lautet?

Lösung

Bei einem Kurs von 1,5 € ergeben sich keine Veränderungen, sodass der Anschaffungswert von 30.000 € bestehen bleibt.

Ein Kurs von 1,6 € bedeutet, dass der Stichtagskurs größer ist als der Anschaffungskurs. Das führt zu einer ergebnismindernden Zuschreibung (sonstiger betrieblicher Ertrag an Rückstellungen 2.000 €). Der Bilanzansatz liegt dann beim höheren Rückzahlungsbetrag/Tageskurs von 32.000 €

Bei einem Kurs von 1,4 € liegt der Stichtagskurs unter dem Anschaffungskurs, sodass ein schwebender Gewinn vorliegt. Ein schwebender Gewinn darf nach dem Imparitätsprinzip nicht abgebildet werden, sodass der Bilanzansatz weiter zum Anschaffungswert/Anschaffungskurs von 30.000 € erfolgt.

4.5 Änderungen nach dem BilMoG

Im Bereich der Bewertung ändern sich nach dem BilMoG einige zentrale Sachverhalte – insbesondere bezüglich der Aufweichung des Einzelbewertungsprinzips, der Regelung der Währungsumrechnung, der Definition der Herstellungskosten, der Abschaffung von Bewertungswahlrechten, der Einschränkung der Bewertungsvereinfachungsverfahren, der Aushöhlung des Anschaffungskostenobergrenzenprinzips sowie der Bewertung der Rückstellungen.

Nachdem die Grundsätze ordnungsmäßiger Buchführung seit einiger Zeit die Anwendung von Bewertungseinheiten trotz des Einzel-

Bewertungseinheiten

bewertungsgrundsatzes zulassen, folgt der Gesetzgeber dieser überaus sinnvollen Vorgehensweise und regelt sie in § 254 HGB i. d. F. d. BilMoG. Konkret geht es um das Problem, dass zusammengehörende Geschäfte (wie etwa eine Fremdwährungsforderung und ein korrespondierendes Devisentermingeschäft) nicht isoliert, sondern zusammen bewertet werden können. Die strenge Auslegung des Einzelbewertungsgrundsatzes hatte in Verbindung mit dem Imparitätsprinzip zur Folge, dass schwebende Verluste erfasst werden mussten, während schwebende Gewinne nicht erfasst werden durften. Damit war es möglich, dass trotz Vorliegen eines Absicherungsgeschäftes immer ein Verlust auszuweisen war.

Das kann nun verhindert werden, wobei auch hinter dieser vergleichsweise kurzen Regelung noch ein hoher Ausgestaltungsbedarf – mit hoher Wahrscheinlichkeit wieder unter Rückgriff auf die IFRS – besteht. So bedarf insbesondere die Antizipation der schwebenden Geschäfte und der „vorgesehenen Transaktionen" einer Klärung, was unabhängig vom konkreten Ergebnis das Vollständigkeitsgebot des Jahresabschlusses erweitern wird.

Herstellungskostenermittlung

Bei der Herstellungskostenermittlung erfolgt wie beschrieben eine Anpassung an steuerrechtliche Vorschriften und IFRS-Regelungen bzw. an den kostenrechnerischen Vollkostenbegriff.

Abwertungsund Zuschreibungswahlrechte

Die Abwertungs- und Zuschreibungswahlrechte, die schon bisher für Kapitalgesellschaften eingeschränkt waren, werden mit dem BilMoG auch für Personengesellschaften gänzlich gestrichen. Darüber hinaus kommt es noch zu weiteren Einschränkungen. Während die generelle Möglichkeit zur Wahl der Abschreibungsmethode bei der planmäßigen Verteilung der Anschaffungs- und Herstellungskosten auf die Nutzungsdauer bleibt, sind außerplanmäßige Abschreibungen nur noch auf einen niedrigeren beizulegenden Wert, den Zeitwert, möglich. Lediglich bei Finanzanlagen darf der Ansatz zum höheren Wert auch bei einer vermutlich nicht dauerhaften Wertminderung vorgenommen werden. Somit sind Abschreibungen auf nahe Zukunftswerte (§ 253 Abs. 3 S. 3 HGB a. F.) ebenso nicht mehr erlaubt, wie sog. Willkürabschreibungen im Rahmen vernünftiger kaufmännischer Beurteilung (§ 253 Abs. 4 HGB a. F.). Da die umgekehrte Maßgeblichkeit mit dem BilMoG fallen soll, wird künftig auch keine Übernahme steuerlicher Werte gem. § 254 HGB a. F. mehr möglich sein.

Darüber hinaus gilt ein allgemeines Zuschreibungsgebot, Ausnahmen bilden jedoch Geschäfts- oder Firmenwerte. Bei ihnen sind Zuschreibungen verboten, um die Aktivierung originärer Geschäftswerte zu verhindern.

Zuschreibungsgebot

Mit Aufhebung der Anschaffungskostenobergrenze für die Bewertung im Einzelabschluss wird mit dem BilMoG ein weiterer bisher geltender handelsrechtlicher Grundsatz untergraben. Konkret ist vorgesehen, dass zu Handelszwecken erworbene Finanzinstrumente erfolgswirksam, d. h. mit sofortiger Erfassung in der Gewinn- und Verlustrechnung, zum Zeitwert zu bilanzieren sind. Eine Besteuerung dieser schwebenden, nur als realisierbar klassifizierten Gewinne soll durch § 6 Abs. 1 Nr. 2 b EStG i. d. F. d. BilMog-RegE verhindert werden. Die zu Zeitwerten bilanzierten Vermögenswerte sind gem. § 253 Abs. 1 S. 4 HGB i. d. F. d. BilMoG-RegE jeweils als solche zu kennzeichnen. Hinsichtlich der Bewertung sind die im HGB bisher nur für Abwertungen gängigen Methoden heranzuziehen, sodass nicht nur Marktzeitwerte, sondern auch über Modelle hergeleitete Zeitwerte für die Bewertung in Betracht kommen.

zu Handelszwecken erworbene Finanzinstrumente

Ebenso werden die zur Verrechnung ausschließlich der Erfüllung von Altersversorgungsverpflichtungen und vergleichbaren langfristigen Verpflichtungen, die gegenüber Arbeitnehmern eingegangen wurden, dienenden Vermögensgegenstände, die mit den Pensionsverpflichtungen zu saldieren sind (§ 246 Abs. 2 HGB i. d. F. d. BilMoG-RegE), für die Berechnung zum Marktzeitwert zu bewerten.

Als zentrale Änderungen ist bei der Bewertung zu nennen, dass für die Bewertung der Pensionsverpflichtungen künftig Trendannahmen (Lohn-, Renten- und Personalentwicklungen) in die Bewertung einzubeziehen sind. Zudem gilt nach dem BilMoG eine Abzinsungspflicht für alle Rückstellungen mit einer Laufzeit von mehr als einem Jahr.

Änderungen ergeben sich mit § 256 a HGB i. d. F. d. BilMoG-RefE auch für die Währungsumrechnung. Demnach sind alle auf ausländische Währungen lautende Vermögensgegenstände und Schulden mit einer Restlaufzeit von über einem Jahr mit dem Devisenkassakurs umzurechnen.

Währungsumrechnung

4.6   Aufgaben und Lösungen

Aufgaben

Aufgabe 1: Herstellungskosten

Die folgenden Kostenwerte (pro Stück) der im Lager befindlichen MP3-Player sind bekannt. Ermitteln Sie die Herstellungskosten:

Lohnkosten der Herstellung	15,00 €
Anteilige Kosten Lizenzabgabe für Produktion des MP3-Players	0,15 €
Umgelegte Körperschaftssteuer	0,05 €
Platine mit Steuerelektronik	1,10 €
Umlage von Vertriebsgemeinkosten	0,75 €
Energiekosten	0,50 €
Gewinnaufschlag	2,20 €
Spezialaufsatz für eine Fräsmaschine, der nur zur Produktion des MP3-Players genutzt werden kann	0,20 €
Rohling des Plastikgehäuses	0,45 €
Sondereinzelkosten des Vertriebs für Verpackungsmaterial	0,75 €
Anteil Zinsen auf Eigenkapital	0,10 €
Vertriebskosten für die Werbekampagne zur Markteinführung des MP3-Players	1,10 €
Umlage Materialgemeinkosten	0,25 €
Anteilige Kosten des Personalbüros und des Rechnungswesens	1,30 €
Gemeinkosten der Fertigung	0,80 €

Aufgabe 2: Bewertung Umlaufvermögen

Das Unternehmen besitzt ein Aktienpaket, das zur Weiterveräußerung bestimmt ist. Der Kurs der Aktie beim Kauf betrug 4,50 €. Es befinden sich 1.500 Aktien im Bestand. Die Gebühren beim Kauf betrugen 150,00 €.

Mit welchem Wert werden die Aktien in den folgenden Fällen in der Bilanz angesetzt:

1. Kurswert der Aktie am Bilanzstichtag 6,00 €
2. Kurswert der Aktie am Bilanzstichtag 4,50 €

Lösungen

Lösung zu Aufgabe 1

Werte in €	Nach akt. HGB			Nach BilMoG	
	Pflicht	Wahl-recht	Verbot	Pflicht	Wahl-recht
Lohnkosten	15,00			15,00	
Lizenz	0,15			0,15	
Körperschaftsteuer			X		
Platine	1,10			1,10	
Vertriebsgemeinkosten			X		
Energie		0,50		**0,50**	
Gewinn			X		
Spezialaufsatz	0,20			0,20	
Rohling	0,45			0,45	
Sondereinzelkosten Vertrieb			X		
Zinsen auf EK			X		
Vertriebskosten Kampagne			X		
Materialgemeinkosten		0,25		**0,25**	
Personalbüro/ReWe		1,30			1,30
Gemeinkosten der Fertigung		0,80		**0,80**	
SUMME	16,90	2,85		18,45	1,30

Lösung zu Aufgabe 2

Anschaffungskosten des Aktienpaketes:

Kurswert Aktien	(1.500 x 4,50 € =)	6.750 €
+ Nebenkosten		150 €
= Anschaffungskosten		6.900 €
AK je Aktie	**(6.900 €/1.500 =)**	**4,60 €**

1. Kurswert der Aktien am Bilanzstichtag 6,00 €
   Der aktuelle Ansatz in Höhe der Anschaffungskosten (4,60 €) liegt unter dem aktuellen Kurswert der Aktie. Da jedoch noch die Anschaffungskostenobergrenze für die Bewertung gilt, erfolgt der Ansatz von
   4,60 € x 1.500 = 6.900 €

Nach dem BilMoG muss für den Fall, dass die Wertpapiere zu Handelszwecken erworben wurden, der beizulegende Wert herangezogen werden, d. h.

6,00 € x 1.500 = 9.000 €

2. Kurswert der Aktien am Bilanzstichtag: 4,50 €
   Der Kurswert der Aktie liegt unter dem Wertansatz in der Bilanz. Gemäß § 253 Abs. 3 HGB (strenges Niederstwertprinzip) besteht eine Abwertungspflicht:

   4,50 € x 1.500 = 6.750,00 €

Siehe CD-ROM

Hinweis:

Diese und weitere Aufgaben samt Lösungen finden Sie auf der beiliegenden CD-ROM.

5 Bilanzierung des Anlagevermögens

5.1 Strukturierung des Anlagevermögens

Unter der Position Anlagevermögen sind alle Vermögensgegenstände auszuweisen, die dazu bestimmt sind, dauernd dem Geschäftsbetrieb zu dienen (§ 247 Abs. 2 HGB). Ob Vermögensgegenstände im Anlagevermögen dargestellt werden, hängt deshalb konkret davon ab, ob die erstellen Vermögensgegenstände für den Verkauf an Kunden oder für die Eigennutzung im Unternehmen vorgesehen sind.

Die handelsrechtliche Gliederungsvorschrift des § 266 HGB unterscheidet drei Arten des Anlagevermögens:

- Immaterielle Vermögensgegenstände,
- Sachanlagen,
- Finanzanlagen.

Eine Strukturierung des Anlagevermögens kann wie folgt vorgenommen werden:

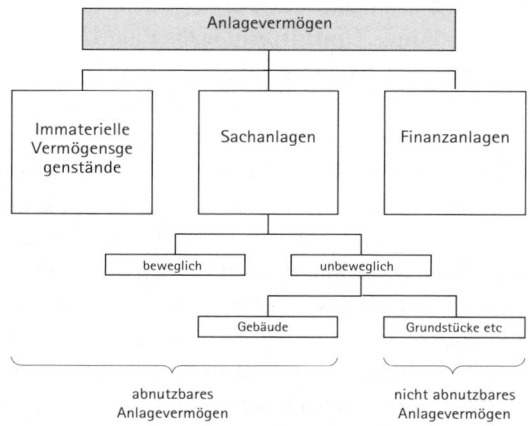

Abb. 5-1: Strukturierung des Anlagevermögens[169]

---

[169] Vgl. Coenenberg/Haller/Mattner/Schulze, Rechnungswesen, S. 349.

Im Folgenden werden neben den Abgrenzungsfragen Anlage- versus Umlaufvermögen, bewegliches versus unbewegliches Anlagevermögen sowie abnutzbares versus nicht abnutzbares Anlagevermögen für die immateriellen Anlagen, Sachanlagen und Finanzanlagen jeweils die Begrifflichkeiten und handelsrechtlichen Unterteilungen betrachtet. Zusätzlich zu speziellen Ansatzentscheidungen werden die verschiedenen möglichen Wertansätze je Kategorie des Anlagevermögens dargestellt.

- Zugangsbewertung:
  - Anschaffungs- oder Herstellungskosten (AHK)
- Folgebewertung/Wertfortschreibung:
  - planmäßige und/oder außerplanmäßige Abschreibung aufgrund handelsrechtlicher Bestimmungen
  - Wertreduzierung aufgrund steuerrechtlicher Vorschriften (umgekehrte Maßgeblichkeit) [nur für den Einzelabschluss relevant]
  - Zuschreibungen

Abgrenzung von Anlage- und Umlaufvermögen

Die Vermögensgegenstände werden in der Bilanz in die zwei Hauptgruppen Anlage- und Umlaufvermögen unterteilt. Nach § 247 Abs. 2 HGB gelten nur jene Gegenstände als **Anlagevermögen**, die dazu bestimmt sind, dauernd dem Geschäftsbetrieb zu dienen. Das Kriterium „dauernd" ist entscheidend für die Abgrenzung zwischen Anlage- und Umlaufvermögen. Maßgeblich ist hierbei die Häufigkeit der Nutzung über eine gewisse Zeit – i. d. R. mehr als ein Jahr. Während Anlagevermögen mehrmals im Betrieb genutzt werden kann, dient das Umlaufvermögen dem Betrieb nur einmal, indem es veräußert, verbraucht oder verwertet wird.[170] Erstere (AV) werden daher als Gebrauchs-, Letztere (UV) als Verbrauchsgüter bezeichnet. Nur selten ergibt sich die Zugehörigkeit zum Anlage- oder Umlaufvermögen erst aus dem betrieblichen Zweck. In Abhängigkeit vom betrieblichen Verwendungszweck können Vermögensgegenstände

---

[170] Vgl. BFH, Urt. v. 13.1.1972 V R 47/71, BStBl 1972 II, S. 744.

zunächst als Anlage- und später als Umlaufvermögen gelten. Das gilt beispielsweise für Vorführungs- bzw. Vorstellungsstücke, die zuerst dem Anlagevermögen und bei Verkauf dem Umlaufvermögen zuzurechnen sind.[171]

Entscheidend für die Zuordnung ist die Zweckbestimmung. Dienen Vermögensgegenstände zuerst dazu, den Kunden das Verkaufsprogramm vorzuführen und sie erst später zu verkaufen, sind sie während der Zeit der Verkaufsförderung dem Anlagevermögen zuzuordnen.[172]

Zweck-bestimmung

Beispiel[173]

Hanna Rasant betreibt eine Fahrschule und handelt mit Pkws. Sie kauft 10 neue Fahrzeuge. Zwei will sie nur als Fahrschulwagen verwenden, die Übrigen sollen weiterverkauft werden. Die zwei Fahrschulwagen werden von einer Werkstatt für Fahrschulzwecke umgerüstet.

Sind die Fahrzeuge dem Anlage- oder dem Umlaufvermögen zuzuordnen?

Lösung

Die zwei für Fahrschulzwecke bestimmten Fahrzeuge sind dem Anlagevermögen zuzuordnen. Sie werden durch Gebrauch im Unternehmen mehrmals genutzt; ihnen wird eine bestimmte Funktion im Unternehmen zugewiesen. Das objektive Merkmal der Umrüstung für Fahrschulzwecke ist zudem für die Zurechnung ursächlich.

Dagegen werden die zum Verkauf bestimmten Fahrzeuge nur einmal für betriebliche Zwecke durch Veräußerung genutzt. Sie sind deshalb dem Umlaufvermögen zuzuordnen.

Darüber hinaus ist das Kriterium „dauerhaft" nur zu Beginn der Nutzung entscheidend. Ein nahendes Ende der Nutzungsdauer führt nicht zu einer Umklassifikation.

---

[171] Vgl. Schmidt, Bilanztraining, S. 95 f.
[172] Vgl. BFH, Urt. v. 17.11.1981 VIII R 86/78, BStBl 1982 II, S. 344.
[173] Vgl. Schmidt, Bilanztraining, S. 97.

Abgrenzung bewegliches und unbewegliches Anlagevermögen

Eine Unterteilung in bewegliches und unbewegliches Anlagevermögen kommt nur für Sachanlagen in Betracht. Immaterielle Wirtschaftsgüter werden in der Steuerbilanz als unbeweglich angesehen (H 7.1 EStH); Finanzanlagen gelten demgegenüber grundsätzlich als beweglich.

bewegliche
Sachanlagen

Als Beispiele für bewegliche Sachanlagen sind zu nennen:

- Maschinen, maschinelle Anlagen und sonstige Betriebsvorrichtungen,
- Geschäftseinrichtungsgegenstände,
- Werkzeuge,
- Schiffe,

unbewegliche
Sachanlagen

Zu den unbeweglichen Sachanlagen gehören z. B.:

- Gebäude,
- selbstständig bewertbare Gebäudeteile (Ausnahme: Betriebsvorrichtungen),
- abnutzbare Bestandteile des Grund und Bodens.

Bewegliche Sachanlagen sind materielle Anlagen, die nicht im Nutzungs- oder Funktionszusammenhang mit Grund und Boden, Gebäuden, selbstständigen Gebäudeteilen oder Außenanlagen stehen.

Abgrenzung abnutzbares und nicht abnutzbares Anlagevermögen

Im Handelsrecht werden die Anlagevermögensgegenstände unterschieden in

- Vermögensgegenstände, deren Nutzung zeitlich begrenzt ist (§ 253 Abs. 2 S. 1 HGB) und
- Vermögensgegenstände, deren Nutzung nicht zeitlich begrenzt ist (§ 253 Abs. 2 S. 3 HGB).

Das Steuerrecht unterteilt das Anlagevermögen analog in

- Wirtschaftsgüter des Anlagevermögens, die der Abnutzung unterliegen (§ 6 Abs. 1 Nr. 1 EStG) und deren Absetzung sich nach der betriebsgewöhnlichen Nutzungsdauer bemisst (§ 7 Abs. 1 S. 2 EStG), und
- andere Wirtschaftsgüter des Anlagevermögens (§ 6 Abs. 1 Nr. 2 EStG).

Die Unterteilung des Anlagevermögens im Handels- und Steuerrecht in abnutzbare und nicht abnutzbare Anlagen entspricht dem Abgrenzungskriterium der zeitlichen Nutzungsbeschränkung. Die Zeitdauer der Nutzung wird vom technischen Verschleiß (materielles Anlagevermögen) oder von der wirtschaftlichen Abnutzung (materielles und immaterielles Anlagevermögen) bestimmt.
Die zeitliche Beschränkung besteht von vornherein, sodass die Nutzungsdauer bestimmbar ist. Die Bestimmung der Nutzungsdauer erfolgt durch Schätzung (z. B. auf der Basis betrieblicher Erfahrungen).
Für Finanzanlagen ist diese Unterteilung nicht relevant, weil sie nicht abnutzbar sind. In der Regel ist die Nutzung von immateriellen Anlagen auch zeitlich begrenzt. In einigen Fällen kann jedoch davon ausgegangen werden, dass formal zeitlich begrenzte Rechte immer wieder auf unbegrenzte Zeit verlängert werden, sodass faktisch eine Nicht-Abnutzbarkeit gegeben ist. Abnutzbarkeit und Nicht-Abnutzbarkeit können demnach bei materiellen und immateriellen Anlagen vorliegen.

Beispiel:[174]

- Abnutzbares Anlagevermögen:
  - Materielle Anlagen: Gebäude, Maschinen und Kraftfahrzeuge
  - Immaterielle Anlagen: Software und Patente
- Nicht abnutzbares Anlagevermögen:
  - Materielle Anlagen: Grund und Boden (es sei denn, es handelt sich um abnutzbare Grundstücke, z. B. Kiesgruben)
  - Immaterielle Anlagen: Verkehrs- und Transportkonzessionen

---

[174] Vgl. Schmidt, Bilanztraining, S. 102 f.

5.2 Immaterielles Anlagevermögen

Abgrenzung materielles und immaterielles Anlagevermögen

Die Abgrenzung der materiellen von den immateriellen Vermögensgegenständen ist in bestimmten Fällen schwierig. Dieses Problem ergibt sich vor allem, weil viele Vermögensgegenstände aus körperlicher und körperloser Substanz bestehen und häufig immaterielle Komponenten in materielle Vermögenswerte integriert sind (**funktionale Einheit**) – so z. B. die Steuerungssoftware von Maschinen oder das Betriebssystem eines Computers. Für die Zuordnung ist, wenn ein Gut beide Merkmale erfüllt, vor allem die Wertrelation ausschlaggebend. Falls die immaterielle Komponente ein integraler, unverzichtbarer Bestandteil eines materiellen Vermögenswertes ist – z. B. die Softwarekomponenten von Maschinen (Systemsteuerungssoftware) oder EDV-Anlagen (Betriebssoftware) –, handelt es sich um Sachanlagen, es sei denn, die Softwarekomponenten, sind beliebig austauschbar. Bei Austauschbarkeit liegt ein separater immaterieller Vermögenswert vor.

Grundsätzlich sind Vermögensgegenstände, die zugleich aus immateriellen und materiellen Komponenten bestehen, immer dann den immateriellen Gütern zuzuordnen, wenn die materiellen Komponenten nur eine untergeordnete Bedeutung haben und vornehmlich Transport-Dokumentations-, Speicherungs- und Lagerungszwecken dienen. Das ist etwa bei Mastertonträgern und Masterfilmen, die nicht für den massenhaften Vertrieb bestimmt sind, der Fall. Auch bei Computersoftware überwiegt i. d. R. der Programminhalt gegenüber dem Materialwert des Programmträgers, sodass es sich hierbei i. d. R. um immaterielle Güter handelt, obwohl sie auf einem Datenträger gespeichert und somit physisch greifbar sind. Allerdings sind Güter für den allgemeinen Vertrieb von Filmkopien oder Tonträgerkopien ebenso wie andere Trägermedien mit Datenbeständen, die allgemein bekannt und jedermann zugänglich sind, als materielle Güter zu qualifizieren.

Darüber hinaus werden Ausgaben für immaterielle Komponenten getätigt, die in **unmittelbarem Zusammenhang mit der Herstellung bzw. Beschaffung und der nachfolgenden Nutzung einer bestimmten Sachanlage** stehen. Hierbei handelt es sich um Herstellungskosten oder Anschaffungsnebenkosten, die als Sachanlagevermögen zu aktivieren sind. Beispiele sind Lizenzen und Konzessionen zum Betrieb einer Anlage, kommunale Beiträge oder Baugenehmigungen.[175]

Außerdem stehen bestimmte, vom Charakter her immaterielle Rechte oder Werte (wie z. B. das Erbbaurecht oder das wirtschaftliche Eigentum an Sachen) **in einem engen Bezug zum Sachanlagevermögen.** Diese immateriellen Rechte oder Werte sind dem Sachanlagevermögen zuzuordnen. Das geht auch aus dem Titel der Gliederungsvorschrift des § 266 Abs. 2 A. II. 1 HGB. „Grundstücke, grundstücksgleiche Rechte und Bauten …" hervor.[176]

Begriff und Unterteilung des immateriellen Anlagevermögens

Zu den immateriellen Vermögensgegenständen zählen alle Vermögensgegenstände, die keine physische Substanz haben und auch nicht monetär sind. Immaterielle Vermögensgegenstände gelten in Abgrenzung zu materiellen Anlagen als substanzlos und räumlich nicht abgrenzbar. Sie sind deshalb schwer fassbar. Im Unterschied zu Finanzanlagen sind immaterielle Anlagen obendrein nicht monetär. Eine Definition wird z. B. in DRS 12 vorgenommen. DRS 12.7 definiert immaterielle Vermögenswerte als „identifizierbare, in der Verfügungsmacht des Unternehmens stehende, nicht-monetäre Vermögenswerte ohne physische Substanz, welche für die Herstellung von Produkten oder das Erbringen von Dienstleistungen, die entgeltliche Überlassung an Dritte oder für die eigene Nutzung verwendet werden können." Sie zählen dann zum Anlagevermögen,

---

[175] Vgl. Wulf, Immaterielle Vermögenswerte, S. 21 f.
[176] Vgl. Ellrott/Schmidt-Wendt, in: Beck'scher Bilanzkommentar, § 247 HGB, Rn. 457.

wenn sie dazu bestimmt sind, dauernd dem Betrieb zu dienen (§ 247 Abs. 2 HGB).

Entsprechend dem Gliederungsschema des § 266 Abs. 2 A. I. wird handelsrechtlich zwischen drei Arten von immateriellen Anlagen unterschieden:

- Konzessionen, gewerbliche Schutzrechte und ähnliche Rechte und Werte sowie Lizenzen an solchen Rechten und Werten,
- Geschäfts- oder Firmenwerte,
- geleistete Anzahlungen.

Mit dem BilMoG wird der erste Punkt zukünftig weiter unterteilt in

- selbst geschaffene gewerbliche Schutzrechte und ähnliche Rechte und Werte sowie
- entgeltlich erworbene Konzessionen, gewerbliche Schutzrechte und ähnliche Rechte und Werte sowie Lizenzen an solchen Rechten und Werten.

Konzessionen Konzessionen sind befristete Genehmigungen einer öffentlichen Behörde zur Ausübung einer wirtschaftlichen Tätigkeit. Dazu zählen u. a. Betriebs- und Versorgungsrechte von Energieversorgungsunternehmen, Fischereirechte, Wege- und Wassernutzungsrechte, Lkw- und Taxi-Konzessionen, Güterfernverkehrsgenehmigungen sowie Schankkonzessionen.

gewerbliche Schutzrechte Unter gewerblichen Schutzrechten versteht man Rechte, die die technisch verwertbare geistige Leistung rechtlich schützen (z. B. Patente, Marken, Warenzeichen, Gebrauchsmuster, Geschmacksmuster sowie Urheber- und Verlagsrechte).

ähnliche Rechte Ähnliche Rechte sind die Rechte, die weder unter Konzessionen noch unter gewerblichen Schutzrechten subsumiert werden können. Beispiele sind Bezugsrechte und Nießbrauchrechte wie auch Transferentschädigungen von Fußballspielern.

wirtschaftliche Werte Wirtschaftliche Werte gelten ebenso wie Rechte als identifizierbare Vermögenswerte; sie sind jedoch abgrenzbar sowie grundsätzlich einzeln verwertbar und können deshalb Gegenstände von Rechtsgeschäften sein. Wirtschaftliche Werte sind aber weder rechtlich noch vertraglich geschützt. Dazu zählen beispielsweise ungeschützte Erfindungen, geheime Produktionsverfahren, Rezepte, ungeschützte Prototypen oder ungeschützte Computersoftware.[177]

Eine Lizenz ist eine Berechtigung, das Recht eines anderen gegen Entgelt auf vertraglicher Basis zu nutzen. In aller Regel werden Lizenzverträge über Patente und gewerbliche Schutzrechte abgeschlossen; möglich sind Lizenzverträge aber auch bei ähnlichen Rechten und Werten.

Lizenzen

Der Geschäfts- oder Firmenwert stellt ein Wertekonglomerat dar, das zahlreiche wirtschaftliche Wertkomponenten enthält (z. B. Know-how der Mitarbeiter, Kundenstamm, Wettbewerbsvorteile, Managementqualität oder Forschungs- und Entwicklungsaktivitäten). Während der originäre Geschäfts- oder Firmenwert im Laufe der Unternehmenstätigkeit durch unternehmensinterne Maßnahmen zum Aufbau der zuvor genannten Wertkomponenten entsteht, ergibt sich der derivative Geschäfts- oder Firmenwert aus dem Unterschiedsbetrag zwischen dem Kaufpreis eines Unternehmens und dem Wert seines Nettovermögens (Vermögensgegenstände abzgl. Schulden oder Eigenkapital). Lediglich der derivative Geschäfts- oder Firmenwert ist ansatzfähig und innerhalb des immateriellen Anlagevermögens auszuweisen.

Geschäfts- oder Firmenwert

Als geleistete Anzahlungen werden erfolgte Zahlungen des Unternehmens ausgewiesen, die aus abgeschlossenen Verträgen resultieren. Ausgenommen hiervon sind Zahlungen, die sich auf immaterielle Vermögensgegenstände beziehen (z. B. Zahlungen auf Basis von Lizenzverträgen).

geleistete Anzahlungen

Mit dem BilMoG sind ab 2009 auch selbst geschaffene gewerbliche Schutzrechte und ähnliche Rechte und Pflichten mit aufzunehmen. Das hängt mit der Streichung des in § 248 Abs. 2 HGB verankerten Verbots zur Aktivierung selbst geschaffener immaterieller Vermögensgegenstände zusammen, das durch die explizite Benennung von Bilanzierungsverboten ersetzt wurde. Ansatzverboten sind neben Aufwendungen für die Gründung eines Unternehmens, für die Beschaffung des Eigenkapitals und für den Abschluss von Versicherungsverträgen demnach auch (weiterhin) nicht entgeltlich erworbene Marken, Drucktitel, Verlagsrechte, Kundenlisten oder ver-

selbst geschaffene immaterielle Vermögensgegenstände

---

[177] Vgl. Baetge/Kirsch/Thiele, Bilanzen, S. 295 f.

gleichbare immaterielle Vermögensgegenstände des Anlagevermögens.

Handelsrechtlich besteht gemäß dem Vollständigkeitsgebot des § 246 Abs. 1 HGB eine Aktivierungspflicht für alle Vermögensgegenstände. Dieses Vollständigkeitsgebot wird für immaterielles Anlagevermögen eingeschränkt. **Ansatzpflichtig** sind bis zur Anwendung des BilMoG nur alle **entgeltlich erworbenen** immateriellen Anlagen. Diese eingeschränkte Ansatzpflicht ergibt sich aus § 248 Abs. 2 HGB a. F., der für alle **nicht entgeltlich erworbenen** immateriellen Anlagen ein **Aktivierungsverbot** vorschreibt und der – wie oben beschrieben – durch das BilMoG verändert wird. Das Ansatzverbot bezieht sich demnach auf alle Geschäftsjahre bis einschließlich 2008 und wird erst ab 2009 genauer spezifiziert.

Selbst erstelltes immaterielles Anlagevermögen

„Für immaterielle Vermögensgegenstände des Anlagevermögens, die nicht entgeltlich erworben wurden, darf ein Aktivposten nicht angesetzt werden" (§ 248 Abs. 2 HGB a. F.). Historisch beruht dieses Ansatzverbot auf der Annahme, dass selbst erstellten immateriellen Werten häufig nur schwierig ein objektiver, intersubjektiv nachprüfbarer Wert beigemessen werden kann und das Handelsrecht stark vom Vorsichtsprinzip geprägt ist. Aufgrund der steigenden Bedeutung der selbst erstellten immateriellen Vermögenswerte im heutigen Wissens- und Technologiezeitalter ist diese Regelung reformbedürftig, weil sie häufig zu einer Verzerrung des den tatsächlichen Verhältnissen entsprechenden Bildes der Vermögens-, Finanz- und Ertragslage von Unternehmen beiträgt.[178]

Erwerb
Als Voraussetzung für eine Aktivierung muss zum einen eine selbstständige Verkehrsfähigkeit des Vermögensgegenstandes (Erwerb) vorliegen. Zum anderen muss der Erwerb bis zur Gültigkeit des BilMoG entgeltlich erfolgen. Unter Erwerb ist die Übertragung des wirtschaftlichen Eigentums an einem immateriellen Vermögensgegenstand von einem Dritten auf das erwerbende Unternehmen zu verstehen. Die Übertragung kann als Kauf, Tausch, Werkvertrag, im

---

[178] Vgl. Coenenberg/Haller/Mattner/Schulze, Rechnungswesen, S. 358.

Rahmen eines gesellschaftsrechtlichen Einlagerungsvorganges oder durch Schenkung erfolgen. Ein Erwerb liegt auch vor, wenn der immaterielle Vermögensgegenstand erst mit der Übertragung entsteht (z. B. bei der Einräumung von Rechten).[179]

Ein entgeltlicher Erwerb liegt vor, wenn sich die Gegenleistung für eine erworbene Immaterialanlage direkt auf die Immaterialanlage bezieht und einen objektiv feststellbaren Wert hat, der den Wertvorstellungen der betroffenen Geschäftspartner entspricht. Das Entgelt muss einmalig gezahlt werden, weil es sich andernfalls um ein Miet- oder ein Pachtverhältnisse handeln würde. *entgeltlicher Erwerb*

Bei einem Kauf ist grundsätzlich von einem entgeltlichen Erwerb auszugehen. Es muss aber ein Erwerb von einem Dritten vorliegen. Bei einem Erwerb von einem verbundenen Unternehmen werden besondere Anforderungen an die Objektivität gestellt. Eine Aktivierung ist nur geboten, wenn das verkaufende verbundene Unternehmen das immaterielle Anlagegut entgeltlich von einem Konzernfremden erworben hat. *Kauf*

Bei einem Tausch wird ein anderer Vermögensgegenstand als Gegenleistung hingegeben. Eine Aktivierung ist bei der Hingabe von Sachanlagen geboten. Wird ein anderer selbst erstellter immaterieller Vermögensgegenstand hingegeben, ist eine Bewertung problematisch. Dennoch ist eine Aktivierung geboten, weil die Werthaltigkeit mit dem Tauschgeschäft nachgewiesen wurde. *Tausch*

Entsteht ein immaterieller Vermögensgegenstand über einen Werkvertrag, liegt ein entgeltlicher Erwerb vor und es besteht eine Ansatzpflicht. Das betrifft z. B. das Erstellen einer Software per Werkvertrag. *Werkvertrag*

Immaterielles Anlagevermögen kann von den Gesellschaftern auch offen als Sacheinlage in die Gesellschaft gegen die Gewährung von Gesellschaftsanteilen eingebracht werden. Handelsrechtlich liegt ein entgeltlicher Erwerb aus Vorsichtsgründen vor, wenn im Rahmen des Einbringungsvorgangs ein Wert für die eingebrachten immateriellen Anlagegüter festgesetzt wurde.[180] Steuerrechtlich ist die Einla- *Sacheinlage*

---

[179] Vgl. Budde/Karig, in: Beck'scher Bilanzkommentar, § 248 HGB, Rn. 9–14.
[180] Vgl. Ellrott/Schmidt-Wendt, in: Beck'scher Bilanzkommentar, § 247 HGB, Rn. 394.

ge eines immateriellen Wirtschaftsgutes einem entgeltlichen Erwerb gleichgestellt (R 4.3 Abs. 1, R 5.5 Abs. 2 S. 1 EStR). Auch nach Rechtsprechung des BFH werden Einlagen immaterieller Anlagegegenstände als entgeltlicher Erwerb behandelt und sind grundsätzlich mit ihrem Teilwert anzusetzen.[181]

Schenkung Bei einer Schenkung handelt es sich nicht um einen entgeltlichen Erwerb, weil keine objektiv feststellbare Gegenleistung erbracht wird. Nur für den Fall, dass eine zweckgebundene Schenkung erfolgt, kann von einem entgeltlichen Erwerb ausgegangen werden. Das ist der Fall, wenn ein Dritter dem Begünstigten zweckgebunden ein Entgelt für den Erwerb eines bestimmten immateriellen Vermögensgegenstandes geschenkt hat.[182]

Beispiel:[183]

Ein Mitarbeiter der Entwicklungsabteilung eines Unternehmens hat eine Erfindung gemacht. Hierfür zahlt ihm das Unternehmen nach dem Gesetz über Arbeitnehmererfindungen vom 25.07.1957 (BGBl I, S. 756) eine angemessene Vergütung. Das Unternehmen trägt zur Erlangung des Patents die Kosten für den Patentanwalt und die Patentgebühren.

Können die Zahlungen an den Arbeitnehmer und die Zahlungen zur Erlangung des Patents als Entgelt für den Erwerb eines immateriellen Anlagevermögens aktiviert werden?

Lösung

Die Zahlung an den Arbeitnehmer als Erfindervergütung ist ein Entgelt für den Erwerb eines immateriellen Anlagevermögens. Da unterstellt wird, dass die Vergütung vom Wert der Erfindung für das Unternehmen abhängt, liegt ein entgeltlicher Erwerb vor.

Die Zahlung der Honorare an Patentanwälte und die zu entrichtenden Patentgebühren beziehen sich nicht auf den Erwerb des Patents als immaterielles Anlagevermögen. Ein Patent ist nur ein staatlicher Schutz einer Erfindung. Die Erfindung ist das immaterielle Anlagegut. Honorare an Patentanwälte und Patentgebühren können also nicht

---

[181] Vgl. BFH, Urt. v. 22.1.1980 VIII R 74/77, BStBl 1980, S. 244.
[182] Vgl. Baetge/Kirsch/Thiele, Bilanzen, S. 301.
[183] Vgl. Schmidt, Bilanztraining, S. 98 f.

als Entgelte für den Erwerb von immateriellen Anlagevermögensgegenständen aktiviert werden.[184]

Mit dem BilMoG sind ab 2009 auch selbst geschaffene gewerbliche Schutzrechte und ähnliche Rechte und Pflichten ansatzpflichtig, wobei gemäß § 248 HGB i. d. F. d. BilMoG bestimmte denkbare Vermögensgegenstände mit einem Aktivierungsverbot belegt werden. Durch eine Konkretisierung in § 255 Abs. 2 a i. d. F. d. BilMoG macht die Bundesregierung zudem deutlich, dass insbesondere Entwicklungskosten zu aktivieren sind, wohingegen Forschungskosten weiterhin nicht aktiviert werden dürfen. Als Entwicklung gilt in Anlehnung an die IFRS die Anwendung von Forschungsergebnissen oder die Weiterentwicklung von Gütern oder Verfahren mittels wesentlicher Änderungen. Dagegen ist Forschung eine eigenständige und planmäßige Suche nach neuen wissenschaftlichen oder technischen Erkenntnissen oder Erfahrungen allgemeiner Art, über deren technische Verwertbarkeit und wirtschaftliche Erfolgsaussichten grundsätzlich keine Aussagen gemacht werden können. Mit der Übernahme dieser Regelung aus den IFRS wird die Abbildung des Unternehmens auch nach dem HGB zutreffender, weil der zunehmenden Bedeutung immaterieller Vermögenswerte Rechnung getragen wird.[185] Zudem ist der Zugang zum Unternehmen auch bei anderen Vermögenswerten (wie etwa Maschinen) für den Bilanzansatz nicht entscheidend. Dennoch geht eine Aktivierung selbst geschaffener immaterieller Anlagen aufgrund der damit verbundenen Ungewissheit grundsätzlich zulasten der Verlässlichkeit der Unternehmensabbildung im Jahresabschluss, weil hier im Unterschied zu den erworbenen Vermögenswerten größere Einschätzungsspielräume vermuten werden können. Allerdings werden die noch zu entwickelnden Ansatzkriterien, die sich, wenngleich am handelsrechtlichen Vermögensbegriff und damit an der Einzelverwertbarkeit festgehalten wird, stark am IAS 38 orientieren dürften,[186] dafür sorgen, dass künftig nicht in großem Umfang selbst geschaffenes imma-

Entwicklungskosten

---

[184] Vgl. Schmidt, Bilanztraining, S. 98 f.
[185] Vgl. Kußmaul, in: Federmann/Kußmaul/Müller (Hrsg.), HdB, Beitrag 73, Immaterielles Vermögen.
[186] Vgl. z. B. Empfehlungen des AK, Immaterielle Werte der SG, S. 989–992.

terielles Vermögen aktiviert wird. So ergibt eine aktuelle empirische Untersuchung deutscher IFRS-Konzernabschlüsse, dass lediglich 65 % der DAX-Unternehmen und 33 % der MDAX- und SDAX-Unternehmen explizit selbst erstellte immaterielle Vermögenswerte (i. d. R. Entwicklungskosten und Software) ansetzen.[187] Dagegen können etwa die forschungsintensiven Pharmaunternehmen aufgrund der strengen Kriterien nur in sehr geringem Maße Entwicklungskosten ansetzen.

Steuerrechtlich werden die Aufwendungen aber nach wie vor **voll abzugsfähig** bleiben, sodass hier die Maßgeblichkeit durch die spezielle Regelung in § 5 Abs. 2 EStG nicht wirkt. Durch die Aktivierung selbst geschaffener immaterieller Vermögensgegenstände wird das HGB-Jahresergebnis höher ausgewiesen als bei der Aufwandsverrechnung zuvor. Um die aus der Aktivierung resultierenden Erträge vor der Ausschüttung zu bewahren, wurde aus Gründen des Gläubigerschutzes eine Ausschüttungssperre geschaffen. Gemäß § 268 Abs. 8 HGB i. d. F. des BilMoG dürfen Ausschüttungen nur durchgeführt werden, wenn nach der Ausschüttung eine jederzeit auflösbare Gewinnrücklage verbleibt, die nach Verrechnung mit den Gewinn- oder Verlustvorträgen mindestens die angesetzten selbst geschaffenen Vermögenswerte und aktiven latenten Steuern deckt.

Bewertung des immateriellen Anlagevermögens

Zugangs-
bewertung

Als Zugangsbewertung kommen für das immaterielle Anlagevermögen bis zur Gültigkeit des BilMoG nur die Anschaffungskosten gemäß § 255 Abs. 1 HGB i. V. m. § 53 Abs. 1 S. 1 HGB in Betracht. Die Herstellungskosten finden aufgrund des bis dahin geltenden Aktivierungsverbotes selbst erstellter immaterieller Anlagen keine Anwendung. Erst ab 2009 sind auch Herstellungskosten für die anzusetzenden selbst geschaffenen immateriellen Vermögensgegenstände relevant.

Folgebewertung

Bei der Folgebewertung ist das immaterielle Anlagevermögen zum Geschäftsjahresschluss mit den fortgeführten Anschaffungs- und Herstellungskosten zu bewerten. Die fortgeführten Anschaffungs-

---

[187] Vgl. Wulf, Immaterielle Vermögenswerte, IBP 2, S. 143.

kosten umfassen die ursprünglichen Anschaffungs- und Herstellungskosten abzüglich planmäßiger und ggf. außerplanmäßiger Abschreibungen zuzüglich ggf. zu berücksichtigender Zuschreibungen. In der Regel ist das immaterielle Anlagevermögen zeitlich in der Nutzung begrenzt, sodass die Wertminderung über eine planmäßige Abschreibung zu erfassen ist. Es gibt Fälle, in denen damit gerechnet wird, dass formal zeitlich begrenzte Rechte immer wieder auf unbegrenzte Zeit verlängert werden (wie z. B. bei Verkehrs- oder Transportkonzessionen). In diesen Fällen darf keine planmäßige Abschreibung erfolgen, weil ihre Nutzung als zeitlich unbegrenzt gilt.[188]

Die planmäßige Abschreibung richtet sich nach wirtschaftlichen oder rechtlichen Faktoren. Häufig wird die planmäßige Abschreibung nach der Laufzeit eines erworbenen Rechts bemessen (z. B. nach der Laufzeit eines Lizenzvertrages oder dem Nutzungszeitraum eines Patents). So erlischt ein Geschmacksmusterrecht nach drei oder höchstens 15 Jahren (§ 8 GeschmMG) bzw. ein Patent 20 Jahre nach der Anmeldung (§ 16 PatG). Tatsächlich kann die wirtschaftliche Nutzungsdauer erheblich kürzer sein als die gesetzlichen Fristen. Das ist vor allem bei Patenten in Bereichen schnell fortschreitender Entwicklungen der Fall. In diesen Fällen bestimmt die kürzere wirtschaftliche Nutzungsdauer die relevante Abschreibungsdauer. Für Patente kann in manchen Fällen eine Nutzungsdauer von drei bis fünf Jahren sachgerecht sein.[189] Grundsätzlich ist die wirtschaftliche Nutzungsdauer aufgrund der Unsicherheit des künftigen Nutzenzuflusses vorsichtig zu schätzen. *(planmäßige Abschreibung)*

Die ab 2009 anzusetzenden Entwicklungskosten sind verteilt über den Lebenszyklus des entwickelten Produktes abzuschreiben.

Als Abschreibungsmethode kommt i. d. R. die lineare Abschreibung und ggf. die degressive Abschreibung zur Anwendung. Die degressive Abschreibung[190] ist z. B. bei Filmrechten, die einer schnellen zeitlichen Entwertung unterliegen, sinnvoll. Steuerrechtlich ist die *(Abschreibungsmethode)*

---

[188] Vgl. Baetge/Kirsch/Thiele, Bilanzen, S. 301 f.

[189] Vgl. Hyos/Schramm/Ring, in: Beck, Bilanz-Kommentar, § 253 HGB, Rn. 320.

[190] Diese Abschreibungsmethode entfällt in der Steuerbilanz für nach dem 31.12.2007 zugegangene Wirtschaftsgüter

degressive Abschreibung für immaterielles Anlagevermögen nicht zulässig. Die Abschreibung erfolgt zeitanteilig auf Monatsbasis.

Sofort-abschreibung

Die Sofortabschreibung geringwertiger Wirtschaftsgüter darf auf immaterielles Anlagevermögen nicht angewendet werden, weil die geforderten Merkmale – bewegliches/unbewegliches abnutzbares Anlagevermögen – nicht zutreffen.[191] Eine Sofortabschreibung auf Computerprogramme, deren Anschaffungskosten maximal 150 € betragen, ist aus Vereinfachungsgründen zulässig (geänderter § 6 Abs. 2 EStG, gültig ab 01.01.2008).

Außerplan-mäßige Ab-schreibungen

Zusätzlich können außerplanmäßige Abschreibungen auf immaterielle Anlagen notwendig werden. Eine außerplanmäßige Abschreibung ist vorzunehmen, wenn z. B. innovativere Neuprodukte durch Konkurrenten eingeführt werden und aktivierte Lizenzen somit an Wert verlieren oder eine Exploration bei entgeltlich erworbenen Bohrkonzessionen fehlgeschlagen ist.[192]

Für immaterielle Anlagen gilt gem. § 253 Abs. 2 S. 3 HGB noch das gemilderte Niederstwertprinzip. Bei vorübergehender Wertminderung darf eine außerplanmäßige Abschreibung vorgenommen werden (Abwertungswahlrecht). Nur bei voraussichtlich dauernder Wertminderung ist eine außerplanmäßige Abschreibung geboten. Das Abwertungswahlrecht darf von Kapitalgesellschaften gem. § 279 Abs. 1 S. 2 HGB nicht genutzt werden und wird mit dem BilMoG ab 2009 ganz gestrichen. Beim Wegfall des Grundes für die außerplanmäßige Abschreibung ist ggf. eine Zuschreibung erforderlich.

Handelsrechtliche Bewertungsvereinfachungsverfahren kommen bei immateriellen Anlagen nicht zur Anwendung. Die Bewertung der immateriellen Wirtschaftsgüter in der Steuerbilanz entspricht aufgrund des Maßgeblichkeitsprinzips der Bewertung in der Handelsbilanz. Unterschiede können sich jedoch insofern ergeben, als steuerrechtlich nur die lineare Abschreibung auf immaterielle Anlagen erlaubt ist (§ 6 Abs. 1 Nr. 1 und § 7 Abs. 1 S. 1 EStG). Zudem ist auch zukünftig kein Ansatz selbst geschaffener Vermögensgegenstände in der Steuerbilanz möglich.

---

[191] Vgl. Berger/Ring, in: Beck, Bilanz-Kommentar, § 253 HGB, Rn. 323.
[192] Vgl. Coenenberg/Haller/Mattner/Schulze, Rechnungswesen, S. 359.

Derivativer Geschäfts- oder Firmenwert

Nach § 255 Abs. 4 HGB a. F. darf als Geschäfts- oder Firmenwert „der Unterschiedsbetrag angesetzt werden, um den die für die Übernahme des Unternehmens bewirkte Gegenleistung den Wert der einzelnen Vermögensgegenstände des Unternehmens abzüglich der Schulden im Zeitpunkt der Übernahme übersteigt." Diese Regelung bedingt ein **Aktivierungswahlrecht** für den derivativen Geschäfts- oder Firmenwert. Damit ist derzeit auch noch eine Teilaktivierung zulässig. Mit dem BilMoG wird der entgeltlich erworbene Geschäfts- oder Firmenwert nach § 246 Abs. 1 S. 2 HGB i. d. F. d. BilMoG jedoch als Vermögensgegenstand angesehen und wird ab 2009 **bilanzierungspflichtig**.

Der Geschäfts- oder Firmenwert entspricht den Gewinnaussichten, die in geschäftswertbildenden Faktoren verkörpert sind. Er drückt einerseits die im Rahmen des Unternehmenszusammenschlusses nicht bilanzierungsfähigen Werte (wie z. B. die Güte der Organisation, des Kundenstamms, das Know-how der Mitarbeiter oder die Managementqualität) aus. Andererseits enthält er synergetische Wertbestandteile, die den Kaufpreis beeinflusst haben.[193] Probleme können sich bei der Abgrenzung zwischen dem derivativen Geschäfts- oder Firmenwert nach § 255 Abs. 4 S. 1 HGB a. F. und dem übernommenen zu aktivierenden immateriellen Anlagevermögen ergeben. Als Entscheidungskriterium für eine selbstständige Aktivierung einzelner immaterieller Anlagen gilt die selbstständige Verwertbarkeit.

---

[193] Vgl. Thiele/Kahling, in: Baetge/Kirsch/Thiele: Bilanzrecht-Kommentar, § 255 HGB, Rn. 234.

Beispiel:[194]

Die Contest KG zahlt einen Gesamtpreis für die Übernahme eines Unternehmens. Ein Teilbetrag des Kaufvertrages entfällt auf ein Wettbewerbsverbot.

a) Es ist davon auszugehen, dass der Veräußerer nicht mehr unternehmerisch tätig sein wird.

b) Der Veräußerer hat die Möglichkeit, ein gleiches Unternehmen wieder zu gründen. Das Wettbewerbsverbot ist
   – befristet
   – unbefristet

c) Die Contest KG hat das Unternehmen erworben, um es sofort stillzulegen. Es ist nicht damit zu rechnen, dass der Veräußerer wieder unternehmerisch tätig sein wird.

Wie ist das Entgelt für das Wettbewerbsverbot bilanziell zu behandeln?

Lösung

zu a):

Nach der Übernahme des Unternehmens durch die Contest KG ist das Unternehmen für die Contest KG kein Konkurrent mehr. Die Verpflichtung des Veräußerers im Kaufvertrag, auf weiteren Wettbewerb zu verzichten, bedeutet nicht mehr als sich ohnehin aus der Übertragung ergibt. Das Wettbewerbsverbot gilt als geschäftswertbildender Faktor; es ist nicht als eigenständiger immaterieller Vermögensgegenstand zu aktivieren und geht im Geschäfts- oder Firmenwert unter.

zu b):

Wenn der Veräußerer die Möglichkeit hat, ein gleiches Unternehmen wieder zu gründen, und so wieder mit der Contest KG in Wettbewerb treten kann, kommt dem vereinbarten Wettbewerbsverbot eine wirtschaftliche Bedeutung zu. Das Wettbewerbsverbot ist als immaterieller Vermögensgegenstand des Anlagevermögens zu aktivieren (BFH, Urt. v. 26.07.1972 I R 146/70, BStBl 1972 II, S. 937). Bei einer Befristung ist eine Abschreibung über die vereinbarte Frist vorzunehmen (BFH, Urt. v. 14.02.1973 IR 89/71, BStBl 1973 II, S. 580). Erfolgt keine Befristung, erlischt das Wettbewerbsverbot im Zweifel mit dem Tod des Verpflichteten und muss deshalb auf seine geschätzte Lebensdauer abgeschrieben werden (BFH, Urt. v. 25.01.1979 IV R 21/75, BStBl 1979 II, S. 369).

---

[194] Vgl. Schmidt, Bilanztraining, S. 241 f.

zu c):

Ist eine sofortige Stilllegung des übernommenen Unternehmens geplant und führt die Contest KG diese Absicht auch aus, kann die Zahlung des Mehrwertes nicht für einen Einzelvermögensgegenstand und auch nicht für einen Geschäfts- oder Firmenwert erfolgt sein. Letztlich wird nur der Geschäfts- oder Firmenwert der Contest KG verbessert. Dieser Wertbetrag ist nicht als Geschäfts- oder Firmenwert aktivierbar; vielmehr handelt es sich um Aufwendungen zur Verbesserung des eigenen (originären) Geschäfts- oder Firmenwertes.

Aus Sicht der Unternehmensbewertung stellt der Goodwill die positive Differenz aus Ertrags- und Substanzwert dar.[195] Rechnerisch wird der derivative Geschäfts- oder Firmenwert wie folgt ermittelt:

Kaufpreis für das Unternehmen
- (+ Summe der Zeitwerte aller zu aktivierenden Vermögensgegenstände
- – Summe der Zeitwerte aller zu passivierenden Schulden)

= derivativer Geschäfts- oder Firmenwert

Abb. 5-2: Ermittlung des derivativen Geschäfts- oder Firmenwertes

Ein Geschäfts- oder Firmenwert kann nur beim Unternehmenserwerb aktiviert werden. Durch die mit dem Erwerb „bewirkte Gegenleistung" wird der ansonsten schwierig zu quantifizierende Geschäfts- oder Firmenwert objektiviert. Ein selbst geschaffener (originärer) Geschäfts- oder Firmenwert darf gem. § 248 Abs. 2 HGB a. F. bzw. § 248 HGB i. d. F. d. BilMoG nicht aktiviert werden. In der Steuerbilanz besteht für den derivativen Geschäfts- oder Firmenwert eine Aktivierungspflicht (§ 5 Abs. 2 EStG). Seine Höhe entspricht in den meisten Fällen dem handelsrechtlichen Wert.[196]

Für den Geschäfts- oder Firmenwert im Einzelabschluss räumt der Gesetzgeber in § 255 Abs. 4 S. 2 u. 3 HGB a. F. ein Wahlrecht ein:

§ 255 Abs. 4 S. 2 u. 3 HGB a. F.

„Der Betrag ist in jedem folgenden Geschäftsjahr zu mindestens einem Viertel durch Abschreibungen zu tilgen. Die Abschreibung des Geschäfts- oder Firmenwerts kann aber auch planmäßig auf die Geschäftsjahre verteilt werden, in denen er voraussichtlich genutzt wird."

---

[195] Vgl. Ballwieser, Unternehmensbewertung, S. 184.
[196] Vgl. Coenenberg/Haller/Mattner/Schulze, Rechnungswesen, S. 355.

Die Wahlmöglichkeiten resultieren letztlich aus der Problematik, dass der derivative GFW in der Literatur unterschiedlich interpretiert wird als Bilanzierungshilfe[197], als Vermögensgegenstand[198] oder als Wert eigener Art (aliud)[199].

Für den Geschäfts- oder Firmenwert besteht ein Abschreibungsgebot mit enormem Gestaltungspotenzial. Die pauschale Abschreibung zu mindestens einem Viertel bedeutet, dass auch in den Folgejahren eine Vollabschreibung des aktivierten Geschäfts- oder Firmenwertes möglich ist. Demgegenüber kann auch eine planmäßige Abschreibung über eine Nutzungsdauer vorgenommen werden. Die alternative planmäßige Abschreibung ermöglicht eine konforme Abschreibung des Geschäfts- oder Firmenwerts in der Handels- und Steuerbilanz. Steuerrechtlich ist der Geschäfts- oder Firmenwert nach § 7 Abs. 1 S. 3 EStG linear über die betriebsgewöhnliche Nutzungsdauer abzuschreiben, wobei i. d. R. 15 Jahre unterstellt werden.

Nach dem BilMoG resultiert aus der Zuordnung des Geschäfts- oder Firmenwertes zu den Vermögensgegenständen, dass der Geschäfts- oder Firmenwert ab 2009 nur noch planmäßig über die Nutzungsdauer abgeschrieben werden kann. Als Besonderheit sind gem. § 285 Nr. 13 HGB i. d. F. d. BilMoG die Gründe anzugeben, warum ein Geschäfts- oder Firmenwert über einen längeren Zeitraum als fünf Jahre abgeschrieben wird. Zudem sind Zuschreibungen verboten, um die Aktivierung originärer Geschäftswerte zu verhindern.

5.3   Sachanlagevermögen

Begriff und Unterteilung der Sachanlagen

Sachanlagen sind alle Vermögensgegenstände, die körperlich fassbar sind. Sachanlagen können beweglich oder unbeweglich sein; zudem lassen sie sich in abnutzbare und nicht abnutzbare Sachanlagen

---

[197] Knop/Küting, in: Küting/Weber, HdR-E, § 255 HGB, Rz. 426–436.

[198] Vgl. Biener/Berneke, Bilanzrichtlinien-Gesetz, S. 117.

[199] Vgl. Thiele/Kahling, in: Baetge/Kirsch/Thiele: Bilanzrecht-Kommentar, § 255 HGB, Rn. 239.

unterteilen. Entsprechend dem Vollständigkeitsgebot sind alle Vermögensgegenstände des Sachanlagevermögens zu aktivieren. Für das Sachanlagevermögen muss ein Bestandsverzeichnis geführt werden; Veränderungen während des Geschäftsjahres sind im Anlagespiegel festzuhalten.[200]

Nach der Gliederungsvorschrift des § 266 Abs. 2 A. II. HGB müssen Kapitalgesellschaften – abgesehen von größenabhängigen Erleichterungen – für das Sachanlagevermögen die folgenden Unterpositionen ausweisen:

- Grundstücke, grundstücksgleiche Rechte und Bauten einschließlich der Bauten auf fremden Grundstücken und Gebäude,
- technische Anlagen und Maschinen,
- andere Anlagen, Betriebs- und Geschäftsausstattung,
- geleistete Anzahlungen und Anlagen im Bau.

Grundstücke sind rechtlich durch Vermessung abgegrenzte Teile der Erdoberfläche, die im Grundbuch jeweils als selbstständige Grundstücke notiert sind. **Grundstücksgleiche Rechte** (wie z. B. Erbbaurechte, bestimmte dauernde Wohnungs- und Nutzungsrechte sowie Bergwerkseigentum) sind dingliche Rechte, die bilanzrechtlich wie Grundstücke behandelt werden und unabhängig von ihrer Bebauung zusammen mit Grundstücken in einem Sammelposten ausgewiesen werden.

Grundstücke

Bauten sind Gebäude (wie z. B. Fabrik- und Geschäftsbauten, und andere selbstständige Bauten). Letztere dienen nicht unmittelbar der betrieblichen Leistungserstellung (wie z. B. Parkplätze oder Schachtanlagen). **Bauten auf fremden Grundstücken** sind zumeist Gebäude und andere selbstständige Bauten auf gepachteten Grundstücken. Für den Bilanzausweis ist es unerheblich, ob das Gebäude gem. den §§ 93 ff. BGB als wesentlicher Bestandteil des Grund und Bodens in das rechtliche Eigentum des Verpächters übergeht. Sie werden wirtschaftlich dem bilanzierenden Unternehmen zugeordnet.

Bauten

Grundstücke und Gebäude bilden bei bebauten Grundstücken häufig eine rechtliche Einheit. Dennoch sind sie bilanzrechtlich getrennt

Gebäude

---

[200] Vgl. Kapitel 5.6.

zu behandeln. Zu den Gebäuden zählen auch alle der Benutzung dienenden Einrichtungen (wie z. B. Heizungs- und Beleuchtungsanlagen sowie Aufzüge). Für die Abgrenzung zu den technischen Anlagen und Maschinen ist die Zweckbestimmung entscheidend.

technische Anlagen und Maschinen

Die technischen Anlagen und Maschinen umfassen alle Betriebsvorrichtungen, die direkt der Fabrikation dienen. Beispiele für Maschinen sind Bagger, Arbeitsbühnen und Transformatoren; zu den technischen Anlagen zählen z. B. Krananlagen, Rohrleitungen, Förderbänder, chemische Produktionsanlagen, Kokereien und Hochöfen.

Es kommt nicht darauf an, ob es sich um bewegliche Vermögensgegenstände handelt oder um solche, die fest mit dem Gebäude oder dem Grundstück verbunden und somit rechtlicher Bestandteil des Grundstücks sind (§ 94 BGB). Vielmehr ist die wirtschaftliche Zugehörigkeit entscheidend. Unter dieser Position sind auch jene technischen Anlagen und Maschinen auszuweisen, die wesentliche Bestandteile eines fremden Grundstücks, sicherungsübereignet oder unter Eigentumsvorbehalt geliefert, aber dem rechtlichen Eigentum eines Dritten zuzurechnen sind. Ebenso werden unter dieser Position Anlagen ausgewiesen, bei denen Gebäude und technische Vorrichtungen eine Einheit bilden.

andere Anlagen/Betriebs- und Geschäftsausstattungen

Bei anderen Anlagen, Betriebs- und Geschäftsausstattungen handelt es sich um Vermögensposten, die nicht unmittelbar der betrieblichen Leistungserstellung dienen. Zu den anderen Anlagen zählen z. B. Gleisanlagen und Verteilungsanlagen; Beispiele für die Betriebs- und Geschäftsausstattung sind die Einrichtung der Werkstatt, der Labore, der Kantinen sowie der Fuhrpark, Werkzeuge und die Büroausstattung. Letztere dienen – wie auch die Verwaltung und der Vertrieb – eher dem allgemeinen Unternehmensbereich.

geleistete Anzahlungen/Anlagen im Bau

Unter die geleisteten Anzahlungen und Anlagen im Bau fallen alle Investitionen in Gegenstände der Anlagevermögens, die am Bilanzstichtag noch nicht fertig gestellt sind. Eine separate Aktivierung unter diesen Posten bewirkt eine Neutralisation von Aufwendungen für selbst erstellte Anlagen. Darüber hinaus werden dem Anlagevermögen Ausgaben für Eigen- und Fremdleistungen ebenso wie Anzahlungen auf Anlagen bereits in der ersten Phase der Investition zugeordnet. Nach Fertigstellung erfolgt eine Umgliederung in den betreffenden Posten des Sachanlagevermögens.[201]

Bewertung der Sachanlagen

Sachanlagen sind bei Zugang mit ihren Anschaffungs- oder Herstellungskosten zu bewerten (§ 253 Abs. 1 HGB).[202] Besonderheiten gelten für die Anschaffungskosten von Grundstücken, grundstücksgleichen Rechten und Gebäuden; hier zählen zu den Anschaffungsnebenkosten auch die Kosten für die Grundstücksherrichtung (wie z. B. die Kosten für die Entwässerung und Parzellierung, die Grundbuch- und Notargebühren, die Maklerprovisionen und die Grunderwerbssteuer).

Bei der Folgebewertung sind nur bei abnutzbarem Sachanlagevermögen planmäßige Abschreibungen zu berücksichtigen. Ein Grundstück und ein darauf befindliches Gebäude sind getrennt voneinander abzuschreiben. Während das Gebäude über die Nutzungsdauer planmäßig im Wert zu mindern ist, muss bei Grundstücken nur außerplanmäßig abgeschrieben werden (Ausnahme: abnutzbare Grundstücke wie Kiesgruben, Steinbrüche oder andere Rohstoffvorkommen). Beispiele für außerplanmäßige Abschreibungen von Grundstücken sind öffentlich-rechtliche oder privatrechtliche Baubeschränkungen oder Kontaminierungen. Grundstücke und Gebäude werden trotz unterschiedlicher Behandlung in der Folgebewertung in der Bilanz bzw. im Anlagespiegel in einer Position ausgewiesen. *(Folgebewertung)*

Vom Grundsatz der Einzelbewertung darf aus Vereinfachungsgründen abgewichen werden, wenn wie bei Massengütern (z. B. Werkzeugen oder Hotelgeschirr) die Voraussetzungen des Festwertverfahrens nach § 240 Abs. 3 HGB erfüllt sind. *(Festwertverfahren)*

Für Sachanlagen gilt das gemilderte Niederstwertprinzip. Unabhängig von der Rechtsform besteht eine Abschreibungspflicht nur bei voraussichtlich dauernder Wertminderung. Personenhandelsgesellschaften können darüber hinaus gem. § 253 Abs. 3 HGB a. F. auch *(gemildertes Niederstwertprinzip)*

---

[201] Vgl. Coenenberg/Haller/Mattner/Schulze, Rechnungswesen, S. 359 f.
[202] Vgl. Kapitel 4.2.

bei voraussichtlich vorübergehender Wertminderung eine Abschreibung vornehmen. Das allerdings wird mit dem BilMoG gestrichen. Falls die Gründe der außerplanmäßigen Abschreibung nicht mehr bestehen, müssen derzeit nur Kapitalgesellschaften und haftungsbeschränkte Personenhandelsgesellschaften eine **Zuschreibung** vornehmen. Das bestehende Zuschreibungswahlrecht für Einzelunternehmen und Personenhandelsgesellschaften wird ab 2009 gestrichen.

geringwertige Wirtschaftsgüter

Ab 2008 ist steuerrechtlich vorgeschrieben, dass die geringwertigen Wirtschaftsgüter mit einem Wert von bis zu 150 € (einschließlich) sofort als Betriebsausgabe abgezogen werden (geänderter § 6 Abs. 2 EStG).

Wirtschaftsgüter, die nach dem 31. Dezember 2007 angeschafft oder hergestellt werden und deren Anschaffungs- oder Herstellungskosten zwar 150 €, aber nicht 1.000 € übersteigen, sind je Wirtschaftsjahr in einen Sammelposten aufzunehmen, der ab dem Jahr der Anschaffung oder Herstellung gleichmäßig mit jeweils 1/5 abzuschreiben ist (neuer § 6 Abs. 2 a EStG). Die betriebsübliche Nutzungsdauer spielt ebenso wenig eine Rolle wie die Veräußerung oder Wertminderung der einzelnen Wirtschaftsgüter.

Bei Überschusseinkunftsarten (etwa Einkünften aus Vermietung und Verpachtung oder Einkünften aus nicht selbstständiger Arbeit) bleibt es bei der alten Regelung (§ 9 Abs. 1 S. 3 Nr. 7 S. 2 EStG) mit einer Grenze von 410 €.

5.4   Finanzanlagevermögen

Begriff und Unterteilung der Finanzanlagen

In Abgrenzung zu den Sachanlagen sind Finanzanlagen monetär und i. d. R. ohne physische Substanz. Finanzanlagen entstehen durch dauerhafte Kapitalüberlassung an andere Unternehmen. Aus ihnen sollen Zinsen oder Gewinnbeteiligungen erzielt werden. Dem Vollständigkeitsgebot entsprechend sind alle Finanzanlagen aktivierungspflichtig, die zum wirtschaftlichen Eigentum des Unternehmens zählen.

Die Gliederungsstruktur nach § 266 Abs. 2 A. III HGB fordert für Kapitalgesellschaften grundsätzlich den separaten Ausweis der folgenden Positionen in der Bilanz und im Anlagespiegel:

1. Anteile an verbundenen Unternehmen,
2. Ausleihungen an verbundene Unternehmen,
3. Beteiligungen,
4. Ausleihungen an Unternehmen, mit denen ein Beteiligungsverhältnis besteht,
5. Wertpapiere des Anlagevermögens,
6. sonstige Ausleihungen.

Der differenzierte Ausweis von verschiedenen Anteilen als Daueranlagen macht die **Möglichkeit der Einflussnahme** auf die Beteiligungsengagements deutlich. Grundsätzlich handelt es sich um Anteile bzw. Beteiligungen am Eigenkapital des anderen Unternehmens. Als Daueranlagen kommen Anteile an verbundenen Unternehmen sowie Beteiligungen und Wertpapiere des Anlagevermögens in Betracht.

Der differenzierte Ausweis der Ausleihungen zeigt das **Ausmaß der finanziellen Verflechtung** zwischen den Beteiligungen, und somit die Einflussmöglichkeiten. Ausleihungen sind Forderungen, die für das schuldende Unternehmen Fremdkapital darstellen. Unterschieden werden verbundene Unternehmen, Beteiligungsunternehmen und Unternehmen, bei denen keine Möglichkeit der Einflussnahme besteht.[203]

Beteiligungen sind gem. § 271 Abs. 1 HGB Anteile an anderen Unternehmen, die dazu bestimmt sind, dem eigenen Geschäftsbetrieb durch die Herstellung einer dauerhaften Verbindung zu dienen (wie z. B. GmbH-Anteile oder Komplementär- oder Kommanditanteile an einer KG). Entscheidend ist die Beteiligungsabsicht und nicht die Beteiligungshöhe. Mögliche Indizien für eine Beteiligungsabsicht sind personelle Verflechtungen oder gemeinsame Forschungs- und Entwicklungsaktivitäten. Im Zweifel liegt eine Beteiligung vor, wenn ein maßgeblicher Einfluss ausgeübt wird. Ein solcher Einfluss wird ab einer Beteiligungsquote von 20 % widerlegbar vermutet. Wenn

Beteiligungen

---

[203] Vgl. Coenenberg/Haller/Mattner/Schulze, Rechnungswesen, S. 364.

keine Beteiligungsabsicht besteht, sind die Anteile als Wertpapiere des Anlagevermögens auszuweisen. Bei einem Ausweis von Wertpapieren des Anlagevermögens ist eine Umgliederung in das Umlaufvermögen vorzunehmen, wenn die Annahme der Daueranlage nicht mehr besteht bzw. widerlegt werden kann. Im Bestandsverzeichnis ist das Beteiligungsunternehmen mit der Rechtsform, der prozentualen und nominalen Beteiligungshöhe, den Anschaffungskosten der Beteiligung und dem letzten Buchwert aufzuführen.

verbundene
Unternehmen

Als verbundene Unternehmen werden gem. § 271 Abs. 2 HGB solche Unternehmen bezeichnet, die nach § 290 Abs. 1 bzw. Abs. 2 HGB aufgrund einheitlicher Leitung einer Beteiligung oder aufgrund konzerntypischer Merkmale (Controll-Verhältnis) als Mutter- oder Tochterunternehmen in einen Konzernabschluss einzubeziehen sind.[204] Qualitatives Kriterium für ein Mutter- oder Tochterunternehmen ist ein beherrschender Einfluss eines Unternehmens auf ein anderes Unternehmen. Bei einer Beteiligung von mehr als 50 % wird von einem beherrschenden Einfluss ausgegangen. Kann die Annahme der dauerhaften Beteiligung widerlegt werden, sind die Anteile als „Anteile an verbundenen Unternehmen" im Umlaufvermögen auszuweisen.

Wertpapiere
des Anlage-
vermögens

Wertpapiere des Anlagevermögens sind dauerhaft gehaltene Wertpapiere, bei denen keine Beteiligungsabsicht/-vermutung nach § 271 Abs. 1 S. 3 HGB gegeben ist. Die Wertpapiere des Anlagevermögens umfassen sowohl Eigenkapitalanteile als auch verbriefte Fremdkapitalforderungen. Deshalb sind unter diesem Posten vor allem Kapitalmarktanteile wie Aktien, Investmentanteile und festverzinsliche Wertpapiere (z. B. Obligationen oder Pfandbriefe) oder wertpapierähnliche Rechte (wie z. B. Bundesschatzbriefe) zu subsumieren.[205]

Ausleihungen

Bei Ausleihungen handelt es sich um langfristiges Gläubigerkapital aus Finanzgeschäften, d. h. um langfristige Finanzforderungen, die dazu bestimmt sind, dem Geschäftsbetrieb dauernd zu dienen. Dazu zählen u. a. Hypotheken, Grund- und Rentenforderungen sowie langfristige Darlehen. Für einen Ausweis der Ausleihungen innerhalb der Finanzanlagen ist keine Mindestlaufzeit benannt. In Anleh-

---

[204] Vgl. Kapitel 10.2.
[205] Vgl. Baetge/Kirsch/Thiele, Bilanzen, S. 319 f.

nung an das AktG a. F. gilt eine Mindestlaufzeit von vier Jahren als Abgrenzung gegenüber Forderungen des Umlaufvermögens. Waren- oder Leistungsforderungen sind unabhängig von der Laufzeit innerhalb des Umlaufvermögens auszuweisen.

Beispiel:[206]

Die Platin AG hält 70 % der Anteile am Eigenkapital der Gold GmbH. Die gehaltenen Aktien werden mit 2.000.000 € bewertet. Außerdem ist die Platin AG zu 20 % an der Silber AG beteiligt, deren Beteiligungswert sich auf 900.000 € beläuft. Die Platin AG besitzt Obligationen der Kupfer AG in Höhe von 300.000 €. Im Finanzanlagenbestand der Platin AG befinden sich zudem langfristige Finanzforderungen gegenüber der Silber AG in Höhe von 500.000 €.

Lösung

Die Finanzanlagen sind wie folgt im Jahresabschluss der Platin AG auszuweisen:

1) Anteile an verbundenen Unternehmen	2.000.000 €
2) Ausleihungen an Unternehmen, mit denen ein Beteiligungsverhältnis besteht	500.000 €
3) Beteiligungen	900.000 €
4) Wertpapiere des Anlagevermögens	300.000 €
Finanzanlagen	3.700.000 €

Für die **Abgrenzung des Finanzanlagevermögens vom Finanzumlaufvermögen** ist der Verwendungszweck maßgeblich. Wird das Kapital zur Nutzung überlassen und ist eine nachhaltige Erzielung von Zinserträgen, Gewinnbeteiligungen oder längerfristigen geschäftlichen Verbindungen zu anderen Unternehmen gegeben, handelt es sich um Finanzanlagevermögen. Eine Zuordnung zum Umlaufvermögen erfolgt, wenn die Verwertung und Veräußerung der Finanzposition und nicht die Erzielung von Zinserträgen oder einer Gewinnbeteiligung eigentlicher Zweck ist.

[206] Vgl. Coenenberg/Haller/Mattner/Schulze, Rechnungswesen, S. 366.

Bewertung der Finanzanlagen

Bewertung bei Zugang

Die Bewertung der Finanzanlagen bei Zugang erfolgt zu den Anschaffungskosten. Als Anschaffungsnebenkosten können bei Anteils- oder Beteiligungserwerben z. B. Notargebühren, Provisionen oder Spesen entstehen. Bei Beteiligungen über Einlagen in das Beteiligungsunternehmen ist zwischen Geld- und Sacheinlagen zu unterscheiden. Bei Geldeinlagen bestehen die Anschaffungskosten aus der Höhe des hinterlegten Geldbetrages. Bei Sacheinlagen kann in der Handelsbilanz zwischen dem Buchwert und dem Zeitwert der eingebrachten Vermögensgegenstände gewählt werden. In der Steuerbilanz ist gem. § 6 Abs. 1 Nr. 2 EStG der Teilwert anzusetzen.

Grundsätzlich ist eine Einzelbewertung eines jeden Postens der Finanzanlagen vorzunehmen. Werden aber Wertpapiere des gleichen Unternehmens zu unterschiedlichen Zeitpunkten und Kursen gekauft, erfolgt eine Bewertung zu den Durchschnittsanschaffungskosten. Handelsrechtlich kann aber auch eine Einzelbewertung erfolgen, wenn die individuellen Anschaffungskosten anhand der Wertpapiernummer nachgewiesen werden können.

Beispiel:

Die Klaton AG besitzt festverzinsliche Wertpapiere der Tilan AG. Die Anschaffungskosten betrugen insgesamt 50.000 €. Die Wertpapiere haben eine Restlaufzeit von 3 Jahren. Wegen eines Anstiegs des Zinsniveaus ist der Wert der Papiere auf 47.500 € gesunken. Die Klaton AG wird die Wertpapiere bis zur Endfälligkeit halten.

Lösung

Die Wertpapiere sind im Anlagevermögen auszuweisen. Für die Bewertung ist das gemilderte Niederstwertprinzip zu beachten. Es liegt keine dauerhafte Wertminderung vor, weil die Rückzahlung der Wertpapiere zum vollen Nennwert erfolgt. Dementsprechend besteht ein Abwertungswahlrecht. Die Klaton AG kann den Buchwert von 50.000 € beibehalten oder eine Abschreibung auf 47.500 € vornehmen. Es darf auch ein Wert zwischen 50.000 € und 47.500 € angesetzt werden.

In der Folgebewertung sind bei Beteiligungen an Personengesellschaften die Anschaffungskosten um die Gewinne bzw. Verluste und
um die Einlagen und Entnahmen zu erhöhen bzw. zu vermindern.
Eine Einbeziehung des Ergebnisses sowie der Einlagen und Entnahmen ist notwendig, weil das Jahresergebnis den Gesellschaftern unmittelbar zur Verwendung zusteht und die Verteilungsschlüssel
i. d. R. feststehen. Das Ergebnis wirkt sich unmittelbar auf die Höhe
der Kapitalanteile der Gesellschafter aus. Gleichwohl dürfen die
ursprünglichen Anschaffungskosten auch hier nicht überschritten
werden.

Folgebewertung

Demgegenüber führen thesaurierte Gewinne von Beteiligungen an
Kapitalgesellschaften nicht zu einer Erhöhung des Beteiligungsbuchwertes. Anders als bei Personengesellschaften steht die Ergeb-
nisverteilung nicht fest, sondern erfolgt erst durch den Beschluss der
Organe im Rahmen der Gewinnverwendung. Eine ähnliche Bewertung stellt die Equity-Methode dar, die im Konzernabschluss bei Beteiligungen an assoziierten Unternehmen zur Anwendung kommt.
Im Einzelabschluss bildet für Anteile an Unternehmen jedoch der
Beteiligungsbuchwert die Wertobergrenze.[207]

Besonderheiten sind bei der Bewertung von Ausleihungen zu beachten. Die Anschaffungskosten entsprechen den aufgewendeten Beträgen, d. h. i. d. R. dem Auszahlungsbetrag an den Darlehensnehmer.
Wenn der **Auszahlungsbetrag unter dem Rückzahlungsbetrag**
liegt, ist der Unterschiedsbetrag zusätzlich als Zinsertrag (Disagio)
über die Laufzeit der Ausleihung zu vereinnahmen. Der Buchwert
der Ausleihung erhöht sich durch den Zuschreibungsbetrag. Das
betrifft beispielsweise sog. **Null-Kupon-Anleihen** (Zero-Bonds).
Hierbei handelt es sich um festverzinsliche Anleihen, die keine no-
minelle Verzinsung haben. Hier erfolgt die implizite Zinszahlung
durch einen über den Ausgabebetrag liegenden Rückzahlungsbetrag.
Ein Zero-Bond wird mit dem niedrigeren Ausgabebetrag aktiviert,
und es erfolgt jährlich eine Zuschreibung um den Zinsanteil. Der
Zinsanteil resultiert aus der **Effektivzinsberechnung**.

Ausleihungen

---

[207] Vgl. Rux, H.-J.: in HdB, Beitrag „Beteiligungen", Rz. 23 ff.

Beispiel:[208]

Die Klaton AG besitzt Zero-Bonds mit einer Laufzeit von 3 Jahren. Der Rücknahmebetrag beläuft sich auf 1.000 €, der Ausgabebetrug 751,31 €. Als Effektivzins ergibt sich somit:

Effektivzins: dritte Wurzel aus 1.000 : 751,31 − 1 = 10 %

Die Zuschreibungsbeträge und Buchwerte ergeben sich danach wie folgt:

Buchwert bei Ausgabe	in t = 0:	751,31 €
Zuschreibung (10 %)	in t = 1:	75,13 €
Buchwert	in t = 1:	826,44 €
Zuschreibung (10 %)	in t = 2:	82,64 €
Buchwert	in t = 2:	909,09 €
Zuschreibung (10 %)	in t = 3:	90,91 €
Buchwert	in t = 3:	1.000,00 €

gemildertes Niederstwertprinzip

Bei der Bewertung von Finanzanlagen ist das gemilderte Niederstwertprinzip zu beachten: Bei einer vorübergehenden Wertminderung besteht ein Wahlrecht zur Vornahme einer außerplanmäßigen Abschreibung auf den niedrigeren beizulegenden Wert, während bei einer voraussichtlich dauerhaften Wertminderung ein Abschreibungsgebot besteht. Diese Regelung gilt für Personen- und Kapitalgesellschaften gleichermaßen (§ 253 Abs. 2 S. 3 i. V. m. § 279 Abs. 1 S. 2 HGB). Sie bleiben auch nach dem BilMoG bestehen.

Gründe für eine Wertminderung sind sinkende Kurse bei Ausleihungen in Fremdwährungen. Kursverluste können bzw. müssen gemäß dem gemilderten Niederstwertprinzip berücksichtigt werden; Kursgewinne dürfen dagegen aufgrund des Realisationsprinzips erst mit der Begleichung der Forderung gebucht werden. Außerdem können – wie auch bei konkreten Hinweisen auf Forderungsrisiken wegen unzureichender Zahlungsfähigkeit des Schuldners – Wertminderungen bei Unverzinslichkeit oder Mindestverzinslichkeit von Ausleihungen eintreten.

---

[208] Entnommen aus: Coenenberg/Haller/Mattner/Schulze, Rechnungswesen, S. 368.

Für Beteiligungen ergeben sich Wertminderungen aufgrund negativer Ergebniseinflüsse; bei Beteiligungen an börsennotierten Unternehmen können Zinserhöhungen einen Kursrückgang auslösen. Ob die daraus resultierenden Wertminderungen von Dauer sind, ist im Einzelfall zu entscheiden.[209] So gelten Wertminderungen bei börsennotierten Wertpapieren des Anlagevermögens dann als voraussichtlich dauerhaft, wenn der Börsenwert zum Bilanzstichtag unter die Anschaffungskosten gesunken ist und zum Zeitpunkt der Bilanzerstellung keine konkreten Anhaltspunkte für eine alsbaldige Wertaufholung vorliegen.[210]

5.5 Bewertung des Anlagevermögens im Überblick

Die folgende Abbildung zeigt die Bewertung des Anlagevermögens hinsichtlich der Zugangs- und Folgebewertung mit den bestehenden Wertminderungs- und Zuschreibungspflichten/-wahlrechten differenziert nach Personengesellschaften, Kapitalgesellschaften und haftungsbeschränkten Personengesellschaften:

---

[209] Vgl. Berger/Gutike, in: Baetge/Kirsch/Thiele: Bilanzrecht-Kommentar, § 253 HGB, Rn. 401 f.

[210] Vgl. BFH (I R 58/06).

Änderungen nach BilMoG: ab 2009	Handelsbilanz		Steuerbilanz
	Allgemeine Regelungen	Besondere Regelungen für Kapitalgesellschaften und Gesellschaften i.S.d. § 264a HGB	
Basiswert und Wertobergrenze	Anschaffungs- bzw. Herstellungskosten (§ 253 Abs. 1 HGB)		wie Handelsbilanz (§ 6 Abs. 1 Nr. 1 u. 2 EStG)
dauernde Wertminderung	Abwertungspflicht (Niederstwertprinzip, § 253 Abs. 2 HGB)		Gebot (§ 6 Abs. 1 Nr. 1 u. 2 EStG)
vorübergehende Wertminderung	Abwertungswahlrecht (gemildertes Niederstwertprinzip, § 253 Abs. 2 HGB); Abwertungswahlrecht nur für Finanzanlagen (nach dem BilMoG)	Abwertungsverbot für immaterielle Anlagen und Sachanlagen; Abwertungswahlrecht für Finanzanlagen (§ 279 Abs. 1 Satz 2 HGB)	Verbot (§ 6 Abs. 1 Nr. 1 u. 2 EStG)
Unterbewertung nach vernünftiger kaufmännischer Beurteilung	Wahlrecht (§ 253 Abs. 4 HGB)	Verbot (§ 279 Abs. 1 Satz 1 HGB)	Verbot, da nicht mit dem Teilwertbegriff vereinbar
Abwertung auf niedrigeren steuerlich zulässigen Wert (umgekehrte Maßgeblichkeit)	Wahlrecht nach § 254 HGB (nach TransPuG nur noch für den Einzelabschluss relevant)	Wahlrecht nach § 254 HGB (i.V.m. § 279 Abs. 2 HGB)	Wahlrecht (per definitionem)
Wertsteigerungen	Zuschreibungs- bzw. Beibehaltungswahlrecht (§ 253 Abs. 5 HGB)	Zuschreibungspflicht (sog. Wertaufholungsgebot, § 280 Abs. 1 HGB)	Zuschreibungsgebot (§ 6 Abs. 1 Nr. 2 Satz 3 i.V.m. Nr. 1 Satz 4 EStG)

Abb. 5-3: Überblick über die Bewertungsvorschriften für das Anlagevermögen

5.6 Ausweis des Anlagevermögens

Für den Ausweis des Anlagevermögens in der Bilanz ist das Gliederungsschema in § 266 Abs. 2 A HGB zu beachten, das für kleine, mittelgroße und große Gesellschaften unterschiedlich ist. Für kleine Gesellschaften ist es gemäß § 266 Abs. 1 S. 3 HGB ausreichend, wenn nur die mit Buchstaben und römischen Ziffern gekennzeichneten Posten gesondert ausgewiesen werden. Mittelgroße und große Gesellschaften sind verpflichtet, Unternennungen auszuweisen. Die folgende Abbildung zeigt den differenzierten Ausweis der Bilanzpositionen in der gemäß § 325 i. V. m. § 327 HGB offenzulegenden Bilanz.[211]

Kleine Gesellschaften	Mittelgroße Gesellschaften	Große Gesellschaften
I. Immaterielle Vermögensgegenstände	**I. Immaterielle Vermögensgegenstände** 1. *Geschäfts- oder Firmenwert* 2. Sonstige immaterielle Vermögensgegenstände	**I. Immaterielle Vermögensgegenstände** 1. Konzessionen, gewerbliche Schutzrechte und ähnliche Rechte und Werte sowie Lizenzen an solchen Rechten und Werten 2. *Geschäfts- oder Firmenwert* 3. *Geleistete Anzahlungen*
II. Sachanlagen	**II. Sachanlagen** 1. *Grundstücke, grundstücksgleiche Rechte und Bauten einschließlich der Bauten auf fremden Grundstücken* 2. Technische Anlagen und Maschinen 3. Andere Anlagen, Betriebs- und Geschäftsausstattung 4. Geleistete Anzahlungen und Anlagen im Bau	
III. Finanzanlagen	**III. Finanzanlagen** 1. *Anteile an verbundenen Unternehmen* 2. *Ausleihungen an verbundene Unternehmen* 3. *Beteiligungen* 4. *Ausleihungen an Unternehmen, mit denen ein Beteiligungsverhältnis besteht* 5. Sonstige Finanzanlagen	**III. Finanzanlagen** 1. *Anteile an verbundenen Unternehmen* 2. *Ausleihungen an verbundene Unternehmen* 3. *Beteiligungen* 4. *Ausleihungen an Unternehmen, mit denen ein Beteiligungsverhältnis besteht* 5. Wertpapiere des Anlagevermögens 6. Sonstige Ausleihungen

Fett = für alle Unternehmensgrößen relevant
Kursiv = für mittelgroße und große Unternehmen relevant
Normal = nur für die in der jeweiligen Spalte genannten Unternehmen relevant

Abb. 5-4: Gliederungsschemata für das Anlagevermögen von Kapitalgesellschaften[212]

---

[211] Vgl. Ott, H.: in: HdB, Beitrag „Offenlegung", Rz. 20 ff.
[212] Vgl. Baetge/Kirsch/Thiele: Bilanzen, 2001 S. 283

Zusätzlich zu den in § 266 Abs. 2 A. HGB benannten Positionen ist ein Ausweis von als Bilanzierungshilfe aktivierten „Aufwendungen für Ingangsetzung und Erweiterung des Geschäftsbetriebs" (§ 269 S. 1 HS. 2 HGB) sowie ein Ausweis von aktivierten „Ausstehenden Einlagen auf das gezeichnete Kapital" (§ 272 Abs. 1 S. 2 HGB) gesondert vom Anlagevermögen vorzunehmen. Für Letztere kann gem. § 272 Abs. 1 S. 3 HGB alternativ eine passivische Absetzung vom gezeichneten Kapital erfolgen. Nach dem BilMoG ist eine Verrechnung mit den Passiva zwingend vorgesehen. Das Aktivierungswahlrecht für die Ingangsetzungsaufwendungen wird mit dem BilMoG für Geschäftsjahre ab 2009 gestrichen, wobei die noch in den Bilanzen enthaltenen Beträge planmäßig weiter wie bisher behandelt werden dürfen.

Gemäß § 268 Abs. 2 HGB müssen Kapitalgesellschaften und haftungsbeschränkte Personenhandelsgesellschaften die Entwicklung der einzelnen Posten des Anlagevermögens und des Postens „Aufwendungen für die Ingangsetzung und Erweiterung des Geschäftsbetriebes" in der Bilanz oder im Anhang darstellen. Das geschieht mit dem sog. Anlagenspiegel, auch Anlagengitter genannt[213]. Der Anlagenspiegel besteht neben der Benennung der Vermögensgegenstände aus den folgenden acht Spalten:

(0)	(1)	(2)	(3)	(4)	(5)	(6)	(7)	(8)	(9)
Bilanzposten	Anschaffungs-/ Herstellungskosten	Zugänge des Geschäftsjahres	Abgänge des Geschäftsjahres	Umbuchungen des Geschäftsjahres	Zuschreibungen des Geschäftsjahres	Abschreibungen (kumuliert)	Buchwert am 31.12.	Buchwert Vorjahr	Abschreibungen des Geschäftsjahres

Abb. 5-5: Anlagengitter gem. § 268 Abs. 2 HGB

In Spalte (1) werden die **historischen Anschaffungs- oder Herstellungskosten** aller zu Beginn des Geschäftsjahres vorhandenen Vermögensgegenstände ausgewiesen. Weiterhin werden die Veränderungen des Geschäftsjahres durch **Zugänge** in Form von Brutto-Investitionen sowie **Abgänge** und **Umbuchungen** in Form von his-

---

[213] Vgl. Mertes, T.: in: HdB, Beitrag „Anlagespiegel/Anlagegitter".

torischen Anschaffungs- oder Herstellungskosten ausgewiesen. Umbuchungen betreffen vor allem die Positionen „geleitstete Anzahlungen" und „Anlagen im Bau".

Achtung:
Mengenmäßige Erhöhungen des Anlagevermögens im abzuschließenden Geschäftsjahr werden im Anlagengitter mit ihren historischen AK/HK in der Spalte „Zugänge" gezeigt, nicht in der Spalte „Historische AK/HK". Erst im Folgejahr werden diese Beträge in die „Historische AK/HK" umgebucht.

Die Berechnung der Herstellungskosten für das laufende Geschäftsjahr funktioniert folgendermaßen:

	Historische AK/HK des Vorjahres (Spalte 1)
+	Zugänge des Vorjahres (Spalte 2)
–	Abgänge des Vorjahres (Spalte 3)
–/+	Umbuchungen des Vorjahres (Spalte 4)
=	Historische AK/HK des laufenden Geschäftsjahres

Zuschreibungen (Spalte 5) sind Wertkorrekturen auf in Vorjahren vorgenommene außerplanmäßige Abschreibungen. Aus Gründen der Klarheit und der Übersichtlichkeit dürfen die Zuschreibungen nicht mit den Abschreibungen des Geschäftsjahres saldiert werden. Die Zuschreibungen des laufenden Geschäftsjahres sind aber im folgenden Geschäftsjahr mit den kumulierten Abschreibungen zu saldieren, weil i. d. R. keine zusätzliche Spalte mit kumulierten Zuschreibungen ausgewiesen wird.

Dementsprechend ergeben sich die **kumulierten Abschreibungen** (Spalte 6) aus der Summe der bisherigen Abschreibungen auf alle am Ende des Geschäftsjahres vorhandenen Vermögensgegenstände abzüglich der Zuschreibungen des vorhergehenden Geschäftsjahres. Zusätzlich sind bisherige Abschreibungen auf Abgänge in Abzug zu bringen.

> **Achtung!**
> Ist ein Vermögensgegenstand im Laufe des Geschäftsjahres durch Abgang oder Umbuchung aus seiner bisherigen Position im Anlagenspiegel ausgeschieden, sind die kumulierten Abschreibungen dieses Vermögensgegenstandes unter seiner bisherigen Position nicht mehr auszuweisen. Sie sind entweder ganz aus dem Anlagenspiegel zu eliminieren (Abgang) oder in seine neue Position im Anlagengitter umzubuchen. Die Geschäftsjahresabschreibungen werden im Jahr des Abgangs dagegen dennoch unter der alten Position gezeigt.

Der **Buchwert zum Geschäftsjahresende** (Spalte 7) wird wie folgt berechnet:

Historische AK/HK des Vorjahres (Spalte 1)	
+	Zugänge des Vorjahres (Spalte 2)
–	Abgänge des Vorjahres (Spalte 3)
–/+	Umbuchungen des Vorjahres (Spalte 4)
+	Zuschreibungen (Spalte 5)
-	Kumulierte Abschreibungen (Spalte 6)
=	Buchwert am 31.12.

Der Buchwert des Vorjahres wird aus dem Jahresabschluss des Vorjahres übernommen. Diese Angabe ist nicht vorgeschrieben, in der Praxis aber üblich (§ 265 Abs. 2 HGB).

Die **Abschreibungen des laufenden Jahres** können gem. § 268 Abs. 2 S. 3 HGB zusätzlich in den Anlagenspiegel aufgenommen werden. Diese Angabe kann aber auch in der Bilanz oder – in entsprechender Form – im Anhang gemacht werden (§ 268 Abs. 2 S. 3 HGB).

Eine gesonderte Behandlung besteht für **geringwertige Wirtschaftsgüter** (§ 6 Abs. 2 a EStG). Hier erfolgt für die Werte bis 150 € im Jahr der Bildung des Sammelpostens eine Berechnung als Zugang; Abschreibungen sind in jedem Jahr zu berücksichtigen (kumuliert).[214] Analog sind Werte zwischen 150 und 1000 € in einem Pool zu aktivieren und über fünf Jahre abzuschreiben.

---

[214] Vgl. Meyer, Bilanzierung nach Handels- und Steuerrecht, S. 57 f.

5.7   Aufgaben und Lösungen

Aufgaben

Aufgabe 1: Anlagespiegel

Nachfolgend finden Sie den Anlagenspiegel der Clever AG zum 31.12.t–1:

	AHK	Zugänge	Abgänge	Umbuchungen	Zuschreibungen	Abschreibungen (kumuliert)	Buchwert 31.12.t–1
				in Mio. €			
Grundstücke, grundstücksgleiche Rechte u. Bauten	5,50	0,80	—	—	—	0,70	5,60
Techn. Anlagen u. Maschinen	2,00	—				1,00	1,00
Andere Anlagen, Betriebs- u. Geschäftsausstattung (BGA)	0,50	0,50	—	—	—	0,50	0,50
Geleistete Anzahlungen u. Anlagen im Bau	0	0,20	—	—	—	—	0,20
Beteiligungen	3,60	0,20	—	—	—	—	3,80
Ausleihungen	0	—	—	—	—	—	0

Im Jahr t0 sind die folgenden Sachverhalte zu berücksichtigen:

a) Die gesamten planmäßigen und außerplanmäßigen Abschreibungen des Geschäftsjahres betragen bei
   - Gebäuden   0,20 Mio. €
   - Technische Anlagen u. Maschinen   0,05 Mio. €
   - Andere Anlagen und Maschinen   0,20 Mio. €

b) Anschaffung von 400 Monitoren (Stückpreis 250 €), die als geringwertige Wirtschaftsgüter abgeschrieben wurden. Diese Abschreibung ist nicht in der oben genannten Abschreibung des Geschäftsjahres enthalten.

c) Fertigstellung eines Geschäftsgebäudes zum 30.12.t0, Herstellungskosten in t–1: 200.000 €, in t0: 600.000 €.

d) Verkauf eines Lkws zum 02.01.t0, Anschaffungskosten 100.000 €, Buchwert zum 31.12.t–1 50.000 €, Verkaufspreis 80.000 € netto.

e) Zuschreibung auf Beteiligungen in Höhe von 100.000 €

f) Verkauf einer Hochdruckpresse, Anschaffungskosten 200.000 €, Buchwert zum 31.12.t–1: 1 €, Verkaufspreis 10.000 € (netto).

g) Ausleihungen: Zugang 300.000 €, Abgang 100.000 €.

Erstellen Sie den Anlagenspiegel zum 31.12.t0!

Aufgabe 2: Bewertung Anlagevermögen

Die Anschaffungskosten einer Maschine betragen 120.000 €. Vermindert um die Abschreibungen über die bisherige Nutzungsdauer ist die Maschine mit 75.000 € in der Bilanz angesetzt. Erläutern Sie die möglichen Wertansätze in der Bilanz unter Berücksichtigung der Gesellschaftsform des Unternehmens für die folgenden Sachverhalte:

1. Der Wert der Maschine steigt durch die erhöhte Nachfrage nach gebrauchten Produktionsanlagen aus Fernost um 25.000 €.

2. Der Wert der Maschine verringert sich durch einen irreparablen Schaden dauerhaft um 15.000 €.

Lösungen

Lösung zu Aufgabe 1

in Mio. €	Historische AK	Zugänge +	Abgänge -	Umbuchungen +/-	Zuschreibungen +	kumulierte Abschreibungen (-)	Buchwert 31.12.t0	Buchwert 31.12.t-1
Grundstücke Gebäude	6,30	c) 0,60		c) +0,20		0,70 a) +0,20 0,90	6,20	5,60
technische Anlagen und Maschinen	2,00		f) 0,20			1,00 a) +0,05 f) -0,20 0,85	0,95	1,00
Andere Anlagen und BGA	1,00	b) 0,10	d) 0,10			0,50 a) +0,20 b) +0,02 d) -0,05 0,67	0,33	0,50
Geleistete Anzahlungen, Anlagen im Bau	0,20			c) -0,20			0	0,20
Beteiligungen	3,80				e) 0,10		3,90	3,80
Ausleihungen		g) 0,30	g) 0,10				0,20	0
Summe	13,3	1,00	0,40	0	0,10	2,92	11,58	11,10

Anmerkungen zur Lösung:

b) Monitore (GWG)

Die Monitore werden als geringwertige Wirtschaftsgüter im Pool „geringwertige Wirtschaftsgüter Jahr t0" geführt und über eine (fiktive) Nutzungsdauer von 5 Jahren linear abgeschrieben (20 % p. a.). Somit ergibt sich für das Jahr t0 ein AfA-Betrag auf den zugehörigen GWG-Pool in Höhe von (es wurden keine weiteren GWGs angeschafft):   0,1 Mio. € x 0,2 = 0,02 Mio. €

d) Verkauf des LKW

Die kumulierte AfA für den verkauften Lkw ermittelt sich wie folgt:

Anschaffungskosten	–		Restbuchwert
100.000 €	–		50.000 €
	=		**50.000 € (0,05 Mio. €)**

f) Verkauf der Hochdruckpresse

Die Anschaffungskosten der Hochdruckpresse sind im Zeitpunkt des Verkaufes bereits voll abgeschrieben (Erinnerungswert 1 €), insofern beträgt die kumulierte AfA 200.000 € (0,2 Mio. €).

Lösung zu Aufgabe 2

Es handelt sich bei der Maschine um einen abnutzbaren Gegenstand des Anlagevermögens. Der Ansatz in der Bilanz erfolgt zu den Anschaffungskosten vermindert um die Abschreibungen. Der beizulegende Zeitwert wird in Form des Wiederbeschaffungszeitwertes ermittelt.

1. Die Wertsteigerung führt im Allgemeinen noch zu einem Zuschreibungswahlrecht (§ 253 Abs. 5 HGB). Für Kapitalgesellschaften und Unternehmen i. S. d. § 264 a HGB gilt eine Zuschreibungspflicht (Wertaufholungsgebot). Die Obergrenze der Zuschreibungen ist durch die Anschaffungskosten festgelegt. Im Falle der Maschine erfolgt eine Zuschreibung in Höhe von 25.000 €. Nach dem BilMoG gilt eine allgemeine Zuschreibungspflicht.

2. Die dauerhafte Wertminderung wird durch die Abwertungspflicht (strenges Niederstwertprinzip, § 253 Abs. 2 HGB) gekennzeichnet. Der Ansatz in der Bilanz verringert sich um 15.000 €.

Siehe CD-ROM

Hinweis:

Diese und weitere Aufgaben samt Lösungen finden Sie auf der beiliegenden CD-ROM.

6 Bilanzierung des Umlaufvermögens

6.1 Ausweis und Bewertung des Umlaufvermögens

In das Umlaufvermögen sind alle Vermögensgegenstände aufzunehmen, die nicht dem Anlagevermögen zuzurechnen sind. Innerhalb des Umlaufvermögens sind gem. § 266 Abs. 2 B. I-IV HGB die folgenden vier Hauptposten auszuweisen:

1. Vorräte,
2. Forderungen und sonstige Vermögensgegenstände,
3. Wertpapiere,
4. liquide Mittel.

Diese Liste entspricht gleichzeitig der Mindestgliederung für kleine Kapitalgesellschaften (§ 266 Abs. 1 S. 3 HGB). Demgegenüber müssen mittelgroße und große Kapitalgesellschaften die volle Aufgliederung dieser vier Hauptposten entsprechend den Untergliederungspunkte gem. § 266 Abs. 2 HGB vornehmen.

Im Gegensatz zu den gesonderten **Ansatzvorschriften**, die Wahlrechte und Verbote betreffen, besteht für das Umlaufvermögen stets ein Ansatzgebot. Das gilt auch für selbst erstelltes immaterielles Umlaufvermögen (z. B. Software oder Filme, die zum Verkauf bestimmt sind).

Die Zugangsbewertung erfolgt zu den Anschaffungs- oder Herstellungskosten, die gleichzeitig die Wertobergrenze markieren. Bei der Folgebewertung ist das strenge Niederstwertprinzip zu beachten. Außerplanmäßige Abschreibungen sind folglich unabhängig von der Dauer der voraussichtlichen Wertminderung vorzunehmen. Als Korrekturwert ist der Börsen- oder Marktpreis oder der niedrigere beizulegende Wert heranzuziehen.

Darüber hinaus können noch weitere Wertabschläge vorgenommen werden:

- Abschreibungen auf den nahen Zukunftswert,
- Abschreibungen nach vernünftiger kaufmännischer Beurteilung,
- steuerrechtliche Sonderabschreibungen (umgekehrte Maßgeblichkeit).

Mit dem BilMoG werden diese Abwertungswahlrechte jedoch alle gestrichen und schon derzeit gilt für Kapitalgesellschaften nur die Möglichkeit zu einer steuerrechtlichen Sonderabschreibung. In den Folgejahren kann bei Wegfall des Grundes für die außerplanmäßige Abschreibung bei Personengesellschaften eine Zuschreibung vorgenommen werden; sie ist bei Kapitalgesellschaften und haftungsbeschränkten Personenhandelsgesellschaften sowie nach Gültigkeit des BilMoG künftig für alle Unternehmen vorzunehmen. Darüber hinaus existieren bei der Bewertung von Vorräten spezielle Bewertungsverfahren, die vom Einzelbewertungsgrundsatz abweichen. Neben der Gruppen-, Sammel- oder Festbewertung zählen hierzu auch die Verbrauchsfolgefiktionen.

6.2 Vorräte

Begriff und Unterteilung

Vorräte dienen dem eigentlichen Geschäftszweck des Unternehmens, also unmittelbar der Produktion oder dem Handel. Sie sind gem. § 266 Abs. 2 B. I. HGB in die folgenden Unterposten aufzugliedern:

1. Roh-, Hilfs- und Betriebsstoffe,
2. unfertige Erzeugnisse, unfertige Leistungen,
3. fertige Erzeugnisse und Waren,
4. geleistete Anzahlungen.

Roh-, Hilfs- und Betriebsstoffe

Rohstoffe gehen als Hauptbestandteile, Hilfsstoffe als Nebenbestandteile unmittelbar in das Erzeugnis ein, während Betriebsstoffe bei der Herstellung verbraucht werden.

Im Unterschied zu den Roh-, Hilfs- und Betriebsstoffen werden Waren nicht zu Erzeugnissen verarbeitet, sondern selbstständig (Handelsware) oder als Zubehör zu eigenen Erzeugnissen weiterveräußert.

Zu den unfertigen Erzeugnisse und Leistungen gehören alle noch nicht verkaufsfähigen Produkte, für die im Unternehmen durch Be- oder Verarbeitung bereits Aufwendungen entstanden sind. Langfristige Fertigungsaufträge[215] werden bis zur Abnahme durch den Kunden und die Ausstellung der Endabrechnung auch unter den unfertigen Erzeugnissen erfasst.

unfertige Erzeugnisse/ Leistungen

Unter fertigen Erzeugnissen und Waren werden alle selbst gefertigten oder zugekauften Vorräte ausgewiesen, die verkaufsfähig sind.

fertige Erzeugnisse/Waren

Geleistete Anzahlungen sind Vorleistungen des Unternehmens für die Leistung des zur Lieferung oder Leistung von Waren, Dienstleistungen u. Ä. verpflichteten Vertragspartners. Unter dieser Position werden Zahlungen des Unternehmens an Dritte erfasst, die sich auf das Vorratsvermögen beziehen und aus abgeschlossenen Verträgen resultieren, deren Lieferung oder Leistung noch offen ist. Dementsprechend liegen Forderungen des Unternehmens gegenüber dem Lieferanten aus der Erbringung der vereinbarten Leistung vor.

geleistete Anzahlungen

Bei erhaltenen Anzahlungen handelt es sich um Zahlungen, die das Unternehmen von Kunden für noch zu erbringende Leistungen erhalten hat. Da das Unternehmen die Leistungsschuld inne hat, liegt eine Verbindlichkeit vor. Für diese Verbindlichkeiten besteht ein Ausweiswahlrecht: Sie können innerhalb der Verbindlichkeiten auf der Passivseite ausgewiesen oder offen von den Vorräten abgesetzt werden (§ 268 Abs. 5 S. 2 HGB).[216]

erhaltene Anzahlungen

Bei den Vorräten ist einerseits die Frage nach dem **wirtschaftlichen und rechtlichen Eigentum** und andererseits der Zeitpunkt der Buchung relevant. Für die Ein- bzw. Ausbuchung der erhaltenen bzw. gelieferten Ware ist nach dem **Realisationszeitpunkt** jener Zeitpunkt entscheidend, zu dem die Gefahr des zufälligen Untergangs der Ware von einem Vertragspartner auf den anderen übergeht.

---

[215] Vgl. Kapitel 6.3.

[216] Vgl. Ellrott/Bartels-Hetzler, in: Beck'scher Bilanzkommentar, § 266 HGB, Rn. 90–111.

Maßgeblich sind hier die Vertragsklauseln. Wenn der Gefahrenübergang auf den Kunden bereits bei Verlassen der Ware vom Werkhof des Lieferanten erfolgt, muss der Lieferant die Ware aus- und einen Umsatzerlös einbuchen; der Kunde muss die Ware einbuchen.[217]

Spezielle Bewertungsvorschriften

Nach dem Grundsatz der Einzelbewertung sind alle Vorratspositionen einzeln zu bewerten. Das ist im Falle schwankender Einkaufspreise beim Vorratsvermögen mit Schwierigkeiten verbunden, weil teilweise Vermischungen auftreten (z. B. bei Schüttgütern oder Flüssigkeiten). Deshalb dürfen bei gleichartigen und gleichwertigen Vorratsgegenständen aus Wirtschaftlichkeitsgründen sog. **Bewertungsvereinfachungen** vorgenommen werden. Erlaubt sind

- das Festwertverfahren (§ 240 Abs. 3 HGB),
- die Gruppenbewertung nach dem Durchschnittsverfahren (§ 240 Abs. 4 HGB) und
- die Sammelbewertungsverfahren (§ 256 HGB).

Nach § 256 kann das Vorratsvermögen nach unterschiedlichen Verbrauchsfolgen bewertet werden. Unterschieden wird zwischen zeitlichen und kostenorientierten Verbrauchsfolgefiktionen. Zu den zeitlichen Verbrauchsfolgefiktionen zählen die Lifo- und die Fifo-Methode.

Lifo-Methode

Bei einer Verbrauchsfolge nach der Lifo-Methode (last in/first out) wird unterstellt, dass die zuletzt gekauften Vorräte zuerst verbraucht werden. Der Bestand besteht immer aus den ältesten Lieferungen – falls vorhanden, auch dem Lagerbestand. Der Wareneinsatz wird dagegen mit den jüngsten Lieferungen bewertet. Diese Lagerlogik entspricht gestapelten oder geschichteten Vorräten (z. B. Kohle).

Fifo-Methode

Bei der Fifo-Methode (first in/first out) wird unterstellt, dass die zuerst gekauften Vorräte zuerst verbraucht werden (wie z. B. Getreide aus dem Silo). Der Bestand wird immer mit den jüngsten Liefe-

---

[217] Vgl. Coenenberg, Jahresabschluss und Jahresabschlussanalyse, S. 195 ff.

rungen bewertet. Der Wareneinsatz wird mit den ältesten Lieferungen bewertet.

Zu den kostenorientierten Verbrauchsfolgefiktionen zählen die Hifo- und die Lofo-Methode. Die Hifo-Methode (highest in/first out) geht davon aus, dass die teuersten Vorräte zuerst das Lager verlassen. Dementsprechend erfolgt die Bewertung des Lagerbestands mit den niedrigsten Werten, der Verbrauch wird immer mit den höchsten Werten angesetzt. Das permanente Hifo-Verfahren findet in der Praxis keine Anwendung, das Perioden-Hifo-Verfahren wird dem Vorsichtsprinzip gerecht. Hifo-Methode

Bei der Verbrauchsfolgefiktion nach der Lofo-Methode (lowest in/first out) wird angenommen, dass die am niedrigsten bewerteten Bestände das Unternehmen zuerst verlassen. Der Bestand wird immer mit den am höchsten bewerteten Beständen angesetzt, während der Verbrauch (Wareneinsatz) mit den günstigsten Beständen bewertet wird. Wie beim Hifo-Verfahren findet auch die permanente Lofo-Methode in der Praxis keine Anwendung.

Die Sammelbewertungsverfahren dürfen wie folgt in der Handels- und Steuerbilanz angewandt werden:

Methode	Zulässigkeit von Sammelverfahren in	
	Handelsbilanz	Steuerbilanz
Durchschnitt	X	X
Fifo	X	-
Lifo	X	X*
Hifo	X	-
Lofo	-	-
* nur zulässig, wenn diese Verbrauchsfolgefiktion der tatsächlichen Verbrauchsfolge entspricht		

Abb. 6-1: Zulässigkeit von Sammelbewertungsverfahren[218]

Rechentechnisch kann bei den Verbrauchsfolgeverfahren jeweils zwischen der permanenten Methode und der Periodenmethode unterschieden werden. Bei der permanenten Methode wird jeder

---

[218] Entnommen aus: Coenenberg/Haller/Mattner/Schulze, Rechnungswesen, S. 378.

Zu- oder Abgang in chronologischer Reihenfolge berücksichtigt.[219] Dieses Verfahren setzt bei der Erfassung der verbrauchten Materialmengen die Fortschreibungs- bzw. Skontraktionsmethode voraus. Rechentechnisch ist das Verfahren sehr aufwendig; es ist deshalb nicht sehr verbreitet.[220] Das folgende Beispiel bezieht sich deshalb auf das Periodenverfahren.

Die auf die Bewertungs- und Verbrauchsfolge zielenden **Bewertungsvereinfachungsverfahren** des § 256 HGB werden mit dem BilMoG neben dem Standardverfahren des gewogenen Durchschnitts auf das Lifo- und das Fifo- Verfahren beschränkt. Somit sind weitere Verfahren – wie das preisorientierte Hifo–Verfahren – zukünftig verboten. Es bleibt bei der Angabepflicht der Methode und des gegen den Marktpreis gerechneten Unterschiedsbetrages gem. § 284 Abs. 2 Nr. 4 HGB.

Die beschriebenen Bewertungsmethoden dienen lediglich der Ermittlung der Buchwerte für das Vorratsvermögen. Zusätzlich ist das strenge Niederstwertprinzip zu beachten. Das Niederstwertprinzip verbietet eine Bewertung zu Preisen, die über dem Marktpreis liegen. Deshalb sind ggf. Wertabschläge zu berücksichtigen.

Beispiel:

Die Sail GmbH hat zu Beginn des Jahres t0 insgesamt 2 t Stahl auf Lager, die je Tonne zu 1.200 € bewertet sind. Aus den Unterlagen der Buchhaltung konnten die folgenden Lagerzugänge während der vergangenen Periode ermittelt werden:

Datum			
30.04.	4	900	3.600
20.07.	3	700	2.100
05.09.	3	1.100	3.300

Am Ende der Periode beträgt der Lagerbestand 5 t Stahl.

Der Wert des Endbestandes, der sich gemäß der gewogenen Durchschnittsmethode, Fifo-, Lifo- und Hifo-Methode ergibt, ist wie folgt zu ermitteln:

---

[219] Beispiele finden sich etwa bei Coenenberg, Jahresabschluss und Jahresabschlussanalyse, S. 211.

[220] Vgl. Baetge/Kirsch/Thiele, Bilanzen, S. 369.

Menge in t	Preis je t (in €)	Gesamtpreis
gewogener Durchschnitt		
2 t	1.200 €/t	2.400 €
4 t	900 €/t	3.600 €
3 t	700 €/t	2.100 €
3 t	1.100 €/t	3.300 €
12 t		11.400 €
5 t		4.750 €
Fifo-Methode		
3 t	1.100 €/t	3.300 €
2 t	700 €/t	1.400 €
5 t		4.700 €
Lifo-Methode		
3 t	1.200 €/t	2.400 €
2 t	900 €/t	2.700 €
5 t		5.100 €
Hifo-Methode		
3 t	700 €/t	2.100 €
2 t	900 €/t	1.800 €
5 t		3.900 €

Beträgt der Wiederbeschaffungspreis am Markt am 31.12.t0 760 €/t kommt es zum folgenden Bilanzansatz:

Bei einem Marktpreis von 760 €/t ergibt sich für den Bestand von 5 t ein Wertansatz in Höhe von 3.800 €.

Da der Marktpreis unter den Anschaffungskosten der zuvor errechneten Werte der Vereinfachungsverfahren liegt, muss gem. § 253 Abs. 3 S. 1 HGB der niedrigere Marktwert für den Wertansatz verwendet werden (strenges Niederstwertprinzip). Deshalb sind die Stahlvorräte mit 3.800 € zu bewerten.

Die Anwendung der Verbrauchsfolgeverfahren hat **Auswirkungen auf die Darstellung der Vermögens- und Ertragslage** von Unternehmen. In Zeiten sinkender Preise kann es grundsätzlich zu Überbewertungen kommen, weil die in früheren Jahren zu höheren Preisen erworbenen Vermögensgegenstände annahmegemäß im Lager liegen. Allerdings ist zusätzlich zu prüfen, ob eine Abschreibung auf den niedrigeren Börsen- oder Marktpreis oder auf den niedrigeren beizulegenden Wert erforderlich ist.

Demgegenüber werden mit dem Lifo-Verfahren bei steigenden Preisen ggf. stille Reserven gelegt; der Einblick in die Vermögens- und Ertragslage wird verzerrt. Demgegenüber werden bei Anwendung des Fifo-Verfahrens bei steigenden Preisen Scheingewinne ausgewiesen.[221]

6.3 Langfristige Fertigungsaufträge

Langfristige Fertigungsaufträge erstrecken sich über mindestens einen Bilanzstichtag (wie z. B. der langjährige Bau einer Brücke oder einer Großanlage). Wegen der Beachtung des Realisationsprinzips kann die noch zu erbringende Leistung erst bei Fertigstellung und Endabnahme als Umsatz gebucht werden; somit entsteht der Gewinn buchhalterisch auch erst zu diesem Zeitpunkt. Während der Fertigstellungsphase sind die damit verbunden Aufwendungen innerhalb der Vorräte zu Herstellungskosten zu aktivieren.

Grundsätzlich dürfen nur die Bestandteile in die Herstellungskosten eingerechnet werden, die aktivierbar sind. So dürfen Vertriebskosten nicht eingerechnet werden. Eine Aktivierung zu Selbstkosten, d. h. zu den Herstellungskosten inkl. der Vertriebskosten, wird bei langfristigen Fertigungsaufträgen aber als zulässig erachtet, um Auftragszwischenverluste zu vermeiden.

Da der Gewinn erst am Ende des Fertigungszeitraums ausgewiesen werden darf, wird der Gesamtauftrag in der Praxis in technisch und wirtschaftlich abgrenzbare Teilleistungen zerlegt, die einzeln vom Kunden abgenommen werden. In der Periode der Abnahme einer Teilleistung wird entsprechend der Gesamtumsatzerlöse proportional ein Teilerlös gebucht und die Herstellungskosten der Teilleistung werden aus dem Vorratsposten ausgebucht. In Höhe der Differenz

---

[221] Vgl. Meyer, Bilanzierung nach Handels- und Steuerrecht, S. 98.

zwischen Teilerlös und anteiligen Herstellungskosten wird ein Teilgewinn während der Fertigungslaufzeit realisiert. Dieses Verfahren führt zu einem gleichmäßigeren Gewinnausweis über die Fertigungszeit, während es bei vollständiger Gewinnerfassung erst am Ende der Fertigungslaufzeit zu Gewinnausschlägen kommen würde. Die Teilgewinnrealisation ist nur zulässig, wenn sich die Auftragsleistung auch in einzelne Funktionseinheiten zerlegen lässt und für den Lieferanten letztlich kein Funktionsrisiko im Hinblick auf die Gesamtleistung entsteht.[222]

Entsprechend dem Vorsichtsprinzip sind Rückstellungen für drohende Verluste aus schwebenden Geschäften zu buchen, wenn absehbar ist, dass die Gesamtkosten nicht durch die Gesamterlöse des Auftrags gedeckt werden.

Beispiel:

Ein Unternehmen hat in t1 einen Auftrag für ein vierjähriges Bauprojekt erhalten. Der vertraglich fixierte Netto-Festpreis beträgt 100 Mio. €. In der Kalkulation werden Gesamtkosten in Höhe von 80 Mio. € geplant, die sich gleichmäßig über die vier Jahre verteilen. Der Gesamtgewinn beläuft sich auf insgesamt 20 Mio. €.

Annahme 1: Eine Teilgewinnrealisation darf nicht gebucht werden.

Lösung

Bilanz	t1	t2	t3	t4
Vorräte	20	40	60	
Forderungen				100

GuV	t1	t2	t3	t4
Umsatzerlöse				100
HK des U.*				80
Gewinn v. St.				20
*Herstellungskosten des Umsatzes				

---

[222] Vgl. Coenenberg/Haller/Mattner/Schulze, Rechnungswesen, S. 378 f.

233

Annahme 2: Eine Teilgewinnrealisation darf gebucht werden

Lösung

Bilanz	t1	t2	t3	t4
Vorräte	25	50	75	
Forderungen				100

GuV	t1	t2	t3	t4
Umsatzerlöse	25	25	25	25
HK des U.*	20	20	20	20
Gewinn v. St.	5	5	5	5
*Herstellungskosten des Umsatzes				

Die Ergebnisse zeigen deutlich die unterschiedlichen Wirkungen auf die Höhe der Vermögensposition und die Höhe des Gewinns während der Laufzeit des langfristigen Fertigungsauftrages.

6.4 Forderungen und sonstige Vermögensgegenstände

Ausweis und Unterteilung

Gemäß § 266 Abs. 2 B. II. HGB werden Forderungen in die folgenden Unterposten aufgespaltet:

1. Forderungen aus Lieferungen und Leistungen,
2. Forderungen gegen verbundene Unternehmen,
3. Forderungen gegen Unternehmen, mit denen ein Beteiligungsverhältnis besteht,
4. sonstige Vermögensgegenstände.

Forderungen aus Lieferungen und Leistungen

Forderungen aus Lieferungen und Leistungen entstehen aus Geschäften, die für die Unternehmenstätigkeit typisch sind. Den Lieferungen und Leistungen liegen gegenseitige Verträge zugrunde (z. B. Lieferungs-, Werks- oder Dienstverträge), die seitens des bilanzierenden Unternehmens bereits durch Lieferung oder Leistung erfüllt wurden, deren Erfüllung durch den Schuldner in Form einer Bezahlung jedoch noch offen steht.

Solange beide Partner nichts geleistet haben, stehen Anspruch und Verpflichtung in der Schwebe und bilden ein schwebendes Geschäft. Der zur Lieferung oder sonstigen Leistung Verpflichtete darf den Erfolg aus dem Geschäft entsprechend dem Realisationsprinzip noch nicht ausweisen und die Forderung aus Lieferung und Leistung deshalb noch nicht bilanzieren.

Wird eine Forderung abgetreten (**Zession**), muss der Sicherungsgeber (**Zedent**) die Forderung weiterhin bilanzieren, weil er gegenüber dem Sicherungsnehmer (**Zessionar**) für einen Forderungsausfall haftet und somit der wirtschaftliche Eigentümer ist. Demgegenüber geht das wirtschaftliche Eigentum bei einem Forderungsverkauf (**Factoring**) auf den Käufer der Forderung über (**echtes Factoring**), wenn der Käufer das Forderungsrisiko (Delkredererisiko bezüglich des Zahlungsausfalls des Schuldners) trägt. Wenn aber der Verkäufer weiterhin das Ausfallrisiko trägt, muss er die Forderung unter den Haftungsverhältnissen gem. § 251 HGB ausweisen. Wird mit einem Forderungsausfall gerechnet, ist eine Rückstellung für ungewisse Verbindlichkeiten zu bilden.

Forderungen gegen verbundene Unternehmen und Forderungen gegen Beteiligungsunternehmen sind – wie Ausleihungen – aus Transparenzgründen gesondert auszuweisen, um die finanziellen Verflechtungen mit beteiligten Unternehmen offenzulegen. Diese Posten umfassen alle Forderungen einschließlich der Forderungen aus Lieferungen und Leistungen.

Forderungen gegen verbundene Unternehmen/ Beteiligungsunternehmen

Unter den sonstigen Vermögensgegenständen werden als Sammelposten alle Positionen erfasst, die keinem anderen Posten des Umlaufvermögens zugeordnet werden können. Dazu zählen verallgemeinernd Forderungen aus Geschäften, die für die Unternehmenstätigkeit nicht typisch sind. Beispielhaft sind u. a. Kautionen, Umsatzprämien und Provisionen, Schadensersatzansprüche sowie GmbH- und Genossenschaftsanteile ohne Beteiligungs- oder Daueranlageabsicht zu nennen. Ebenso sind die zu den sonstigen Forderungen zählenden antizipativen aktiven Rechnungsabgrenzungsposten hierunter zu subsumieren. Sie ergeben sich aus dem Realisationsprinzips, nach dem Erträge, die vor dem Bilanzstichtag liegen, deren Einzahlung

sonstige Vermögens- gegenstände

jedoch erst nach dem Bilanzstichtag erfolgt, buchungstechnisch als sonstige Forderungen zu berücksichtigen sind, um eine periodengerechte Gewinnermittlung zu ermöglichen.[223]

Unter dem Posten „sonstige Vermögensgegenstände" innerhalb des Umlaufvermögens sind auch aus Wertpapieren resultierende Zins- und Dividendenforderungen auszuweisen. Der Ansatz von **Dividendenforderungen** hängt vom rechtlichen Entstehungszeitpunkt ab. Dividendenforderungen entstehen rechtlich erst, wenn die Hauptversammlung des Beteiligungsunternehmens den Beschluss über die Gewinnverwendung gem. § 174 AktG gefasst und einen Ausschüttungsbetrag festgelegt hat. Das führt zu einer phasenverschobenen Gewinnvereinnahmung. Der Gewinn des Beteiligungsunternehmens wird beim beteiligten Unternehmen erst im Folgejahr erfolgswirksam erfasst. Nur unter bestimmten Voraussetzungen ist gemäß EuGH[224] und BGH[225] handelsrechtlich eine phasengleiche Gewinnvereinnahmung geboten.[226]

Spezielle Bewertungsvorschriften

Die Bewertung von Forderungen erfolgt nach § 253 Abs. 1 u. 3 HGB zu den Anschaffungskosten, d. h. zum Nennbetrag. Eine Bewertung über die Anschaffungskosten hinaus ist verboten.

Skonti

Häufig wird den Kunden in Rechnungen ein Abzug von Skonto erlaubt. Der Skontobetrag stellt einen Zins für einen gewährten Kredit für die Laufzeit zwischen Skontierfrist und Zahlungsziel dar. Für die Behandlung kann zunächst der Rechnungsbetrag inkl. Skonto eingebucht werden; bei Fälligkeit ist neben dem Zahlungsbetrag des Kunden ein Zinsaufwand zu berücksichtigen. Da die Gewährung des Zahlungsziels ein Kreditgeschäft darstellt, ist eine Trennung in ein Güter- und ein Kreditgeschäft sinnvoll. Bei voraussichtlichen

---

[223] Vgl. Coenenberg, Jahresabschluss und Jahresabschlussanalyse, S. 231 ff.

[224] Vgl. EuGH, Urteil vom 27.06.1996 – Rs. C-234/94, S. 1400, berichtigt durch das EuGH, Beschluss vom 10.07.1997 – Rs. C-234/94, S. 1513.

[225] Vgl. BGH, Urteil vom 12.01.1998 – II ZR 82/93, S. 567.

[226] Vgl. Baetge/Kirsch/Thiele, Bilanzen, S. 374 f.

Skontoabzügen sind die Forderungen direkt um den Skontoabzug zu kürzen (aktivische Absetzung).[227]

Unverzinsliche oder niedrig verzinsliche Forderungen sind zum niedrigeren Barwert zu bewerten; sie werden mit einem fristadäquaten Zinssatz abgezinst. Aus Vereinfachungsgründen müssen kurzfristig fällige Forderungen nicht abgezinst werden. Forderungen, die zum Barwert angesetzt werden, enthalten einen verdeckten Zinsanteil, weil ein höherer Kaufpreis als der angesetzte Barwert der Forderung vereinbart wurde. Dieser Zinsanteil darf nicht bei Entstehung der Forderung realisiert werden. Er ist nach dem Realisationsprinzip erst während der Laufzeit zu berücksichtigen. Die Ertragsrealisation erfolgt während der Laufzeit durch Aufzinsung des Barwertes.

unverzinsliche/ niedrig verzinsliche Forderungen

Beispiel:

Die Kedila GmbH gewährt der Geno GmbH im Dezember t1 ein zinsloses Darlehen über 200.000 € für 2 Jahre. Der Marktzins liegt bei 6 %. Im Jahresabschluss t1 weist die Kedila GmbH die Forderung gegen die Geno GmbH mit dem Barwert in Höhe von 90.700 € aus. In den folgende Jahren ist eine Aufzinsung der Forderung um jeweils 6 % vorzunehmen:

- Wertansatz der Forderung in t2: 188.680 €
- Wertansatz der Forderung in t3: 200.000 €

Eine außerplanmäßige Abschreibung bzw. eine Wertberichtigung auf Forderungen kann erforderlich sein, wenn

außerplanmäßige Abschreibung

- Wechselkursminderungen (Fremdwährungsforderungen) und
- Ausfallrisiken wegen Zahlungsunfähigkeit bzw. Insolvenz des Schuldners

vorliegen.

Fremdwährungsforderungen (Valutaforderungen) sind am Tag der Forderungsentstehung zum Briefkurs, dem Euro-Verkaufskurs der Banken, anzusetzen. Ist der Umrechnungskurs am Bilanzstichtag niedriger, ist die Forderung auf den niedrigeren Kurs abzuwerten.

Fremdwährungsforderungen

---

[227] Vgl. IDW (Hrsg.): WP Handbuch, Band I, Abschnitt E, Rz. 146.

Beispiel:

Die Kiwo AG liefert im Dezember Waren an einen Kunden in den USA; die Rechnungsstellung erfolgt tagggleich. Der Rechnungsbetrag veläuft sich auf 18.000 US-$ bei einem Briefkurs von 1,60 €/US-$. Zum Bilanzstichtag sinkt der Kurs auf 1,50 €/US-$.

Lösung

Im Dezember ist zunächst eine Forderung in Höhe von 28.800 € zu buchen. Aufgrund des gesunkenen Kurses ist die Forderung zum Bilanzstichtag auf 27.000 € abzuschreiben.

zweifelhafte Forderungen

Zweifelhafte Forderungen (Dubiose) sind mit dem wahrscheinlichen Wert anzusetzen. Der wahrscheinliche Wert ist unter Beachtung des Vorsichtsprinzips auf Basis der Höhe der nach vernünftiger kaufmännischer Beurteilung zu erwartenden Ausfälle abzuschätzen. Als Orientierung kann die Insolvenz- bzw. die Vergleichsquote gelten. Uneinbringliche Forderungen sind vollständig abzuschreiben.

Gemäß den Niederstwertvorschriften sind Forderungen bei bestehenden Risiken außerplanmäßig abzuschreiben. Diese außerplanmäßigen Abschreibungen werden als Wertberichtigungen bezeichnet. Nach dem Einzelbewertungsgrundsatz sind bei Vorliegen spezieller Einzelrisiken eines Kunden Abschreibungen auf die bestehenden Forderungen vorzunehmen. Bei diesen **Einzelwertberichtigungen** erfolgt die Abschreibung direkt mit einem Prozentsatz vom Nennbetrag der jeweiligen Forderungen. Aus Gründen der Wirtschaftlichkeit dürfen bei größeren Forderungsbeständen mit vielen kleinen Forderungsbeträgen spezielle Risiken pauschal berücksichtigt werden.

Darüber hinaus kann für das allgemeine Kreditrisiko eine pauschale Abschreibung auf den gesamten Forderungsbestand erforderlich werden (**Pauschalwertberichtigung**). Bemessungsgrundlage ist der gesamte Netto-Forderungsbestand abzüglich der Forderungen, auf die bereits eine Einzelwertberichtigung vorgenommen wurde. Bei Kapitalgesellschaften darf kein passivischer Ausweis einer Wertberichtigung vorgenommen werden, sodass der Wertberichtigungsbetrag mit dem Forderungsbestand zu saldieren ist. Die Umsatzsteuer darf sowohl bei Einzel- als auch bei Pauschalwertberichtigungen nicht bei der Berechnung berücksichtigt werden, weil es sich hierbei um einen „durchlaufenden Posten" handelt und weil Einzel- und Pauschalwertberichtigungen keinen Forderungsrisiken unterliegen.[228] Eine Korrektur der geleisteten Umsatzsteuer ist deshalb erst dann möglich, wenn ein Forderungsausfall so gut wie sicher ist.

6.5 Wertpapiere des Umlaufvermögens

Als Wertpapiere des Umlaufvermögens sind diejenigen Wertpapiere anzusetzen, die noch nicht im Anlagevermögen erfasst sind. Zu den Wertpapieren des Umlaufvermögens zählen gem. § 266 Abs. 2 B. III. HGB a. F.:

1. Anteile an verbundenen Unternehmen,
2. eigene Anteile,
3. sonstige Wertpapiere.

Analog zum Finanzanlagevermögen handelt es sich bei Anteilen an verbundenen Unternehmen um verbriefte oder unverbriefte Anteile an verbundenen Unternehmen. Innerhalb des Umlaufvermögens sind nur jene Anteile ohne dauerhafte Besitzabsicht auszuweisen. *(Anteile an verbundenen Unternehmen)*

Die noch gesondert auszuweisenden eigenen Anteile sind Anteile, die eine Gesellschaft an sich selbst hält. Eigene Anteile sind in den §§ 71 ff. AktG und § 33 GmbHG geregelt und besitzen Doppelcharakter. Einerseits stellen sie echte Vermögensgegenstände dar, wenn sie zur Veräußerung oder z. B. im Rahmen von Aktienoptionsprogrammen zur Weitergabe an leitende Mitarbeiter vorgesehen sind. Andererseits sind sie lediglich als Korrekturposten zum Eigenkapital anzusehen, weil sie im Falle der Liquidation des Unternehmens wertlos sind. Das BilMoG stellt einzig auf die letztgenannte Sichtweise ab und verlangt in § 272 Abs. 1 a i. d. F. d. BilMoG eine offene Verrechnung mit dem Eigenkapital. *(eigene Anteile)*

Als sonstige Wertpapiere werden alle Wertpapiere ausgewiesen, die der vorübergehenden Geldanlage von flüssigen Mitteln dienen und keine Anteile an verbundenen Unternehmen darstellen. Hierzu zählen z. B. Aktien, Pfandbriefe, Industrieobligationen oder öffentliche Anleihen. *(sonstige Wertpapiere)*

---

[228] Vgl. Coenenberg/Haller/Mattner/Schulze, Rechnungswesen, S. 382 f.

Als Anschaffungsnebenkosten sind Maklergebühren, Händlerprovisionen, Bankspesen u. Ä. zu verstehen. Sowohl die Gruppenbewertung als auch die Sammelbewertung wird für die Bewertung von Wertpapieren als zulässig erachtet.[229]

Beispiel:[230]

Die Clorix AG hält 80 festverzinsliche Wertpapiere der Krumm AG, um überschüssige Liquidität für ein halbes Jahr ertragreich anzulegen. Die Papiere haben eine Restlaufzeit von 4 Jahren und einen Nominalzins von 6 %. Die Anschaffung erfolgte zum Ausgabekurs (Nominalwert) von 1.000 €. Der Buchwert beträgt 80.000 €. Wegen eines Anstiegs des Zinsniveaus ist der Kurs der Papiere gefallen. Er beträgt nun nur noch 96 %. Der Kurswert der Papiere beträgt deshalb nur noch 76.800 €. Es besteht keine Absicht, die Papiere bis zur Fälligkeit zu halten.

Lösung

Die Papiere sind Bestandteile des Umlaufvermögens. Für sie gilt das strenge Niederstwertprinzip. Sie müssen handelsrechtlich auf 76.800 € abgeschrieben werden.

zu Handels-
zwecken
erworbene
Finanz-
instrumente

Mit dem BilMoG ergibt sich eine weitere Kategorie von Wertpapieren: Die zu Handelszwecken erworbenen Finanzinstrumente sind erfolgswirksam, d. h. mit sofortiger Erfassung in der Gewinn- und Verlustrechnung, zum Zeitwert zu bilanzieren. Mit Aufhebung dieser Anschaffungskostenobergrenze für die Bewertung im Einzelabschluss wird mit dem BilMoG ein weiterer bisher geltender handelsrechtlicher Grundsatz untergraben. Eine Besteuerung dieser schwebenden, nur als realisierbar klassifizierten Gewinne soll durch § 6 Abs. 1 Nr. 2 b EStG i. d. F. d. BilMoG für alle Unternehmen – außer für Kreditinstitute und Finanzdienstleister – gem. § 340 HGB verhindert werden. Die zu Zeitwerten bilanzierten Vermögenswerte sind gem. § 253 Abs. 1 S. 4 HGB i. d. F. d. BilMoG jeweils als solche zu kennzeichnen. Hinsichtlich der Bewertung sind die im HGB bisher nur für Abwertungen gängigen Methoden heranzuziehen,

---

[229] Vgl. Karrenbauer/Döring/Buchholz, in: Küting/Weber, HdR-E, § 253 HGB, Rn. 68.

[230] Entnommen aus: Coenenberg/Haller/Mattner/Schulze, Rechnungswesen, S. 385.

sodass nicht nur Marktzeitwerte, sondern auch über Modelle hergeleitete Zeitwerte für die Bewertung in Betracht kommen.

Im Ergebnis wird die Bildung stiller Reserven zumindest in geringem Maße verhindert und damit werden dem Management Gestaltungsspielräume entzogen. Allerdings führt die Beschränkung auf Handelszwecke zu einem impliziten Wahlrecht, wobei jedoch schon zum Zugangszeitpunkt entschieden werden muss, ob das Finanzinstrument zu Handelszwecken erworben wird oder nicht. Zudem beschränkt sich die Regelung auf die Finanzinstrumente, die eher kurzfristig orientiert und i. d. R. in geringerem Volumen als andere Finanzanlagen erworben werden, sodass größere stille Reserven hier nicht unbedingt zu erwarten sind. Durch die zwingend zu beachtende Bewertungsstetigkeit ist eine spätere Umklassifikation vom Handelsbestand in längerfristig zu haltende Wertpapiere nicht möglich. In diesem Fall bleibt es bei der Bewertung zum Marktwert.

Mit dieser Regelung will der Gesetzgeber auch die GoB bezüglich des Nichtansatzes schwebender Geschäfte – zumindest für Derivate außerhalb von Bewertungseinheiten – einschränken. Zukünftig sind zu Handelszwecken eingegangene schwebende Vertragsverhältnisse (Derivate) in der Bilanz auch dann zu erfassen, wenn schwebende Gewinne am Bilanzstichtag bestehen. Derivate, die zu Absicherungszwecken erworben wurden und die in eine Bewertungseinheit einzubeziehen sind, fallen qua Definition nicht unter den Handelsbestand und sind deshalb zusammen mit dem Grundgeschäft zum Anschaffungskostenbetrag anzusetzen (§ 254 HGB i. d. F. d. BilMoG).

Derivate

6.6 Liquide Mittel

Als liquide Mittel gelten frei verfügbare Zahlungsmittel bzw. als Zahlungsmittel gehaltene Wertpapierbestände. Beispiele sind vor allem Kassen- und Bankbestände, Briefmarken und Schecks. Der Begriff liquide Mittel wird im Handelsrecht nicht explizit genutzt. Nach der Mindestgliederung gem. § 266 Abs. 2 B. IV. HGB sind der Kassenbestand, Bundesbankguthaben, Guthaben bei Kreditinstituten und Schecks in einer Bilanzposition zusammenzufassen.

Im Kassenbestand werden in- und ausländisches Bargeld und z. B. Briefmarken ausgewiesen. Zum Guthaben bei Kreditinstituten gehören alle Forderungen gegenüber in- und ausländischen Kreditinstituten. Es sind sowohl täglich fällige Guthaben als auch Festgelder auszuweisen. Bausparguthaben werden unter den sonstigen Vermögensgegenständen aufgeführt.

6.7   Ausweis und Bewertung des Umlaufvermögens im Überblick

Für den Ausweis des Umlaufvermögens bildet § 266 HGB die zentrale Vorschrift. Die Gliederungstiefe ist abhängig davon, ob es sich um eine kleine, mittelgroße oder große Kapitalgesellschaft oder um eine haftungsbeschränkte Personengesellschaft handelt. Gem. § 268 Abs. 3 S. 1 HGB sind bei allen Forderungspositionen zusätzlich Restlaufzeiten von mehr als einem Jahr gesondert betragsmäßig anzugeben, um die Liquiditätslage besser einschätzen zu können.

Nach § 246 Abs. 2 HGB besteht ein Saldierungsverbot von Posten der Aktiv- mit Posten der Passivseite. Wenn gleichartige Positionen mit etwa gleicher Fälligkeit vorliegen, darf in Ausnahmefällen eine Verrechnung vorgenommen werden (§ 387 BGB). So dürfen beispielsweise gleichartige Guthaben und Verbindlichkeiten gegenüber demselben Kreditinstitut saldiert werden.

Umlaufvermögen

Kleine Gesellschaften	Mittelgroße Gesellschaften	Große Gesellschaften
I. Vorräte	I. Vorräte	I. **Vorräte** 1. Roh-, Hilfs-, und Betriebsstoffe 2. unfertige Erzeugnisse, unfertige Leistungen 3. fertige Erzeugnisse und Waren 4. geleistete Anzahlungen
II. Forderungen und sonstige Vermögensgegenstände – davon mit Restlaufzeit von mehr als 1 Jahr	II. **Forderungen und sonstige Vermögensgegenstände** 1. *Forderungen gegen verbundene Unternehmen* – *davon mit Restlaufzeit von mehr als 1 Jahr* 2. *Forderungen gegen Unternehmen, mit denen ein Beteiligungsverhältnis besteht* – *davon mit Restlaufzeit von mehr als 1 Jahr* 3. Übrige Forderungen und sonstige Vermögensgegenstände – davon mit Restlaufzeit von mehr als 1 Jahr	II. **Forderungen und sonstige Vermögensgegenstände** 1. Forderungen aus Lieferungen und Leistungen – *davon mit Restlaufzeit von mehr als 1 Jahr* 2. *Forderungen gegen verbundene Unternehmen* – *davon mit Restlaufzeit von mehr als 1 Jahr* 3. *Forderungen gegen Unternehmen, mit denen ein Beteiligungsverhältnis besteht* – *davon mit Restlaufzeit von mehr als 1 Jahr* 4. sonstige Vermögensgegenstände
III. Wertpapiere	III. **Wertpapiere** 1. Anteile an verbundenen Unternehmen 2. eigene Anteile 3. sonstige Wertpapiere	III. **Wertpapiere** 1. Anteile an verbundenen Unternehmen 2. eigene Anteile 3. sonstige Wertpapiere
IV. Kassenbestand, Bundesbankguthaben, Guthaben bei Kreditinstituten und Schecks	IV. **Kassenbestand, Bundesbankguthaben, Guthaben bei Kreditinstituten und Schecks**	IV. **Kassenbestand, Bundesbankguthaben, Guthaben bei Kreditinstituten und Schecks**
V. Rechnungsabgrenzungsposten	V. **Rechnungsabgrenzungsposten**	V. **Rechnungsabgrenzungsposten**

Fett	=	für alle Unternehmensgrößen relevant
Kursiv	=	für mittelgroße und große Unternehmen relevant
Normal	=	nur für die in der jeweiligen Spalte genannten Unternehmen relevant

Abb. 6-2: Gliederungsschema für das Umlaufvermögen[231]

Die folgende Abbildung zeigt die Bewertungsvorschriften für das Umlaufvermögen im Überblick:

---

[231] Entnommen aus: Baetge/Kirsch/Thiele, Bilanzen, S. 385.

Änderungen nach BilMoG: ab 2009

	Handelsbilanz		Steuerbilanz
	Allgemeine Regelungen	**Besondere Regelungen für Kapitalgesellschaften und Gesellschaften i.S.d. § 264a HGB**	
Basiswert und Wertobergrenze	Anschaffungs- bzw. Herstellungskosten (§ 253 Abs. 1 HGB)		wie Handelsbilanz (§ 6 Abs. 1 Nr. 1 u. 2 EStG)
Wertminderungen (dauernde und vorübergehende)	Abwertungspflicht: strenges Niederstwertprinzip (§ 253 Abs. 3 HGB) - Börsenpreis - Marktpreis - beizulegender Wert		Abwertungspflicht auf niedrigeren Teilwert nur bei dauernder Wertminderung (§ 6 Abs. 1 Nr. 1 u. 2 EStG)
Abwertung auf den nahen Zukunftswert	Abwertungswahlrecht (§ 253 Abs. 3 Satz 3 HGB)		Verbot (§ 6 Abs. 1 Nr. 1 u. 2 EStG)
Abwertung auf den niedrigeren steuerlichen Wert (umgekehrte Maßgeblichkeit)	Wahlrecht nach § 254 HGB (i.V.m. § 279 Abs. 2 HGB) (nach TransPuG nur noch für den Einzelabschluss relevant)		Wahlrecht (per definitionem)
Unterbewertung nach vernünftiger kaufmännischer Beurteilung	Wahlrecht (§ 253 Abs. 4 HGB)	Verbot (§ 279 Abs. 1 HGB)	Verbot, da nicht mit dem Teilwertbegriff vereinbar
Wertsteigerungen	Zuschreibungs- bzw. Beibehaltungswahlrecht (§ 253 Abs. 5 HGB)	Zuschreibungspflicht (sog. Wertaufholungsgebot, § 280 Abs. 1 HGB)	Zuschreibungsgebot (§ 6 Abs. 1 Nr. 2 Satz 3 i.V.m. Nr. 1 Satz 4 EStG)
Vorratsvermögen	Wahlrecht zur Anwendung von Bewertungsvereinfachungen, z.B. LiFo, FiFo etc. (§ 256 i.V. m. § 240 Abs. 3 und 4 HGB)		Wahlrecht (Bestimmungen EStG, EStDV, Einzelgesetze): Durchschnittsbewertung, Lifo

Abb. 6-3: Überblick der Bewertungsvorschriften für das Umlaufvermögen

6.8 Aufgaben und Lösungen

Aufgaben

Aufgabe 1: Zweifelhafte Forderungen

Kunde Meyer hat am 10.11.t0 das Insolvenzverfahren beantragt. Unsere Forderung beträgt 4.760 €. Am Ende des Verfahrens (15.12.t0) erfahren wir, dass unsere Ausfallquote 50 % beträgt. Die Zahlung erfolgt noch am gleichen Tag per Banküberweisung.

Aufgabe 2: Bewertung Umlaufvermögen

Der Bestand an Plastikgranulat des Typs Glasklar für die Herstellung von Getränkeflaschen weist im Jahresverlauf die folgenden Bewegungen auf:

Anfangsbestand	6 t à	180,00 €
Zugang 01	4 t à	230,00 €
Zugang 02	3 t à	200,00 €
Abgang 01	8 t	
Zugang 03	2 t à	215,00 €
Endbestand	7 t	

Bewerten Sie den Bestand am Jahresende nach den folgenden Verfahren:

a) Perioden-Durchschnittsmethode,
b) FiFo-Methode,
c) LiFo-Methode,
d) HiFo-Methode.

Lösungen

Lösung zu Aufgabe 1

Mit der Erkenntnis über die Beantragung der Insolvenz durch Meyer ist der Zahlungseingang aus der Forderung unsicher geworden. Ein teilweiser oder kompletter Forderungsausfall ist zu erwarten. Deshalb wird der Forderungsbetrag fortan als zweifelhafte Forderung geführt:

Zweifelhafte Forderungen	an	Forderungen	4.760 €

Die Forderung gegenüber Meyer bleibt bis zur Mitteilung über die Höhe der Ausfallquote nach Abschluss des Insolvenzverfahrens zweifelhaft. Der uneinbringliche Teil der Forderung wird nach Bekanntwerden der Ausfallquote sofort in voller Höhe abgeschrieben. Der auf den uneinbringlichen Forderungsbetrag entfallende Umsatzsteueranteil wird korrigiert:

Bank	2.380 €
Abschreibungen auf Forderungen	2.000 €
Umsatzsteuer	380 €
an Zweifelhafte Forderungen	4.760 €

Lösung zu Aufgabe 2

a) Perioden-Durchschnittsmethode

Menge (t)		Preis (€/t)		AK (€)
6	à	180,00	=	1.080,00
4	à	230,00	=	920,00
3	à	200,00	=	600,00
2	à	215,00	=	430,00
15			=	3.030,00
1	à	202,00		
7	à	202,00	=	1.414,00

b) FiFo-Methode

Menge (t)		Preis (€/t)		AK (€)
2	à	215,00	=	430,00
+ 3	à	200,00	=	600,00
+ 2	à	230,00	=	460,00
= 7	à	212,86	=	1.490,00

c) LiFo-Methode

Menge (t)		Preis (€/t)		AK (€)
6	à	180,00	=	1.080,00
+ 1	à	230,00	=	230,00
= 7	à	187,14	=	1.310,00

d) HiFo-Methode (nach dem BilMoG verboten)

Menge (t)		Preis (€/t)		AK (€)
6	à	180,00	=	1.080,00
+ 1	à	200,00	=	200,00
= 7	à	182,86	=	1.280,00

Hinweis:
Diese und weitere Aufgaben samt Lösungen finden Sie auf der beiliegenden CD-ROM.

Siehe CD-ROM

7 Bilanzierung der Passiva

7.1 Verbindlichkeiten

Begriff und Unterteilung von Verbindlichkeiten

Verbindlichkeiten sind Verpflichtungen eines Unternehmens, die am Bilanzstichtag dem Grunde und der Höhe nach feststehen. Kennzeichnend für Verbindlichkeiten ist, dass sie mit juristischen Mitteln erzwingbar sind, dass ihr Wert eindeutig bestimmbar ist und dass sie eine wirtschaftliche Belastung für das Unternehmen darstellen.

Verbindlichkeiten sind **passivierungspflichtig.** Sie sind zu dem Zeitpunkt anzusetzen, zu dem die Voraussetzungen des Passivierungsgrundsatzes erfüllt sind. Hier ist zwischen Verbindlichkeiten ohne und Verbindlichkeiten mit Gegenleistung zu unterscheiden. Verbindlichkeiten ohne Gegenleistung entstehen erst mit der Verwirklichung des maßgebenden Sachverhalts. So ist eine Verbindlichkeit für einen Schadensersatz bei Vertragsverletzung in der Periode zu bilanzieren, in der die Vertragsverletzung vorliegt; nur bei Unsicherheit hinsichtlich der Höhe der Verpflichtung ist eine Rückstellung zu bilden. Verbindlichkeiten mit Gegenleistung beruhen i. d. R. auf einem Vertrag und entstehen mit Vertragsabschluss.[232] Aufgrund des Vollständigkeitsgebots gem. § 246 Abs. 2 HGB ist eine Saldierung mit Forderungen grundsätzlich verboten.

Für die Unterteilung der Verbindlichkeiten sind der Grundsatz der Klarheit und der Grundsatz der Stetigkeit maßgeblich. Mittelgroße und große Kapitalgesellschaften sowie haftungsbeschränkte Personengesellschaften müssen die Gliederungsstruktur gem. § 266 Abs. 3 C. HGB beachten, die primär nach Gläubigergruppen strukturiert ist. Danach ist die folgende Gliederung vorzunehmen:[233]

---

[232] Vgl. Baetge/Kirsch/Thiele, Bilanzen, S. 393.
[233] Vgl. Coenenberg/Haller/Mattner/Schulze, Rechnungswesen, S. 412 f.

1. Anleihen
   davon konvertibel
   Anleihen entstehen durch die Inanspruchnahme des öffentlichen Kapitalmarktes und stellen eine Möglichkeit der Fremdkapitalbeschaffung dar. Die Finanzierungsform steht i. d. R. nur Aktiengesellschaften oder größeren Gesellschaften anderer Rechtsformen offen, die über ausreichend Bonität verfügen. Beispiele für Anleihen sind Teilschuldverschreibungen, Wandelschuldverschreibungen und Optionsanleihen.

   Konvertible Anleihen sind gesondert auszuweisen. Diese Anleihen enthalten ein Umtausch- bzw. Umwandlungsrecht.

   Wenn ein Unternehmen nur Anleihen am Kapitalmarkt begeben hat, gilt es als kapitalmarktorientiert, auch wenn keine Eigenkapitaltitel an der Börse gehandelt werden.

2. Verbindlichkeiten gegenüber Kreditinstituten
   Sie entstehen nur in Höhe des tatsächlich in Anspruch genommenen Betrages. Hierzu zählen auch Schuldverschreibungen gegenüber Kreditinstituten und Verbindlichkeiten gegenüber Bausparkassen.

3. Erhaltene Anzahlungen auf Bestellungen
   Erhaltene Anzahlungen dienen der Vorfinanzierung von Aufträgen und stellen eine Sicherheitsleistung dar. Beziehen sich erhaltene Anzahlungen auf bestimmte Vorratsgüter (z. B. auf Güter aus langfristiger Auftragsfertigung), besteht das Wahlrecht, Anzahlungen offen von den Vorräten abzusetzen (§ 268 Abs. 5 S. 2 HGB).

4. Verbindlichkeiten aus Lieferungen und Leistungen
   Sie entstehen in Zusammenhang mit der betrieblichen Tätigkeit des Unternehmens. Konkret handelt es sich um Verpflichtungen aus erhaltenen bzw. in Anspruch genommenen Lieferungen und Leistungen, für die das Unternehmen noch keine Gegenleistung erbracht hat.

5. Verbindlichkeiten aus der Annahme gezogener Wechsel und der Ausstellung eigener Wechsel
   Dieser Posten umfasst zum einen die auf das bilanzierende Unternehmen gezogenen und von ihm akzeptierten und zum ande-

ren vom Unternehmen selbst ausgestellte Wechsel (sog. Solawechsel). Die Verbindlichkeit, die der Wechselschuld zugrunde liegt, darf nur einmal ausgewiesen werden. Deshalb ist bei Wechselakzept ggf. eine Umbuchung vorzunehmen.

6. Verbindlichkeiten gegenüber verbundenen Unternehmen
   Diese Angabe dient der besseren Transparenz über die wirtschaftliche Verflechtung mit verbundenen Unternehmen. Unter diesen Posten sind sowohl Verbindlichkeiten aus dem Geschäftsverkehr als auch Finanzierungsschulden auszuweisen.

7. Verbindlichkeiten gegenüber Unternehmen, mit denen ein Beteiligungsverhältnis besteht
   Es handelt sich um Verbindlichkeiten gegenüber Unternehmen, an denen das Unternehmen beteiligt ist, sowie um Verbindlichkeiten gegenüber Unternehmen, die an dem bilanzierenden Unternehmen beteiligt sind. Offengelegt werden damit alle bestehenden wechselseitigen Verpflichtungen zwischen Beteiligungsunternehmen.

8. Sonstige Verbindlichkeiten
   Sonstige Verbindlichkeiten stellen einen Sammelposten für alle Verbindlichkeiten dar, die keiner der oben genannten Positionen zugeordnet werden können. Explizit sind bestehende Verbindlichkeiten aus Steuern und bestehende Verbindlichkeiten im Rahmen der sozialen Sicherheit gesondert auszuweisen. Dazu gehören beispielsweise

   – Steuerschulden des Unternehmens (wie z. B. Körperschaftssteuer und Umsatzsteuer),

   – einbehaltene und noch abzuführende Steuern (wie z. B. Lohnsteuer und Kapitalertragsteuer),

   – rückständige Löhne, Gehälter, Tantiemen, Gratifikationen und Auslagenerstattungen,

   – einbehaltene und noch nicht abzuführende vom Unternehmen selbst zu tragende Sozialabgaben und Versicherungsprämien,

   – Verbindlichkeiten aus Zusagen im Rahmen der betrieblichen Altersversorgung gegenüber Arbeitnehmern und Pensionären sowie gegenüber betrieblichen Unterstützungseinrichtungen, die keine verbundenen Unternehmen sind, einschließlich Darlehen von Unterstützungseinrichtungen.[234]

Innerhalb der sonstigen Verbindlichkeiten sind auch die antizipativen passivischen Rechnungsabgrenzungsposten auszuweisen. Hierbei handelt es sich um Aufwendungen, die dem abzuschließenden Geschäftsjahr zuzuordnen sind, aber erst im folgenden Geschäftsjahr zu Auszahlungen führen (wie z. B. Zinsaufwendungen, die aufgrund vertraglicher Vereinbarungen nachschüssig in der nächsten Rechnungsperiode zu zahlen sind).[235]

Bewertung von Verbindlichkeiten

Für die Bewertung von Verbindlichkeiten sind die in Kapitel 4.4 beschriebenen grundlegenden Bewertungsmaßstäbe relevant. Grundsätzlich erfolgt eine Bewertung zum Rückzahlungsbetrag.

Fremdwährungsverbindlichkeiten

Bei Fremdwährungsverbindlichkeiten (Valutaverbindlichkeiten) ist das Höchstwertprinzip zu beachten. In § 256 a HGB i. d. F. d. BilMoG-RefE wird die Währungsumrechnung erstmals isoliert von den allgemeinen Bewertungsregeln verpflichtend vorgeschrieben. Es sind alle auf ausländische Währungen lautende Schulden mit einer Restlaufzeit von über einem Jahr mit dem Devisenkassakurs umzurechnen. Allerdings ist bei der Umrechnung das Realisations- und Imparitätsprinzip (§ 252 Abs. 1 Nr. 4 HGB) sowie das Anschaffungskostenprinzip (§ 253 Abs. 1 HGB) zu beachten – es gibt somit einen Höchstwerttest. Nach den Ausführungen in der Gesetzesbegründung soll sich die Regelung für kurzfristige Fremdwährungssachverhalte – trotz fehlender Vorgaben – weiter an der bisher angewandten GoB-Auslegung orientieren, die die Umrechnung für diese Werte zum Stichtagskurs auch ohne Niederst- und Höchstwerttest vorsieht.[236]

Skonti

Verbindlichkeiten von Lieferungen und Leistungen stellen eine Zahlungsverpflichtung dar. Wird Skonto gewährt, ist in Abhängigkeit

---

[234] Vgl. Clemm/Erle, in: Beck Bilanz-Kommentar, § 266 HGB, Rn. 246.

[235] Vgl. Kapitel 8.1.

[236] RegE-BilMoG v. 21.05.2008, S. 136.

davon, ob eine Inanspruchnahme beabsichtigt ist oder nicht, ein Ansatz der Verbindlichkeit in Höhe des Barpreises (ohne Skonto) oder ein Wertsansatz in Höhe des Rechnungsbetrages (einschließlich Skonto) vorzunehmen.[237] Analog zu den Forderungen wird häufig zwischen einem Gütergeschäft und einem Kreditgeschäft unterschieden, weil i. d. R. davon auszugehen ist, dass die Skontoabzugsmöglichkeit aufgrund des hohen Jahreszinssatzes genutzt wird. Deshalb wird der niedrigere Erfüllungsbetrag als Verbindlichkeit passiviert.

Unverzinsliche oder zu niedrig verzinsliche Verbindlichkeiten dürfen nach dem Handelsrecht unabhängig von der Laufzeit nicht abgezinst werden. **Zinspapiere ohne laufende Zinszahlungen** (Zero-Bonds) sind mit dem niedrigeren Ausgabekurs zu bilanzieren. Die Zuschreibung der Verbindlichkeit um den Zinsanteil erfolgt jährlich mit der Effektivzinsberechnung.[238]

Zero-Bonds

Beispiel:

Unternehmen Schufiko hat am 1. Januar t1 ein Zero-Bond mit einer Laufzeit von vier Jahren vereinbart, der in Höhe von 12.000 € ausgezahlt wurde. Der Zinssatz beträgt 7 %.

Lösung

Periode (t)	Verbindlichkeit zum 1.1	Zins und Zinseszins	Verbindlichkeit zum 31.12. (gesamt)	davon Zins- verbindlichkeit (kumuliert)
1	12.000	840	12.840	840
2	12.840	899	13.739	1.739
3	13.739	962	14.701	2.701
4	14.701	1.029	15.730	3.730

Ist der **Auszahlungsbetrag einer Verbindlichkeit kleiner** als der Rückzahlungsbetrag, kann es sich bei dem Unterschiedsbetrag um ein Rückzahlungsagio oder ein (Auszahlungs-)Disagio handeln. Im

---

[237] Vgl. ADS, § 253 HGB, Rz. 159.
[238] Vgl. Thiele/Kahling, in: Baetge/Kirsch/Thiele, Bilanzrecht-Kommentar, § 253 HGB, Rz. 85.

ersten Fall lauten der Auszahlungskurs auf 100 %, der Rückzahlungskurs auf bspw. 102 %; beim Disagio beträgt der Auszahlungskurs hingegen z. B. nur 98 %, der Rückzahlungskurs 100 %. Entsprechend dem Grundsatz der periodengerechten Erfolgsermittlung ist eine Aktivierung des Unterschiedsbetrages als Rechnungsabgrenzungsposten sowie eine erfolgswirksame Auflösung über die Laufzeit sachgemäß. Allerdings besteht mit § 250 Abs. 3 HGB ein Aktivierungswahlrecht, das auch mit dem BilMoG erhalten bleibt.

Ist hingegen der **Auszahlungsbetrag einer Verbindlichkeit größer** als der Rückzahlungsbetrag, liegt ein (Auszahlungs-)Agio vor. Bei dieser einmaligen Vorabzinserstattung handelt es sich um im Auszahlungszeitpunkt unrealisierte Gewinne, sodass keine sofortige erfolgswirksame Verrechnung vorgenommen werden darf. In Höhe des Agios ist ein passivischer Rechnungsabgrenzungsposten zu bilden, der über die Laufzeit des Darlehens aufzulösen ist.

Ausweis von Verbindlichkeiten

Für die Berichterstattung über Verbindlichkeiten existieren mit den §§ 265 f. und 285 HGB für Kapitalgesellschaften und haftungsbeschränkte Personenhandelsgesellschaften detaillierte Ausweis- und Erläuterungspflichten. Für die anderen Unternehmen ist es ausreichend, wenn alle Verbindlichkeiten in einer Position zusammengefasst werden.

In Abhängigkeit von der Größe der Kapitalgesellschaft ändert sich die Tiefe der Gliederungsstruktur, wie die folgende Abbildung zeigt:

Verbindlichkeiten

Kleine Gesellschaften	Mittelgroße Gesellschaften	Große Gesellschaften
- davon mit Restlaufzeit bis zu 1 Jahr	1. Anleihen *- davon konvertibel;* *- davon mit Restlaufzeit bis zu 1 Jahr* 2. Verbindlichkeiten gegenüber Kreditinstituten *- davon mit Restlaufzeit bis zu 1 Jahr* 3. Verbindlichkeiten gegenüber verbundenen Unternehmen *- davon mit Restlaufzeit bis zu 1 Jahr* 4. Verbindlichkeiten gegenüber Unternehmen, mit denen ein Beteiligungsverhältnis besteht *- davon mit Restlaufzeit bis zu 1 Jahr* 5. übrige Verbindlichkeiten *- davon mit Restlaufzeit bis zu 1 Jahr*	1. Anleihen *- davon konvertibel;* *- davon mit Restlaufzeit bis zu 1 Jahr* 2. *Verbindlichkeiten gegenüber Kreditinstituten* *- davon mit Restlaufzeit bis zu 1 Jahr* 3. erhaltene Anzahlungen auf Bestellungen *- davon mit Restlaufzeit bis zu 1 Jahr* 4. Verbindlichkeiten aus Lieferungen und Leistungen *- davon mit Restlaufzeit bis zu 1 Jahr* 4. Verbindlichkeiten aus der Annahme gezogener Wechsel und der Ausstellung eigener Wechsel *- davon mit Restlaufzeit bis zu 1 Jahr* 6. *Verbindlichkeiten gegenüber verbundenen Unternehmen* *- davon mit Restlaufzeit bis zu 1 Jahr* 7. *Verbindlichkeiten gegenüber Unternehmen, mit denen ein Beteiligungsverhältnis besteht* *- davon mit Restlaufzeit bis zu 1 Jahr* 8. sonstige Verbindlichkeiten *- davon aus Steuern;* *- davon im Rahmen der sozialen Sicherheit;* *- davon mit Restlaufzeit bis zu 1 Jahr*

Fett = für alle Unternehmensgrößen relevant
Kursiv = für mittelgroße und große Unternehmen relevant
Normal = nur für die in der jeweiligen Spalte genannten Unternehmen relevant

Abb. 7-1: Gliederungsschema für Verbindlichkeiten[239]

---

[239] Entnommen aus Baetge/Kirsch/Thiele, Bilanzen, S. 403.

Anzugeben ist neben dem Gesamtbetrag für das abgelaufene Geschäftsjahr auch der Vorjahresbetrag. Die Angabe von Beträgen für das vorhergehende Geschäftsjahr bezieht sich auch auf die „davon"-Vermerke.

Restlaufzeit von bis zu einem Jahr

Verbindlichkeiten mit einer Restlaufzeit von bis zu einem Jahr sind gem. § 268 Abs. 5 S. 1 HGB für jeden Verbindlichkeitsposten in der Bilanz aufzuzeigen. Diese Angabe kann nach § 265 Abs. 7 Nr. 2 HGB entsprechend dem Grundsatz der Klarheit auch im Anhang erfolgen.

Restlaufzeit von mehr als fünf Jahren

Nach § 285 S. 1 Nr. 1 HGB ist der Gesamtbetrag der Verbindlichkeiten mit einer Restlaufzeit von mehr als fünf Jahren (§ 285 S. 1 Nr. 1 a HGB) im Anhang anzugeben. Ergänzend fordert § 285 S. 1 Nr. 1 HGB eine Aufgliederung der Angaben zu den Restlaufzeiten für jeden nach § 266 Abs. 3 C Nr. 1–8 HGB einzeln in der Bilanz auszuweisenden Verbindlichkeitsposten. Die Angaben können wahlweise direkt in der Bilanz bei den betreffenden Posten gemacht werden. Kleine Gesellschaften müssen diese Aufgliederung nicht vornehmen.

durch Pfandrechte o. Ä. gesicherte Verbindlichkeiten

Darüber hinaus ist der Gesamtbetrag der Verbindlichkeiten anzugeben, die durch Pfandrechte oder ähnliche Rechte gesichert sind (§ 285 S. 1 Nr. 1 b HGB). Beispiele für angabepflichtige Sicherheiten sind Grundpfandrechte (Hypothek, Grundschuld und Rentenschuld), Pfandrechte an Rechten und beweglichen Sachen, Sicherungsübereignungen sowie Sicherungsabtretungen.

Diese Vorschrift dient zusammen mit den Angabepflichten in § 285 S. 1 Nr. 2 u. 3 HGB der Verbesserung der Darstellung der Finanzlage von Unternehmen. Zusammen mit den Forderungsrestlaufzeiten wird ein besserer Einblick in die Fristenkongruenz von zukünftigen Zahlungsverpflichtungen – und damit in die zukünftige Liquiditätslage des Unternehmens – gewährt.

Verbindlichkeitenspiegel

Die differenzierten Angaben der Verbindlichkeiten zu Restlaufzeiten und Besicherungen können aus Gründen der Klarheit und der Übersichtlichkeit in Form eines Verbindlichkeitenspiegels dargestellt werden. Die folgende Tabelle zeigt eine beispielhafte Darstellung des Verbindlichkeitenspiegels:

Art der Verbindlichkeit	Gesamtbetrag		davon mit einer Restlaufzeit von			gesicherte Beträge	Art der Sicherheit
	Vorjahr	Geschäftsjahr	bis 1 Jahr	1 bis 5 Jahre	über 5 Jahre		
	€	€	€	€	€	€	
gegenüber Kreditinstituten	50.000	60.000	35.000	5.000	20.000	25.000	Grundpfandrechte
aus Lieferungen und Leistungen	45.000	40.000	35.000	5.000		–	–
gegenüber verbundenen Unternehmen	15.000	20.000	10.000	10.000		10.000	Sicherungsabtretung
gegenüber Gesellschaftern	20.000	15.000		15.000		15.000	Grundpfandrechte
sonstige Verbindlichkeiten	25.000	15.000	15.000			–	–
Summe	155.000	150.000	95.000	35.000	20.000		

durch Saldierung zu ermitteln

Angaben aus der Bilanz oder dem Anhang

Angaben aus dem Anhang oder der Bilanz

bei kleinen und mittelgroßen Kapitalgesellschaften sind diese Angaben nur für den Gesamtbetrag der Verbindlichkeiten erforderlich

Abb. 7-2: Beispiel für einen Verbindlichkeitenspiegel

7.2   Rückstellungen

Begriff und Unterteilung von Rückstellungen

Rückstellungen unterscheiden sich von Verbindlichkeiten durch die noch bestehende Ungewissheit, ob und ggf. in welcher Höhe das Unternehmen zur Zahlung verpflichtet ist. Rückstellungen sind Verpflichtungen für künftige Ausgaben, die dem Grunde und/oder der Höhe nach ungewiss sind. Rückstellungen sind von den Rücklagen abzugrenzen. Rücklagen – wie etwa die Kapital- oder Gewinnrücklage – sind Teile des Eigenkapitals.[240] Während Rückstellungen aufwandswirksam gebildet werden und erfolgsmindernd wirken, werden z. B. Gewinnrücklagen nach der Ergebnisermittlung zur Ergebnisverwendung gebildet.

Abzugrenzen sind Rückstellungen auch von den sog. Eventualverbindlichkeiten. Bei Eventualverbindlichkeiten besteht die rechtliche Grundlage für die Verpflichtung bereits zum Bilanzstichtag, jedoch ist die Bedingung hierfür noch nicht eingetreten. Eventualverpflichtungen sind deshalb nur in der Bilanz zu vermerken.[241]

Im Handelsrecht werden in § 249 HGB die folgenden Rückstellungssachverhalte benannt:

---

[240] Vgl. Kapitel 7.4.
[241] Vgl. Kapitel 8.5.

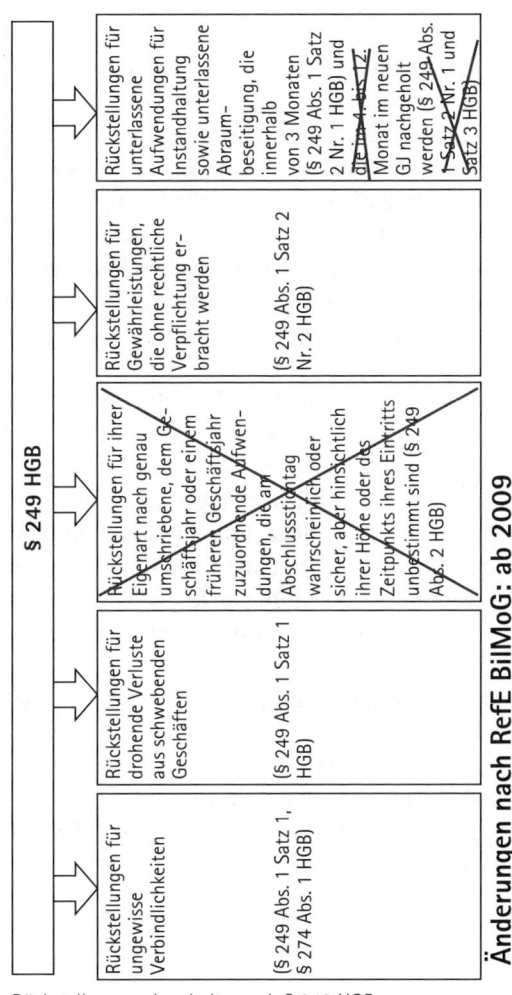

§ 249 HGB

Rückstellungen für ungewisse Verbindlichkeiten	Rückstellungen für drohende Verluste aus schwebenden Geschäften	~~Rückstellungen für ihrer Eigenart nach genau umschriebene, dem Geschäftsjahr oder einem früheren Geschäftsjahr zuzuordnende Aufwendungen, die am Abschlussstichtag wahrscheinlich oder sicher, aber hinsichtlich ihrer Höhe oder des Zeitpunkts ihres Eintritts unbestimmt sind (§ 249 Abs. 2 HGB)~~	Rückstellungen für Gewährleistungen, die ohne rechtliche Verpflichtung erbracht werden	Rückstellungen für unterlassene Aufwendungen für Instandhaltung sowie unterlassene Abraumbeseitigung, die innerhalb von 3 Monaten (§ 249 Abs. 1 Satz 2 Nr. 1 HGB) und ~~in den ersten 4 bis 12 Monaten im neuen GJ nachgeholt werden (§ 249 Abs. 2 Nr. 1 und Satz 3 HGB)~~
(§ 249 Abs. 1 Satz 1, § 274 Abs. 1 HGB)	(§ 249 Abs. 1 Satz 1 HGB)		(§ 249 Abs. 1 Satz 2 Nr. 2 HGB)	

Änderungen nach RefE BilMoG: ab 2009

→ Ansatzentscheidung: i.d.R. Wahrscheinlichkeit > 50%

Abb. 7-3: Rückstellungssachverhalte nach § 249 HGB

Die in § 249 HGB abschließend aufgelisteten Rückstellungen lassen sich in Außen- und Innenverpflichtungen unterteilen.

**Außen-
verpflichtungen**

Bei Außenverpflichtungen liegt eine Leistungsverpflichtung gegenüber Dritten vor. Eine solche Verpflichtung kann auf der Basis der Abgrenzungsgrundsätze (Rückstellungen für ungewisse Verbindlichkeiten) oder auf der Basis des Imparitätsprinzips (Rückstellungen für drohende Verluste) erforderlich sein. Rückstellungen für ungewisse Verbindlichkeiten können auf rechtlichen Verpflichtungen (wie z. B. Steuern, Pensionsverpflichtungen, Garantien oder der Entsorgung von Altlasten) oder faktischen bzw. wirtschaftlichen Verpflichtungen (z. B. Kulanzen) beruhen.

**Innen-
verpflichtungen**

Innenverpflichtungen basieren nicht auf Verpflichtungen gegenüber Dritten, sondern auf unternehmensinternen wirtschaftlichen Verpflichtungen (sog. Aufwandsrückstellungen). Diese Rückstellungen werden mit dem Prinzip der sachlichen Abgrenzung zur periodengerechten Erfolgsermittlung begründet, um (künftige) Ausgaben aufwandswirksam der Periode zuzurechnen, in der die zugehörigen Erträge gebucht werden. Rückstellungen für Innenverpflichtungen sind nur eingeschränkt zugelassen und werden z. T. auch kritisch betrachtet.

Für alle Verbindlichkeitsrückstellungen besteht eine Passivierungspflicht. Darüber hinaus existieren insbesondere für Aufwandsrückstellungen noch Wahlrechte. Mit dem BilMoG werden die Wahlrechte bezüglich der Aufwandsrückstellungen (§ 249 Abs. 2 HGB) aus dem Gesetz gestrichen. Ein Passivierungsverbot gilt für alle nicht in § 249 HGB aufgelisteten Rückstellungssachverhalte.

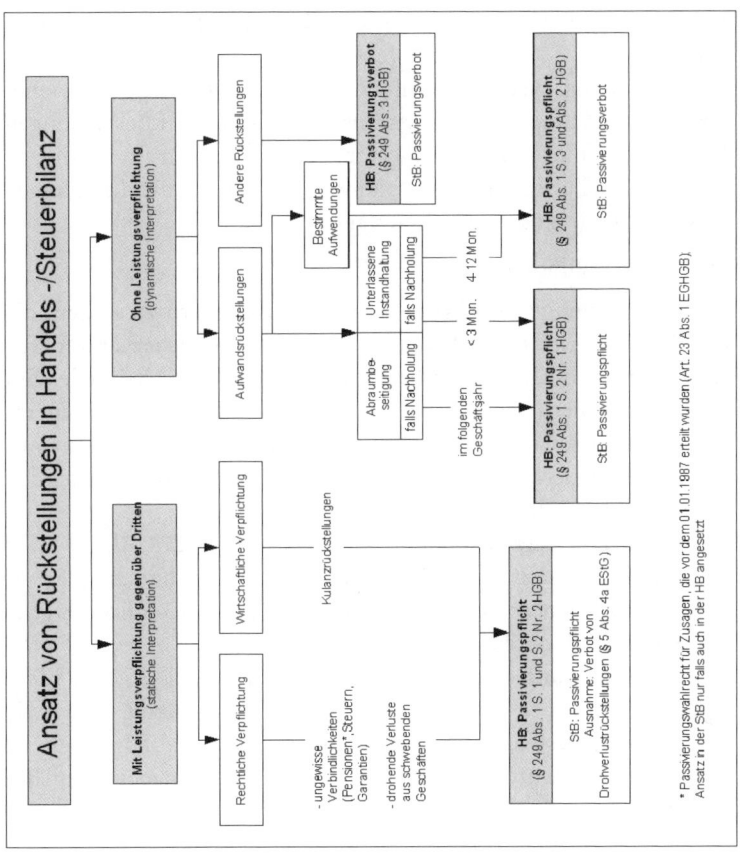

Abb. 7-4: Bilanzansatz von Rückstellungen[242]

Rückstellungen aufgrund einer Außerverpflichtung

Bei Rückstellungen aufgrund einer Außerverpflichtung handelt es sich stets um Rückstellungen mit einer Verpflichtung gegenüber Dritten. Begründet werden diese Rückstellungsarten mit der statischen Bilanztheorie, nach der es das zentrale Ziel der Bilanzaufstel-

---

[242] Entnommen aus: Coenenberg/Haller/Mattner/Schulze, Rechnungswesen, S. 416.

261

lung ist, das Reinvermögen zum jeweiligen Stichtag korrekt darzustellen.

Darüber hinaus existieren weitere Rückstellungen aufgrund einer Außerverpflichtung (z. B. Provisionsrückstellungen, Rückstellungen für Jahresabschluss- und Prüfkosten, Rückstellungen für Prozessrisiken, Rückstellungen für Sozialplanverpflichtungen, Rückstellungen für Restrukturierungsmaßnahmen usw.).

Steuerrückstellungen

Steuerrückstellungen sind für Abgaben und Steuern zu bilden, die zum Ende des Geschäftsjahres dem Grunde nach sicher sind, deren Höhe aber noch nicht exakt bestimmt werden kann. Beispiele sind veranlagte Steuern wie z. B. Körperschafts- oder Gewerbesteuern, Grundsteuern sowie Verbrauchsteuern (z. B. Stromsteuer, Mineralölsteuer).[243] Steuerrückstellungen sind in Höhe der zu erwartenden Steuerschuld zu bilden.

Unter Steuerrückstellungen sind auch die nach § 274 Abs. 1 HGB anzusetzenden **passivischen latenten Steuern** einzubeziehen. Passivische latente Steuern entstehen, wenn das handelsrechtliche Ergebnis höher ausfällt als das steuerrechtliche.

In der **Steuerbilanz** sind nur solche Steuerarten zulässig, die nicht als Betriebsausgaben nach § 4 Abs. 4 EStG abzugsfähig sind (wie z. B. die Gewerbesteuer, die Grundsteuer und die Kraftfahrzeugsteuer). Andernfalls würde sich eine Reduzierung der steuerlichen Bemessungsgrundlage ergeben.

Rückstellungen für Gewährleistungsverpflichtungen und Kulanz

Gewährleistungen

Bei Gewährleistungen handelt es sich um ungewisse Verbindlichkeiten, für die nach § 249 Abs. 1 S. 1 HGB eine Rückstellung zu bilden ist. Gewährleistungen resultieren aus den gesetzlichen Vorschriften (z. B. den §§ 434–442 BGB oder den §§ 633–638 BGB) oder einzelvertraglichen Verpflichtungen (Garantien). Gewährleistungen sind kostenlose Nacharbeiten, Ersatzlieferungen, Minderungen oder Schadensersatzleistungen wegen Nichterfüllung. Gewährleistungsverpflichtungen sind erwartete, am Abschlussstichtag noch nicht

---

[243] Vgl. Ellrott/Ring, in: Beck'scher Bilanzkommentar, § 266 HGB, Rn. 201 f.

geltend gemachte Ansprüche, die einen vom Unternehmen ausgeführten Umsatz betreffen.

Gemäß § 249 Abs. 1 S. 2 Nr. 2 HGB sind Rückstellungen für Gewährleistungen zu bilden, die ohne rechtliche Verpflichtung erbracht werden (Kulanzrückstellungen). Ohne rechtliche Verpflichtung bedeutet, dass die Garantieleistungen über das gesetzliche Maß hinaus oder nach Ablauf der Garantiefrist erbracht werden. Kulanzrückstellungen sind zu bilden, wenn sich das Unternehmen aus wirtschaftlichen Gründen nicht der Verpflichtung entziehen kann, obwohl keine rechtliche Verpflichtung besteht. Kulanzleistungen dienen dem Erhalt der Kundenbeziehung. Voraussetzung für die Bildung von Kulanzrückstellungen ist ein direkter Zusammenhang zwischen dem Mangel, der Kulanzleistung und der wirtschaftlichen Verpflichtung zur Kulanzleistung.[244] Beispiele für solche wirtschaftlichen Verpflichtungen können z. B. sein, dass der Kunde bei Konkurrenten eine Kulanzleistung erhält oder dass die Leistung vom Kunden erwartet wird, weil es in der Vergangenheit immer so gemacht wurde.

Beispiel:[245]

Garantierückstellungen: Kostenlose Reparatur- oder Ersatzleistungen wegen Material- und Funktionsfehlern der erbrachten Leistungen.

Kulanzrückstellungen: Nachbesserungsarbeiten nach Ablauf der Garantiefrist aus Kulanz.

Keine Garantie-/Kulanzrückstellung: Übernahme von zukünftigen Reinigungs- und Instandhaltungsarbeiten im Zusammenhang mit dem Erwerb eines Wirtschaftsgutes.

Je nachdem, ob sich Gewährleistungen oder Kulanzleistungen auf ein einzelnes Produkt bzw. eine einzelne Leistung oder auf eine Gruppe gleichartiger Produkte beziehen, ist zwischen Einzel- und Pauschalrückstellungen zu unterscheiden. Die Höhe von **Einzelrückstellungen** orientiert sich an den zu erwartenden Gewährleistungsaufwendungen. Die Bemessung erfolgt jedoch i. d. R. pauschal.

Kulanzrückstellungen (margin note)

---

[244] Vgl. Berger/Ring, in: Beck'scher Bilanzkommentar, § 249 HGB, Rz. 112–115.
[245] Vgl. Schmidt, Bilanztraining, S. 181.

Pauschalrückstellungen setzten die Gleichartigkeit und eine Vielzahl erwarteter Gewährleistungsrisiken (wie z. B. Mängel bei Serienprodukten) voraus. Die Bewertung erfolgt mithilfe statistischer Methoden; beispielsweise basierend auf Erfahrungswerten bei Garantierückstellungen.[246] So kann aus durchschnittlichen Vergangenheitsdaten über die Relation zwischen Gewährleistungsaufwand und Umsatz unter Berücksichtigung spezifischer Einflussfaktoren (z. B. Steigerung der Produktqualität) die Rückstellungshöhe abgeleitet werden.

Bezüglich der Bewertung ist aktuell noch vom zum Bilanzstichtag vorliegenden Kosten- und Preisniveau auszugehen. Nach dem BilMoG sind die Rückstellungen dagegen zum Erfüllungsbetrag anzusetzen (§ 253 Abs. 1 HGB i. d. F. d. BilMoG), was eine Berücksichtigung der zukünftig erwarteten Kosten- und Preishöhen impliziert. Allerdings ist dann aber auch eine Abzinsung vorgeschrieben. Konkret sind von der Deutschen Bundesbank errechnete Durchschnittszinssätze der letzten sieben Jahre in Abhängigkeit der Fristigkeit zumindest für alle Rückstellungen über einem Jahr Restlaufzeit für die Abzinsung heranzuziehen.

Pensionsrückstellungen

Bei Pensionsrückstellungen handelt es sich um der Höhe und Fälligkeit nach ungewisse Verbindlichkeiten gemäß § 249 Abs. 1 HGB. Handelsrechtlich besteht für Pensionsrückstellungen ein Passivierungsgebot. Versorgungsleistungen an Arbeitnehmer für Alters-, Invaliden- oder Hinterbliebenenversorgung können entweder mittelbar über Dritte oder unmittelbar durch das Unternehmen erfolgen.

mittelbare Versorgungszusagen

Bei mittelbaren Versorgungszusagen ist zu unterscheiden, ob das Unternehmen kein Leistungsrisiko trägt (beitragsorientierte Pensionszusagen) oder ob das Unternehmen bei unterdotierten Plänen ggf. nachschusspflichtig ist (leistungsorientierte Pensionszusage). **Beitragsorientierte Zusagen** werden über einen rechtlich selbstständigen Versicherungsfonds (z. B. eine Direktversicherung) abgewickelt. Das Unternehmen zahlt lediglich die Beiträge, was mit einer

---

[246] Vgl. Berger/M. Ring, in: Beck'scher Bilanzkommentar, § 249 HGB, Rz. 162.

Aufwandsbuchung für die Altersversorgung verbunden ist. Eine Rückstellungsbildung entfällt. **Mittelbare leistungsorientierte Zusagen** werden über Pensions- bzw. Unterstützungskassen abgewickelt.

Während das Unternehmen bei mittelbaren leistungsorientierten Zusagen lediglich bei einer Fondsunterdeckung zur Leistung verpflichtet ist, trägt das Unternehmen bei unmittelbaren leistungsorientierten Zusagen das volle Leistungsrisiko. Hier muss das Unternehmen die für die zukünftigen Pensionszahlungen notwendigen Mittel im Unternehmen ansammeln. Da das Unternehmen das volle Leistungsrisiko trägt, muss eine Pensionsrückstellung aufwandswirksam gebildet werden. Dabei umfassen die Pensionsverpflichtungen sowohl die Pensionen als auch die pensionsähnlichen Verpflichtungen (wie z. B. Überbrückungsgelder oder Vorruhestandsverpflichtungen).

unmittelbare leistungsorientierte Zusagen

Für unmittelbare Pensionsaltzusagen, die bis zum 31.12.1986 gewährt wurden, und für mittelbare Pensionsverpflichtungen besteht ein handelsrechtliches Passivierungswahlrecht gem. Art. 28 Abs. 1 S. 2 EGHGB. Um einen Einblick in das tatsächliche Schuldendeckungspotenzial eines Unternehmens zu erhalten, ist eine evtl. bestehende Deckungslücke im Anhang zahlenmäßig zu benennen. Nach § 253 Abs. 1 S. 2 HGB a. F. sind Rentenverpflichtungen, für die eine Gegenleistung nicht mehr zu erwarten ist (d. h. Pensionsverpflichtungen ab dem Zeitpunkt des Rentenbeginns), mit dem **Barwert** anzusetzen. Zukünftig ist der Erfüllungsbetrag maßgebend. Für die Bewertung der Verpflichtungen vor dem Zeitpunkt des Rentenbeginns existiert keine Vorschrift. Den allgemeinen Bewertungsgrundsätzen folgend ist eine Pensionsrückstellung ratierlich anzusammeln, sodass die Rückstellung im Jahr des Pensionseintritts dem Barwert der zu erwartenden Pensionsleistungen entspricht. Für die Ermittlung der jährlich einzustellenden Beträge können das Gegenwartsverfahren und das Teilwertverfahren angewendet werden; steuerrechtlich ist nach § 6 a EStG das Teilwertverfahren vorgeschrieben.

Die Rückstellungshöhe zum Bilanzstichtag ergibt sich aus der Differenz zwischen dem auf den Bilanzstichtag errechneten Barwert der künftigen Pensionsleistung und dem auf den Bilanzstichtag abge-

Rückstellungshöhe

zinsten Barwert der noch ausstehenden Gegenleistungen, die auf den Zeitraum zwischen dem Bilanzstichtag und dem Rentenbeginn entfällt. Während beim **Gegenwartsverfahren** der Zeitraum von der Pensionszusage bis zum Renteneintritt berücksichtigt wird, geht das **Teilwertverfahren** vom Zeitpunkt des Diensteintritts aus. Auch beim Teilwertverfahren ist erstmals eine Rückstellung bei Pensionszusagen gestattet; das hat wegen der zeitlichen Berücksichtigung ab Diensteintritt zur Folge, dass im ersten Jahr ein hoher Zuführungsbetrag zu buchen ist. Liegt der Zeitpunkt der Pensionszusage nach dem Dienstantritt, liegt beim Teilwertverfahren bis zum Rentenbeginn immer ein höherer Rückstellungsbetrag vor.[247]

Zinssatz

Für die Berechnung des Barwertes ist steuerrechtlich ein Zinssatz von 6 % vorgeschrieben; handelsrechtlich ist ein Zinssatz zwischen 3 % und 6 % erlaubt.[248] Zukünftig ist bei Verpflichtungen im Zusammenhang mit Pensionen mit einem von der Bundesbank vorgegebenen Marktzinssatz abzuzinsen. Nach § 253 Abs. 2 HGB i. d. F. d. BilMoG besteht hier ein Wahlrecht. Entweder es wird mit den für alle Rückstellungen geltenden Zinssätzen gerechnet, die bei Laufzeiten über einem Jahr unter Berücksichtigung der Restlaufzeiten der Rückstellungen bzw. der zugrunde liegenden Verpflichtungen die durchschnittlichen Marktzinssätze der letzten sieben Jahre verlangen, oder es wird pauschal mit dem durchschnittlichen Marktzinssatz gerechnet, der sich bei einer angenommenen Laufzeit von 15 Jahren ergibt. Mit der Bildung der Durchschnittszinssätze über die letzten sieben Jahre soll eine Glättung der Zinsentwicklung erfolgen, sodass Änderungen, die erfolgswirksam als Zinsertrag oder als Zinsaufwand im Finanzergebnis auszuweisen sind, keine zu große GuV-Wirkung entfalten. Das allerdings ist angesichts des Umfangs der Positionen fraglich.

Berechnung der Pensionsrückstellungen

Die Berechnung der Pensionsrückstellungen basiert auf Versicherungsmathematik. In die Berechnung fließen statistische Untersuchungen über die Lebenserwartung der Menschen ein, die in den Richttafeln (z. B. nach Heubeck) erfasst werden. Die Berücksichtigung von Lohn- und Gehaltssteigerungen sowie Rententrends ist

---

[247] Vgl. Coenenberg, Jahresabschluss und Jahresabschlussanalyse, S. 402–405.
[248] Vgl. ADS, § 253 HGB, Rz. 307 f.

handelsrechtlich umstritten und steuerrechtlich verboten. Mit dem BilMoG wird klargestellt, dass die Bewertung der Verpflichtungen handelsrechtlich zukünftig realistischer durchzuführen ist, ohne dass sich steuerliche Konsequenzen ergeben würden. Konkret wird zunächst im neu formulierten § 253 HGB vorgeschrieben, eine zukunftsgerichtete Rückstellungsbewertung vorzunehmen. Damit sind für alle Rückstellungen zunächst die zum Zeitpunkt der Erfüllung geltenden Preise und Kosten zu bestimmen. Bislang wurde – unter Interpretation des Stichtagsprinzips – vom aktuell zum Stichtag des Jahresabschlusses geltenden Preis- und Kostenniveau ausgegangen. Das hat – insbesondere für die Bewertung der Pensionsverpflichtungen – große Auswirkungen.

Das versicherungsmathematische Verfahren zur Bestimmung der aktuellen Verpflichtungen wird zwar weiterhin nicht vorgeschrieben, sodass hier ein Methodenwahlrecht beispielsweise zwischen dem steuerlichen Gleichverteilungsverfahren und dem international üblichen Ansammlungsverfahren bestehen bleibt, doch sind in die Modelle bei der Berechnung der Pensionsverpflichtungen Trendannahmen (Lohn-, Renten- und Personalentwicklungen) einzubeziehen. Zudem schreibt § 246 Abs. 2 HGB i. d. F. d. BilMoG eine Saldierung bestimmter Vermögensgegenstände mit Pensionsverpflichtungen vor. Konkret sind Vermögensgegenstände, die ausschließlich der Erfüllung von Altersversorgungsverpflichtungen und vergleichbaren langfristigen Verpflichtungen dienen, die gegenüber Arbeitnehmern eingegangen wurden, mit diesen Schulden zu verrechnen. Gleiches gilt für die zugehörigen Aufwendungen und Erträge. Die zu verrechnenden Vermögensgegenstände sind mit ihrem beizulegenden Zeitwert anzusetzen; der Wertansatz ist jedoch auf den Erfüllungsbetrag der Schulden begrenzt (§ 253 Abs. 1 S. 4 u. 5 HGB i. d. F. d. BilMoG-RegE). Damit wird sichergestellt, dass kein Aktivposten aus der Überdeckung von Pensionsverpflichtungen in der Bilanz ausgewiesen wird. Diese Änderung ist zu begrüßen, weil die ansonsten enthaltenen stillen Reserven der Vermögensgegenstände nicht aufgedeckt werden würden, was für die Unternehmen zu einem überhöhten Schuldenausweis führen würde, der die Finanzierung ggf. durch schlechtere Ratings erschweren könnte.

Beispiel:

Der Geschäftsführer der Freiburg GmbH hat zum 1. Januar t0 im Alter von 40 Jahren eine Pensionszusage erhalten, die bisher noch nicht in der Bilanz berücksichtigt wurde. Bei Eintritt in den Ruhestand mit 65 Jahren soll der Geschäftsführer eine Einmalabfindung in Höhe von drei Jahresgehältern erhalten, falls er bis dahin ununterbrochen bei der Europa GmbH tätig ist. Sein derzeitiges Jahresgehalt beträgt 65.000 €. Es kann mit einer jährlichen Gehaltssteigerungsrate von 3 bis 5 % gerechnet werden. Unter Berücksichtigung von Fluktuation und Sterblichkeit bis zum Erreichen des Pensionsalters wird angenommen, dass der Geschäftsführer mit einer Wahrscheinlichkeit von 75 % pensionsberechtigt wird. Ein versicherungsmathematisches Gutachten führt am 31.12.t0 zu einem steuerlich maximal zulässigen Wert von 1.445 €.

Für die Erstellung des Jahresabschlusses wird in der Handelsbilanz ein Zinssatz von 3 % berücksichtigt.

Die folgenden Unterschiede ergeben sich in den Wertansätzen der Pensionsrückstellung nach Steuer- und Handelsrecht:

Für den Wertansatz der Pensionsrückstellung ist auf die Verhältnisse am Bilanzstichtag abzustellen. Es sind also Bemessungsgrundlagen zu verwenden, die am Bilanzstichtag feststehen oder vereinbart und schriftlich veröffentlicht wurden. Deshalb dürfen keine Gehaltssteigerungen berücksichtigt werden. Für die Berechnung des Wertansatzes am 31.12.t0 ist zunächst der Gesamtbetrag der Pensionsverpflichtung bei Renteneintritt zu ermitteln.

Er beträgt 146.250 € (= 65.000 € x 3 x 0,75). Der im ersten Jahr erworbene Anspruch beläuft sich auf 5.850 € (= 146.250 € : 25).

Nach Abzinsung mit einem Zinssatz von 3 % über 24 Jahre ergibt sich ein Wertansatz in Höhe von 2.878 €.

Alle drei Jahre ist eine Anpassung der laufenden Leistungen der betrieblichen Altersversorgung zu prüfen (§ 16 BetrAVG). Soweit sich Unterschiedsbeträge aus veränderten biometrischen Rechnungsgrundlagen ergeben, kann dieser Betrag auf mindestens drei Jahre verteilt werden.

Drohverlustrückstellungen

Nach § 249 Abs. 1 S. 1 HGB sind entsprechend dem Imparitätsprinzip Rückstellungen für drohende Verluste aus schwebenden Geschäften zu bilden. Bei einem schwebenden Geschäft handelt es sich um einen Vertrag, der zweiseitig verpflichtend ist, sich auf einen Leistungsaustausch gem. den §§ 320 ff. BGB bezieht und der noch von keiner Vertragspartei vollständig erfüllt wurde. Drohverlustrückstellungen sind zu bilden, wenn konkrete Anzeichen dafür vorliegen, dass aus dem schwebenden Geschäft wahrscheinlich ein Verlust resultiert (Passivierungsgebot); sie zählen zu den ungewissen Verbindlichkeiten. In der Steuerbilanz dürfen keine Rückstellungen für drohende Verluste gebildet werden (§ 5 a Abs. 4 a EStG).

Schwebende Geschäfte können sich auf einmalige Schuldverhältnisse und auf Dauerschuldverhältnisse beziehen. Bei Dauerschuldverhältnissen hängt der Umfang der Gesamtleistung vom Zeitraum ab, in dem die Leistung erbracht werden soll (z. B. Miete oder Pacht). Bei beiden ist zwischen Beschaffungs- und Absatzgeschäften zu unterscheiden.[249]

Drohverlustrückstellungen für Beschaffungsgeschäfte können das Anlage- und Umlaufvermögen betreffen. Sie sind zu bilden, wenn der vertraglich vereinbarte Kaufpreis (z. B. für Rohstoffkäufe) aufgrund eines Preisrückgangs zum Geschäftsjahresende sinkt. Die Höhe der Drohverlustrückstellungen ergibt sich aus der Differenz zwischen dem vertraglich festgelegten Preis und den gesunkenen Wiederbeschaffungskosten.[250]

Beschaffungsgeschäfte

Beispiel:

Die Kaufein GmbH hat einen Vertrag zur Lieferung von 3 t Rohstoffen am 15.01.t2 abgeschlossen. Der Festpreis beträgt 10.000 €/t. Zum Bilanzstichtag stellt die Kaufein GmbH fest, dass der Marktpreis der Rohstoffe unter 10.000 € gefallen ist und nur noch bei 9.100 €/t liegt.

Die ursprüngliche Verbindlichkeit aus dem Kaufvertrag und somit auch der Warenwert würde 30.000 € betragen. Durch den Preisrückgang liegen die Wiederbeschaffungskosten nur noch bei insgesamt 27.300 €.

Die Kaufein GmbH muss im Jahresabschluss t1 eine Rückstellung für drohende Verluste in Höhe von 2.700 € bilanzieren.

---

[249] Vgl. Berger/Ring, in: Beck'scher Bilanzkommentar, § 249 HGB, Rn. 52 ff.
[250] Vgl. Coenenberg, Jahresabschluss und Jahresabschlussanalyse, S. 408.

schwebende
Absatz-
geschäfte

Verlustrisiken aus einem schwebenden Absatzgeschäft liegen vor, wenn zum Bilanzstichtag Aufwendungen zur Erfüllung einer Lieferungs- oder Leistungsverpflichtung hingenommen werden müssen, die nicht mehr durch die Erlöse gedeckt werden. Entstehen können Drohverluste aus Absatzgeschäften z. B. bei falsch kalkulierten Kosten oder bei einer Wertminderung der Gegenleistung. Die Höhe der Verpflichtung entspricht bei Vorliegen einer Geldforderung dem Nennbetrag. Bei Sach- oder Dienstleistungsverpflichtungen ergibt sich die Höhe der Drohverlustrückstellung aus den erwarteten Erträgen aus dem Absatzgeschäft abzüglich der noch anfallenden Aufwendungen und bereits aktivierten Anschaffungs- oder Herstellungskosten.[251]

> **Beispiel:**
>
> Die Allkauf GmbH hat mit einem Kunden einen Vertrag zur Lieferung von Waren in Höhe von 15.000 € abgeschlossen. Die Lieferung soll am 20.01.t2 erfolgen. Laut den Kalkulationsunterlagen der Allkauf GmbH betragen die Selbstkosten 12.000 €. Gegen Ende des Geschäftsjahres steigen die Preise für die Rohstoffe, die für die Herstellung des Produktes benötigt werden, so stark, dass die Selbstkosten nunmehr auf 18.000 € geschätzt werden.
>
> Da die Selbstkosten damit den vereinbarten Verkaufspreis um 3.000 € übersteigen, ist zum Bilanzstichtag mit einem Verlust aus dem Vertrag zu rechnen. Die Allkauf GmbH muss eine Rückstellung für drohende Verluste aus schwebenden Geschäften in Höhe von 3.000 € buchen.

Rückstellungen für Umweltrisiken

Umweltrisiken können verursacht werden durch:

- Abfall (Restmüll, Giftmüll),
- Chemikalien,
- Gase,
- Rohmaterial,
- Öl,

---

[251] Vgl. Berger/M. Ring, in: Beck'scher Bilanzkommentar, § 249 HGB, Rz. 168.

• Luftverschmutzung,

• Boden- und Gewässerverschmutzung oder

• Produkte.

Verpflichtungen, die aus Umweltschutzmaßnahmen resultieren, können Unternehmen – durch die zunehmende Sensibilisierung der Öffentlichkeit und durch die hohen Kosten der Beseitigung – wirtschaftlich in erheblichem Maße belasten. Für Verpflichtungen im Zusammenhang mit dem Umweltschutz sind neben Vorschriften des Zivilrechts und des Strafrechts insbesondere Vorschriften des öffentlichen Rechts zu beachten. Rückstellungen für Umweltrisiken entstehen, wenn ein Unternehmer feststellt, dass durch seine betrieblichen Tätigkeiten in der Vergangenheit Luft, Wasser, Boden oder Räume verunreinigt oder verseucht wurden und mit einer öffentlich-rechtlichen bzw. haftungsrechtlichen Inanspruchnahme verbunden sein können.

Beispiele für Umweltschutzverpflichtungen sind Verpflichtungen für Bergschäden, Gruben- und Schachtversätze, Altlastensanierungen und Rekultivierungen, Wiederaufforstungskosten sowie Kosten für die Entsorgung von bestrahlten Brennelementen. Zudem können Umweltschutzverpflichtungen auch im Rahmen der Produktverantwortung (z. B. Rücknahmeverpflichtungen von Altautos, Altbatterien oder Leergut) entstehen.

Die Höhe der Rückstellungen für Umweltrisiken bemisst sich nach der Höhe der wahrscheinlich entstehenden Aufwendungen. In Anlehnung an § 6 Abs. 1 Nr. 3 a Buchst. d S. 1 EStG sind Rückstellungen für Verpflichtungen, für deren Entstehen im wirtschaftlichen Sinne der laufende Betrieb ursächlich ist, zeitanteilig in gleichen Raten anzusammeln (sog. Ansammlungsrückstellungen).[252]

Das Handelsrecht schreibt aktuell keine Abzinsung dieser Rückstellungen vor. Lediglich nicht verzinsliche Rückstellungen mit einer Laufzeit von mehr als 12 Monaten sind nach § 6 Abs. 1 Nr. 3 a Buchst. e EStG mit 5,5 % abzuzinsen. Nach dem BilMoG ist zukünf-

---

[252] Vgl. Zülch/Willms, Rückstellung für Entsorgungs-, Wiederherstellungs- und ähnliche Verpflichtungen: Umstellung von HGB auf IFRS, S. 1178 ff.

tig generell eine Abzinsung vorzunehmen.[253] Bei Rückstellungen für die Verpflichtung zur Stilllegung von Kernkraftwerken ist ein Zeitraum von 25 Jahren für die Ansammlung festzulegen, falls ein Zeitpunkt für die Stilllegung nicht feststeht.[254]

Beispiel:

Die Rohrgos AG startet im Jahr t1 mit der Förderung von Rohöl; die Förderung soll bis Ende t11 laufen. Am Ende der Förderperiode muss die Rohrgos AG das Bohrloch verfüllen.

Schätzungen zufolge beläuft sich die Gesamtfördermenge auf 100 Mio. bbl. Rohöl, davon werden in t1 6 Mio. bbl. Rohöl und in t2 9 Mio. bbl. Rohöl gefördert. Die Gesamtkosten für eine Bohrlochverfüllung werden am Ende von t1 auf 20 Mio. € geschätzt.

Lösung

Handelsrechtlich darf derzeit noch keine Abzinsung vorgenommen werden.

Nach Berücksichtigung der Preissteigerungen würde sich die Rückstellungshöhe demnach wie folgt ergeben:

- Erwartete Kosten der Bohrlochverfüllung: 20 Mio. €.
- Bei anteiliger Erfassung ergeben sich die folgenden Aufwandsbuchungen und Wertansätze:
  - in t1: 6 : 100 x 20 Mio. € = 1,2 Mio. €, Bilanzansatz: 1,2 Mio. €
  - in t2: 9 : 100 x 20 Mio. € = 1,8 Mio. €; Bilanzansatz: 3,0 Mio. €

Bei Berücksichtigung der Abzinsung ergeben sich die folgenden Änderungen (Zinssatz: 5,5 %):

- Barwert der erwarteten Kosten der Bohrlochverfüllung
  = 20 Mio. € x $1,055^{-10}$ = 11,71 Mio. €
- Wertansatz und Aufwandsbuchung am 31.12.t1
  = 6 : 100 x 11,71 Mio. € = 0,7 Mio. €
- Wertansatz der Rückstellung am 31.12.t2
  = 15 : 100 x 12,35 Mio. € [= 20 Mio. € x $1,055^{-9}$] = 1,85 Mio. €, davon Aufwand in t2: 1,15 Mio. €
  (Zinsenaufwand: 0,04 [= 0,7 x 0,055],
  Zuführung: 1,11 [= 9 : 100 x 12,35])

---

[253] Vgl. Kapitel 4.4.
[254] Vgl. Schmidt, Bilanztraining, S. 464–466.

Die Erfassung der Risiken aus Umweltschäden kann alternativ zur Rückstellungsbildung über eine außerplanmäßige Abschreibung erfolgen.[255]

Rückstellungen aufgrund einer Innenverpflichtung

Merkmal von Rückstellungen für Innenverpflichtungen ist die fehlende Verpflichtung gegenüber Dritten. Der Zweck der Aufwandsrückstellungen besteht darin, eine periodengerechte Erfolgsermittlung zu erreichen, indem zukünftige Auszahlungen aufwandswirksam in der Periode ihrer wirtschaftlichen Verursachung erfasst werden. Diese sog. Aufwandsrückstellungen werden konzeptionell aus der dynamischen Bilanztheorie erklärt, der zufolge der Bilanz die zentrale Aufgabe der Periodenabgrenzung von Zahlungs- und Erfolgsströmen zukommt.

Rückstellungen aufgrund einer Innenverpflichtung dürfen nur sehr restriktiv gebildet werden; explizit erlaubt das Handelsrecht drei Arten solcher Rückstellungen:

* Rückstellungen für unterlassene Aufwendungen,
* Rückstellungen für unterlassene Abraumbeseitigungen und
* Aufwandsrückstellungen nach § 249 Abs. 2 HGB.

Rückstellungen für unterlassene Aufwendungen zur Instandhaltung und für unterlassene Abraumbeseitigungen

Instandhaltungsrückstellungen dürfen bzw. müssen für unterlassene Aufwendungen, für fällige Reparatur- und Wartungsmaßnahmen gebildet werden, die erst in der Folgeperiode durchgeführt werden. Während die finanzielle Ausgabe auf das nächste Geschäftsjahr verschoben wird, muss der eingetretene Verschleiß im ablaufenden Geschäftsjahr berücksichtigt werden.[256] Eine Rückstellungspflicht besteht nach § 249 Abs. 1 Nr. 1 HGB nur für Rückstellungen, die innerhalb der ersten drei Monate des neuen Geschäftsjahr nachgeholt werden. Analog besteht auch steuerrechtlich eine Passivierungspflicht.

Instandhaltungsrückstellungen

---

[255] Vgl. Coenenberg/Haller/Mattner/Schulze, Rechnungswesen, S. 419.
[256] Vgl. ADS, § 249 HGB, 6. Auf., Rz. 178.

Als **Voraussetzung** für die Bildung einer Instandhaltungsrückstellung müssen die folgenden Punkte erfüllt sein:[257]

- Das Vorliegen einer im Geschäftsjahr unterlassenen Aufwendung (d. h., dass aus betriebswirtschaftlicher Sicht Aufwendungen für die Maßnahme notwendig gewesen wären, die Maßnahme aber (noch) nicht durchgeführt wurde).

- Es dürfen keine Rückstellungen für einen künftigen Reparaturaufwand gebildet werden (es muss sich also um einen aktivierungspflichtigen Herstellungsaufwand und nicht um einen (erfolgswirksam zu verrechnenden) Erhaltungsaufwand handeln).

- Im Wesentlichen muss die Instandhaltungsmaßnahme innerhalb der vorgegebenen Frist von drei Monaten beendet sein.

- Es darf keine Verpflichtung gegenüber Dritten und keine öffentlich-rechtliche Verpflichtung bestehen (sollte das der Fall sein, handelt es sich um ungewisse Verbindlichkeiten).

Wird die Instandhaltung innerhalb von 4 bis 12 Monaten im neuen Geschäftsjahr nachgeholt, besteht nach § 249 Abs. 1 Satz 3 HGB a. F. noch ein Passivierungswahlrecht; steuerrechtlich besteht – wie auch künftig nach dem BilMoG – hingegen ein Verbot. Wenn die Rückstellung nicht innerhalb der gesetzlich festgelegten Frist von 12 Monaten nachgeholt wird, ist diese aufzulösen. Eine Fortführung als Aufwandsrückstellung nach § 249 Abs. 2 HGB kann geprüft werden.

Beispiel:[258]

Die Strobuk AG ist im Hoch- und Tiefbau tätig und führt fast ausschließlich Aufträge vom Bund und von den Ländern aus. Witterungsbedingt wird mit den Arbeiten erst im Frühling begonnen. Deshalb wird Ende t1 geplant, dringend erforderliche Wartungsarbeiten an Baumaschinen aufzuschieben und im neuen Geschäftsjahr nachzuholen.

Muss bzw. kann eine Rückstellung gebildet werden? Und wenn ja: In welchem Umfang?

---

[257] Vgl. Coenenberg/Haller/Mattner/Schulze, Rechnungswesen, S. 420.
[258] Vgl. Schmidt, Bilanztraining, S. 176 f.

Lösung

Rückstellungen für Instandhaltungen sind zu bilden, wenn die Reparaturmaßnahmen im Wesentlichen bis Ende März abgeschlossen sind; es darf kein laufender Erhaltungsaufwand vorliegen.

Instandhaltungsrückstellungen sind nicht zu bilden, wenn die Maßnahmen nach dem dritten Monat im neuen Geschäftsjahr nachgeholt werden.

Bei Rückstellungen für unterlassene Abraumbeseitigung handelt es sich um einen branchenspezifischen Sachverhalt. Diese Rückstellung ist für Unternehmen von Bedeutung, die im Tagebau Bodenschätze fördern. Hierbei müssen bei der Förderung zunächst darüber liegende Erd- und Gesteinsschichten abgeräumt werden, die nach dem Rohstoffabbau wieder aufgetragen werden müssen (sog. Rekultivierungsmaßnahmen). Die Beseitigung des Abraums kann aufgrund der Bodenbeschaffenheiten und Abbautechniken in spätere Perioden fallen, während die entsprechenden Erträge aus den gewonnenen Bodenschätzen schon realisiert werden.[259] Fallen die Kosten der Abraumbeseitigung innerhalb des nächsten Geschäftsjahres an, muss nach § 249 Abs. 1 Nr. 1 HGB eine Rückstellung für unterlassene Abraumbeseitigung gebildet werden; Gleiches gilt für die Steuerbilanz.

Die **Höhe** der Rückstellungen für unterlassene Instandhaltung und unterlassene Abraumbeseitigung ist nach den zu erwartenden Kosten zu bemessen.

Rückstellungen für unterlassene Abraumbeseitigung

Aufwandsrückstellungen

Nach § 249 Abs. 2 HGB a. F. können Rückstellungen derzeit noch für „ihrer Eigenart nach genau umschriebene, dem Geschäftsjahr oder einem früheren Geschäftsjahr zuzuordnende Aufwendungen gebildet werden, die am Abschlußstichtag wahrscheinlich oder sicher, aber hinsichtlich ihrer Höhe oder des Zeitpunkts ihres Eintritts unbestimmt sind."

Demnach müssen die folgenden Bedingungen erfüllt sein:

---

[259] Vgl. Coenenberg, Jahresabschluss und Jahresabschlussanalyse, S. 412.

- Die zukünftigen Maßnahmen, die den Aufwendungen zugrunde liegen, müssen am Abschlussstichtag bereits nach Art, Menge und Objekt konkretisiert sein („ihrer Art nach genau beschrieben").

- Die Maßnahmen müssen tatsächlich geplant und wahrscheinlich durchgeführt werden; die Aufwendungen müssen so gut wie sicher anfallen.

- Die Aufwendungen für die Rückstellungsbildung müssen dem Geschäftsjahr oder einem früheren Geschäftsjahr zuzuordnen sein (die Berücksichtigung künftiger Aufwendungen, die früheren Geschäftsjahren zuzuordnen sind, ist nicht mit dem Grundsatz der periodengerechten Erfolgsermittlung vereinbar, sondern Ausfluss einer Betonung des Vorsichtsprinzips).

Nach dem BilMoG ist der Ansatz von Aufwandsrückstellungen verboten.

Typische Beispiele für Aufwandsrückstellungen sind geplante Großreparaturen (z. B. bei Flugzeugen). Ziel der Aufwandsrückstellung ist es, Ausgaben auf mehrere Perioden zu verteilen, weil der zugrunde liegende Aufwand in zurückliegenden Perioden verursacht wurde.[260] Aufwandsrückstellungen sind von den Rückstellungen für unterlassene Instandhaltung abzugrenzen. Während Aufwandsrückstellungen künftige Aufwendungen darstellen, die dem Geschäftsjahr oder früheren Geschäftsjahren zuzuordnen sind, beschränken sich die Instandhaltungsrückstellungen auf bereits geleistete Aufwendungen.

Beispiel:[261]

Die Boport AG erwirbt am Anfang des Jahres 2004 ein Flugzeug mit einer voraussichtlichen Nutzungsdauer von 10 Jahren zum Kaufpreis von 200 Mio. €, das linear abgeschrieben wird. Im Kaufpreis enthalten sind die Kosten für die Turbinen, die insgesamt 20 Mio. € bei einer zweijährigen Nutzungsdauer betragen. Eine Generalüberholung der Turbinen am Ende der Nutzungsdauer ist erwartungsgemäß mit dem gleichen Betrag zu veranschlagen.

---

[260] Vgl. Schmidt, Bilanztraining, S. 179.
[261] Leicht verändert übernommen aus: Pellens/Fülbier/Gassen/Sellhorn, Internationale Rechnungslegung, S. 332.

Wie nimmt man die Buchungen unter der Annahme vor, dass für die Generalüberholung eine Aufwandsrückstellung gebildet wird?

Lösung

2004:

Sachanlagen	an	Bank	200 Mio. €
Abschreibung	an	Sachanlagen	20 Mio. €
Reparaturaufwand	an	Aufwandsrückst.	10 Mio. €

2005:

Abschreibung	an	Sachanlagen	20 Mio. €
Reparaturaufwand	an	Aufwandsrückst.	10 Mio. €
Aufwandsrückst.	an	Bank	20 Mio. €

2006:

Abschreibung	an	Sachanlagen	20 Mio. €
Reparaturaufwand	an	Aufwandsrückst.	10 Mio. €

2007:

Abschreibung	an	Sachanlagen	20 Mio. €
Reparaturaufwand	an	Aufwandsrückst	10 Mio. €
Aufwandsrückst.	an	Bank	20 Mio. €

Die Grundlage für die Bestimmung der Höhe von Aufwandsrückstellungen bildet die Summe der zukünftig anfallenden Aufwendungen, die auf der Basis von Erfahrungswerten vergangener Jahre geschätzt wird.[262]

Das im Ergebnis gleiche Bild kann aber auch aktivisch erreicht werden, indem aufgrund der mangelnden Werthaltigkeit des Flugzeuges nach einem Jahr (für die in einem Jahr zu überprüfenden Turbinen wird ein Käufer nicht bereit sein, 90% der Anschaffungskosten zu bezahlen) eine außerplanmäßige Abschreibung vorgenommen wird. Nach der Reparatur im Jahr 2 erfolgt die Zuschreibung, da dann der Marktwert des Flugzeugs mit „neuen" Turbinen wieder gestiegen ist.

---

[262] Vgl. Coenenberg/Haller/Mattner/Schulze, Rechnungswesen, S. 423.

Auflösung und Ausweis von Rückstellungen

Rückstellungen dürfen nur aufgelöst werden, soweit der Grund für die Rückstellung entfallen ist (§ 249 Abs. 3 S. 2 HGB a. F./Abs. 2 HGB i. d. F. d. BilMoG). Das gilt auch für Rückstellungen, die aufgrund eines Passivierungswahlrechts gebildet wurden. Bei einer Inanspruchnahme ist die Rückstellung erfolgsneutral umzubuchen, wenn die bisher ungewisse Verpflichtung dem Grunde und der Höhe nach gewiss geworden ist. Es erfolgt eine Umbuchung als Verbindlichkeit.

Ist der Rückstellungsgrund entfallen oder wurde der Rückstellungsbetrag nicht bzw. nicht in voller Höhe benötigt, ist der (Rest-)Betrag vollständig erfolgswirksam innerhalb der sonstigen betrieblichen Erträge aufzulösen.

Ausweis- und Erläuterungspflichten

Ausweis- und Erläuterungspflichten bestehen für Kapitalgesellschaften und haftungsbeschränkte Gesellschaften. § 266 Abs. 3 B. HGB fordert für große und mittelgroße Gesellschaften eine Unterteilung der Rückstellungen in der Bilanz, die folgendermaßen gegliedert ist:

- Rückstellungen für Pensionen und ähnliche Verpflichtungen,
- Steuerrückstellungen und
- sonstige Rückstellungen.

Anzugeben sind gem. § 265 Abs. 2 HGB auch die Beträge des Vorjahres.

Innerhalb der Steuerrückstellungen werden auch die nach § 274 Abs. 1 S. 1 HGB zu passivierenden latenten Steuern ausgewiesen.

Nach § 285 Nr. 12 HGB sind die in einem Sammelposten ausgewiesenen sonstigen Rückstellungen pflichtgemäß im Anhang zu erläutern, wenn sie einen nicht unerheblichen Umfang haben. Kleine Gesellschaften dürfen die Rückstellungen – ohne weitere Erläuterung – in einem Posten zusammenfassen (§ 266 Abs. 1 S. 3 HGB).

Für eine übersichtliche Darstellung der Veränderungen der einzelnen Rückstellungsarten bietet sich ein Rückstellungsspiegel an, der üblicherweise nach internationaler Rechnungslegung erstellt wird.

7.3 Sonderposten mit Rücklageanteil

Der Sonderposten mit Rücklageanteil resultiert aus der Anwendung steuerrechtlicher Vorschriften in der Handelsbilanz. Nach § 254 HGB a. F. können für die Bewertung von Anlage- und Umlaufvermögen derzeit noch niedrigere Werte als zuvor genannt angesetzt werden, sofern diese Werte aufgrund einer steuerlich zulässigen Abschreibung möglich sind. Die Wertdifferenzen zwischen dem Wertansatz nach dem Handelsrecht und dem niedrigeren Ansatz nach dem Steuerrecht dürfen in den Sonderposten mit Rücklageanteil eingestellt werden (§ 247 Abs. 3 HGB a. F., § 273 HGB a. F.).

Im Sonderposten mit Rücklageanteil können bislang zwei Komponenten erfasst werden:

- steuerfreie Rücklagen, die aufgrund steuerrechtlicher Vorschriften den steuerpflichtigen Gewinn mindern und erst bei Auflösung versteuert werden,
- steuerliche Sonderabschreibungen, die die handelsrechtliche Abschreibung überschreiten.

Steuerfreie Rücklagen dürfen für die folgenden Sachverhalte gebildet werden:

steuerfreie Rücklagen

- Übertragung stiller Reserven bei Ersatzbeschaffung (R 6.6 EStR),
- Rücklagen für Veräußerungsgewinne nach § 6 b EStG.

Die Auflösung des Sonderpostens mit Rücklageanteil erfolgt durch die Übertragung der stillen Reserven auf die Ersatzbeschaffung, indem eine Sonderabschreibung vorgenommen wird.

Die Übertragung von Veräußerungsgewinnen ist an bestimmte Voraussetzungen geknüpft und muss innerhalb bestimmter Fristen erfolgen.[263] Das folgende Beispiel verdeutlicht die Wirkung auf das Bilanzbild in Abhängigkeit davon, ob die Übertragung stiller Reserven genutzt wird oder nicht.

---

[263] Vgl. Coenenberg, Jahresabschluss und Jahresabschlussanalyse, 2005, S. 316–319.

Beispiel:

Eine Fertigungsanlage der Steub GmbH musste nach einem Brandschaden ersetzt werden. Der Buchwert der Fertigungsanlage betrug 50.000 €. Die Versicherung des Unternehmens hat den Schaden ersetzt und den Neuwert in Höhe von 86.000 € bezahlt. Die Ersatzbeschaffung wird im nächsten Geschäftsjahr vorgenommen.

Lösung

Das Unternehmen kann die Versicherungsentschädigung erfolgswirksam vereinnahmen und für den Differenzbetrag in Höhe von 36.000 € aufwandswirksam eine steuerfreie Rücklage nach R 6.6 EStR in den Sonderposten mit Rücklageanteil einstellen. Im neuen Geschäftsjahr kann die stille Reserve auf die neu angeschaffte Fertigungsanlage übertragen werden. Bei einem Netto-Kaufpreis der Fertigungsanlage in Höhe von 120.000 € ergeben sich die folgenden Unterschiede in der Wertentwicklung der Anlage, je nachdem, ob eine Übertragung der stillen Reserven vorgenommen wurde oder nicht:

ohne Übertragung stiller Reserven		mit Übertragung stiller Reserven	
AK	120.000	AK	120.000
AfA: 1. Jahr	20.000	Sonder-AfA	36.000
		AK (neu)	84.000
		AfA: 1. Jahr	14.000
Buchwert	100.000	Buchwert	70.000
AfA: 2. Jahr	20.000	AfA: 2. Jahr	14.000
Buchwert	80.000	Buchwert	56.000
AfA: 3. Jahr	20.000	AfA: 3. Jahr	14.000
Buchwert	60.000	Buchwert	42.000
AfA: 4. Jahr	20.000	AfA: 4. Jahr	14.000
Buchwert	40.000	Buchwert	28.000
AfA: 5. Jahr	20.000	AfA: 5. Jahr	14.000
Buchwert	20.000	Buchwert	14.000
AfA: 6. Jahr	19.999	AfA: 6. Jahr	13.999
Buchwert	1	Buchwert	1

Bei beiden Vorgehensweisen werden in den Jahren der Nutzungsdauer insgesamt 119.999 € abgeschrieben. Durch die Sonderabschreibung bei der Übertragung der stillen Reserven wird die „zusätzliche" Steuerbelastung auf die Jahre der Nutzungsdauer verteilt. Für das Unternehmen ergeben sich durch die im ersten Abschreibungsjahr geringeren Steuerzahlungen eine Steuerstundung, ein Zinseffekt und eine (vorübergehende) Liquiditätserhöhung.

Steuerrechtliche Sonderabschreibungen können in Form direkter oder indirekter Absetzungen vorgenommen werden. Bei einer direkten Absetzung wird die steuerrechtliche Sonderabschreibung direkt gegen den entsprechenden Vermögensposten gebucht. Das hat zur Folge, dass die Bilanzsumme sinkt. Bei einer indirekten Absetzung wird der Differenzbetrag zwischen der steuerrechtlich zulässigen und der handelsrechtlich gebotenen Abschreibung in den Sonderposten mit Rücklageanteil eingestellt (§ 281 HGB). Der Sonderposten ist ein Korrekturposten zum Vermögensposten auf der Passivseite. Seine Auflösung erfolgt beim Anlagevermögen über die (Rest-)Nutzungsdauer des Vermögenspostens.

steuerrechtliche Sonderabschreibungen

Beispiel:

Der Buchhalter der Nitalk AG schlägt vor, auf die neu gekaufte Maschine anstelle der handelsrechtlichen linearen Abschreibung über 5 Jahre eine steuerliche Sonderabschreibung in Höhe von 60 % vorzunehmen und den Differenzbetrag in den Sonderposten (Sopo) mit Rücklageanteil einzustellen. Bei einem Anschaffungspreis von 10.000 € ergeben sich die folgenden Erfolgswirkungen für das Unternehmen:

Lösung

Steuerlich zul. Abschr.	Handelsr. Abschr.	Aufw. Zuführung (−)/ Ertr. Auflösung Sopo	Erfolgs- wirkung	Rest- Buchwert	Bestand Sopo
− 6.000	− 2.000	− 4.000	− 6.000	8.000	4.000
− 1.000	− 2.000	+ 1.000	− 1.000	6.000	3.000
− 1.000	− 2.000	+ 1.000	− 1.000	4.000	2.000
− 1.000	− 2.000	+ 1.000	− 1.000	2.000	1.000
− 1.000	− 2.000	+ 1.000	− 1.000	0	0

Ebenso wie bei der steuerfreien Rücklage wird auch im Falle der steuerrechtlichen Sonderabschreibung erreicht, dass das Unternehmen aufgrund der im ersten Nutzungsjahr durchgeführten hohen Abschreibung mit Einstellung in den Sonderposten eine Steuerstundung hat. Der Steuerstundungseffekt hätte sich auch bei einer direkten Abschreibung ergeben. In diesem Fall würde der Buchwert nach dem ersten Jahr 4.000 € betragen und wäre gleichmäßig auf die vier Folgejahre zu verteilen.

Der Sonderposten mit Rücklageanteil hat als Instrument zur passivischen Erfassung allein steuerrechtlich motivierter Abwertungsdifferenzen, die über die handelsrechtlichen Abschreibungen hinausgehen, Wertberichtigungscharakter. Der Sonderposten mit Rücklageanteil stellt einen Mischposten dar, der einen Eigen- und einen Fremdkapitalanteil hat. Der Fremdkapitalanteil entspricht der Steuerbelastung, die das Unternehmen bei Auflösung des Sonderpostens zu tragen hat.[264]

Mit dem BilMoG wird der Ausweis des steuerrechtlich begründeten Sonderpostens mit Rücklageanteil ab 2009 verboten (Streichung des § 247 Abs. 3 HGB a. F.). Dieses Verbot resultiert aus der Aufhebung der umgekehrten Maßgeblichkeit, nach der es notwendig ist, die entsprechend verringerten Beträge auch in der Handelsbilanz auszuweisen, um in den Genuss steuerrechtlicher Vorteile (z. B. steuerfreie Übertragung stiller Reserven, steuerlich bedingte Mehrabschreibungen) zu kommen. Im Ergebnis führt das zum Ende der Einheitsbilanz, wobei allerdings auch aktuell schon einige unüberbrückbare Unterschiede zwischen der Bilanz und der GuV nach Steuer- und Handelsrecht bestehen. Diese Unterschiede werden mit dem BilMoG nun aber noch deutlich ausgeweitet. In der Konsequenz ist es für die Ausübung steuerlicher Wahlrechte in Zukunft notwendig, dass die Wirtschaftsgüter, die nicht mit den handelsrechtlich maßgeblichen Werten in die steuerliche Gewinnermittlung aufgenommen werden, in besondere, laufend zu führende Verzeichnisse aufgenommen werden. In den Verzeichnissen sind der Tag der Anschaffung oder Herstellung, die Anschaffungs- oder Herstellungskosten, die Vorschriften des ausgeübten steuerlichen Wahl-

---

[264] Vgl. Baetge/Kirsch/Thiele, Bilanzen, S. 593 f.

rechts und die vorgenommenen Abschreibungen nachzuweisen (§ 5 Abs. 1 EStG).

Bezogen auf den in der Theorie aufgrund der Namensgebung umstrittenen Sonderposten mit Rücklageanteil wurde bisher argumentiert, dass damit eine Ausschüttungssperre wirksam verankert werden konnte. Die zu übertragenden stillen Reserven werden als Aufwand in der GuV erfasst und reduzieren damit das zur Ausschüttung und Steuerzahlung zur Verfügung stehende Ergebnis. Während die Ausschüttung bei Personengesellschaften bedingt durch die gesellschaftsrechtliche Konstruktion und die weitgehend unbeschränkte Entnahmemöglichkeit gar nicht verhindert werden kann, ergibt sich bei Kapitalgesellschaften aber die Möglichkeit, selbst zu entscheiden, ob die Gewinne ausgewiesen werden oder nicht. Ein gesetzlicher Schutz vor einem Substanzabbau kann damit nicht erreicht werden. Bezüglich der Steuerzahlung ist eine Übertragung jedoch wünschenswert und sinnvoll, damit handelsrechtliche Gewinne nicht als ausschüttungsfähig ausgewiesen werden, die für eine spätere Steuerzahlung benötigt werden. Um dieses Ergebnis zu erreichen, ist in der Handelsbilanz der Steuereffekt des höheren Ansatzes über die Bildung einer (passiven) latenten Steuerabgrenzung zu berücksichtigen.

7.4 Eigenkapital

Das Eigenkapital umfasst die finanziellen Mittel, die einem Unternehmen von den Eigentümern ohne zeitliche Begrenzung zur Verfügung gestellt werden. Eigenkapital sind von außen zugeführte oder durch Gewinneinbehaltung von innen zugeflossene Mittel. Ansatz- und Bewertungsregeln sind – anders als bei Vermögens- und Fremdkapitalpositionen – beim Eigenkapital nicht anzuwenden. Das Eigenkapital gilt als rechnerische Restgröße aus Vermögensposten abzüglich des Fremdkapitals. „Somit bestimmen Ansatz und Bewertung des Vermögens und des Fremdkapitals indirekt die Höhe des Eigenkapitals."[265]

---

[265] Coenenberg/Haller/Mattner/Schulze, Rechnungswesen, S. 387.

Die Darstellung des Eigenkapitals in der Bilanz hängt von der Rechtsform des Unternehmens ab, weil die Strukturierung des Eigenkapitals von den spezifischen Bestimmungen des Gesellschaftsrechts geprägt ist. Das Eigenkapitalkonto eines Unternehmens kann konstant oder variabel sein.

konstantes Eigenkapitalkonto

Das konstante Eigenkapitalkonto betrifft Kapitalgesellschaften – zum Teil aber auch andere haftungsbeschränkte Rechtsformen (Kommanditgesellschaft, stille Gesellschaft und Genossenschaft). Es stellt das Haftungsvermögen gem. Gesellschaftsvertrag dar, das die Summe der Nennbeträge der ausgegebenen Gesellschaftsanteile umfasst. Das ist bei Aktiengesellschaften das Grundkapital und bei der GmbH das Stammkapital. Das Grund- bzw. Stammkapital ändert sich nur durch Kapitalerhöhungen oder -herabsetzungen. Darüber hinaus umfasst das Eigenkapital von Kapitalgesellschaften weitere Bestandteile, wie die Kapital- und Gewinnrücklage, die im Folgenden betrachtet werden.

variables Eigenkapitalkonto

Das variable Eigenkapitalkonto ändert sich höhenmäßig von Jahr zu Jahr, wie etwa durch Einlagen oder Entnahmen bei Einzelkaufleuten und Personengesellschaften.

Bei **Kapitalgesellschaften** besteht das Eigenkapital nach § 266 Abs. 3 HGB aus den folgenden Komponenten:

- gezeichnetes Kapital,
- Kapitalrücklage,
- Gewinnrücklage,
- Gewinnvortrag bzw. Verlustvortrag,
- Jahresüberschuss bzw. Jahresfehlbetrag.

Die Gliederung des Eigenkapitals umfasst in den beiden ersten Unterposten das von außen zur Verfügung gestellte Kapital. Die Gewinnrücklagen stellen die einbehaltenen Gewinne dar. Nur das gezeichnete Kapital ist – abgesehen von Kapitalherabsetzungen/-heraufsetzungen – konstant; es wird auch als Nominalkapital bezeichnet. Die gesondert auszuweisenden Rücklagen sind – wie auch die weiteren genannten Unterposten – variable Eigenkapitalposten. Alle genannten Unterposten bilden das rechnerische Eigenkapital. Vom effektiven Eigenkapital, auch bereinigtes Eigenkapital genannt, wird

gesprochen, wenn stille Reserven in die Eigenkapitalermittlung einbezogen werden.[266] Stille Reserven entstehen durch die Ausnutzung
von Wahlrechten und Einschätzungsspielräumen bei Ansatz- und
Bewertungsentscheidungen, wenn Vermögensposten unter bzw.
Fremdkapitalposten über den tatsächlichen Wert angesetzt werden
(z. B. aus der Überdotierung von Rückstellungen aufgrund einer
vorsichtigen Bewertung oder Nutzung des Teilkostenansatzes). Stille
Reserven, die aus der Bilanz nicht unmittelbar ersichtlich sind, sind
von den offenen Rücklagen (Kapital- und Gewinnrücklage) abzugrenzen.

Gezeichnetes Kapital

Nach § 272 Abs. 1 S. 1 HGB ist das gezeichnete Kapital „das Kapital,
auf das die Haftung der Gesellschafter für die Verbindlichkeiten der
Kapitalgesellschaft gegenüber den Gläubigern beschränkt ist." Das
gezeichnete Kapital einer Aktiengesellschaft (Grundkapital) beträgt
mindestens 50.000 €; das gezeichnete Kapital einer GmbH (Stammkapital) beträgt mindestens 25.000 €. Das Mindeststammkapital
einer GmbH wird mit dem MoMIG künftig von bisher 25.000 € auf
10.000 € herabgesetzt, um Gründungen insbesondere für Dienstleis-
tungsgewerbe zu erleichtern. Das gezeichnete Kapital ist zum Nennbetrag anzusetzen (§ 283 HGB). Da das gezeichnete Kapital nicht
zwangsläufig eingezahlt sein muss, ist es notwendig, den nicht einbezahlten Betrag gesondert auszuweisen. Die nicht einbezahlten und
noch ausstehenden Teile des gezeichneten Kapitals werden ausste-
hende Einlagen genannt. Entsprechend ihrem Charakter als Forderungsbetrag oder Korrekturposten erlaubt § 272 Abs. 1 HGB derzeit
noch zwei verschiedene Ausweismöglichkeiten.

Nach der Bruttomethode können die ausstehenden Einlagen auf das *Bruttomethode*
gezeichnete Kapital innerhalb der Aktiva vor dem Anlagevermögen
mit einem Davon-Vermerk als eingeforderte Einlagen gesondert
ausgewiesen werden (§ 272 Abs. 1 S. 2 HGB). Das gezeichnete Kapital wird in voller Höhe zum Nennbetrag ausgewiesen. Die ausste-

---

[266] Vgl. Coenenberg, Jahresabschluss und Jahresabschlussanalyse, S. 285.

henden Einlagen können auch differenziert nach den eingeforderten und nicht eingeforderten Teilbeträgen ausgewiesen werden.

Nettomethode

Alternativ dürfen nach der Nettomethode die nicht eingeforderten ausstehenden Einlagen auch vom gezeichneten Kapital offen abgesetzt werden. Das hat zur Folge, dass das eingeforderte Kapital im Eigenkapital ausgewiesen wird. Gleichzeitig ist das eingeforderte, noch nicht eingezahlte Kapital innerhalb der Forderungen auszuweisen (§ 272 Abs. 1 S. 3 HGB). Die Nettomethode wird mit dem Bil-MoG verbindlich vorgeschrieben.

Das folgende Beispiel verdeutlicht die Auswirkungen der Ausweisalternativen der ausstehenden Einlagen auf das gezeichnete Kapital:

Beispiel:

Das gezeichnete Kapital der Eikos AG beträgt 100 Mio. €. Davon sind 75 Mio. € einbezahlt.

Die ausstehenden Einlagen belaufen sich auf 25 Mio. €, wovon 10 Mio. € eingefordert sind.

Das nicht eingeforderte Kapital beträgt 15 Mio. €.

Annahme: gezeichnetes Eigenkapital: 100 Mio. €,
– davon noch nicht einbezahlt: 25 Mio. €, bereits eingefordert: 10 Mio. €

Bruttomethode

Aktiva		Passiva	
A. Ausstehende Einlagen auf das gezeichnete Kapital – davon eingefordert (10)	25	A. Eigenkapital I. gezeichnetes Kapital	100

Auswahlvariante der Bruttomethode

Aktiva		Passiva	
A. Ausstehende Einlagen auf das gezeichnete Kapital – eingefordert (10) – nicht eingefordert (15)	25	A. Eigenkapital I. gezeichnetes Kapital	100

Nettomethode

Aktiva		Passiva	

B. Umlaufvermögen
  II. Forderungen u.
  sonst. Vermögen
    4. Eingefordertes nicht
    gezahltes Kapital
		A. Eigenkapital
		  I. gezeichnetes Kapital
		  abzüglich nicht eingeforderte
		  ausstehende Einlagen
		  Eingefordertes Kapital
			100
			
			15
			85

	10		

Die gewählte Ausweisform kann sich auf die Größenklassen der Kapitalgesellschaft auswirken. Nach der Nettomethode ist die Bilanzsumme geringer als nach der Bruttomethode.[267]

Kapitalrücklage

Die Kapitalrücklage umfasst die Beträge, die den Nennwert bei der Ausgabe von Anteilen – einschließlich der Bezugsanteile – übersteigen (Agio, Aufgeld), und die Beträge, die bei der Ausgabe von Schuldverschreibungen für Wandlungsrechte und Optionsrechte zum Erwerb von Anteilen (nach § 221 AktG) erzielt werden. Außerdem enthält die Kapitalrücklage Zuzahlungen, die von den Teilhabern für Vorzugsanteile geleistet werden (wie z. B. Vorzugsaktien oder Vorzugsdividenden). Hinzu kommen andere Zuzahlungen in das Eigenkapital, die z. B. bei der GmbH das eingeforderte Nachschusskapital oder bei einer Aktiengesellschaft die Beträge, die bei einer vereinfachten Kapitalherabsetzung oder bei einer Kapitalherabsetzung durch Einziehung von Aktien frei geworden sind, betreffen. Nach § 272 Abs. 2 HGB sind als Kapitalrücklagen die folgenden Posten auszuweisen:

- Der Betrag, der bei der Ausgabe von Anteilen einschließlich von Bezugsanteilen über den Nennbetrag oder – falls ein Nennbetrag nicht vorhanden ist – über den rechnerischen Wert hinaus erzielt wird.

- Der Betrag, der bei der Ausgabe von Schuldverschreibungen für Wandlungsrechte und Optionsrechte zum Erwerb von Anteilen erzielt wird.

- Der Betrag von Zuzahlungen, die Gesellschafter gegen Gewährung eines Vorzugs für ihre Anteile leisten.

- Der Betrag von anderen Zuzahlungen, die Gesellschafter in das Eigenkapital leisten.

Einstellungen in die Kapitalrücklage und Auflösungen sind bei der Bilanzaufstellung vorzunehmen (§ 270 Abs. 1 S. 1 HGB).

---

[267] Vgl. Coenenberg/Haller/Mattner/Schulze, Rechnungswesen, S. 391 f.

Gewinnrücklage

Nach § 272 Abs. 3 S. 1 HGB umfasst die Gewinnrücklage die Beträge, „die im Geschäftsjahr oder in einem früheren Geschäftsjahr aus dem Ergebnis gebildet worden sind."

Die folgenden Arten von Gewinnrücklagen sind zu unterscheiden:

- Gesetzliche Rücklagen:
  Aktiengesellschaften sind gem. § 150 Abs. 1 u. 2 AktG verpflichtet, eine Dotierung mit 5 % des um einen ggf. vorhandenen Verlustvortrag aus dem Vorjahr geminderten Jahresüberschusses vorzunehmen, bis die gesetzliche Rücklage zusammen mit den Kapitalrücklagen mindestens 10 % des Grundkapitals erreicht hat.

- Rücklagen für eigene Anteile sind zu bilden, wenn die Gesellschaft Anteile zurückkauft oder unentgeltlich erhält, die nicht zum Zwecke der Einziehung erworben wurden. Die Höhe der Rücklage für eigene Anteile entspricht dem auf der Aktivseite innerhalb der Forderungen ausgewiesenen Betrag, der als Korrekturposten zum Eigenkapital zu verstehen ist. Der Rücklage für eigene Anteile kommt im Sinne des Gläubigerschutzes eine Ausschüttungssperrfunktion zu. Die Rücklage darf nur aufgelöst werden, wenn die eigenen Anteile ausgegeben, veräußert oder eingezogen werden bzw. soweit die eigenen Anteile nach § 252 Abs. 3 HGB mit ihrem niedrigeren Wert ausgewiesen werden.[268]

- Satzungsgemäße Rücklagen umfassen nach § 272 Abs. 3 S. 2 HGB die aus dem Ergebnis zu bildenden gesetzlichen oder auf Gesellschaftsvertrag oder Satzung beruhenden Rücklagen (wie z. B. Substanzerhaltungsrücklagen).

- Andere Rücklagen:
  Sammelposition für alle aus dem Jahresüberschuss in die Gewinnrücklagen eingestellten Beträge, die keine Bestandteile der oben genannten Positionen sind.[269]

---

[268] Vgl. Schmidt, Bilanztraining, S. 544.
[269] Vgl. Meyer, Bilanzierung nach Handels- und Steuerrecht, S. 109 f.

Nach dem BilMoG ist zukünftig pflichtgemäß auch nötig, die Position „Rücklage für Anteile an einem herrschenden oder mehrheitlich beteiligten Unternehmen" auszuweisen.

Verwendung des Jahresergebnisses

Die Einbehaltung oder Ausschüttung des Jahresergebnisses wird als Ergebnisverwendung bezeichnet. Es gibt drei mögliche Ergebnispositionen innerhalb des Eigenkapitals:

- Jahresüberschuss/-fehlbetrag: Ergebnis des aktuellen Geschäftsjahres.
- Gewinn-/Verlustvortrag: unverwendete Ergebnisanteile von Vorperioden.
- Bilanzgewinn/-verlust: zur Ausschüttung vorgeschlagene Ergebnisanteile.

In Abhängigkeit davon, ob der Jahresabschluss vor vollständiger, nach teilweiser oder nach vollständiger Gewinnverwendung aufgestellt wird, ergeben sich unterschiedliche Formen des Ergebnisausweises. Gewinnanteile, die ausgeschüttet werden sollen, werden im Eigenkapital ausgewiesen, bis eine Gewinnverwendungsentscheidung getroffen wird. Erst nach der Gewinnverwendungsentscheidung erfolgt ein Ausweis innerhalb der Verbindlichkeiten.[270]
Die folgende Abbildung verdeutlicht die unterschiedlichen Ausweisformen des Eigenkapitals in Abhängigkeit von der Gewinnverwendung:

---

[270] Vgl. Meyer, Bilanzierung nach Handels- und Steuerrecht, S. 110.

(1) ohne Berücksichtigung der Verwendung des Jahresergebnisses	A. Eigenkapital
	   I. Gezeichnetes Kapital
	   II. Kapitalrücklage
	   III. Gewinnrücklagen
	   IV. Gewinnvortrag/Verlustvortrag (Vorjahr)
	   V. Jahresüberschuss/-fehlbetrag (laufendes Jahr)

(2) Unter Berücksichtigung der teilweisen Verwendung des Jahresergebnisses	A. Eigenkapital
	   I. Gezeichnetes Kapital
	   II. Kapitalrücklage
	   III. Gewinnrücklagen
	   IV. Bilanzgewinn/Bilanzverlust

(3) Unter Berücksichtigung der vollständigen Verwendung des Jahresergebnisses	A. Eigenkapital
	   I. Gezeichnetes Kapital
	   II. Kapitalrücklage
	   III. Gewinnrücklagen
	(Bei zum Zeitpunkt der Bilanzaufstellung beschlossener Ausschüttung
	→ Erhöhung der sonstigen Verbindlichkeiten)

Abb. 7-5: Eigenkapitalausweis in Abhängigkeit der Gewinnverwendung

Unabhängig von der Ausweisform müssen Aktiengesellschaften nach § 158 Abs. 1 AktG eine Gewinnverwendungsrechnung in der Gewinn- und Verlustrechnung oder im Anhang aufstellen.

Nicht durch Eigenkapital gedeckter Fehlbetrag

Übersteigt der Jahresfehlbetrag zuzüglich eines möglichen Verlustvortrages das gesamte Eigenkapital einer Kapitalgesellschaft, ist der Differenzbetrag als „nicht durch Eigenkapital gedeckter Fehlbetrag" auf der Aktivseite als letzter Bilanzposten auszuweisen.[271]

Diese buchmäßige Überschuldung ist nicht mit der Überschuldung im Sinne einer Insolvenz gleichzusetzen, weil für die Überschuldungsberechnung nach dem Insolvenzrecht nicht die handelsrechtlichen Bewertungsregeln maßgeblich sind. Für die Ermittlung der Überschuldung nach dem Insolvenzrecht werden Zeitwerte herangezogen, d. h. es werden stille Reserven aufgedeckt.[272]

---

[271] Vgl. Schmidt, Bilanztraining, S. 548.

[272] Vgl. Coenenberg/Haller/Mattner/Schulze, Rechnungswesen, S. 402.

7.5 Aufgaben und Lösungen

Aufgaben

Aufgabe 1: Rückstellungen (Drohverlust)

Im Laufe des laufenden Jahres wurde ein Vertrag über die Lieferung eines Hubschraubers im März des Folgejahres zu einem Preis von 250.000 € geschlossen. Durch die hohe Nachfrage nach Triebwerken am Weltmarkt steigt der Preis für das zugekaufte Triebwerk von kalkulierten 25.000 € auf 45.000 €. Der ursprünglich für den Auftrag kalkulierte Gewinn liegt bei 5.000 €. Welche Höhe hat die zu bildende Rückstellung?

Aufgabe 2: Rückstellungen (Gewährleistung)

Der Anteil der Kosten für Kulanzleistungen betrug in der Vergangenheit erfahrungsgemäß ca. 0,75 % gemessen am Umsatz. Durch die Verlegung der Produktion wird mit einem Anstieg der Kulanzfälle gerechnet. Der Schätzwert liegt bei ca. 1 % des Umsatzes. Wie hoch ist der Ansatz der Rückstellung in der Bilanz, wenn der Umsatz 800.000 € beträgt?

Lösungen

Lösung zu Aufgabe 1

Die höheren Kosten für das Triebwerk übersteigen den kalkulierten Gewinn aus dem Auftrag und führen zu einem Verlust:

	Kostendifferenz Triebwerk	20.000 €
–	Kalkulierter Gewinn	5.000 €
=	Drohender Verlust	15.000 €

Die Rückstellung für den drohenden Verlust wird mit einem Betrag von 15.000 € bewertet.

Lösung zu Aufgabe 2

Bei „vernünftiger kaufmännischer Beurteilung" (Vgl. § 253 (1) HGB) fließt der erwartete Anstieg der Kulanzfälle in die Bewertung der Rückstellung ein, und es ergibt sich eine Rückstellung in Höhe von:

800.000 € x 1 % = 8.000 €.

Siehe CD-ROM

Hinweis:

Diese und weitere Aufgaben samt Lösungen finden Sie auf der beiliegenden CD-ROM.

8 Spezielle Sachverhalte der Rechnungslegung

8.1 Bilanzierungshilfen und Rechnungsabgrenzungen

Bilanzierungshilfen sind Aktivposten, für die eine Aktivierung erlaubt ist (Ansatzwahlrecht), obwohl sie aufgrund fehlender Einzelveräußerbarkeit nicht als Vermögensgegenstände im Sinne des Handelsrechts angesehen werden können. Zweck der Bilanzierungshilfen ist – entsprechend dem Grundsatz der sachlichen Abgrenzung – die Periodisierung der Ausgaben. Zu den Bilanzierungshilfen zählen aktuell Aufwendungen für die Ingangsetzung und Erweiterung des Geschäftsbetriebs sowie der derivative Geschäfts- oder Firmenwert. Mit dem BilMoG unterliegen Ingangsetzungs- und Erweiterungsaufwendungen einem Ansatzverbot und der Geschäfts- oder Firmenwert wird einem Vermögensgegenstand gleichgesetzt. Bilanzierungshilfen

Aktivierte Ingangsetzungs- und Erweiterungsaufwendungen sind in den Folgejahren planmäßig aufzulösen. Die Ergebnisbelastung wird auf die künftigen Perioden verteilt, wenn die pauschale Abschreibung über mindestens ein Viertel vorzunehmen ist (§ 282 HGB). Im Sinne des Vorsichtsprinzips sind höhere Abschreibungsraten und ein früherer Abschreibungsbeginn zulässig. aktivierte Ingangsetzungsaufwendungen

Die Aktivierung ist an eine **Ausschüttungssperre** gekoppelt (§ 269 S. 2 HGB). Die jederzeit auflösbaren Gewinnrücklagen müssen stets mindestens der Höhe der aktivierten Beträge entsprechen. Die Ausschüttungssperre dient dem Gläubigerschutz, weil die durch die Aktivierung erzielte Eigenkapitalerhöhung, die nicht aus einer Vermögensmehrung resultiert, nicht an die Gesellschafter ausgeschüttet wird.

Da Ingangsetzungsaufwendungen in der Steuerbilanz nicht aktivierungsfähig sind, weichen das Steuer- und das Handelsbilanzergebnis im Falle einer handelsrechtlichen Aktivierung voneinander ab. Das hat zur Folge, dass passive latente Steuern gebildet werden müssen. Die Auflösung der passiven latenten Steuern erfolgt durch die Um- Ingangsetzungsaufwendungen und passive latente Steuern kehrung der Ergebnisdifferenzen in den Folgejahren, wenn das handelsrechtliche Ergebnis aufgrund der pauschalen Abschreibung der Ingangsetzungsaufwendungen niedriger sein wird als das Steuerbilanzergebnis.[273] Durch die Übergangsregelungen beim BilMoG sollen ab 2009 keine neuen Aktivierungen in diesen Posten mehr vorgenommen werden dürfen. Bestehende Positionen können wie bisher, d. h. auch über mehrere Jahre verteilt, aufgelöst werden.

derivativer Geschäfts- oder Firmenwert

Bisher besteht für den derivativen Geschäfts- oder Firmenwert gem. § 255 Abs. 4 HGB ein Ansatzwahlrecht. Mit dem BilMoG wird das Ansatzwahlrecht aufgehoben, sodass analog zum Steuerrecht eine Aktivierung und planmäßige Abschreibung geboten sein wird. Bisher löste die sofortige Aufwandsverrechnung eine Buchung aktiver latenter Steuern aus, was mit der Umsetzung des BilMoG nicht mehr notwendig sein wird.

Zudem bestehen bisher vielfältige Abschreibungsmöglichkeiten, die von der pauschalen Abschreibung über mindestens ein Viertel bis hin zur planmäßigen Abschreibung und sofortigen Abschreibung reichen. Steuerrechtlich ist eine Abschreibung über eine Nutzungsdauer von 15 Jahren vorgeschrieben. Je nachdem, ob die 15-jährige Nutzungsdauer unter- oder überschritten wird, sind zusätzlich aktive oder passive latente Steuern zu berücksichtigen.

Abgrenzungsposten

Abgrenzungsposten entstehen immer dann, wenn Zahlungs- und Erfolgswirkung von Geschäftsvorfällen in unterschiedlichen Perioden anfallen. Entsprechend dem Prinzip der zeitlichen Abgrenzung sind alle Erfolgsvorgänge, die streng zeitraumbezogen sind (wie z. B. Mieten oder Zinsen), unabhängig von ihrem zeitlichen Anfall in der Periode ihrer Verursachung zu berücksichtigen. Je nachdem, ob der Zahlungsvorgang der Erfolgswirkung vor- oder nachgelagert ist, werden transitorische und antizipative Rechnungsabgrenzungen unterschieden, wie die folgende Abbildung verdeutlicht:

---

[273] Vgl. Coenenberg/Haller/Mattner/Schulze, Rechnungswesen, S. 354.

Transitorische Abgrenzung („GuV-Wirkung verschieben")

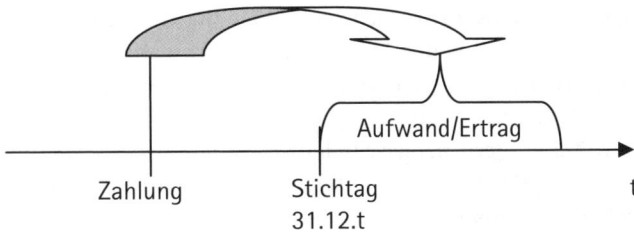

Antizipative Abgrenzung („GuV-Wirkung vorholen")

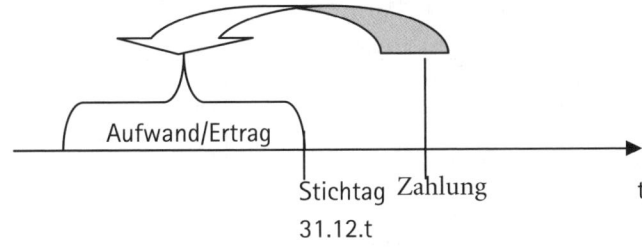

Abb. 8-1: Transitorische und antizipative Rechnungsabgrenzungen

Merkmal der transitorischen Rechnungsabgrenzung ist, dass der Zahlungsvorgang der Erfolgswirkung vorgelagert ist. Bei aktiven Rechnungsabgrenzungsposten handelt es sich um Auszahlungen, die einen Aufwand für eine bestimmte Zeit nach dem Bilanzstichtag darstellen (wie z. B. Miet- oder Zinsvorauszahlungen). Analog liegen passive Rechnungsabgrenzungsposten für Einzahlungen vor, deren Ertrag erst der nächsten Rechnungsperiode zuzuordnen ist. Rechnungsabgrenzungsposten werden nach § 266 Abs. 2 HGB neben den bereits behandelten Anlage- und Umlaufvermögenspositionen bzw. Eigen- und Fremdkapitalpositionen als letzter Gliederungsposten auf der Aktiv- bzw. Passivseite aufgelistet. Das entspricht der Trennung der Aktiva und Passiva in Vermögensgegenstände bzw. Schulden und Rechnungsabgrenzungsposten gemäß § 246 Abs. 1 S. 1 HGB. *(transitorische Rechnungsabgrenzung)*

Demgegenüber liegen antizipative Rechnungsabgrenzungsposten vor, wenn Aufwendungen bzw. Erträge der Rechnungsperiode erst *(antizipative Rechnungsabgrenzung)*

295

nach dem Bilanzstichtag zu Aus- bzw. Einzahlungen führen (wie z. B. nachschüssig zu zahlende Zinsen). Die antizipativen Rechnungsabgrenzungsposten werden anders als die transitorischen als „sonstige Verbindlichkeiten" (zukünftige Auszahlungen) bzw. „sonstige Forderungen" (zukünftige Einzahlungen) ausgewiesen. Nach § 268 Abs. 4 u. 5 HGB müssen Kapitalgesellschaften und haftungsbeschränkte Personengesellschaften innerhalb der Verbindlichkeiten und Forderungen ausgewiesene antizipative Abgrenzungsposten im Anhang angeben und erläutern, wenn es sich um wesentliche Beträge handelt.

	Aktive Abgrenzung (Gewinnerhöhung in der abzurechnenden Periode)	**Passive Abgrenzung** (Gewinnminderung in der abzurechnenden Periode)
transitorische (durchgeleitete) Posten: Zahlungsvorgang vor Abschlussstichtag	Ausgabe vor dem Abschlusszeitpunkt, Aufwand im neuen Geschäftsjahr. *Auszahlung vor Erfolgswirkung.* *z. B.: Im voraus bezahlte Versicherungsprämie* **"Aktiver RAP"**	Einnahme vor dem Abschlusszeitpunkt, Ertrag im neuen Geschäftsjahr *Einzahlung vor Erfolgswirkung* *z. B.: Im voraus erhaltene Lizenzgebühren* **"Passiver RAP"**
antizipative (vorweggenommene) Posten: Zahlungsvorgang nach Abschlussstichtag	Einnahme nach dem Abschlusszeitpunkt, Ertrag im laufenden GJ. *Einzahlung nach Erfolgswirkung* *z. B.: noch zu erhaltende Miete* **"Sonstige Forderungen"**	Ausgabe nach dem Abschlusszeitpunkt, Aufwand im laufenden GJ. *Auszahlung nach Erfolgswirkung* *z. B.: nachschüssig zu zahlende Zinsen* **"Sonstige Verbindlichkeiten"**

Abb. 8-2: Wirkungen transitorischer und antizipativer Rechnungsabgrenzungen

Als Rechnungsabgrenzungsposten „besonderer Art" gelten das Disagio sowie die Rechnungsabgrenzungsposten für besondere steuertechnische Tatbestände – wie z. B. als Aufwand berücksichtige Zölle und Verbrauchssteuern auf Vorräte (§ 250 Abs. 1 Nr. 1 HGB) und als Aufwand berücksichtigte Umsatzsteuern auf Anzahlungen (§ 250 Abs. 1 Nr. 2 HGB). Für diese Abgrenzungsposten besteht handelsrechtlich ein Ansatzwahlrecht, das mit Ausnahme des Disagios mit dem BilMoG gestrichen wird. Während für die Abgrenzungssachverhalte „besonderer Art" steuerrechtlich bereits ein Ansatzgebot besteht, sind die transitorischen und antizipativen Abgrenzungsposten analog zum Handelsrecht ansatzpflichtig.

8.2 Leasing

Sachanlagen werden in der Praxis häufig auf der Basis von Leasingverträgen übertragen und genutzt.[274] Der vieldeutig verwendete Begriff „Leasing" steht zum einen für die Ausgestaltung eines Leasingvertrages in Form eines klassischen Miet- oder Pachtvertrags, zum anderen sind auch Ausgestaltungen in Form von Ratenkaufverträgen anzutreffen. Charakteristisch für Leasing ist, dass der Leasinggeber dem Leasingnehmer die temporäre Nutzungsmöglichkeit an einem bestimmten Wirtschaftsgut gegen Entgelt einräumt.[275] Wesentliches Kennzeichen für Leasing ist eine Trennung von rechtlichem Eigentum und Nutzung. Der Leasinggeber bleibt also rechtlich Eigentümer des Leasingobjektes. Der Leasingnehmer wird lediglich Besitzer des Leasingobjektes, wobei ihm jedoch vielfach ein Optionsrecht auf den Kauf des Objektes nach Ablauf der Grundmietzeit oder ein Recht auf Verlängerung des Leasingvertrages eingeräumt wird. Aus betriebswirtschaftlicher Sicht stellt Leasing generell ein spezifisches Leistungsbündel dar, „das unter anderem Aspekte wie Schonung des Eigenkapitals, Verbesserung der Liquidität, Erhaltung des Kreditspielraums, Erhaltung der unternehmerischen Unabhängigkeit, Wahrung der Bilanzrelationen und Zugrundelegung eines festen Kalkulationszinsfußes umfasst".[276]

Leasingbegriff

Die Bilanzierung von Leasinggeschäften wird von der **Zurechnung der Leasinggegenstände zum Leasinggeber oder zum Leasingnehmer** bestimmt. Für die Zurechnung des Leasinggegenstandes und deren Bilanzierungsfolgen sind aufgrund fehlender handelsrechtlicher Vorschriften die von Länderministern und dem Bundesminister herausgegebenen steuerrechtlichen Leasingerlasse sowie Richter-

Zuordnung des Leasingobjektes

---

[274] Vgl. Rux, in: HdB, „Leasing".
[275] Vgl. Ammann/Hucke, Rechtliche Grundlagen des Leasing und dessen Bilanzierung nach HGB, US-GAAP sowie IAS, in: IStR, S. 88 f.
[276] Büschgen, Grundlagen des Leasing, in: Büschgen, (Hrsg.), Praxishandbuch Leasing, § 1, Rn 5.

sprüche heranzuziehen[277]. In Anlehnung an § 39 AO hat der wirtschaftliche Eigentümer den Leasinggegenstand zu aktivieren, weil er die damit verbundenen Chancen und Risiken trägt. In Abhängigkeit von dem zu tragenden Investitionsrisiko wird zwischen einem Mietverhältnis (Operating-Leasing), bei dem der Leasinggeber das Risiko trägt, und einem Finanzierungsgeschäft (Finanzierungsleasing), bei dem der Leasingnehmer das Risiko trägt, unterschieden.

Operating-Leasing

Operating-Leasing liegt bei einem jederzeit kündbaren Leasingvertrag vor, wenn der Leasinggeber auch die Pflege, Wartung und Reparatur des Leasinggegenstandes übernimmt. Operating-Leasing wird aus Sicht des Leasingnehmers zur Abdeckung von Risiken abgeschlossen (wie z. B. die vorschnelle wirtschaftliche Veralterung in der EDV-Branche). In diesem Fall bleibt der **Leasinggeber wirtschaftlicher Eigentümer** und hat den **Leasinggegenstand in seiner Bilanz anzusetzen** und abzuschreiben und die Leasingraten erfolgswirksam zu erfassen. Beim **Leasingnehmer** sind lediglich die Leasingraten erfolgswirksam zu buchen.

Finanzierungsleasing

Finanzierungsleasing ist durch eine Unkündbarkeit des Vertragsverhältnisses während der Grundmietzeit sowie eine Deckung der Anschaffungskosten und aller Finanzierungs- und Nebenkosten durch die zu zahlenden Gebühren gekennzeichnet.[278] Je nachdem, ob die Summe der Zahlungen über die Vertragslaufzeit die Anschaffungs- oder Herstellungskosten einschließlich aller Nebenkosten bereits während der Grundmietzeit vollständig deckt oder nicht, ist zwischen Voll- und Teilamortisation zu unterscheiden.

Vollamortisation

Zur Klärung der Zurechnungsfrage von Leasingobjekten bei Finanzierungsleasing im Falle einer Vollamortisation wird in der ersten Stufe auf das Verhältnis von Grundmietzeit und betriebsgewöhnlicher Nutzungsdauer abgestellt; in einer zweiten Beurteilungsstufe sind die Konditionen zum Ende der Grundmietzeit relevant. Die folgende Abbildung macht Details dieses Entscheidungsprozesses für

---

[277] Vgl. Kratzer/Kreuzmair, Leasing in Theorie und Praxis, S. 54 f.

[278] Vgl. Mobilien-Leasing-Erlaß vom 19.04.1971 (BStBl I 1971, S. 264–266); Immobilien-Leasing-Erlaß vom 21.03.1972 (BStBl I 1972, S. 18–189); Immobilien-Leasing-Teilamortisationserlaß vom 23.12.1991 (BStBl I 1992, S. 13 ff.).

das Finanzierungsleasing unter der Prämisse der Vollamortisation deutlich:[279]

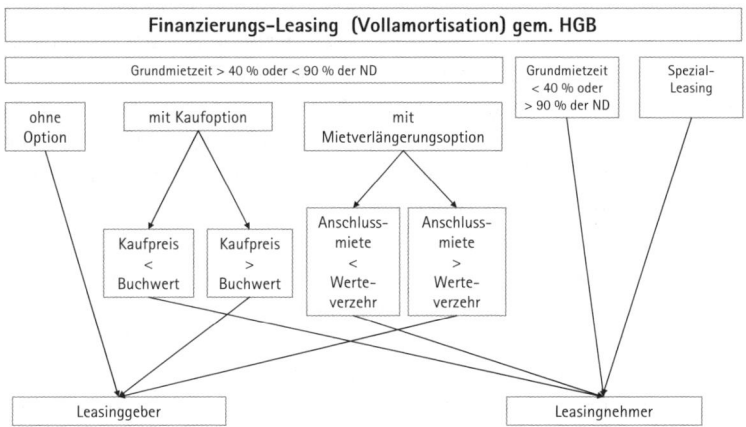

Abb. 8-3: Zuordnung von Leasinggeschäften bei Finanzierungsleasing (Vollamortisation)

Für die Zuordnungsfrage sind beim Finanzierungsleasing im Falle einer Vollamortisation weitgehend quantitative Kriterien entscheidend. So wird ein Leasinggegenstand immer dann dem Leasingnehmer als wirtschaftlichen Eigentümer zugerechnet, wenn der Leasinggegenstand aller Voraussicht nach über die (annähernd) gesamte Nutzungsdauer hinweg vom Leasingnehmer genutzt wird und somit der verbleibende Herausgabeanspruch des Leasinggebers wertlos bzw. unbedeutend ist. Das ist insbesondere bei Spezialleasingverträgen, Leasingverträgen mit einer Grundmietzeit von mehr als 90 % der Nutzungsdauer und Leasingverträgen mit Kauf- bzw. Verlängerungsoptionen der Fall, wenn die Ausübung der Optionen durch den Leasingnehmer aufgrund der vereinbarten Konditionen zu erwarten ist. Eine Zuordnung zum Leasingnehmer ist auch dann vorzunehmen, wenn die Grundmietzeit weniger als 40 % der betriebsgewöhnlichen Nutzungsdauer beträgt; in diesem Fall wird von einem verdeckten Ratenkaufvertrag ausgegangen.[280]

Teilamortisation

[279] Vgl. Coenenberg, Jahresabschluss und Jahresabschlussanalyse, S. 183.
[280] Vgl. Küting/Hellen/Brakensiek, Leasing in der nationalen und internationalen Bilanzierung; in: BB, S. 1467.

Im Gegensatz zu Vollamortisationsverträgen decken die Leasingraten bei Teilamortisationsverträgen während der Grundmietzeit nicht die Anschaffungskosten einschließlich der Finanzierungs- und Nebenkosten ab. Allerdings kann es durch besondere Vertragsklauseln letztlich doch zu einer vollen Amortisation kommen, weil nach Ablauf der normalerweise 40 % bis 90 % der Nutzungsdauer umfassenden Grundmietzeit die Frage des Restwertes geklärt ist. Für die Bilanzierung von Teilamortisationsverträgen ist die Verteilung der Chancen und Risiken aus der Verwertung des Leasinggegenstandes nach Ablauf der Mietzeit ausschlaggebend. Handelt es sich um einen Vertrag mit Andienungsrecht, einen Vertrag mit Mehr- oder Mindererlösbeteiligung oder einen durch den Leasingnehmer kündbaren Vertrag, wird die Aktivierung des Leasingobjektes gemäß dem Teilamortisationserlass von 1975 beim Leasinggeber gefordert. Aus dem Erlass lässt sich darüber hinaus schließen, dass bei einer Grundmietzeit von über 90 % bzw. von unter 40 % der betriebsgewöhnlichen Nutzungsdauer eine Aktivierung beim Leasingnehmer geboten erscheint.

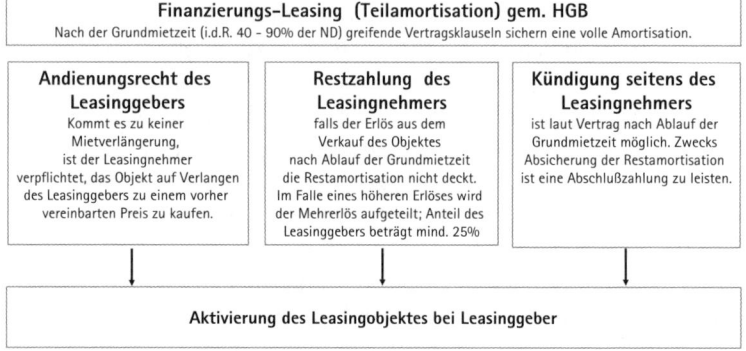

Abb. 8-4: Zuordnung von Leasinggeschäften bei Finanzierungsleasing (Teilamortisation)

Trägt der **Leasingnehmer** die wirtschaftlichen Chancen und Risiken des Leasinggegenstandes, muss er den Gegenstand **als wirtschaftlicher Eigentümer** zum Zeitwert oder zum niedrigeren Barwert der zukünftigen Mindestleasingraten **aktivieren** und eine Leasingverbindlichkeit in selber Höhe passivieren. Die zu zahlenden Leasingraten sind in einen Zins- und einen Tilgungsanteil aufzuteilen, womit die Leasingverbindlichkeit beglichen wird. Der **Leasinggeber** bucht den Umsatz bei Wirksamwerden des Leasinggeschäfts in Höhe des Barwertes der Leasingraten unter Verwendung des internen Zinsfußes sowie Forderungen gegen den Leasingnehmer in dieser Höhe; gleichzeitig ist der Abgang des Objektes erfolgswirksam unter den Umsatzkosten zu buchen. Die Zahlung der eingehenden Leasingraten ist in einen erfolgswirksamen Finanz-/Zinsertrags- und einen erfolgsneutralen (Forderungs-)Tilgungsanteil zu spalten.

Eine Sonderform beim Leasing stellen **Sale-and-lease-back-Verträge** dar. In diesen Fällen überträgt der Leasingnehmer sein Eigentum an dem Leasinggegenstand an den Leasinggeber (sale), wobei u. U. beträchtliche stille Reserven aufgedeckt werden, und verschafft sich im Gegenzug die Nutzungsrechte (lease back) durch den Abschluss eines Leasingvertrages. Verkaufspreis und Leasingraten stehen dabei meistens im Zusammenhang, weil sie gemeinsam festgelegt werden. Die nachträgliche Finanzierung bereits im Betriebsvermögen des Investors befindlicher und von ihm wirtschaftlich genutzter Gegenstände durch Sale-and-lease-back-Verträge zielt vor allem auf eine Bilanzverkürzung sowie Liquiditäts- und Rentabilitätsverbesserung ab. *(Sale-and-lease-back-Verträge)*

Leasing hat u. U. erhebliche bilanzpolitische Bedeutung, weil mit Leasingentscheidungen spürbare Auswirkungen auf den Bilanzinhalt und die Bilanzstruktur verursacht werden können. Das gilt (abweichend von den normalen Kauffällen) allerdings nur dann, wenn das Investitionsgut nicht dem Leasingnehmer, sondern dem Leasinggeber bilanziell zuzurechnen ist. In diesem Fall entfallen beim Leasingnehmer eine Aktivierung des Leasinggutes und eine Passivierung der Verbindlichkeiten; die Bilanzsumme sinkt entsprechend. Die Abschreibungen entfallen. Dafür fallen aber Leasingraten als sonstige betriebliche Aufwendungen an. Bei Kapitalgesellschaften ist im Gesamtbetrag der finanziellen Verpflichtungen, die nicht in der Bilanz erscheinen, gem. § 285 Nr. 3 HGB auch der Gesamtbetrag der finanziellen Verpflichtungen aus Leasing im Anhang anzugeben. *(Bilanzpolitische Bedeutung)*

8.3 Derivative Finanzinstrumente

Definition und Grundlagen ausgewählter derivativer Finanzinstrumente

Bedeutung und Definition

Speziell bei global operierenden Unternehmen spielt die Absicherung von Grundgeschäften eine immer wichtigere Rolle, um sich gegen Risiken aus Schwankungen der Warenpreise, Währungskurse, Zinssätze oder Aktienkurse zu schützen. Daher schließen Unternehmen zu einer vorhandenen oder antizipierten Position (Grundgeschäft) immer häufiger ein entgegengesetztes Geschäft (Sicherungsgeschäft) ab, sodass sich Gewinne und Verluste im Falle von Marktpreisänderungen – je nach Absicherung teilweise oder (annähernd) vollständig – ausgleichen.[281]

Bei derivativen Finanzinstrumenten, auch Derivate genannt, handelt es sich um Instrumente, deren Wert von einem zugrunde liegenden Basiswert (Grundgeschäft, international: *Underlying*) beeinflusst wird. Derivative Finanzinstrumente zeichnen sich dadurch aus, dass sie nur einer geringen Basisinvestition bedürfen, um von den Marktwertänderungen des zugrunde liegenden Grundgeschäftes zu partizipieren. Außerdem ist ihre Laufzeit begrenzt.

Als Derivate sind insbesondere Forward-Kontrakte, Futures, Optionen und Swaps zu nennen.[282]

Forward

- Forward: Vereinbarung zwischen zwei Parteien, zu einem vereinbarten Termin eine bestimmte Menge eines Basisobjektes zu den zuvor festgelegten Bedingungen zu kaufen bzw. zu verkaufen, wobei Zahlung und Lieferung zu einem späteren Zeitpunkt erfolgen. Forwards werden im Over-the-Counter-Handel abgeschlossen. Beispiele für das Basisobjekte: Getreide, Aktien und Wolle.

Futures

- Futures: Standardisierte Terminkontrakte auf ein bestimmtes Objekt, die wie Forwards zu den unbedingten Termingeschäften gehören, jedoch an der Börse gehandelt werden. Der Handel er-

---

[281] Vgl. Scharpf/Luz, Finanzderivate, S. 223 f.
[282] Vgl. ausführlicher Scharpf/Luz, Finanzderivate, S. 279–509.

folgt über eine Clearing-Stelle. Beim Kauf ist eine sog. Initial Margin zu zahlen; die Wertschwankungen des Futures werden als sog. Variation Margin erfasst. Bei Wertsteigerungen erfolgt eine Gutschrift, bei Wertminderungen sind ggf. Nachschüsse zu leisten.

- Optionen: Zweiseitiger Vertrag über das Recht, einen Vermögenswert, meistens eine Ware, unter bestimmten Bedingungen zu kaufen (Call) oder zu verkaufen (Put). Es handelt sich um bedingte Termingeschäfte, weil der Käufer mit der Option das Recht, aber nicht die Pflicht, zum Kauf oder Verkauf hat. Der Wert der Option setzt sich aus dem inneren Wert (Differenz zwischen dem aktuellen Kurs des Basiswertes und dem Basispreis) und dem Zeitwert (Differenz zwischen Marktwert und innerem Wert) zusammen. Optionen

- Swaps: Tausch von Zahlungsverpflichtungen, um relative Vorteile zu erzielen. Zu unterscheiden sind Zins- und Währungsswaps. Swaps

  - Zinsswaps: Vereinbarung zum Tausch von Zinsverbindlichkeiten, wobei variable und feste Zinsverpflichtungen auf meist identische und währungskongruente Kapitalbeträge ausgetauscht werden.

  - Währungsswaps: Tausch von Verbindlichkeiten in verschiedenen Währungen.

Hinsichtlich des abzusichernden Risikos kann der Einsatz von Finanzinstrumenten zum einen der Absicherung risikobehafteter Grundgeschäfte (**Sicherungszweck**) dienen (z. B. der Absicherung gegen Wechselkurs-, Preis- und Zinsrisiken). Zum anderen werden diese Instrumente auch aus **Handelsmotiven** eingesetzt (wie z. B. der gezielten Spekulation oder Abschöpfung von Arbitragegewinnen).[283]

---

[283] Vgl. Baetge/Kirsch/Thiele, Bilanzen, S. 708–710; Barckow/Rose, Derivate, S. 793 f.

Bilanzierung derivativer Finanzinstrumente

Grundsätze der Derivatebilanzierung

Abgesehen von Sondervorschriften für Kreditinstitute existieren im Handelsrecht derzeit keine speziellen Vorschriften für die Bilanzierung von Finanzinstrumenten, sodass die allgemeinen Grundsätze der Rechnungslegung heranzuziehen sind. Dazu zählen

- das Vollständigkeitsprinzip (§§ 239 Abs. 2 und 246 Abs. 1 HGB),
- das Anschaffungskostenprinzip (§ 255 Abs. 1 HGB),
- das Einzelbewertungsprinzip (§ 252 Abs. 1 Nr. 3 HGB),
- das Vorsichtsprinzip einschließlich des Realisationsprinzips (§ 252 Abs. 1 Nr. 4 HGB) und des Imparitätsprinzips (§ 252 Abs. 1 Nr. 4 HGB) sowie
- außerplanmäßige Abschreibungen nach § 253 Abs. 2 u. 3 HGB.[284]

Derivate zu Handelszwecken

Werden Derivate zu Handelszwecken gehalten, ist eine Einzelbewertung vorzunehmen. Bei **Forwards und Futures** liegen schwebende Geschäfte vor, die bis zu ihrer Glattstellung oder Lieferung bilanziell nicht erfasst werden. Lediglich bei eintretenden negativen Erfolgsbeiträgen ist eine Drohverlustrückstellung zu bilden. Die zu leistende Initial Margin ist als Forderung (gegen die Clearing-Stelle) anzusetzen und innerhalb der sonstigen Vermögensgegenstände auszuweisen. Bei Wertsteigerungen des Futures ist die erhaltene Variation Margin bei den liquiden Mitteln zu vereinnahmen und eine Gegenbuchung als Verbindlichkeit (gegenüber der Clearing-Stelle) zu erfassen. Im Falle von Wertminderungen des Futures ist die zu leistende Variation Margin als Geldabgang gegen sonstige Vermögensgegenstände zu buchen; Nachschüsse können erfolgswirksam gebucht werden. Wenn der Börsenkurs des Futures unter dem Kaufpreis liegt, ist eine Drohverlustrückstellung zu bilanzieren. **Optionen** sind selbstständig verwertbar, weil sie verkauft oder glattgestellt werden können. Sie sind deshalb zu aktivieren und bei Zugang in Höhe der Optionsprämie zu bewerten. Abschreibungen sind vorzunehmen, wenn der Optionswert unter die Anschaffungskosten fällt. Dagegen dürfen Wertsteigerungen über die Anschaffungskosten hinaus nicht berücksichtigt werden. Bei der Ausübung einer

---

[284] Vgl. Glaum, Finanzinstrumenten, S. 1626.

Option wird die Optionsprämie Teil der Anschaffungskosten des erworbenen Grundgeschäftes. Wenn eine Verkaufsoption ausgeübt wird, verringern sich die Erlöse um die Optionsprämie.[285]

Bei derivativen Finanzinstrumenten, die **Sicherungszwecken** dienen, sollen Wertminderungen des Grundgeschäftes mit Wertsteigerungen des Sicherungsgeschäftes ausgeglichen werden. Bei einer strikten Anwendung des Einzelbewertungsgrundsatzes wären Grund- und Sicherungsgeschäft unter Beachtung des Imparitätsprinzips separat zu bewerten. Folglich wäre stets ein Verlustausweis zu berücksichtigen, weil entweder eine Abschreibung auf das Grundgeschäft vorzunehmen oder eine Rückstellung für drohende Verluste aus schwebenden Geschäften zu bilden ist.[286] Bei Realisierung des Grund- und Sicherungsgeschäftes würde der Erfolgsbeitrag vollständig ausgewiesen, weil die Verluste bereits antizipiert wurden. Eine asymmetrische Berücksichtigung nur der fiktiven Vermögensminderung (unrealisierte Verluste) ohne Betrachtung der fiktiven Vermögenssteigerungen (unrealisierte Gewinne) würde zu einem unbefriedigenden Ergebnis führen und wäre mit einer Beeinträchtigung der Aussagefähigkeit des Jahresabschlusses verbunden.

Derivate zu Sicherungszwecken

Deshalb wird eine strenge Einhaltung des Einzelbewertungsgrundsatzes in Verbindung mit dem Imparitätsprinzip vor dem Hintergrund der Generalnorm der Grundsätze ordnungsmäßiger Buchführung und Bilanzierung seit einigen Jahren abgelehnt und gemäß § 252 Abs. 2 HGB als zulässige Abweichung vom Einzelbewertbarkeitsgrundsatz gesehen, die eine Bildung von Bewertungseinheiten rechtfertigt. Eine gesetzlich kodifizierte Ausnahmeregelung von der Einzelbewertung besteht mit § 340 h Abs. 2 HGB bisher lediglich für Kreditinstitute und Finanzdienstleister im Rahmen der Währungsumrechnung. Nach dem BilMoG soll – über den neu formulierten § 254 HGB – die Bildung von Bewertungseinheiten ab 2009 erlaubt werden. Demnach brauchen § 249 Abs. 1, § 252 Abs. 1 Nr. 3 u. 4, § 253 Abs. 1 S. 1 und § 256 a HGB – jeweils in der Fassung des Bil-MoG – nicht angewendet zu werden, wenn Vermögensgegenstände, Schulden, schwebende Geschäfte oder mit hoher Wahrscheinlichkeit

Bewertungseinheiten

---

[285] Vgl. Baetge/Kirsch/Thiele, Bilanzen, S. 710 f.
[286] Vgl. Glaum, Finanzinstrumente, S. 1626.

vorgesehene Transaktionen zur Absicherung von Zins-, Währungs- und Ausfallrisiken oder gleichartiger Risiken mit Finanzinstrumenten zusammengefasst werden, soweit der Eintritt der abgesicherten Risiken ausgeschlossen ist.

Auch nach bisheriger Meinung des *Arbeitskreises „Externe Unternehmensrechnung der SG"* stellt der Einzelbewertbarkeitsgrundsatz kein Hindernis für die vollständige Berücksichtigung von Derivaten dar, wenn folgende **Voraussetzungen** erfüllt sind:

- Der einheitliche Nutzungs- und Funktionszusammenhang ist für Grund- und Sicherungsgeschäfte objektiv gegeben.
- Durchhalteabsicht des Bilanzierenden über den Bilanzstichtag hinaus.
- Der Wille des Bilanzierenden kommt vor dem Stichtag durch eine vorgenommene Zuordnung nachprüfbar zum Ausdruck.[287]

Der geforderte einheitliche Nutzungs- und Funktionszusammenhang wird über die Wahrscheinlichkeit eines Ausgleichs von Risiken und Chancen definiert und ist gegeben, wenn bei Grund- und Sicherungsgeschäften das gleiche Risiko zugrunde liegt, die Geschäfte hoch negativ korrelieren, eine Betragsgleichheit gegeben ist und der Basiswert der Geschäfte identisch ist.

Hinsichtlich des Ausgleichs von Risiken und Chancen sind Micro-, Macro- und Portfolio-Hedges zu unterscheiden.

Micro-Hedges

Merkmal von Micro-Hedges ist, dass jeweils ein Grundgeschäft durch ein Sicherungsgeschäft abgedeckt ist (wie z. B. bei der Absicherung von Währungsrisiken aus Fremdwährungsforderungen mit einem Devisentermingeschäft). Bei Micro-Hedges ist schon jetzt davon auszugehen, dass der Nutzungs- und Funktionszusammenhang gegeben und eine sog. kompensatorische Bewertung anwendbar ist.[288] In der Literatur wird – mit Hinweis auf § 252 Abs. 2 HGB – von einem faktischen Wahlrecht zur Bildung von Bewertungseinhei-

---

[287] Vgl. Arbeitskreis „Externe Unternehmensrechnung" der Schmalenbach-Gesellschaft, Finanzinstrumente, S. 637–639; Steiner/Tebroke/Wallmeier, Finanzderivate, S. 535.

[288] Vgl. Arbeitskreis „Externe Unternehmensrechnung" der Schmalenbach-Gesellschaft, Finanzinstrumente, S. 639; ADS, § 253, Tz. 105.

ten ausgegangen.[289] Dementsprechend gleichen sich bspw. Verluste des Grundgeschäftes mit Wertsteigerungen des Sicherungsgeschäftes aus. Erfolgt keine 100%ige Absicherung, kann auch nur der Teil als Bewertungseinheit betrachtet werden, der abgesichert wurde. Der nicht abgesicherte Betrag ist als offene Position zu behandeln und bei einer Wertminderung abzuschreiben.

Bei Macro-Hedges wird das Netto-Risiko aller Unternehmensposten auf Gesamtunternehmensebene mit einem oder mehreren Sicherungsinstrumenten abgesichert. Bei Macro-Hedges ist eine genaue Zuordnung eines Sicherungsgeschäfts zu einem Grundgeschäft nicht möglich. *Macro-Hedges*

Demgegenüber wird das Netto-Risiko eines Portfolios beim Portfolio-Hedge von einzelnen Posten abgesichert, womit eine Risikoreduktion des geführten Portfolios erreicht werden soll. Bei Macro- und Portfolio-Hedges ist beim Vorliegen bestimmter Voraussetzungen schon jetzt eine Bilanzierung als Bewertungseinheit möglich. Zu den Voraussetzungen gehören beispielsweise ein implementiertes Risikomanagement sowie zusätzliche Dokumentationsanforderungen.[290] *Portfolio-Hedge*

Hinsichtlich der Bilanzierung kann zwischen einer globalen Festbilanzierung und einer eingeschränkten globalen Marktbewertung unterschieden werden; darüber hinaus wird eine Marktbewertung diskutiert.

Kann von einem Ausgleich zwischen positiven und negativen Erfolgsbeiträgen innerhalb der Einheit ausgegangen werden, sind Grund- und Sicherungsgeschäft entsprechend der globalen Festbilanzierung mit den Zugangswerten zu bilanzieren. In den Folgejahren sind nicht gesicherte negative Überhänge zu ermitteln und in Form eines Rückstellungs- oder Abschreibungsbedarfs zu berücksichtigen; Zuschreibungen sind bis zur Höhe der Anschaffungskosten vorzunehmen. *globale Festbilanzierung*

Alternativ ist bisher die eingeschränkte globale Marktbewertung zulässig. Danach werden das Grund- und das Sicherungsgeschäft *eingeschränkte globale Marktbewertung*

---

[289] Vgl. Anstett/Husmann, Bewertungseinheiten, S. 1525 f. sowie dort angegebene Literaturquellen.

[290] Vgl. ausführlicher Tönnies/Schiersmann, Bewertungseinheiten, S. 757; Scharpf/Luz, Finanzderivate; Anstett/Husmann, Bewertungseinheiten, S. 1530.

jeweils zum Marktwert bilanziert. In den Folgejahren ist nur dann eine Wertminderung als Rückstellung oder Abschreibung zu buchen, wenn der Marktwert der Gesamtposition unter die Anschaffungskosten des Grund- bzw. des Sicherungsgeschäfts fällt. Bei Bewertungseinheiten ist eine Wertminderung des Grundgeschäfts nur zu berücksichtigen, wenn der zusammengefasste Marktzeitwert des Grund- und des Sicherungsgeschäfts die Anschaffungskosten unterschreitet.[291]

Das folgende **Beispiel** zeigt die unterschiedliche Vorgehensweise der beiden Bewertungsmethoden. Eine Fremdwährungsforderung in Höhe von 100 US-$ wird mit einem Dollar-Put abgesichert, wobei angenommen wird, dass der Basispreis von 1,50 US-$ mit dem aktuellen Dollarkurs übereinstimmt.[292]

Periode	t0	t1	t2	t3
Dollarkurs	1,5	1,3	1,9	1,1
Marktwert der Verkaufsoption	1	17	0,2	43
Globale Festbewertung:				
Bilanz (Aktiva)				
Forderung	150	147	150	150
Bewertungseinheit	150	147	150	150
GuV				
Gewinn/Verlust	0	−3	3	0
Eingeschränkte Marktbewertung:				
Bilanz (Aktiva)				
Forderung	150	146	150	150
Option	1	1	1	1
Bewertungseinheit	151	147	151	151
GuV				
Gewinn/Verlust	0	−4	4	0

Abb. 8-5: Beispiel globale Festbewertung und eingeschränkte Marktbewertung

Bei der globalen Festbewertung wurde die Fremdwährungsforderung zu 150 GE eingebucht; Kursminderungen des Dollars spiegeln

---

[291] Vgl. Baetge/Kirsch/Thiele, Bilanzen, S. 714 f.

[292] Entnommen aus: Coenenberg, Jahresabschluss und Jahresabschlussanalyse, S. 270 f.

sich in einem niedrigeren Wertansatz der Forderung wider, während Kurssteigerungen des Dollars über den ursprünglichen Wert von 1,50 in t0 unberücksichtigt bleiben. Demgegenüber wird bei der eingeschränkten Marktbewertung auch der Marktwert der Verkaufsoption in die Bewertung einbezogen. Deshalb ist der Wertansatz der Bewertungseinheit nunmehr um eine Einheit höher als bei der globalen Festbewertung. Analog fallen die Wertänderungen jeweils um eine Einheit höher aus. Ein Nachteil der eingeschränkten Marktbewertung ist der nicht nachvollziehbare Wertansatz, weil die Wertansatzhöhe weder den Anschaffungskosten noch den tatsächlichen Marktwerten entspricht.

Darüber hinaus wird die Marktbewertung auch in Deutschland zunehmend diskutiert. Problematisch ist, dass mit ihr eine Durchbrechung der Anschaffungskostengrenze und eine Berücksichtigung unrealisierter Bewertungsgewinne verbunden wären. Der Vorteil einer Marktbewertung besteht jedoch darin, dass eine zeitnahe Bewertung der Vermögensposten erfolgt, was eine direkte Auswirkung auf das Jahresergebnis hat.[293] Nach dem BilMoG sind zwar zu Handelszwecken erworbene Finanzinstrumente mit ihrem beizulegenden Zeitwert zu bewerten, das hat aber kaum Auswirkungen auf die Sicherungsgeschäfte. *Marktbewertung*

Eine Bildung von Bewertungseinheiten ist bei antizipativen Sicherungsgeschäften (d. h. bei der Absicherung noch nicht fest abgeschlossener Grundgeschäfte) bislang grundsätzlich noch nicht möglich, weil das Grundgeschäft zum Bilanzstichtag noch nicht fest vertraglich fixiert ist.[294] Nach dem BilMoG soll das aber möglich sein, wobei sich die dafür nötigen GoB noch bilden müssen. *Antizipative Sicherungsgeschäfte*

Hinsichtlich des Ausweises von Derivaten ist aktuell noch auf die allgemeinen Pflichtangaben im Anhang zurückzugreifen. So sind gemäß § 284 Abs. 2 Nr. 1 HGB die **angewandten Bilanzierungs- und Bewertungsmethoden** anzugeben. Hierbei kommen Angaben zur Bilanzierung und Bewertung bei einer Absicherung von einzelnen Bilanzpositionen und schwebenden Geschäfte ebenso in Betracht wie Angaben zur Abgrenzung und Bewertung von Portfoli- *Anhangsangaben*

---

[293] Vgl. Coenenberg, Jahresabschluss und Jahresabschlussanalyse, S. 271 f.
[294] Vgl. Scharpf/Luz, Finanzderivate, S. 261 ff.

os.[295] Ferner ist gemäß § 285 Nr. 3 HGB der **Betrag der sonstigen finanziellen Verpflichtungen** anzugeben, die nicht in der Bilanz erscheinen und auch nicht nach § 251 HGB anzugeben sind, wenn diese Angabe für die Beurteilung der Finanzlage bedeutsam ist. Darüber hinaus besteht gemäß § 285 Nr. 12 HGB eine **Angabepflicht für Rückstellungen**, die einen nicht unerheblichen Umfang haben und unter den „sonstigen Rückstellungen" nicht gesondert ausgewiesen sind.[296] Gemäß § 285 Nr. 18 HGB sind für jede Kategorie von Derivaten (klassifiziert nach den einzelnen Kategorien; z. B. Optionen, Währungsfutures, Swaps etc.) die Art und der Umfang des derivativen Engagements anzugeben. Außerdem ist der beizulegende Zeitwert der jeweiligen Finanzinstrumente für jede Kategorie auszuweisen, sofern dieser zuverlässig anhand eines Marktpreises oder anderer, allgemein anerkannter Methoden (z. B. Bewertungsmodelle) ermittelt werden kann.

BilMoG

Gemäß BilMoG ist nach der expliziten Möglichkeit zur Bildung von **Bewertungseinheiten** unter § 285 Nr. 23 HGB i. d. F. d. BilMoG künftig konsequenterweise auch über diese zu berichten. Konkret ist anzugeben, welche Arten von Bewertungseinheiten zur Absicherung welcher Risiken gebildet wurden und inwieweit der Eintritt der Risiken ausgeschlossen ist. Allerdings kann die Berichterstattung auch in den Lagebericht verschoben werden.

8.4　Latente Steuern

Zweck latenter Steuern

Mit der Bilanzierung latenter Steuern wird eine Kongruenz zwischen dem handelsrechtlichen Jahresergebnis und dem dort ausgewiesenen Steueraufwand erreicht.[297] Ziel ist es, den Steueraufwand höhenmäßig an das Handelsbilanzergebnis anzupassen und den Steuerausweis der Periode zuzuordnen, in der er handelsrechtlich verursacht wird. Latente Steuern spiegeln die steuerlichen Effekte aus der unterschiedlichen handels- und steuerrechtlichen Erfolgswirkung wider.

---

[295] Dazu zählen z. B. der Umfang und die Kriterien der Bewertungseinheiten. Vgl. Windmöller/Breker, Optionsgeschäfte, S. 401; Steiner/Tebroke/Wallmeier, Finanzderivate, S. 535.

[296] Vgl. ausführlicher Scharpf/Luz, Finanzderivate, S. 605–608.

[297] Vgl. Schmidt, in: HdB „Latente Steuern".

Deshalb ist die Bilanzierung latenter Steuern konzeptionell mit dem Prinzip der periodengerechten Erfolgsermittlung zu begründen.

Handelsrechtliches Konzept der latenten Steuern

Das handelsrechtliche Konzept der Bilanzierung latenter Steuern ist bisher **GuV-orientiert**, weil es nur auf die Ansatz- und Bewertungsunterschiede zwischen Handels- und Steuerbilanz abzielt, die sich in der GuV niederschlagen. Konkret sind nur **zeitlich begrenzte Differenzen** bei der Ermittlung latenter Steuern zu berücksichtigen (sog. Timing-Konzept). Zeitlich begrenzte Differenzen (wie z. B. unterschiedliche Nutzungsdauern in der Steuer- und der Handelsbilanz, der Teilkostenansatz in der Handelsbilanz, der Vollkostenansatz in der Steuerbilanz oder unterschiedliche Zinssätze für die Abzinsung von Pensionsverpflichtungen in Steuer- und Handelsbilanz) gleichen sich im Zeitablauf wieder aus.

Ergebnisunterschiede zwischen der Handels- und der Steuerbilanz, die sich niemals ausgleichen (sog. **permanente Differenzen**, wie z. B. steuerlich nicht abzugsfähige Ausgaben wie bestimmte Spenden oder die Hälfte der Aufsichtsratsvergütungen), wie auch Ergebnisunterschiede, die sich nur durch die Disposition der Unternehmensleitung oder bei Liquidation des Unternehmens ausgleichen (sog. **quasi permanente Differenzen**, wie z. B. die nur steuerlich zulässige Abschreibung bei Grundstücken), fließen nicht in die Bilanzierung latenter Steuern nach HGB ein.

Mit dem BilMoG wird der § 274 HGB komplett neu formuliert. Ab 2009 kommt es so zur **Anwendung des Bilanzkonzeptes**, weil in Bezug auf die Unterschiede in der GuV im Text keine Einschränkung vorgenommen wird.

Ansatz und Ausweis

Wenn das Handelsbilanzergebnis niedriger ist als das Steuerbilanzergebnis, ist der tatsächlich gezahlte Steueraufwand in Bezug auf das Handelsbilanzergebnis zu hoch. Es ist eine Anpassung über die Einbuchung eines (fiktiven) latenten Steuerertrags mit Gegenbuchung eines Postens „aktive latente Steuern" erforderlich. Da es sich bei diesem Aktivposten nicht um einen Vermögensgegenstand, sondern um eine Bilanzierungshilfe (i. w. S.) handelt, besteht bisher ein Aktivierungswahlrecht (§ 274 Abs. 2 HGB); der Ausweis erfolgt gesondert vor oder nach dem aktiven RAP. In Höhe des Postens besteht eine Ausschüttungssperre (§ 274 Abs. 2 S. 3 HGB). Mit Inkrafttreten des BilMoG besteht für aktive latente Steuern ein Ansatzgebot als gesonderter Bilanzposten. Es bleibt bei der Ausschüttungssperre, die jedoch in § 268 Abs. 8 HGB positioniert wird.

Aktive latente Steuern werden immer dann ausgewiesen, wenn im Handelsbilanzergebnis Aufwendungen früher bzw. Erträge später als in der Steuerbilanz verrechnet werden. Beispiele sind die Nicht-Aktivierung eines Disagios oder die Bildung von steuerlich nicht anerkannten, handelsrechtlich gebotenen Rückstellungen (z. B. Drohverlustrückstellungen; Verbot nach § 5 Abs. 4 a EStG).

Passive latente Steuern

Passive latente Steuern sind zu bilden, wenn das Handelsbilanzergebnis höher ist als das Steuerbilanzergebnis, weil Aufwendungen später bzw. Erträge früher in der Handelsbilanz berücksichtigt werden als es in der Steuerbilanz geboten ist. In diesem Fall ist der tatsächlich gebuchte Steueraufwand im Verhältnis zum handelsrechtlichen Ergebnis zu niedrig, sodass ein passiver latenter Steueraufwand gebucht und eine Rückstellung für passive latente Steuern in entsprechender Höhe gebildet werden muss. Für passive latente Steuern besteht ein Ansatzgebot (§ 274 Abs. 1 HGB); sie sind bisher innerhalb der Steuerrückstellungen auszuweisen und entweder in der Bilanz oder im Anhang gesondert zu vermerken. Nach dem BilMoG ist ein gesonderter Posten im Gliederungsschema der Bilanz vorgesehen. Beispiele für die Entstehung von passiven latenten Steuern sind z. B. die Aktivierung von Ingangsetzungsaufwendungen oder die Bewertung von Vorräten nach der FiFo-Methode in der Handelsbilanz (bei steigenden Preisen und nach dem Durchschnittsverfahren in der Steuerbilanz).

In der GuV können latente Steueraufwendungen und -erträge noch mit den Steuern vom Einkommen und vom Ertrag zusammengefasst werden; eine Aufgliederung ist allerdings wünschenswert.[298] Deshalb

---

[298] Vgl. Coenenberg/Haller/Mattner/Schulze, Rechnungswesen, S. 427 f.

fordert das BilMoG ab 2009 auch den gesonderten Ausweis als Unterposten der Steuern vom Einkommen und Ertrag.

Die folgende Abbildung verdeutlicht die **Entstehungsgründe von aktiven und passiven Steuerlatenzen** nach dem aktuell noch anzuwendenden Timing-Konzept):

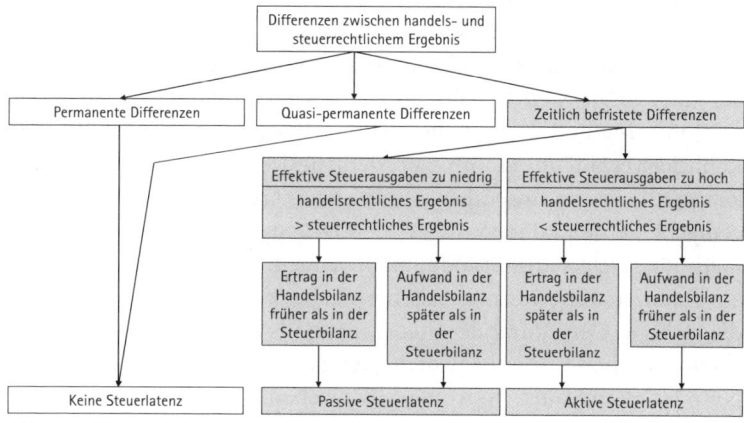

Abb. 8-6: Schematische Darstellung der Differenzen im Timing-Konzept[299]

Die Ermittlung latenter Steuern kann derzeit entweder nach der Einzel- oder nach der Gesamtdifferenzbetrachtung erfolgen. Bei der Einzeldifferenzbetrachtung wird ein unsaldierter Ausweis von aktiven und passiven Steuerlatenzposten vorgenommen. Bei der Gesamtdifferenzbetrachtung liegt ein saldierter Ausweis vor; diese ist nach dem BilMoG nicht mehr erlaubt.

Eine Bildung aktiver latenter Steuern aus **Verlustvorträgen** wird nach dem HGB bislang überwiegend abgelehnt, weil sie einerseits nicht mit dem Grundgedanken des Timing-Konzeptes vereinbar ist und andererseits den Ansatz eines Vermögenspostens in der Bilanz erfordert, für den keine Einzelverwertbarkeit gegeben ist, was seine Aktivierungsfähigkeit kappt.[300] Nach dem BilMoG sind steuerliche Verlustvorträge dagegen explizit in Höhe der innerhalb der nächsten fünf Jahre zu erwartenden Verlustverrechnungen zu berücksichtigen.

Verlustvorträge

---

[299] Leicht verändert übernommen aus Eberhartinger, in: Baetge/Kirsch/Thiele, Bilanzrecht, § 274 HGB, Rz. 29.

[300] ADS, § 274 HGB, Rz. 28.

Bewertung

Verbindlich-
keits- und
Abgrenzungs-
methode

Für die Bewertung latenter Steuern schreibt das Handelsrecht noch keine konkrete Methode vor. Gemäß § 274 HGB soll die Bewertung nach der voraussichtlichen Steuerbelastung bzw. -entlastung in den nachfolgenden Geschäftsjahren erfolgen. Dies bedeutet, dass zukünftige Steuersätze für die Bewertung heranzuziehen sind, d. h., die Steuersätze in späteren Jahren, in der sich die zeitlichen Differenzen wieder umkehren werden. Bei dieser sog. Verbindlichkeitsmethode (Liability-Methode) steht die richtige Bewertung der zukünftigen Zahlungsverpflichtung im Vordergrund. Da die Verbindlichkeitsmethode nur anwendbar ist, wenn konkrete Steuersatzprognosen gemacht werden können, ist es auch zulässig, die sog. Abgrenzungsmethode (Deferred-Methode) anzuwenden. Diese Methode, bei der am Bilanzstichtag vom aktuellen Steuersatz auszugehen ist zielt auf die richtige Ermittlung des Steueraufwands in der GuV ab. Die gewählte Methode unterliegt dem Stetigkeitsgebot gem. § 252 Abs. 1 Nr. 6 HGB und muss im Anhang angegeben und erläutert werden.

BilMoG

Nach dem BilMoG müssen die unternehmensindividuellen Steuersätze zum Zeitpunkt der Umkehrung der Differenz für die Bewertung verwendet werden, d. h. die Verbindlichkeitsmethode ist anzuwenden.

Bei der Steuersatzermittlung werden (bei Kapitalgesellschaften) die Körperschaftsteuer und die Gewerbesteuer berücksichtigt. Eine Diskontierung latenter Steuern wird abgelehnt und soll auch mit dem BilMoG verboten bleiben.

Mit dem BilMoG wird zudem klargestellt, dass das Bilanzkonzept anzuwenden ist, Saldierungen nur unter bestimmten Voraussetzungen möglich sind und auch Verlustvorträge in die Berechnung einzubeziehen sind, die im Jahr der Bildung ergebnissteigernd bzw. konkret verlustmindernd wirken. Mit der Anwendung des Bilanzkonzepts ergibt sich eine Ausweitung der Betrachtung der latenten Steuern nicht nur auf Verlustvorträge, sondern auch auf die erfolgsneutral entstandenen Differenzen. Demnach sind – wie bereits für den Konzernabschluss in DRS 10 konkretisiert – neben zeitlich befristeten Differenzen auch quasi-permanente Differenzen zu berücksichtigen.

Anders als das bisher anzuwendende Timing-Konzept wird zukünftig das Temporary-Konzept dominieren.

Temporary-Konzept

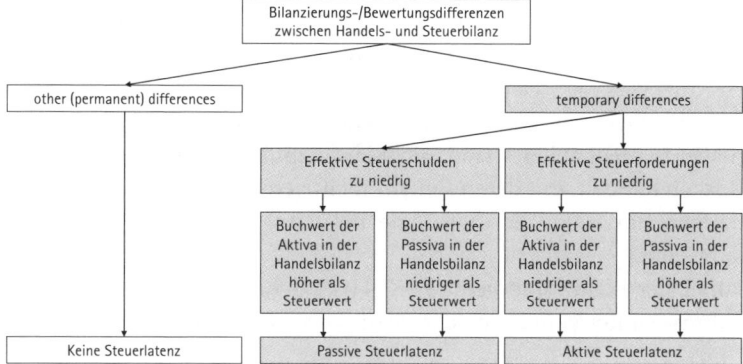

Abb. 8-7: Schematische Darstellung der Differenzen im Temporary-Konzept[301]

Im Gegensatz zur Timing-Methode wird nicht auf die Unterschiede in den Gewinnausweisen abgestellt. Statt dessen sind die Differenzen der einzelnen Vermögensgegenstände und Schulden die Gegenstände der Betrachtung latenter Steuern.

Da sich mit dem Temporary-Konzept bei der Bilanzierung latenter Steuern für die Unternehmen deutlich gestiegene Anforderungen ergeben, werden kleine Kapitalgesellschaften von der Steuerabgrenzung befreit.

Die Unterschiede zwischen Handels- und Steuerabschluss führen auch zur Einführung einer getrennten „steuerlichen Buchführung". Konkret ist für die Ausübung steuerlicher Wahlrechte nunmehr Voraussetzung, dass die Wirtschaftsgüter, die nicht mit den handelsrechtlich maßgeblichen Werten in die steuerliche Gewinnermittlung aufgenommen werden, in besondere, laufend zu führende Verzeichnisse aufgenommen werden. In den Verzeichnissen sind der Tag der Anschaffung oder Herstellung, die Anschaffungs- oder Herstellungskosten, die Vorschriften des ausgeübten steuerlichen Wahlrechts und die vorgenommenen Abschreibungen nachzuweisen (§ 5 Abs. 1 EStG i. d. F. d. BilMoG).

---

[301] Vgl. Eberhartinger, in: Baetge/Kirsch/Thiele, Bilanzrecht, § 274 HGB, Rz. 29.

8.5 Haftungsverhältnisse

Bei Haftungsverhältnissen handelt es sich um mögliche Verpflichtungen aus Verträgen, deren finanzielle Inanspruchnahme im Gegensatz zu finanziellen Verpflichtungen (§ 285 S. 1 Nr. 3 HGB) völlig ungewiss ist. Demnach handelt es sich um mögliche, eher unwahrscheinliche Risiken. Bestehende Haftungsverhältnisse (Eventualverbindlichkeiten) sind nicht ansatzpflichtig, weil es sich um Risiken handelt, mit deren Eintritt nicht gerechnet wird, und weil sie deshalb nur möglicherweise eine Belastung für das Unternehmen darstellen.

Unter der Bilanz sind gem. § 251 HGB die folgenden Haftungsverhältnisse unter dem Strich der Bilanz zu vermerken:

- Verbindlichkeiten aus der Begebung und Übertragung von Wechseln (Wechselobligo),
- Verbindlichkeiten aus Bürgschaften, Wechsel- und Scheckbürgschaften,
- Verbindlichkeiten aus Gewährleistungsverträgen,
- Haftungsverhältnisse aus der Bestellung von Sicherheiten für fremde Verbindlichkeiten.

Haftungsverhältnisse sind auch dann anzugeben, wenn ihnen gleichwertige Rückgriffsforderungen gegenüberstehen. Ihre Angabe soll auf mögliche Risiken für die Vermögens-, Finanz- und Ertragslage hinweisen, auch wenn der Eintritt der Risiken eher unwahrscheinlich ist.

Gemäß § 251 S. 1 HS 1 HGB sind Haftungsverhältnisse **unter der Bilanz auf der Passivseite zu vermerken**, sofern sie nicht auf der Passivseite ausgewiesen sind. Alternativ kann gemäß § 268 Abs. 7 HGB auch eine Anhangsangabe erfolgen; in § 268 Abs. 7 HGB wird gefordert, Pfandrechte und sonstige Sicherheiten getrennt anzugeben.[302]

---

[302] Vgl. Baetge/Kirsch/Thiele, Bilanzen, S. 595 f.

8.6 Aufgaben und Lösungen

Aufgaben

Aufgabe 1: Leasing

Ein Auto soll über 3 Jahre geleast werden. Die jährlichen Leasingraten werden mit 6.000 € vereinbart. Nach den 3 Jahren bleibt ein Restwert von 12.015 €, zu dem im Leasingvertrag folgender Passus formuliert wurde:

„Andienungsrecht, Rückgabe des Fahrzeuges, Ausgleichzahlung: Werden die Parteien sich nicht über eine Verlängerung des Leasingvertrages einig, so ist der Leasingnehmer auf Verlangen des Leasinggebers verpflichtet, das Fahrzeug am Ende der Leasingzeit zu dem kalkulierten Restwert unter Ausschluss jeglicher Gewährleistungsansprüche zu kaufen (Andienungsrecht des Leasinggebers)."

Der Netto-Vertragswert beläuft sich auf 25.000 €, was auch dem Wert des Fahrzeuges entspricht. Aus diesen Angaben kann ein interner Zinsfuß von 8 % errechnet werden.

Es ergibt sich folgende Entwicklung der abgezinsten Leasingraten:

1	2	3	4	5
Periode	AB Forderung (in €)	Einzahlung (in €)	Finanzertrag in der GuV (in €)	EB Forderung (2-3+4) (in €)
t1	25.000	6.000	2.000	21.000
t2	21.000	6.000	1.680	16.680
t3	16.680	6.000	1.335	12.015
Summe		18.000	5.015	

Es wird angenommen, dass nach HGB die Voraussetzungen zum Ausweis des Leasinggeschäftes als Finanzleasing nicht erfüllt seien und die Abschreibung linear über 5 Jahre erfolgen soll.

Bilden Sie das Leasinggeschäft in der Bilanz und der GuV des Leasinggebers und des Leasingnehmers für das Jahr t1 ab. Zeigen Sie die Auswirkungen auf die Bilanz- und GuV-Positionen.

Aufgabe 2: Latente Steuern

Eine Kapitalgesellschaft hatte im Jahr 2003 Aufwendungen für die Erweiterung des Geschäftsbetriebes in Höhe von 40.000 €.

In der Handelsbilanz wird das Aktivierungswahlrecht nach § 269 HGB genutzt. Damit werden die entsprechenden Aufwendungen erst in den folgenden Jahren (2004–2007) durch Abschreibung der in 2003 gebildeten Bilanzierungshilfe erfolgswirksam. Das Unternehmen beabsichtigt gleichmäßige Abschreibungen in den folgenden vier Jahren.

In der Steuerbilanz müssen die entsprechenden Aufwendungen bereits 2003 in voller Höhe gewinnmindernd berücksichtigt werden. Der Ertragssteuersatz beträgt 40 %.

Berechnen Sie das Ergebnis nach Steuern. Nehmen Sie sowohl die steuerliche Gewinnermittlung als auch die handelsrechtliche Ergebnisrechnung für die Jahre 2003–2007 vor. Es wird angenommen, dass das Jahresergebnis vor Steuern und etwaigen Minderungen (Bilanzierungshilfen) 90.000 € beträgt.

Lösungen

Lösung zu Aufgabe 1

Leasinggeber:				
	Position in T €	S	HGB	H
Bilanz	Fuhrpark		25	5
	Forderung			
	Liquide Mittel		6	
	Übriges Vermögen			
	Eigenkapital			
	Übriges Kapital			
GuV	Umsatz		5	6
	Herstellungskosten			
	Abschreibungen			
	Finanzertrag			
	Übrige Erträge und Aufw.			
	Jahresergebnis			

Leasingneher:				
	Position in T €	S	HGB	H
Bilanz	Fuhrpark			
	Liquide Mittel		16	6
	Übriges Vermögen			
	Eigenkapital			
	Verbindlichkeiten			
	Übriges Kapital			
GuV	Abschreibungen		6	
	Finanzaufwand			
	Übrige Erträge und Aufw.			
	Jahresergebnis			

Lösung zu Aufgabe 2

Jahr 2003	steuerliche Gewinnermittlung	handelsrechtliche Ergebnisrechnung
	90.000 €	90.000 €
Minderung der Aufwendungen durch Aktivierung der Bilanzierungshilfe	0 €	+ 40.000 €
= Ergebnis vor Steuern	= 90.000 €	= 130.000 €
– zu zahlende Ertragsteuern	– 36.000 €	– 36.000 €
– Rückstellung für latente Steuern		– 16.000 €
= Ergebnis nach Steuern	= 54.000 €	= 78.000 €

- Zu zahlende Ertragssteuern: 90.000 € x 0,40 = 36.000 €
- Rückstellung für latente Steuern:
  Ergebnis vor Steuern x Steuersatz – Ertragsteuern =
  130.000 € x 0,40 – 36.000 € = 16.000 €

Jahre 2004–2007	steuerliche Gewinnermittlung	handelsrechtliche Ergebnisrechnung
	90.000 €	90.000 €
Auflösung der Bilanzierungshilfe	0 €	– 10.000 €
= Ergebnis vor Steuern	= 90.000 €	= 80.000 €
– zu zahlende Ertragsteuern	– 36.000 €	– 36.000 €
+ Auflösung der Rückstellung für latente Steuern		+ 4.000 €
= Ergebnis nach Steuern	54.000 €	48.000 €

- Auflösung der Bilanzierungshilfe = 40.000 € : 4 = 10.000 €
- Auflösung der Rückstellung für latente Steuern = 16.000 € : 4 = 4.000 €

Siehe CD-ROM

Hinweis:

Diese und weitere Aufgaben samt Lösungen finden Sie auf der beiliegenden CD-ROM.

9 Bestandteile der Rechnungslegung

9.1 Bilanz

Nach § 247 Abs. 1 HGB wird lediglich gefordert, dass in der Bilanz das Anlage- und das Umlaufvermögen, das Eigenkapital, die Schulden sowie die Rechnungsabgrenzungsposten gesondert auszuweisen und hinreichend aufzugliedern sind. Des Weiteren sind der Grundsatz der Vollständigkeit und der Grundsatz der Klarheit und Übersichtlichkeit zu beachten.

Eine Aufgliederung der Vermögens- und Kapitalpositionen ist in § 266 HGB als Gliederungsschema für die Bilanz lediglich für Kapitalgesellschaften unmittelbar wiedergegeben; diese Gliederung gilt jedoch allgemein als Grundsatz ordnungsmäßiger Bilanzierung. Gemäß § 265 HGB können Zusammenfassungen und Erweiterungen vorgenommen werden. Zudem gibt es für die Aufstellung bzw. Offenlegung Erleichterungswahlrechte für kleine und mittelgroße Kapitalgesellschaften (§ 266 Abs. 1 bzw. § 327 HGB).

Der Zweck einer gesetzlich geregelten Bilanzgliederung ist ganz allgemein in der Erleichterung der Bilanzierung für den Bilanzersteller und der Sicherung eines Mindestmaßes an Informationen für die Interessenten der Rechnungslegung zu sehen.

Das gem. § 266 HGB gültige Schema der Bilanzgliederung findet sich auf der folgenden Seite.

Gliederungsschema

Aktivseite	Passivseite
A. Ausstehende Einlagen davon eingefordert:	**A. Eigenkapital** I. Gezeichnetes Kapital II. Kapitalrücklage

B. Aufwendungen für die Ingangsetzung und Erweiterung des Geschäftsbetriebes	III. Gewinnrücklage
	  1. Gesetzliche Rücklagen
	  2. Rücklagen für eigene Anteile

C. Anlagevermögen	3. Satzungsmäßige Rücklagen
I. Immaterielle Vermögensgegenstände	4. Andere Gewinnrücklagen
1. Konzessionen, gewerbliche Schutzrechte und ähnliche Rechte und Werte sowie Lizenzen an solchen Rechten und Werten	IV. Gewinnvortrag/Verlustvortrag V. Jahresüberschuss/Jahresfehlbetrag
2. Geschäfts- oder Firmenwert	**B. Sonderposten mit Rücklageanteil**
3. geleistete Anzahlungen	**C. Rückstellungen**
II. Sachanlagen	1. Rückstellungen für Pensionen und ähnliche Verpflichtungen
1. Grundstücke, grundstücksgleiche Rechte und Bauten einschließlich der Bauten auf fremden Grundstücken	2. Steuerrückstellungen 3. Sonstige Rückstellungen
2. technische Anlagen und Maschinen	**D. Verbindlichkeiten**
3. andere Anlagen, Betriebs- und Geschäftsausstattung	1. Anleihen - davon konvertibel
4. geleistete Anzahlungen und Anlagen im Bau	- davon Restlaufzeit bis zu 1 Jahr
III. Finanzanlagen	2. Verbindlichkeiten gegenüber Kreditinstituten
1. Anteile an verbundenen Unternehmen	- davon Restlaufzeit bis zu 1 Jahr
2. Ausleihungen an verbundene Unternehmen	3. erhaltene Anzahlungen auf Bestellungen
3. Beteiligungen	- davon Restlaufzeit bis zu 1 Jahr
4. Ausleihungen an Unternehmen, mit denen ein Beteiligungsverhältnis besteht	4. Verbindlichkeiten aus Lieferungen und Leistungen
5. Wertpapiere des Anlagevermögens	- davon Restlaufzeit bis zu 1 Jahr

6. sonstige Ausleihungen
    von den Ausleihungen aus Nummer 2, 4 und 6 sind durch Grundpfandrechte besichert:
	5. Verbindlichkeiten aus der Annahme und gezogener Wechsel und der Ausstellung eigener Wechsel
	    - davon Restlaufzeit bis zu 1 Jahr

D. Umlaufvermögen	6. Verbindlichkeiten gegenüber verbundenen Unternehmen
I. Vorräte	- davon Restlaufzeit bis zu 1 Jahr
1. Roh-, Hilfs- und Betriebsstoffe	7. Verbindlichkeiten gegenüber Unternehmen, mit denen ein Beteiligungsverhältnis besteht
2. unfertige Erzeugnisse, unfertige Leistungen	- davon Restlaufzeit bis zu 1 Jahr
3. fertige Erzeugnisse und Waren	8. Sonstige Verbindlichkeiten
4. geleistete Anzahlungen	- davon aus Steuern
II. Forderungen und sonstige Vermögensgegenstände	- davon im Rahmen der sozialen Sicherheit
1. Forderungen aus Lieferungen und Leistungen - davon Restlaufzeit von mehr als 1 Jahr	- davon Restlaufzeit bis zu 1 Jahr
2. Forderungen gegen verbundene Unternehmen - davon Restlaufzeit von mehr als 1 Jahr	**E. Rechnungsabgrenzungsposten**
3. Forderungen gegen Unternehmen, mit denen ein Beteiligungsverhältnis besteht - davon Restlaufzeit von mehr als 1 Jahr	
4. sonstige Vermögensgegenstände - davon Restlaufzeit von mehr als 1 Jahr	
III. Wertpapiere	Dieses Gliederungsschema entspricht § 266 II und III HGB mit Erweiterungen, die das Gesetz an anderen Stellen verlangt.
1. Anteile an verbundenen Unternehmen	Für das nicht eingezahlte Kapital wurde die aktivische Ausweisform (§ 272 I Satz 2 HGB) gewählt.
2. eigene Anteile	Ausweiswahlrechte für die Bilanz und der Anhang wurden nicht berücksichtigt.
3. sonstige Wertpapiere	
IV. Kassenbestand, Bundesbankguthaben, Guthaben bei Kreditinstituten und Schecks	
E. Rechnungsabgrenzungsposten	
I. Abgrenzungsposten für latente Steuern	
II. sonstige Rechnungsabgrenzungsposten	

Abb. 9-1: Gliederungsschema der Bilanz gemäß § 266 HGB

Mit dem BilMoG erfolgen im Bereich der immateriellen Vermögensgegenstände (selbstgeschaffene gewerbliche Schutzrechte und ähnliche Rechte und Werte) sowie – jeweils auf der obersten Gliederungsebene – mit den aktiven bzw. passiven latenten Steuern wesentliche Ergänzungen. Gestrichen wird der Ausweis eigener Anteile im Umlaufvermögen. Nach dem Auslaufen der Übergangsregelungen entfallen auch die Posten der Aktivierungs- und Passivierungswahlrechte.

BilMoG

Die Bilanzgliederung ist vor allem durch die folgenden Punkte gekennzeichnet:

Merkmale der Bilanzgliederung

- Dreiteilung des Anlagevermögens in immaterielles Anlagevermögen und in Sach- und Finanzanlagevermögen.

- Relativ knappe Unterteilung des immateriellen Vermögens und des Sachanlagevermögens.

- Vertiefte Darstellung des Finanzanlagevermögens.

- Sinnvolle Vierteilung des Umlaufvermögens in die Großgruppen Vorräte, Forderungen, Wertpapiere und liquide Mittel (mit relativ weit gehenden Unterteilungen je Gruppe).

- Unterteilung des Eigenkapitals in gezeichnetes Kapital, Kapitalrücklagen und Gewinnrücklagen.

- Tief untergliederte Darstellung der Verbindlichkeiten nach Arten von Verbindlichkeiten und Restlaufzeiten mit einer Fristenunterteilung im Verbindlichkeitenspiegel (bis zu einem Jahr, 1 bis 5 Jahre und mehr als 5 Jahre Restlaufzeit).

Die Gliederung der Bilanz gemäß § 266 HGB dient den folgenden Zwecken:

Zwecke der Bilanzgliederung

1. Kenntlichmachen der Sach- und Rechtsnatur der Werteausstattung des Unternehmens:

   - Vermögensseite: Unterteilung in immaterielle Anlagevermögenswerte, Sachanlagevermögen, Finanzanlagevermögen und Umlaufvermögen.

   - Kapitalseite: Unterteilung in Eigenkapital, Sonderposten mit Rücklageanteil, Verbindlichkeiten sowie Rückstellungen.

2. Kenntlichmachen der Finanz- und Liquiditätslage des Unternehmens:

   Zur Kenntlichmachung der Finanz- und Liquiditätsgegebenheiten sind die Posten der Vermögens- und Kapitalseite in den Aspekt der Bindungsdauer bei Vermögen und der Fälligkeit bei Kapital aufgegliedert. Das Vermögen wird in Anlagevermögen und Umlaufvermögen unterteilt, wobei Anlagevermögen nach § 247 Abs. 2 HGB als dauernd dem Unternehmen dienendes Vermögen definiert ist, Umlaufvermögen dagegen im permanenten Umschlagprozess (in der Regel unterhalb eines Jahres) wieder zu Geld wird. Innerhalb des Vermögens erfolgt im Hinblick auf die Liquiditätsnähe eine tiefere Unterteilung nach dem Geldnähezustand (Sachanlagen, Finanzanlagen) bzw. in Vorräte, Forderungen, Wertpapiere und liquide Mittel. Auf der Kapitalseite wird die Liquiditätsbeurteilung durch eine Unterteilung der Verbindlichkeiten nach Restlaufzeiten vertieft.

3. Kenntlichmachen der Stellung der Vermögensteile im betrieblichen Produktionsprozess:

   Nach der Stellung der Vermögensgüter im betrieblichen Ablauf wird sowohl beim Anlagevermögen als auch beim Umlaufvermögen zwischen Sach- und Finanzvermögen unterschieden. Darüber hinaus werden innerhalb der beiden Gruppen detailliertere Postenunterteilungen (wie etwa die Aufteilung in Vorräte, Forderungen und liquide Mittel) vorgenommen, um den Durchlauf der Werte durch das Unternehmen transparent zu machen.

4. Kenntlichmachen der Investitionstätigkeit des Unternehmens:

   Eine vertiefte Darstellung der Investitionstätigkeit des Unternehmens erfolgt durch die Aufbereitung der Anlagevermögensentwicklung im sog. Anlagenspiegel. Mithilfe dieser Informationen ist der Alterungs- und Abgeschriebenheitszustand des Anlagevermögens zu beurteilen.

9.2 Gewinn- und Verlustrechnung

Ähnlich wie bei der gesetzlichen Vorgabe eines Schemas zur Gliederung der Bilanz geht es auch bei der Vorgabe der GuV-Gliederungsschemata gemäß § 275 HGB um die Sicherung der Information im zwischenbetrieblichen Vergleich. Das dient der Sicherung eines gewissen Mindeststandards an Informationen über die Erfolgsentstehung im Unternehmen und liefert eine Leitlinie zur Darstellung der Erfolgslage für die rechnungslegenden Unternehmen.[303] Gleichwohl hat der Gesetzgeber in § 276 HGB für kleine und mittelgroße Kapitalgesellschaften Erleichterungswahlrechte formuliert, die insbesondere die Zusammenfassung der ersten Positionen zu einem „Rohergebnis" betreffen. Kleine Kapitalgesellschaften müssen auch keine außerordentlichen Posten angeben.

Der handelsrechtlichen GuV-Gliederung liegen gemäß § 275 HGB insbesondere die folgenden Prinzipien zugrunde:

Prinzipien der GuV-Gliederung

1. Gliederung der Aufwendungen und Erträge nach Aufwands- und Ertragsarten (Gesamtkostenverfahren) bzw. Gliederung der betrieblichen Aufwendungen nach Kostenbereichen (Umsatzkostenverfahren).

2. Gliederung der Aufwendungen und Erträge nach betrieblicher und betriebsfremder (finanzieller) Verursachung.

3. Gliederung der Aufwendungen und Erträge nach ordentlichem bzw. außerordentlichem Inhalt.

4. Aufdeckung der Verbundbeziehungen in der Erfolgsentstehung des Unternehmens.

---

[303] Vgl. Kirsch, in: HdB, „Gewinn- und Verlustrechnung nach HGB".

Gliederung der Aufwendungen und Erträge nach Aufwands- und Ertragsarten bzw. Kostenbereichen

Gesamtkosten-
verfahren

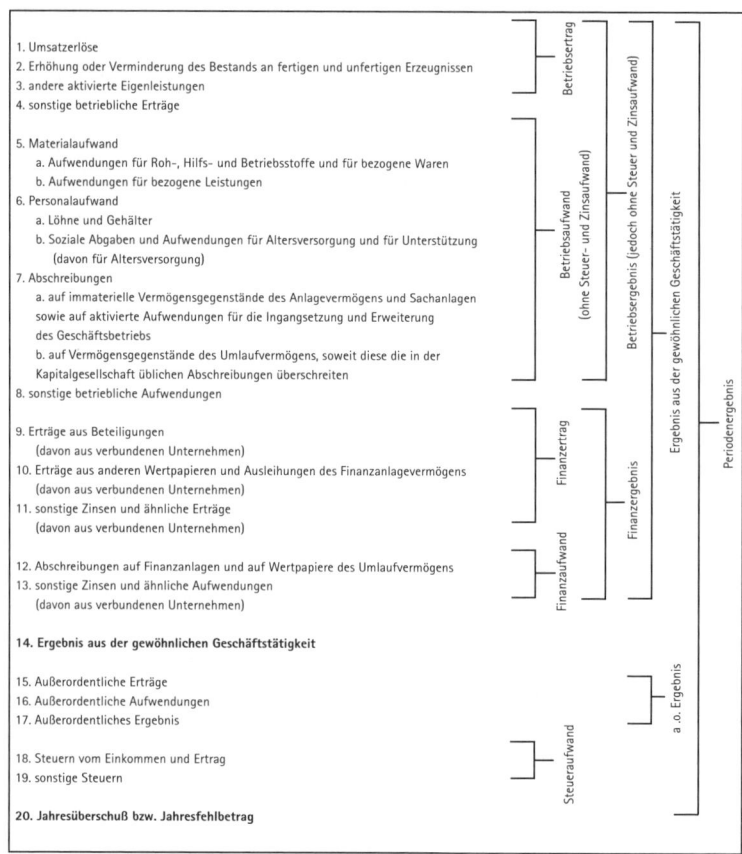

Abb. 9-2: Gliederung der GuV nach dem Gesamtkostenverfahren gem. § 275 Abs. 2 HGB

Die Aufgliederung der Aufwendungen und Erträge nach **Aufwands- und Ertragsarten** (GuV-Gesamtkostenverfahren, GKV) vermittelt einen Eindruck der Erfolgsquellen. Mithilfe dieser Darstellung werden Ertrags- und Aufwandsstruktur, Abhängigkeiten des Unternehmens sowie Anfälligkeiten und Besonderheiten im zeitlichen und im zwischenbetrieblichen Vergleich verdeutlicht.

Anstelle der Gliederung nach Aufwands- und Ertragsarten kann die GuV bei der Ermittlung des Betriebsergebnisses auch **nach Kostenbereichen bzw. betrieblichen Funktionen** gegliedert werden. Das Umsatzkostenverfahren (UKV) gem. § 275 Abs. 3 HGB erlaubt statt des Ausweises der Positionen Materialaufwand, Personalaufwand und Abschreibungen eine Darstellung der betrieblichen Aufwendungen (gegliedert nach Kostenbereichen) in

Umsatzkostenverfahren

- Herstellungskosten des Umsatzes,
- Vertriebskosten und
- allgemeine Verwaltungskosten,

wie die folgende Abbildung verdeutlicht:

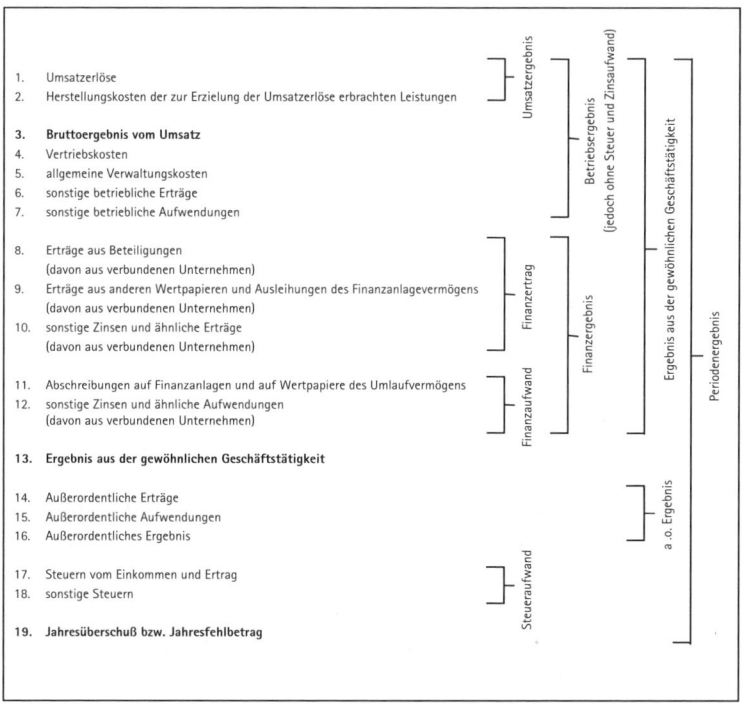

Abb. 9-3: Gliederung der GuV nach dem Umsatzkostenverfahren gem. § 275 Abs. 3 HGB

327

Diese Darstellung ermöglicht einen Einblick in die innerbetriebliche Kostenstruktur. Da beim Anwenden des Umsatzkostenverfahrens gem. § 285 S. 1 Nr. 8 HGB Materialaufwand und Personalaufwand auch in der Form geboten werden müssen, wie es nach dem Gesamtkostenverfahren nötig wäre, sind die Grundstrukturen der Kostenarten auch beim Anwenden des UKV weiter bekannt.

Vergleich von Umsatz- und Gesamtkostenverfahren

Die Ermittlung des Jahresergebnisses nach dem Gesamtkosten- oder nach dem Umsatzkostenverfahren führen bei einer einheitlichen Bewertung der Bestände an fertigen und unfertigen Erzeugnissen immer zum selben Ergebnis. Das zeigt die folgende Abbildung:[304]

Abb. 9-4: Vergleich von Umsatzkosten- und Gesamtkostenverfahren

Gliederung der Aufwendungen und Erträge nach betrieblicher und betriebsfremder (finanzieller) Verursachung

Betriebs- und Finanzergebnis

Die Gliederung der Aufwendungen und Erträge nach betrieblichem und finanziellem (betriebsfremdem) Aufwand soll Informationen darüber liefern, inwieweit das Ergebnis aus der eigentlichen betrieblichen Leistungserstellung und Leistungsverwertung stammt oder ob das Jahresergebnis des Unternehmens primär aus finanziellen Investitionen und Kapitalanlageprozessen gewonnen wird.

Um eine Aufspaltung in Betriebs- und Finanzergebnis zu erreichen, kann man die Grundstruktur der GuV z. B. gemäß § 275 Abs. 2 HGB (GKV) wie folgt unterteilen:

---

[304] Vgl. Coenenberg, Jahresabschluss und Jahresabschlussanalyse, S. 478.

Posten 1–8:	Betriebsergebnis
Posten 9–13:	Finanzergebnis
Posten 14:	Ergebnis der gewöhnlichen Geschäftstätigkeit
Posten 15–17:	außerordentliches Ergebnis
	Ergebnis vor Steuern
Posten 18:	EE-Steuern (gewinnabhängige Steuern)
Posten 19:	sonstige Steuern
Posten 20:	Jahresergebnis
	(Jahresüberschuss/Jahresfehlbetrag)

Die Aufgliederung der GuV in Erfolgsschichten gemäß § 275 Abs. 3 HGB (UKV) lässt sich analog durchführen. Die GuV-Gliederung erlaubt somit einen Einblick in die Entstehung des Gesamtergebnisses aus Betriebs- und Finanzvorgängen, wenngleich beträchtliche Probleme in der inhaltlichen Abgrenzung von Betriebs- und Finanzergebnis, wie auch in der Aufspaltung in ordentliches und außerordentliches Ergebnis, enthalten sind.

Gliederung der Aufwendungen und Erträge nach ordentlichem und außerordentlichem Charakter

Die vom Gesetzgeber in § 275 HGB vorgegebene GuV-Gliederung lässt zunächst den Eindruck entstehen, dass die Aufspaltung der Aufwendungen und Erträge in ordentliche und außerordentliche Teile gewährleistet ist.

Ordentliches und außerordentliches Ergebnis

Nach bilanzanalytischer Interpretation sind die ordentlichen Komponenten durch eine gewisse Regelmäßigkeit und Nachhaltigkeit gekennzeichnet. Nicht als ordentlich gelten Komponenten unregelmäßiger, periodenfremder, betragsmäßig ungewöhnlicher oder durch steuerliche Sondermaßnahmen begründeter Herkunft. Dieser Interpretation folgt das HGB in der Definition der außerordentlichen Posten nicht. Es fasst den Begriff der außerordentlichen Komponenten sehr eng. Somit sind die innerhalb der sonstigen betrieblichen Erträge ausgewiesenen unregelmäßigen Komponenten (wie z. B.

- Erträge aus dem Abgang von Anlagevermögen,
- Erträge aus der Herabsetzung von Pauschalwertberichtigungen zu Forderungen,
- Erträge aus Versicherungsentschädigungen,
- Erträge aus der Auflösung von Rückstellungen oder
- Erträge aus der Auflösung von Sonderposten mit Rücklageanteil)

nicht als außerordentliche Posten, sondern als unregelmäßig zu klassifizieren.

Analoges gilt bei der Abgrenzung der außerordentlichen Aufwendungen, weil z. B. die innerhalb der sonstigen betrieblichen Aufwendungen ausgewiesenen

- Verluste aus dem Abgang von Finanzumlaufvermögen,
- Verluste aus dem Abgang von Anlagevermögen,
- Aufwendungen für die Einstellung in Sonderposten mit Rücklageanteil und
- Aufwendungen für die Einstellung in sonstige Rückstellungen wegen Umstrukturierung

nicht als außerordentlicher Aufwand, sondern als unregelmäßig gelten. Damit entspricht das Ergebnis der gewöhnlichen Geschäftstätigkeit nicht dem ordentlichen Jahresergebnis, sondern kann sehr stark bilanzpolitisch und zufällig verzerrt sein.

Die in den vorstehenden GuV-Schemata ausgewiesenen Positionen zum außerordentlichen Ergebnis sind nach dem HGB extrem eng zu interpretieren. Es handelt sich hier lediglich um solche Vorgänge, die die Charakteristik des Unternehmens als „going concern" tiefgreifend verändern. Derartige Vorgänge kommen im Laufe des Lebens einer Unternehmung höchst selten vor. Das hat zur Konsequenz, dass in der Regel in der GuV von Unternehmen kein außerordentliches Ergebnis auftritt.

Um die mit der GuV-Gliederung verfolgte Absicht der Aufteilung der Aufwendungen und Erträge unter dem Gesichtspunkt der Nachhaltigkeit in ordentliche und nicht regelmäßige Komponenten zu erreichen, sind bei der externen GuV-Analyse methodische Maßnahmen erforderlich, um diese unregelmäßigen Komponenten aus dem Betriebsergebnis herauszurechnen. In einzelnen Punkten wird diese Herausrechnung durch gesetzliche Ausweisvorschriften (so z. B. des getrennten Ausweises der Aufwendungen und Erträge aus Zuführung zu bzw. Auflösung von Sonderposten mit Rücklageanteil; § 281 Abs. 2 HGB) ermöglicht. Ebenso könnten nach § 264 Abs. 2 HGB wesentliche unregelmäßige Aufwendungen und Erträge getrennt zu benennen sein. Gemäß § 264 Abs. 2 HGB müssen im Anhang zusätzliche Angaben gemacht werden, wenn aus dem Jahresabschluss nicht das gewünschte Bild der tatsächlichen Verhältnisse hervorgeht. Beim Vorliegen großer unregelmäßiger Ertragskomponenten (z. B. Ertrag aus Abgang von Anlagevermögen oder Rückstellungsauflösung) kann ein solcher getrennt zu berichtender Sachverhalt gegeben sein.

Aufdeckung der Verbundbeziehungen in der Erfolgsentstehung

Bei wachsender Konzernverbundenheit der Unternehmen ist der Darlegung der Verbundbeziehungen von Unternehmen ein großes Gewicht beizumessen. In diesem Sinne wird zum einen gem. § 277 Abs. 3 HGB der getrennte Ausweis der folgenden Positionen verlangt:

Verbundergebnis

- Erträge aus Gewinngemeinschaften,
- Erträge aus der Verlustübernahme,
- Aufwendungen aus der Verlustübernahme,
- Aufwendungen aus Gewinngemeinschaften.

Zum anderen ist für kapitalfundierte Finanzerträge und –aufwendungen anzugeben, wie viel davon jeweils auf verbundene Unternehmen entfällt.

Nach § 158 AktG müssen Aktiengesellschaften in der Gewinn- und Verlustrechnung nach dem Jahresüberschuss die folgenden weiteren Posten ausweisen (**Ergebnisverwendung**):

- Gewinn-/Verlustvortrag
- Entnahmen aus den Gewinnrücklagen bzw. der Kapitalrücklage,
- Einstellungen in die Gewinnrücklagen bzw. Kapitalrücklage.

Das Ergebnis der Gewinnverwendungsrechnung ist der Bilanzgewinn/-verlust. Der Bilanzgewinn ist jener Betrag, der der Hauptversammlung im Rahmen des festgestellten Jahresabschlusses nach § 174 Abs. 1 AktG für die Gewinnverwendung zur Verfügung steht (§ 58 AktG). Die Gewinnverwendung ist von der Gewinnermittlung abzugrenzen. Während bei der Gewinnermittlung durch die Auflistung der Ertrags- und Aufwandsposten das Jahresergebnis abgeleitet wird, knüpft die Gewinnverwendung an die rechnerische Ermittlung des Jahresergebnisses an:

	Jahresüberschuss/Jahresfehlbetrag
–/+	Rücklagendotierung/-auflösung
–/+	Verlust-/Gewinnvortrag
=	Bilanzgewinn/-verlust

Nach § 152 Abs. 2 u. 3 AktG müssen Kapitalgesellschaften auch für die Rücklagenbestandteile jeweils einen gesonderten Nachweis ihrer Veränderung erbringen. Dazu bietet sich ein Eigenkapitalspiegel an.[305]

9.3 Anhang

Der Anhang rundet die quantitative Rechnungslegung von Kapitalgesellschaften ab und ist gemäß § 264 Abs. 1 HGB formeller Teil des Jahresabschlusses.[306] Zentrale Einzelheiten bezüglich des Anhanges sind in den §§ 284–288 HGB (ergänzt um eine Fülle von Einzelvorschriften mit Anhangsbezug in verschiedensten Paragrafen des Rechnungslegungsbuches) kodifiziert.

Der Anhang ist neben den Rechenwerken Bilanz und GuV der dritte Teil des Jahresabschlusses von Kapitalgesellschaften. Ihm können insbesondere zum Zwecke der Informationsvermittlung verschiedene Funktionen (nämlich Erläuterungs-, Korrektur-, Entlastungs- und Ergänzungsfunktion) zugewiesen werden.

Erläuterungs-funktion

Die Erläuterungsfunktion stellt einen wesentlichen Aspekt der Informationsvermittlung dar. Sie dient zum einen in Form von allge-

---

[305] Vgl. Coenenberg/Haller/Mattner/Schulze, Rechnungswesen, S. 452 f.
[306] Vgl. Kirsch, in: HdB, „Anhang".

meinen Erläuterungen der Interpretation von Posten der Bilanz und GuV (wie z. B. Angaben über die angewandten Bilanzierungs- und Bewertungsmethoden; § 284 Abs. 2 Nr. 1 HGB). Zum anderen bezwecken besondere Erläuterungen eine Relativierung der dargestellten Unternehmensabbildung im Jahresabschluss (wie z. B. der Darstellung des Einflusses der Abweichungen von Bilanzierungs- und Bewertungsmethoden auf die Vermögens-, Finanz- und Ertragslage; § 284 Abs. 2 Nr. 3 HGB) und die Angabe des Ausmaßes der Jahresergebnisbeeinflussung aufgrund von steuerrechtlichen Abschreibungen (§ 285 S. 1 Nr. 5 HGB).

Eine Korrekturfunktion kommt dem Anhang nur in Ausnahmefällen zur Erfüllung der Generalnorm zu. Zusätzliche Angaben sind nur dann notwendig, wenn besondere Umstände dazu führen, dass durch den Jahresabschluss ein der Generalnorm entsprechendes Bild nicht vermittelt werden kann. Hieraus lässt sich aber keine allgemeine Korrekturfunktion ableiten. Korrektur-
funktion

Zudem kommt dem Anhang eine Entlastungsfunktion zu, weil bestimmte Informationen – ohne Informationsverlust – wahlweise in der Bilanz, der GuV oder dem Anhang ausgewiesen werden können (wie z. B. in § 265 Abs. 3 S. 1, § 268 Abs. 2 S. 1 und § 274 Abs. 1 S. 1 HGB geregelt). Durch die damit verbundene Konzentration auf wesentliche Angaben in der Bilanz und in der GuV wird deren Aussagekraft verbessert. Entlastungs-
funktion

Entsprechend der Ergänzungsfunktion können weitere Informationen, die aufgrund der anzuwendenden Rechnungslegungskonventionen nicht aus der Bilanz und der GuV ersichtlich sind, im Anhang ausgewiesen werden. Hierunter sind z. B. wesentliche finanzielle Verpflichtungen (§ 285 S. 1 Nr. 3 HGB) und Kredite an Organmitglieder (§ 285 S. 1 Nr. 9 Buchst. c HGB), aber auch ergänzende Angaben über nicht bilanzierungsfähige Sachverhalte, die zu einer ergänzenden Beurteilung der wirtschaftlichen Unternehmenslage beitragen, zu subsumieren. Ergänzungs-
funktion

Als dritter Teil des Jahresabschlusses kann der Anhang nur zusammen mit der Bilanz und der GuV das von der Generalnorm gem. § 264 HGB geforderte Bild der Unternehmenslage vermitteln. Die Bilanz und die GuV auf der einen und der Anhang auf der anderen Seite stehen in enger Wechselbeziehung, weil das Ziel der Informati- Zweck des
Anhangs onsvermittlung entsprechend der Generalnorm des § 264 Abs. 2 HGB durch die Bilanz und die GuV allein nicht erfüllt werden kann. Beide Rechenwerke müssen zwar entsprechend den gesetzlichen Vorschriften erstellt werden, ihre Aussagefähigkeit ist aber begrenzt. Erst zusammen mit den Zusatzinformationen aus dem Anhang kann dem True-and-fair-view-Grundsatz entsprochen werden. Beispielsweise entspricht eine Bewertung nach dem LiFo-Verfahren gem. § 256 S. 1 HGB den gesetzlichen Vorschriften. Das gemäß der Generalnorm geforderte Bild ist aber erst mit der in § 284 Abs. 2 Nr. 4 HGB verlangten Angabe des Unterschiedsbetrags im Anhang verwirklicht.

In diesem Sinne sind die Angaben im Anhang insbesondere für die externe Unternehmensanalyse von Bedeutung. Das gilt vor allem bei der Inanspruchnahme von Wahlrechten. Wird z. B. eine Pensionsrückstellung aus sog. Altzusagen nach Art. 28 EGHGB nur im Anhang angegeben, hat das weder Einfluss auf die Bilanz noch auf das Jahresergebnis. Zur Beurteilung der tatsächlichen Unternehmenslage ist es aber erforderlich, den Passivposten Pensionsrückstellungen etwa im Rahmen einer Bereinigungsrechnung entsprechend zu erhöhen und das Eigenkapital entsprechend zu mindern, während die periodischen Verwerfungen bei der Bereinigung des Jahresergebnisses zu berücksichtigen sind. Der Anhang spielt somit im Zusammenhang mit der Aufdeckung stiller Reserven bzw. Lasten in Vermögens- und Schuldpositionen eine große Rolle.

Struktur | Für den Anhang liegt keine Gliederungsnormierung vor. Darüber hinaus können vielfältige Ausgestaltungen der Rechnungslegung durch die wahlweise Platzierung der Angaben in den Rechenwerken oder im Anhang vorgenommen werden. Für Wahlpflichtangaben besteht somit nur bezüglich des Ortes der Angabe ein Wahlrecht, sodass eine Nennung alternativ auch im Rahmen der Bilanz oder der GuV erfolgen kann. Eine konkrete Ausgestaltungsempfehlung kann nur insoweit erfolgen, als stets auf die Klarheit und Übersichtlichkeit der Darstellung verwiesen wird.

Bezüglich der **Ausgestaltung der Informationen** unterscheidet der Gesetzgeber verschiedene qualitativ differierende Berichterstattungskategorien. Für den Anhang können dabei zunächst Angaben, Begründungen und Darstellungen benannt werden. Angaben sind dabei als grundlegende Anforderungen an die Berichterstattung im Sinne von „Angabe aufnehmen" zu verstehen und können mit der ebenfalls verwendeten Formulierung „Hinweis" gleichgesetzt werden. Begründungen bedingen über die bloße Angabe hinaus weitere Informationen (wie z. B. bei Abweichungen von bisher angewandten Bilanzierungs- oder Bewertungsmethoden). Auch bei der Forderung nach Darstellungen und Erläuterungen sind zusätzlich zu den Angaben weitere Informationen in den Rechenwerken notwendig, wobei beide Begriffe letztlich in etwa gleichbedeutend sind.

Der Anhang ist als solcher deutlich zu kennzeichnen und von den übrigen Teilen des Geschäftsberichts zu separieren. Eine Platzierung von Informationen außerhalb dieses Abschnittes ist lediglich für bestimmte Angaben zu Positionen der Bilanz und der GuV selbst (z. B. in Form von Fußnoten) möglich. Eine Vermischung von Abschnitten des Anhangs mit Teilen des Lageberichts oder freiwilligen Berichtsteilen ist zu unterlassen, weil die differierenden Aufgaben dann ebenso wenig ersichtlich werden wie die geprüften Informationen. Ein Hinweis auf den Ort der Veröffentlichung der Wahlpflichtangaben in den übrigen Rechenwerken im Anhang ist entbehrlich. Jedoch kann es bei einer Verlagerung von Informationen aus der Bilanz und der GuV in den Anhang geboten sein, die Nachvollziehbarkeit durch das Einfügen von Verweisnummern in den Rechenwerken zu gewährleisten. Auf den Hinweis von Fehlanzeigen ist zu verzichten. Das impliziert jedoch hohe Anforderungen an die Vollständigkeit der einzelnen Angabenotwendigkeiten, weil der Abschlussadressat jede fehlende Angabe im Sinne von „trifft nicht zu" oder „liegt nicht vor" interpretieren wird.

Zu den Angabepflichten vgl. insbesondere die §§ 284 ff. HGB. Als **Ausweiswahlrechte**, die betragsmäßige Auswirkungen auf die Vermögens-, Finanz- und Ertragslage haben, sind zu nennen: Ansatz des Unterschiedsbetrags zwischen handelsrechtlichen und steuerrechtlichen Abschreibungen als direkte Abschreibung oder Sonderposten mit Rücklageanteil (möglich gemäß § 281 Abs. 1 S. 1 HGB), Eigenkapitaldarstellung in der Bilanz vor oder nach vollständiger/teilweiser Verwendung des Jahresergebnisses (§ 268 Abs. 1 HGB), aktivische Abzug der erhaltenen Anzahlungen auf Bestellungen von Vorräten oder die Passivierung unter den Verbindlichkeiten

(§ 268 Abs. 5 S. 2 HGB) sowie Ausweis der ausstehenden Einlagen und des eingeforderten Kapitals (§ 272 Abs. 1 HGB).

Zudem sind mit Blick auf die Ausweisvorschriften auch die **Rechnungslegungserleichterungen** – ebenso wie die Offenlegungserleichterungen (§§ 326 f. HGB) – für kleine und mittelgroße Kapitalgesellschaften betreffend der Bilanz, der GuV und des Anhangs (§ 266 Abs. 1, § 276 und § 288 HGB) zu berücksichtigen.

Mit dem BilMoG wird der Anhang durch zahlreiche weitere Angabepflichten erweitert.

9.4   Lagebericht

Zweck des
Lageberichts

Der Lagebericht ist ein zusätzliches Berichtsinstrument. Er ist pflichtmäßig nur von mittelgroßen und großen Kapitalgesellschaften zu erstellen.[307] Er soll die Informationsfunktion des Jahresabschlusses in Ergänzung zu den konkreten Jahresabschlussteilen Bilanz, GuV und Anhang unterstützen, indem er ein umfassenderes Bild der tatsächlichen Verhältnisse der wirtschaftlichen Lage eines Unternehmens zeichnet. Dem Lagebericht kommt eine Informations- (Ergänzungs-, Komplementär-, Beurteilungs- und Verdichtungsfunktion) und Rechenschaftsfunktion zu.

Die folgenden Bestandteile des Lageberichts werden unterschieden:

- Wirtschaftsbericht (Geschäftsverlauf und -ergebnis, Unternehmenslage, Analyse des Geschäftsverlaufs und der Lage, Risikobericht und Prognosebericht mit Chancen und Risiken),
- Nachtragsbericht,
- Finanzrisikobericht (Risikomanagementziele und -methoden),
- Forschungs- und Entwicklungsbericht,
- Zweigniederlassungsbericht,
- Vergütungsbericht.

Wirtschafts-
bericht

Im Rahmen des Wirtschaftsberichts fordert § 289 Abs. 1 HGB eine Darstellung des Geschäftsverlaufs einschließlich Geschäftsergebnis und Lage des Unternehmens. Zudem hat der Lagebericht eine aus-

---

[307] Vgl. Stute, in: HdB, „Lagebericht".

gewogene und umfassende Analyse von Geschäftsverlauf und Lage des Unternehmens unter Einbeziehung von finanziellen Leistungsindikatoren zu enthalten; große Kapitalgesellschaften haben außerdem nicht-finanzielle Leistungsindikatoren (ökologische und soziale Effekte der Unternehmenstätigkeit, Humankapital, Kundenstamm etc.) einzubeziehen (§ 289 Abs. 3 HGB). Darüber hinaus ist im Lagebericht die voraussichtliche Entwicklung des Unternehmens mit ihren wesentlichen Chancen und Risiken (Verlustrisiken aus Preis-, Wechselkurs- und Zinsentwicklungen) zu beurteilen und zu erläutern. Ferner soll der Lagebericht gem. § 289 Abs. 2 HGB eingehen auf:

- Vorgänge von besonderer Bedeutung, die nach dem Schluss des Geschäftsjahres eingetreten sind,
- Risikomanagementziele und -methoden sowie Preisänderungs-, Ausfall- und Liquiditätsrisiken sowie Risiken aus Zahlungsstromschwankungen,
- den Bereich Forschung und Entwicklung,
- bestehende Zweigniederlassungen der Gesellschaft,
- den Vergütungsbericht.

Der Nachtragsbericht umfasst Informationen über Tatbestände von besonderer Bedeutung, die erst zwischen dem Bilanzstichtag und dem Erstellungsdatum bekannt geworden sind (wie z. B. die Insolvenz großer Kunden). **Nachtragsbericht**

Im Risikomanagementbericht werden alle wesentlichen Sicherungsgeschäfte, bei denen Finanzinstrumente verwendet werden, anhand der Ziele und Methoden des Risikomanagements dargestellt und die Vorgehensweise zur Absicherung von Preisänderungs-, Ausfall-, Liquiditäts- und Cashflow-Schwankungen aufgezeigt. **Risikomanagementbericht**

Der Forschungs- und Entwicklungsbericht gibt einen allgemeinen Überblick über die Aktivitäten und Intensitäten der Forschungs- und Entwicklungstätigkeiten. **Forschungs- und Entwicklungsbericht**

Der Zweigniederlassungsbericht gewährt einen Einblick in die Niederlassungen, die von der Hauptniederlassung getrennt sind und selbstständig am Geschäftsverkehr teilnehmen. Anzugeben sind **Zweigniederlassungsbericht**

Angaben zu Umsätzen, wesentlichen Investitionen sowie die Beschäftigtenzahl.

Vergütungs-bericht

Mit dem Vergütungsbericht wird den Vorschriften des Vorstandsvergütungsoffenlegungsgesetzes Rechnung getragen. Hierbei ist auf die Grundzüge des Vergütungssystems börsennotierter Gesellschaften einzugehen.[308]

Freiwillige Zusatzberichte (z. B. zur wertorientierten Steuerung des Unternehmens oder Wertschöpfungsrechnung) können geliefert werden.

BilMoG

Mit dem BilMoG wird auch der Lagebericht nach Vorgaben der EU (Bilanzrichtlinie in der Fassung der Abänderungsrichtlinie) überarbeitet. Konkret haben nur **kapitalmarktorientierte Unternehmen** im Lagebericht die wesentlichen Merkmale des internen Risikomanagementsystems im Hinblick auf die Rechnungslegung zu beschreiben.[309] Zudem wird ein Ausweiswahlrecht ins Gesetz aufgenommen, nach dem einige Angaben (die gem. § 289 Abs. 4 gefordert werden) zum Eigenkapital von kapitalmarktorientierten Unternehmen zukünftig nicht noch einmal wiederholt zu werden brauchen, wenn diese schon im Anhang ausgewiesen sind.

Außerdem haben die kapitalmarktorientierten Unternehmen zukünftig eine **Erklärung zur Unternehmensführung** abzugeben, in der

- die Erklärung zum Deutschen Corporate Governance Kodex gem. 161 AktG,

- relevante Angaben zu Unternehmensführungspraktiken, die über die gesetzlichen Anforderungen hinaus angewandt werden, sowie

- eine Beschreibung der Arbeitsweise von Vorstand und Aufsichtsrat sowie die Zusammensetzung und die Arbeitsweise von deren Ausschüssen

enthalten sind. Dieser Bericht kann als gesonderter Abschnitt im Lagebericht aufgenommen werden oder alternativ auch auf der Internetseite der Gesellschaft veröffentlicht werden. Im letzteren Fall

---

[308] Vgl. Coenenberg/Haller/Mattner/Schulze, Rechnungswesen, S. 466 f.
[309] Vgl. z. B. Stute, in: HdB, Beitrag 83, Lagebericht, Rz. 43 f.

ist im Lagebericht lediglich auf die genaue Internetadresse zu verweisen.

9.5 Aufgaben und Lösungen

Aufgaben

Aufgabe 1: Bilanz

Unter welchen Bilanzposten werden die folgenden Vermögensgegenstände und Schulden bilanziert?

Lesen sie hierzu § 266 Abs. 2 u. 3 HGB.

1. Ein Bauunternehmer erhält für ein Großprojekt eine Anzahlung von seinem Kunden.
2. Ein Spediteur erwirbt einen LKW zur langfristigen Nutzung.
3. Ein Einzelhändler kauft einen Tresen und Regale für die Präsentation seiner Ware.
4. Der Spediteur mietet eine Lagerhalle für die Zwischenlagerung von Ware.
5. Die ABC GmbH gewährt ein langfristiges Darlehen.
6. Ein Großbetrieb hat liquide Mittel, die kurzfristig in Aktien angelegt werden.
7. Unter welchem Posten muss die Bilanzierung im Fall 5 erfolgen, falls die Geldanlage für 2 Jahre geplant ist?

Aufgabe 2: GuV

Erstellen Sie aus den folgenden Angaben für die Müller Reisen AG (Angaben in €) eine GuV-Rechnung des kalenderjahrgleichen Geschäftsjahrs t1 nach § 275 Abs. 2 HGB unter Angabe von Gesamtleistung, Ergebnis der gewöhnlichen Geschäftstätigkeit und Jahresüberschuss.

Beschreibung	in €
Umsatzerlöse	11.400.000
Aktivierte Eigenleistungen	150.000
Abschreibungen	120.000
Erträge aus Beteiligungen	90.000
Zinsen und ähnliche Aufwendungen	15.000
Außerordentliches Ergebnis	–40.000
EE-Steuern	50 %
Bestandsveränderungen Erzeugnisse	250.000
Sonstige betriebliche Erträge	480.000
Materialaufwand	7.900.000
Sonstige betriebliche Aufwendungen	2.600.000
Sonstige Zinsen und ähnliche Erträge	160.000
Personalaufwand	3.100.000

Lösungen

Lösung zu Aufgabe 1

1. Erhaltene Anzahlungen auf Bestellung   Passiva C. 3.
2. BGA (ggf. gesondert Fuhrpark)   Aktiva A. II. 3.
3. BGA   Aktiva A. II. 3.
4. kein Ausweis (muss UN gehören   - - -
5. Sonstige Ausleihungen   Aktiva A. III. 6.
6. Sonstige Wertpapiere   Aktiva B. III. 3.
7. Wertpapiere des AV   Aktiva A. III. 5.

Lösung zu Aufgabe 2

GuV nach § 275 Abs. 2 HGB (Gesamtkostenverfahren)

GuV 01.01.t1–31.12.t1 in €

1. Umsatzerlöse	11.400.000 €
2. Bestandsveränderungen	250.000 €
3. aktivierte Eigenleistung	150.000 €
4. Gesamtleistung	*= 11.800.000 €*
5. sonstige betriebliche Erträge	1.680.000 €
6. Materialaufwand	7.900.000 €
7. Personalaufwand	3.100.000 €
8. Abschreibungen	120.000 €
9. Sonstiger betrieblicher Aufwand	2.600.000 €
10. Erträge aus Beteiligungen	190.000 €
11. Sonstige Zinsen und ähnliche Erträge	160.000 €
12. Zinsen und ähnliche Aufwendungen	15.000 €
13. Ergebnis der gewöhnlichen Geschäftstätigkeit	*= 125.000 €*
14. außerordentliches Ergebnis	– 40.000 €
15. Ergebnis vor EE-Steuern	*= 85.000 €*
16. EE-Steuern	– 42.500 €
17. Jahresergebnis	***= 42.500 €***

Hinweis:

Diese und weitere Aufgaben samt Lösungen finden Sie auf der beiliegenden CD-ROM.

Siehe CD-ROM

10 Grundsachverhalte der Konzernabschlusserstellung

10.1 Notwendigkeit der Konzernrechnungslegung

Obwohl der Jahresabschluss einer Kapitalgesellschaft gemäß § 264 Abs. 2 S. 1 HGB unter Beachtung der Grundsätze ordnungsmäßiger Buchführung (GoB) ein den tatsächlichen Verhältnissen entsprechendes Bild der Vermögens-, Finanz- und Ertragslage zu vermitteln hat, reicht er zur Beurteilung der tatsächlichen Lage oftmals nicht aus, wenn es sich um ein verbundenes Unternehmen handelt. Die Gründe liegen in

- bewusst verzerrenden Darstellungen der wirtschaftlichen Lage,
- Kapitalverflechtungen, die die Höhe des Eigenkapitals als Verlustpuffer beeinflussen,
- Finanzverflechtungen, die die Vermögens- und Kapitalseite der Bilanz auch ungewollt unverhältnismäßig aufblähen können,
- Liefer- und Leistungsverflechtungen, die aus betriebswirtschaftlicher Sicht noch nicht als realisiert anzusehen gleichwohl aber im Einzelabschluss als solche auszuweisen sind.

Konkret ist es möglich, die Darstellung der Gewinn-, Vermögens- und Finanzsituation im Rahmen der gesetzlichen Vorschriften zu beeinflussen, wenn das Geschäft von zwei rechtlich zwar selbstständigen, aber betriebswirtschaftlich verbundenen Unternehmen abgewickelt wird. Beispielsweise können zwei verbundene Unternehmen durch den Austausch zwischen ihren Forschungsabteilungen das Aktivierungsverbot für Forschungskosten nach § 248 HGB unterlaufen, weil aus Sicht des Einzelabschlusses käuflich erworbene immaterielle Vermögensgegenstände vorliegen. Demgegenüber liegen aus Sicht des Konzerns selbst erstellte immaterielle Vermögensgegenstände vor, die einem Ansatzverbot unterliegen. Des Weiteren könnten überhöhte Preise verrechnet werden, was große Auswirkungen auf die in den Einzelabschlüssen dargestellten Gewinn- und Vermögenslagen hat.

Durch Kapitalverflechtungen, die darauf beruhen, dass ein Unternehmen ein anderes Unternehmen gründet oder kauft, entsteht noch eine weitere Problematik. Das eingesetzte Eigenkapital der gegründeten Tochterunternehmung besteht aus Kapital des auf der übergeordneten Ebene angesiedelten Mutterunternehmens. So kommt es bei einer einfachen Addition des Eigenkapitals beider Unternehmen zu einem Mehrfachausweis von Eigenkapital, durch den z. B. die Funktion des Eigenkapitals als Verlustpuffer untergraben wird, wodurch es – insbesondere bei mehrfach gestuften Konzernen – in einer Krisensituation zu einem Kaskadeneffekt kommen kann.

finanzielle Verflechtung

Finanzielle Verflechtungen entstehen durch das Verleihen und Leihen von Geldbeträgen zwischen verbundenen Unternehmen. Beim verleihenden Unternehmen wäre dementsprechend ein Aktivposten unter den Ausleihungen auszuweisen und beim empfangenden Unternehmen eine Schuldenposition auf der Passivseite der Bilanz. Diese Beträge sind aber im Konzernabschluss gegeneinander aufzurechnen.

Lieferungs- und Leistungs- verflechtung

Lieferungs- und Leistungsverflechtungen entstehen z. B. durch Warenlieferungen zwischen verbundenen Unternehmen, d. h. die Erträge des liefernden Unternehmens entsprechen den Aufwendungen des empfangenden Unternehmens. Da es sich aus Konzernsicht nicht um Aufwendungen und Erträge handelt, die aus Beziehungen mit konzernfremden Unternehmen resultieren, sind die konzerninternen Aufwendungen und Erträge im Rahmen der Konzernbilanzierung zu eliminieren, um eine Doppelerfassung zu eliminieren.

Die unterschiedlichsten Verflechtungen zwischen verbundenen Unternehmen machen die Erstellung eines Konzernabschlusses notwendig, in dem alle innerkonzernlichen Verflechtungen eliminiert werden.

Konzern- abschluss

Dem Konzernabschluss kommt somit die Aufgabe zu, Mängel in den Einzelabschlüssen konzernverbundener Unternehmen zu kompensieren, indem die einzelnen Geschäftsvorfälle einer Periode bei der Zusammenfassung der Einzelabschlüsse zum Konzernabschluss aus der Sicht der wirtschaftlichen Einheit „Konzern" neu beurteilt werden. Gemäß § 297 Abs. 2 S. 2 HGB ist dabei unter Beachtung der Grundsätze ordnungsmäßiger Buchführung (GoB) ein den tatsächlichen Verhältnissen entsprechendes Bild der Vermögens-, Finanz- und Ertragslage des Konzerns zu vermitteln. Im Gegensatz zum Einzelabschluss wird mit dem Konzernabschluss jedoch keine Multizielsetzung verfolgt. Vielmehr orientiert sich der Konzernabschluss im Sinne einer **Monozielsetzung** primär an den Informationsbedürfnissen der betroffenen Interessentengruppen, wobei der Konzernabschluss vor allem ein Informations-, Dokumentations- und Entscheidungsinstrument ist.[310]

10.2 Pflicht zur Aufstellung eines Konzernabschlusses

Deutsche Mutterunternehmen sind zur Konzernrechnungslegung verpflichtet, wenn sie die in § 290 HGB oder die in § 11 Abs. 1 PublG genannten Bedingungen erfüllen. Der Begriff Mutterunternehmen drückt dabei aus, dass ein hierarchisches (Über-/Unterordnungs-)Verhältnis zwischen den Unternehmen besteht. Die konkrete Verpflichtung zur Konzernrechnungslegung ist dabei abhängig von der Rechtsform des Mutterunternehmens. Während eine handelsrechtliche Verpflichtung nur für Kapitalgesellschaften existiert, sind **Unternehmen anderer Rechtsformen mit Sitz im Inland** gegebenenfalls gemäß § 11 Abs. 1 PublG zur Aufstellung eines Konzernabschlusses verpflichtet. Die konkreten Voraussetzungen verdeutlicht die folgende Abbildung:[311]

Mutterunternehmen

---

[310] Vgl. Küting/Weber, Konzernabschluss, S. 80.
[311] Müller, in: Federmann/Kußmaul/Müller (Hrsg.), HdB, Beitrag 80a, Rz. 37.

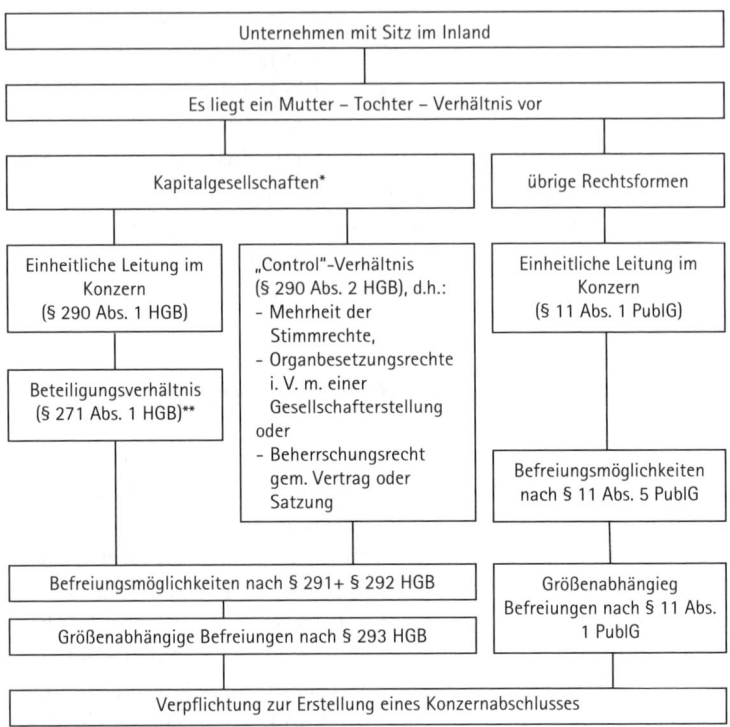

Abb. 10-1: Pflicht zur Konzernrechnungslegung sowie mögliche Befreiungen

*   Zusätzlich sind unabhängig von der Rechtsform Kreditinstitute und Versicherungsunternehmen zur Erstellung eines Konzernabschlusses gem. dieser Vorschriften verpflichtet. Größenabhängige Befreiungen gelten nicht.
** Nach dem Referentenentwurf des BilMoG soll diese Voraussetzung ab 2009 entfallen.

einheitliche
Leitung und
Control-
Konzept

Während sich nach dem PublG eine Pflicht zur Konzernrechnungslegung aus dem Kriterium der einheitlichen Leitung ergibt, existieren für Kapitalgesellschaften gemäß § 290 HGB zwei unterschiedliche Konzepte ein Mutter-Tochter-Verhältnis und damit die Pflicht zur Konzernrechnungslegung zu begründen. Einerseits handelt es sich ebenfalls um das Konzept der tatsächlich ausgeübten einheitlichen Leitung (bis Ende 2008, d. h. vor Gültigkeit des BilMoG, noch bei gleichzeitigem Bestehen einer Beteiligung gemäß § 271 Abs. 1 HGB). Andererseits gibt es das Control-Konzept mit den im Gesetz genannten Beherrschungsmöglichkeiten über andere Unternehmen.

Da die Merkmale der Beherrschungsmöglichkeiten und einheitlichen Leitung nicht überschneidungsfrei sind, dürfte davon auszugehen sein, dass sich für die Praxis häufig eine Aufstellungspflicht nach beiden Konzepten ergibt. Einschränkend ist jedoch zu berücksichtigen, dass die reine Möglichkeit der Beherrschung in der Realität zunehmend häufiger anzutreffen sein dürfte als die tatsächliche Ausübung der einheitlichen Leitung.[312]

Im Hinblick auf die Ausnahmen von der Pflicht zur Konzernrechnungslegung unterscheidet das HGB zwischen einer größenunabhängigen Freistellung aufgrund eines ersatzweisen Einbezugs in einen Konzernabschluss (Vermeidung der Tannenbaumrechnungslegung) durch ein übergeordnetes Mutterunternehmen auf höherer Ebene (§§ 291 f. HGB) und einer ersatzlosen Freistellung von der Konzernrechnungslegungspflicht durch Unterschreiten bestimmter Größenmerkmale (§ 293 HGB). Diese Zweiteilung liegt im Ergebnis auch nach dem PublG für die übrigen Rechtsformen vor. Darüber hinaus ergibt sich eine Befreiung von der HGB-Konzernrechnungslegung beim Erstellen eines **Konzernabschluss nach IFRS**. Gemäß § 315 a HGB gilt: kapitalmarktorientierte Mutterunternehmen müssen und alle übrigen Mutterunternehmen können den Konzernabschluss nach den International Financial Reporting Standards (IFRS) aufstellen.

Befreiung von der Konzernrechnungslegung

Darüber hinaus bietet § 293 HGB im Hinblick auf eine Vereinfachung der Rechnungslegung für alle Konzerne in der Rechtsform der Kapitalgesellschaft größenabhängige Befreiungen. Sie gelten jedoch nur, wenn am Abschlussstichtag keine Aktien oder andere vom Mutterunternehmen oder einem in den Konzernabschluss einbezogenen Tochterunternehmen ausgegebene Wertpapiere zum amtlichen Handel an der Börse eines Mitgliedstaates der EU zugelassen, in den geregelten Freiverkehr einbezogen sind oder die Zulassung zum amtlichen Handel beantragt ist (§ 293 Abs. 5 HGB). Sind diese Bedingungen erfüllt, ist ein Mutterunternehmen, das selbst kein Tochterunternehmen ist, von der Pflicht, einen Konzernabschluss und -lagebericht aufzustellen, befreit, wenn von den drei in § 293 Abs. 1 HGB genannten Größenkriterien am Abschlussstichtag

größenabhängige Befreiungen

---

[312] Vgl. Ammann/Müller, Konzernbilanzierung, S. 48 f.

seines Jahresabschlusses und am vorhergehenden Abschlussstichtag mindestens zwei nicht überschritten werden. Zu berücksichtigen ist, dass für Kreditinstitute (§ 340 i HGB) und Versicherungsunternehmen (§ 341 i HGB) keine größenabhängigen Befreiungen vorgesehen sind.

Ermittlung der Größenkriterien

Zur Ermittlung der Größenkriterien können entweder die Einzelabschlüsse aller in den Konzernabschluss einzubeziehenden Tochterunternehmen addiert (**Bruttomethode** gem. § 293 Abs. 1 Nr. 1 HGB) oder ein vollständig konsolidierter Konzernabschluss quasi als Probeabschluss aufgestellt werden (**Nettomethode** gem. § 293 Abs. 1 Nr. 2 HGB). Sowohl bei der Brutto- als auch bei der Nettomethode ist im Hinblick auf die Ermittlung der Größenmerkmale vom Konsolidierungskreis auszugehen, der bei einer Überschreitung der Bezugsgrößen der späteren Konsolidierung zugrunde liegen würde. Im Einzelnen ergeben sich die in der folgenden Abbildung dargestellten Wertgrenzen, wobei ab 2008 eine Erhöhung über das BilMoG erfolgen soll.

	Bruttomethode § 293 Abs. 1 Nr. 1 HGB bis 2003/ab 2004/geplant ab 2008	Nettomethode § 293 Abs. 1 Nr. 2 HGB bis 2003/ab 2004/geplant ab 2008
Bilanz-summe	16,500/19,272/21,0 Mio. €	13,750/16,060/19,25 Mio. €
Umsatz-erlöse	33,000/38,544/42,0 Mio. €	27,500/32,120/38,50 Mio. €
Mitarbeiter	250	250

Abb. 10-2: Wertgrenzen zur Befreiung von der Pflicht zur Konzernrechnungslegung

Es wird deutlich, dass bei der Bruttomethode im Hinblick auf die Bilanzsumme und Umsatzerlöse von Werten ausgegangen wird, die die entsprechenden Werte der Nettomethode um 20 % übersteigen. Auf diese Weise werden bei der Nettomethode die Auswirkungen der Konsolidierung berücksichtigt. Bezüglich der konkreten Anwendung der Befreiungsmöglichkeit ist es üblich, zunächst mit der Bruttomethode zu beginnen, und erst wenn bei ihr an den zwei aufeinander folgenden Stichtagen jeweils mindestens zwei Kriterien überschritten werden, die Nettomethode zusätzlich anzuwenden. Können mit der Nettomethode mindestens zwei der Kriterien unterschritten werden, ist eine Konzernbilanzierung nicht notwendig. Die Pflicht zur Aufstellung eines Konzernabschlusses ergibt sich somit erst, wenn bei beiden Methoden eine Überschreitung zu konstatieren ist.

Nach dem Publizitätsgesetz ist die Abfolge der gesetzlichen Vorschriften eine andere. Während im HGB eine Konzernrechnungslegungspflicht nach § 290 zunächst für alle Mutterunternehmen unterstellt wird, von der sich die Unternehmen dann befreien können, gelten für alle übrigen Rechtsformen nach dem PublG Mutterunternehmen erst beim Überschreiten erheblich **höherer Grenzwerte** als konzernrechnungslegungspflichtig. Es kann auch gesagt werden: Beim Unterschreiten der Grenzwerte tritt eine größenabhängige Befreiung zur Erstellung einer Konzernabschlusspflicht ein. Nach § 11 Abs. 1 PublG müssen an drei aufeinander folgenden Konzernabschlussstichtagen jeweils mindestens zwei der drei folgenden Größenkriterien erfüllt sein, wobei nur die Nettomethode vorgesehen ist:

- Die Bilanzsumme einer auf den Konzernabschlussstichtag aufgestellten Konzernbilanz übersteigt 65 Mio. €;

- die in einer auf den Konzernabschlussstichtag aufgestellten Konzern-Gewinn- und Verlustrechnung ausgewiesenen Umsatzerlöse übersteigen in den zwölf Monaten vor dem Abschlussstichtag den Betrag von 130 Mio. €;

- die Konzernunternehmen mit Sitz im Inland haben in den zwölf Monaten vor dem Konzernabschlussstichtag insgesamt durchschnittlich mehr als 5.000 Arbeitnehmer beschäftigt.

Greifen die Befreiungstatbestände gem. §§ 291, 292 und 293 HGB oder PublG nicht, ist ein **Konzernabschluss aufzustellen**, der geprüft und publiziert werden muss. Es können jedoch Wahlrechte bezüglich der Einbeziehung einzelner Tochterunternehmen angewendet werden. Als nächster Schritt ist also zu bestimmen, welche Unternehmen in den Konzernabschluss einzubeziehen sind.

10.3 Abgrenzung des Konsolidierungskreises

Unternehmensarten im Konzern

Für die Einbeziehung in den Konzernabschluss unterscheidet das HGB verschiedene Unternehmensarten, wobei auf die Höhe des Kapitalanteils, das Ziel, mit dem die Verbindung eingegangen wurde, und die gegebenen bzw. tatsächlich genutzten Einflussmöglichkeiten abgestellt wird.[313] Konkret relevant sind Beteiligungsunternehmen gemäß § 271 Abs. 1 HGB, d. h. Gemeinschaftsunternehmen, assoziierte Unternehmen oder sonstige Beteiligungsunternehmen, und verbundene Unternehmen, d. h. Mutter- und Tochterunternehmen.

Tochter-
unternehmen

Tochterunternehmen sind gemäß § 290 HGB gegeben, wenn Unternehmen unter der tatsächlich ausgeübten, einheitlichen Leitung einer Kapitalgesellschaft (Mutterunternehmen) mit Sitz im Inland stehen und wenn dem Mutterunternehmen eine Beteiligung nach § 271 Abs. 1 HGB am oder an den anderen unter der einheitlichen Leitung stehenden Unternehmen (Tochterunternehmen) gehört. Die Notwendigkeit, dass eine Beteiligung vorliegt, soll ab 2009 entfallen. Von einem Tochterunternehmen wird auch dann gesprochen, wenn einem Mutterunternehmen mit Sitz im Inland bei einem Unternehmen mindestens eine der in § 290 Abs. 2 HGB genannten Möglichkeiten der Beherrschung (Control-Konzept) zusteht.

Gemeinschafts-
unternehmen

Auch für den Begriff „Gemeinschaftsunternehmen" gibt es im HGB keine ausdrückliche Definition. Aus § 310 Abs. 1 HGB lässt sich jedoch ableiten, dass ein Gemeinschaftsunternehmen ein Unternehmen ist, das von einem in den Konzernabschluss einbezogenen Unternehmen (Mutter- oder Tochterunternehmen) gemeinschaftlich mit einem oder mehreren nicht in den Konzernabschluss einbezogenen Unternehmen geführt wird.[314] **Gemeinschaftliche Führung** bedeutet hierbei, dass keine Vorherrschaft eines der Gesellschaftsunternehmen besteht. Dabei muss die Zusammenarbeit der gleichberechtigt agierenden Gesellschaftsunternehmen auf Dauer angelegt sein. Unternehmen, die keine Tochterunternehmen sind, dürfen

---

[313] Vgl. Ammann/Müller, Konzernbilanzierung, S. 95 ff.
[314] Vgl. Ebeling, in: Baetge/Kirsch/Thiele (Hrsg.): Bilanzrecht, § 310 HGB, Rz. 6.

gemäß § 310 Abs. 1 HGB nur als Gemeinschaftsunternehmen in den Konzernabschluss einbezogen werden, wenn eine gemeinsame Führung mit einem oder mehreren anderen (konzernfremden) Unternehmen tatsächlich ausgeübt wird. Ein Vermutungstatbestand – wie er z. B. über das Control-Konzept bei der Identifikation von Tochterunternehmen verwandt wird – kommt hier nicht in Betracht.

Ein assoziiertes Unternehmen ist gemäß § 311 Abs. 1 HGB ein Unternehmen, auf dessen Geschäfts- und Finanzpolitik von einem in den Konzernabschluss einbezogenen Unternehmen ein maßgeblicher Einfluss ausgeübt wird und an dem dieses Unternehmen nach § 271 Abs. 1 HGB beteiligt ist.

assoziierte Unternehmen

Zur Beurteilung des maßgeblichen Einflusses sind grundsätzlich qualitative Hinweise heranzuziehen. Gemäß § 311 Abs. 1 HGB wird jedoch ab einem Stimmrechtsanteil von 20 % stets ein maßgeblicher Einfluss widerlegbar vermutet.

Die schwächste Form der in den Konzernabschluss einzubeziehenden Unternehmensarten sind Beteiligungen, die weder Tochter- noch Gemeinschaftsunternehmen sind noch solche Anteile an Unternehmen darstellen, über die ein maßgeblicher Einfluss ausgeübt wird. Sie sind entsprechend der Vorgehensweise im Einzelabschluss als Wertpapiere auszuweisen und mit ihren Anschaffungskosten zu bewerten. Zusätzlich ist zu unterscheiden, ob das Halten einer Beteiligung lediglich kurzfristig (Ausweis unter „Wertpapiere des Umlaufvermögens") oder auf Dauer (Ausweis unter „Wertpapiere des Anlagevermögens") geplant ist.

Beteiligungen

Im HGB wird im Sinne eines Stufenkonzepts zwischen

Stufenkonzept

- einer Vollkonsolidierung für Mutter-Tochterunternehmen (§§ 300–307 HGB),

- einer anteilsmäßigen Konsolidierung für Gemeinschaftsunternehmen (§ 310 HGB),

- einem Einbezug von assoziierten Unternehmen (§§ 311 f. HGB) nach der Equity-Methode und

- sonstigen Beteiligungsunternehmen, die zu Anschaffungskosten bewertet werden,

unterschieden. Durch diese Abstufung wird erreicht, dass der Konzernabschluss nicht nur die dem Vollkonsolidierungskreis entsprechende wirtschaftliche Einheit darstellt, sondern die gesamte Einflusssphäre des Konzerns in ihren unterschiedlichen Formen und Intensitäten abbildet.

Im Prinzip sind gemäß § 294 Abs. 1 HGB das Mutterunternehmen und alle Tochterunternehmen in den Konzernabschluss einzubeziehen. Dieses Vollständigkeitsgebot kann nur durch die in § 296 HGB geregelten Wahlrechte eingeschränkt werden, die letztlich überwiegend als Widerspruchstatbestände gegen die in § 290 Abs. 2 HGB dargestellten Vermutungen bezüglich der Beherrschungsmöglichkeit von Tochterunternehmen zu verstehen sind.

Bestimmung des Konsolidierungskreises

Durch die Abgrenzung des Konsolidierungskreises werden wesentliche Entscheidungen bezüglich des Informationsgehalts eines Konzernabschlusses getroffen.

Änderungen des Konsolidierungskreises

Für den Fall wesentlicher Änderungen des Konsolidierungskreises schreibt § 294 Abs. 2 S. 1 HGB vor, dass Angaben in den Konzernabschluss aufzunehmen sind, die es ermöglichen, die aufeinander folgenden Konzernabschlüsse sinnvoll zu vergleichen, wobei der Begriff der Wesentlichkeit im Einzelfall zu konkretisieren ist.

Einbeziehungswahlrecht

Liegen bestimmte Sachverhalte vor, ist es gemäß § 296 HGB erlaubt, Tochterunternehmen wahlweise nicht in den Konzernabschluss einzubeziehen. Zum einen besteht dieses Einbeziehungswahlrecht, wenn eine der drei in Abs. 1 genannten sachlichen Begründungen zutrifft:

- Das Mutterunternehmen hat nur eine eingeschränkte Leitungsbefugnis bezüglich des Konzernunternehmens (es bestehen erhebliche und andauernde **Beschränkungen** bei der Ausübung **der Rechte** des Mutterunternehmens in Bezug auf das Vermögen oder die Geschäftsführung des Konzernunternehmens).

- Die für die Aufstellung des Konzernabschlusses erforderlichen Angaben sind nicht ohne **unverhältnismäßig hohe Kosten oder Verzögerungen** zu erhalten.

- Die Anteile am Tochterunternehmen werden ausschließlich zum **Zwecke ihrer Weiterveräußerung** gehalten.

Zum anderen ist gem. Abs. 2 eine Nichteinbeziehung aufgrund des **Wesentlichkeitsprinzips** möglich.[315] Die Nichteinbeziehung ist im Konzernanhang anzugeben und zu begründen (§ 296 Abs. 3 HGB). Obwohl es im Gesetz nicht ausdrücklich erwähnt wird, ist davon auszugehen, dass Unternehmen, die aufgrund eines Einbeziehungswahlrechtes nicht vollkonsolidiert werden, nach der Equity-Methode in den Konzernabschluss einzubeziehen sind, wenn die Bedingungen des § 311 HGB erfüllt sind. Ansonsten erfolgt eine Bewertung zu den Anschaffungskosten. Für die Einbeziehungswahlrechte gilt zudem der Grundsatz der Stetigkeit.

Bestimmung der einzubeziehenden Unternehmen und der Art der Einbeziehung

Hinsichtlich der Prüfung der Einbeziehungsform eines Unternehmens in einen Konzernabschluss ist im Sinne eines **Stufenkonzeptes** vorzugehen. Erstens ist bei jeder Beteiligung zu analysieren, ob die Kriterien für ein Tochter- oder Gemeinschaftsunternehmen vorliegen oder ob ein maßgeblicher Einfluss gegeben ist. Bei den erstgenannten Unternehmen ist zweitens zu prüfen, ob eines der Einbeziehungswahlrechte ausgeübt werden soll. Drittens erlaubt das HGB sowohl bei der Vollkonsolidierung als auch bei der Equity-Bilanzierung noch ein Methodenwahlrecht.[316] Beide werden jedoch mit dem BilMoG gestrichen und wurden schon über DRS 4 und DRS 8 im Sinne vermuteter Grundsätze ordnungsmäßiger Konzernbilanzierung aufgehoben.
Die folgende Abbildung zeigt die Zusammenhänge im Überblick:[317]

---

[315] Vgl. Boeger/Birgel, HdB-Beitrag „Konzernabschlusspolitik", Rz. 28 ff.
[316] Vgl. Boeger./Birgel, HdB-Beitrag „Konzernabschlusspolitik", Rz. 32–69.
[317] Vgl. Ammann/Müller, Konzernbilanzierung, S. 105.

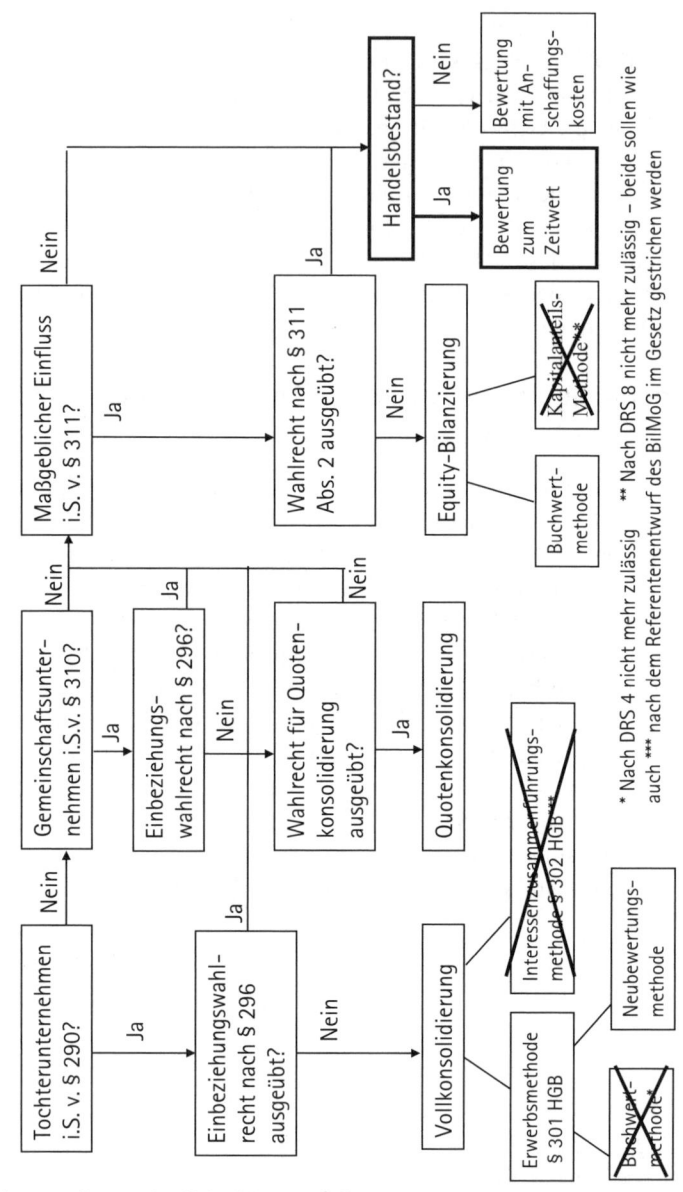

Abb. 10-3: Formen der Einbeziehung von Unternehmen in den Konzernabschluss nach dem HGB (i. d. F. BilMoG)

Es wird deutlich, dass der Konzernabschluss ein **Wertekonglomerat** darstellt. Aus externer Sicht ergibt sich trotz der im Folgenden zu beschreibenden Vereinheitlichung der in den Konzernabschluss einzubeziehenden Einzelabschlüsse vor allem das Problem, dass aufgrund fehlender Informationen nicht zwischen voll- und quotenkonsolidierten Vermögensgegenständen und Schulden unterschieden werden kann.

Die folgende Abbildung verdeutlicht die Systematik und damit die konzeptionellen Grundlagen der handelsrechtlichen Konzernrechnungslegung überblickartig, wobei von den Einzelbilanzen der in diesen Abschluss einzubeziehenden Unternehmen bis zur Konzernbilanz ausgegangen wird:

konzeptionelle Grundlagen der Konzernrechnungslegung

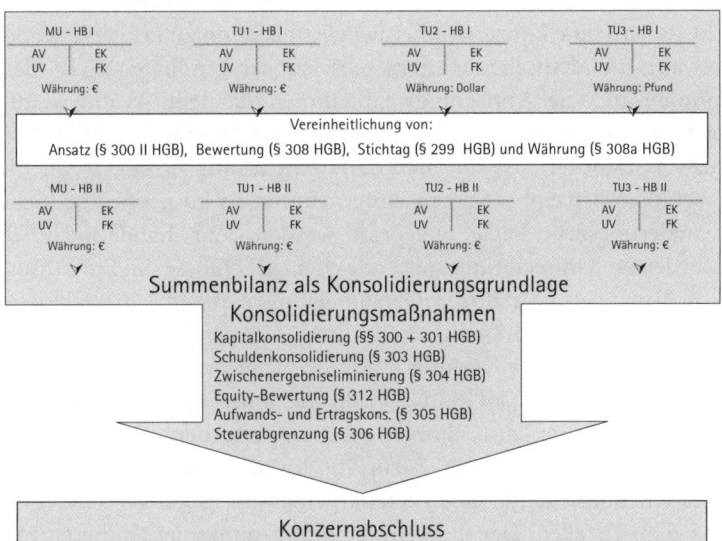

Abb. 10-4: Konzeptionelle Grundlagen der Konzernrechnungslegung und -konsolidierung

Nach der Entscheidung, welche Unternehmen in welcher Form in den Konzernabschluss einbezogen werden sollen, und vor Beginn der eigentlichen Konsolidierungsmaßnahmen müssen die **Einzelabschlüsse** der einzubeziehenden Unternehmen (Handelsbilanzen I) nach konzerneinheitlichen Ansatz-, Bewertungs- und Ausweisvorschriften umgeformt werden, weil ein Konzernabschluss seine Informationsfunktion nur erfüllen kann, wenn ein Mindestmaß an formeller und materieller Einheitlichkeit des darin abgebildeten Zahlenmaterials sichergestellt ist.

10.4 Vereinheitlichung von Ansatz, Bewertung, Ausweis und Stichtag

Grundlagen

Im Vorfeld der Konsolidierung hat eine Rückführung der einzubeziehenden, zum Teil auf unterschiedlichen Rechtssystemen und Handelsbräuchen basierenden in- und ausländischen Einzelabschlüsse auf eine konzerneinheitliche Konzeption zu erfolgen, wobei das auf die deutsche Muttergesellschaft anwendbare Recht den Rahmen für die Anpassungsmaßnahmen darstellt. Während die **formelle Anpassung** einheitliche Stichtage und einen einheitlichen Ausweis erfordert, ist die **materielle Anpassung** erfüllt, wenn die Abschlüsse der einbezogenen Unternehmen an konzerneinheitliche Bilanzierungsgrundsätze angepasst werden. Zur handelsrechtlich geforderten Umrechnung ausländischer Abschlüsse in Euro muss aktuell mangels gesetzlicher Detailregelungen zudem ein geeignetes Umrechnungsverfahren ausgewählt und angewendet werden, wobei der DRS 14 hier eine Orientierungshilfe bietet. Ab 2009 soll der neu entwickelte § 308 a HGB die Währungsumrechnung regeln. Die Vereinheitlichung der Einzelabschlüsse erfordert umfangreiche Handlungsanweisungen in Form von Konzernrichtlinien, um für jedes einzubeziehende Unternehmen eine aussagefähige Handelsbilanz II zu erstellen. Der theoretische Bezugspunkt der Aufbereitung, Handlungsrichtlinie in Zweifelsfällen und Grundlage für zusätzliche Erläuterungspflichten im Anhang ist neben den GoB und GoK inklusive der DRS die Generalnorm des § 297 Abs. 2 S. 2 HGB, nach der der Konzernabschluss ein den tatsächlichen Verhältnissen entsprechendes Bild der Vermögens-, Finanz- und Ertragslage des Konzerns zu vermitteln hat.

Vereinheitlichung der Ansätze

Generell gelten für den Bilanzansatz im Konzernabschluss die Bilanzierungsvorschriften des Mutterunternehmens. Gemäß § 300 Abs. 2 S. 1 HGB sind die Vermögensgegenstände, Schulden und Rechnungsabgrenzungsposten sowie die Erträge und Aufwendungen der in den Konzernabschluss einzubeziehenden Unternehmen unabhängig von ihrer Berücksichtigung in den Jahresabschlüssen dieser Unternehmen vollständig in den Konzernabschluss aufzunehmen, soweit nach dem Recht des Mutterunternehmens nicht ein Bilanzierungsverbot oder -wahlrecht besteht. Somit kann die Konzernleitung im Konzernabschluss über den Ansatz von Vermögensgegenständen und Schulden losgelöst von deren Ansatz in den zugrunde liegenden Einzelabschlüssen neu entscheiden. Sie muss dabei allein die für das Mutterunternehmen geltenden Vorschriften – also das HGB – beachten.

Die Ansatzentscheidung in den Einzelabschlüssen ist für den Konzernabschluss nicht maßgeblich. Insbesondere die gemäß § 300 Abs. 2 S. 2 HGB erlaubte Neuausübung von Ansatzwahlrechten bietet erhebliche Spielräume im Hinblick auf eine eigenständige Konzernbilanzpolitik, zumal sich die Möglichkeit der Neuausübung von Ansatzwahlrechten auch auf das Mutterunternehmen bezieht.

Des Weiteren ist zu beachten, dass § 300 HGB die einheitliche Ausübung von Ansatzwahlrechten nicht explizit fordert. Vielfach wird deshalb argumentiert, dass die Ausübung der Ansatzwahlrechte auch bei gleichartigen Sachverhalten nicht zwingend für alle Konzernunternehmen in gleicher Weise durchgeführt werden muss und darüber hinaus nicht dem Stetigkeitsgebot unterliegt, sodass die Entscheidung für einen wahlweisen Ansatz zu jedem Abschlussstichtag neu getroffen werden kann. Mit Bezug auf die Generalnorm kann jedoch angenommen werden, dass der im HGB verwendete Begriff „Bewertungsmethoden", deren Beibehaltung gemäß § 298 Abs. 1 HGB i. V. m. § 252 Abs. 1 Nr. 6 HGB explizit gefordert wird, als Oberbegriff aller auf den Jahresabschluss angewendeten Rechnungslegungsmethoden zu verstehen ist, was auch eine Einbeziehung der Ansatzwahlrechte bedeutet. Deshalb ist davon auszugehen, dass die Ansatzentscheidung im Konzernabschluss für gleichartige Sachverhalte einheitlich auszufallen hat und gleiche Sachverhalte im Zeitablauf gleich darzustellen sind; zumal durch das Willkürverbot eine weitere Grenze gesetzt wird.

Vereinheitlichung der Bewertung

Im Gegensatz zur Regelung der Ansatzwahlrechte schreibt § 308 Abs. 1 S. 1 HGB explizit vor, dass die in den Konzernabschluss übernommenen Vermögensgegenstände und Schulden der in den Konzernabschluss einbezogenen Unternehmen gem. § 300 Abs. 2 HGB nach den auf den Jahresabschluss des Mutterunternehmens anwendbaren Bewertungsmethoden einheitlich zu bewerten sind (**Vereinheitlichung der Bewertung**). Für gleichartige Sachverhalte ist unter gleichen wertbestimmenden Bedingungen folglich eine unterschiedliche Ausübung von Bewertungswahlrechten unzulässig. Bei der Bewertung sind Sachverhalte als gleichartig anzusehen, wenn art- und funktionsgleiche Vermögensgegenstände oder Schulden unter gleichen wertbestimmenden Bedingungen zu bewerten sind. Daraus folgt im Umkehrschluss, dass unterschiedliche Sachverhalte entsprechend unterschiedlich zu behandeln sind. So können z. B. verschiedene Abschreibungsmethoden und -fristen bei gleichartigen Anlagen gerechtfertigt sein, wenn stark unterschiedliche Nutzungsbedingungen vorliegen.

Für die gewählten Bewertungsmethoden gilt in allen Fällen gem. § 298 Abs. 1 HGB i. V. m. § 252 Abs. 1 Nr. 6 HGB das Gebot der Stetigkeit (die auf den vorhergehenden Jahresabschluss angewandten Bewertungsmethoden sollen also beibehalten werden).

Grundsätzlich geht das Gesetz davon aus, dass die im Einzelabschluss des Mutterunternehmens zulässige bzw. angewendete Bewertung auch im Konzernabschluss als Maßstab gilt. In den Fällen, in denen Bewertungsmethoden für das Mutterunternehmen zwar zulässig sind, von ihm aber nicht angewendet werden, weil es entsprechende Vermögensgegenstände und Schulden nicht besitzt, stehen die Bewertungsmethoden für den Konzernabschluss originär zur Verfügung. Durch die Neuausübung von Bewertungswahlrechten gegenüber der im Mutterunternehmen tatsächlich angewandten

Bewertung wird deshalb gem. § 308 Abs. 1 S. 3 HGB eine Angabe und Begründungspflicht im Konzernanhang ausgelöst.

> **Beispiel:**
>
> Im Einzelabschluss wird ein möglichst steuer- und/oder ausschüttungsoptimales Ergebnis dargestellt, während gleichzeitig im Konzernabschluss, der eine reine Informationsfunktion hat, ein möglichst positives Ergebnis gezeigt werden soll, um den Zugang zu internationalen Kapitalmärkten vorzubereiten bzw. zu erleichtern. Um das zu erreichen, können derzeit z. B. noch die Bestandsmehrungen bei fertigen und unfertigen Erzeugnissen im Konzernabschluss an der handelsrechtlichen Obergrenze bewertet werden, während im Einzelabschluss des Mutterunternehmens ein Ansatz an der Untergrenze erfolgt. Nach dem BilMoG sind die Möglichkeiten zur Bilanzpolitik deutlich eingeschränkter. Auf die unterschiedlichen Bewertungsmethoden ist jedoch im **Anhang** hinzuweisen, und es ist eine **Begründung** notwendig, was diese Methode im Vergleich etwa zu den Ansatzwahlrechten unattraktiv macht.

Anpassungsmaßnahmen zur Vereinheitlichung der Bewertung sind einerseits bei der Einbeziehung ausländischer Tochterunternehmen notwendig, deren Rechnungslegung nicht den handelsrechtlichen Grundsätzen ordnungsmäßiger Buchführung für eine große Kapitalgesellschaft, die gemäß § 298 Abs. 1 HGB grundsätzlich für das Mutterunternehmen gelten, entspricht. Andererseits sind auch bei inländischen Tochterunternehmen, die nicht die Form einer Kapitalgesellschaft haben, ggf. Anpassungsmaßnahmen notwendig. Das ist beispielsweise der Fall, wenn einzubeziehende Personengesellschaften auf Gegenstände des Sachanlagevermögens eine Abschreibung wegen einer nur vorübergehenden Wertminderung vorgenommen haben, während für Kapitalgesellschaften gemäß § 279 Abs. 1 S. 2 HGB i. V. m. § 298 Abs. 1 HGB eine Abschreibung wegen einer nur vorübergehenden Wertminderung nur beim Finanzanlagevermögen zulässig ist. Nach dem BilMoG erfolgt hier eine Anpassung der Vorschriften für Personen- an die der Kapitalgesellschaften, sodass es kaum noch diesbezügliche Wahlrechte gibt.

Nicht nur aus Wirtschaftlichkeitsgründen, sondern auch zur Vereinfachung der Aufstellung des Konzernabschlusses, erlaubt der Gesetzgeber in § 308 Abs. 2 HGB drei Ausnahmen vom Grundsatz der einheitlichen Bewertung:

1. Gemäß Abs. 2 S. 2 dürfen diejenigen Wertansätze beibehalten werden, die aufgrund der Besonderheiten des Geschäftszweiges für **Kreditinstitute oder Versicherungsunternehmen** gelten. Voraussetzung ist, dass im Anhang darauf hingewiesen wird.

2. Außerdem ist ein Verzicht auf eine Vereinheitlichung der Bewertung gem. Abs. 2 S. 3 möglich, wenn die Übernahme abweichender Wertansätze für die Vermittlung eines den tatsächlichen Verhältnissen entsprechenden Bildes der Vermögens-, Finanz- und Ertragslage des Konzerns nur **von untergeordneter Bedeutung** ist. Für die Auslegung des Begriffs „untergeordnete Bedeutung" und die Vorgehensweise bei mehrfacher Anwendung dieser Ausnahme dürften die Regelungen hinsichtlich der Möglichkeit einer Nichteinbeziehung wegen untergeordneter Bedeutung in den Konsolidierungskreis analog anzuwenden sein.

3. Auch bei nicht näher definierten Ausnahmefällen darf gemäß Abs. 2 S. 4 von einer einheitlichen Bewertung abgewichen werden, wenn die Abweichung im **Anhang angegeben und begründet** wird. Als möglicher Ausnahmefall ist z. B. die erstmalige Einbeziehung eines neuerworbenen Tochterunternehmens anzusehen, bei dem eine Bewertungsanpassung an konzerneinheitliche Regelungen eine Verzögerung und damit einen Nichteinbezug gem. § 296 Abs. 1 Nr. 2 HGB zur Folge hätte.

Insgesamt betrachtet bietet die Vereinheitlichung der Bewertung im Konzernabschluss den Vorteil, dass sie einem Wertekonglomerat im Konzernabschluss entgegenwirkt. Andererseits ist zu bedenken, dass sich ein Konzernabschluss trotzdem auf eine Vielfalt von Werten stützt und der nicht operational fassbare Grundsatz der Einheitlichkeit durch wichtige Ausnahmen aufgeweicht wird. Des Weiteren muss berücksichtigt werden, dass die Vereinheitlichung der Bewertung im Konzernabschluss zwar die Möglichkeit einer eigenständigen Konzernbilanzpolitik eröffnet, dass die Fortschreibung und Weiterentwicklung der Differenzen zwischen Einzel- und Konzernabschluss aber zu erheblichen Dokumentationsanforderungen führt, die langfristig nur mithilfe einer eigenständigen Konzernbuchführung lösbar sein dürften. Technisch bedingt die Notwendigkeit zur Vereinheitlichung der Bewertung, aber auch des Ansatzes schon im Vorfeld der Konzernbilanzierung ein für alle einzubeziehenden Unternehmen geltendes Konzernrichtlinienwerk. Dieses Konzernrichtlinienwerk ermöglicht es, bereits die Handelsbilanz I möglichst nah an die Konzernwerte anzupassen oder zumindest die Unterschiede zu dokumentieren, damit das Erstellen der Handelsbilanz II mit möglichst geringem Aufwand gelingt.

Vereinheitlichung des Ausweises

Neben der Vereinheitlichung des Ansatzes und der Bewertung ist vor allem im Hinblick auf den Grundsatz der Klarheit und Übersichtlichkeit eine Einheitlichkeit des Ausweises notwendig. Grundlage sind die für große Kapitalgesellschaften in den §§ 265, 266 und 275 HGB geregelten allgemeinen Grundsätze für die Gliederung der Bilanz bzw. Gewinn- und Verlustrechnung, die gemäß § 298 Abs. 1 HGB auch für den Konzern Gültigkeit haben. Zu berücksichtigen ist jedoch, dass sich aufgrund der Eigenart des Konzernabschlusses die Notwendigkeit von Abweichungen ergeben kann. Besonders deutlich wird das im Zusammenhang mit **konzernspezifischen Posten** (wie z. B. dem Unterschiedsbetrag aus der Kapitalkonsolidierung, den Anteilen anderer Gesellschafter oder auch den Erträgen aus Beteiligungen an assoziierten Unternehmen). Zu bedenken ist außerdem, dass sich der Inhalt einzelner Positionen trotz gleichartiger Benennung wesentlich unterscheidet. So ist z. B. bei der im Einzel- und Konzernabschluss genannten Position „Geschäfts- oder Firmenwert" eine differenzierte bilanzanalytische Betrachtung schwierig, weil für einen außenstehenden Dritten keine Unterscheidung danach möglich ist, welche Bestandteile des Geschäfts- oder Firmenwertes beispielsweise aus der Kapitalkonsolidierung von Tochterunternehmen und welche aus der Kapitalkonsolidierung von Gemeinschaftsunternehmen stammen.

Neben konzerninternen Richtlinien zur Festschreibung von Gliederungs- und Ausweiswahlrechten stellt ein für alle Konzerngesellschaften verbindlich vorgeschriebener, einheitlicher Kontenplan ein wesentliches Hilfsmittel zur Vereinheitlichung des Rechnungswesens und damit zur Erleichterung des einheitlichen Ausweises dar. So ist z. B. hinsichtlich des Wahlrechtes zwischen Gesamt- und Umsatzkostenverfahren, das im Konzernabschluss unabhängig vom Einzelabschluss des Mutterunternehmens und der Tochterunternehmen neu ausgeübt werden kann, zu empfehlen, dass das für den Konzernabschluss gewählte Verfahren auch für die einzubeziehenden Unternehmen verbindlich vorgeschrieben wird. Das schließt jedoch keineswegs aus, dass aus Konzernsicht bei einzelnen Positionen (z. B. im Hinblick auf unterschiedliche Ergebnisschichten) unterschiedliche Zuordnungen im Einzel- und Konzernabschluss notwendig sind oder auch aus konzernbilanzpolitischen Gründen vorgenommen werden. Zudem kann die Konsolidierung von Unternehmen, für die durch eine Formblattverordnung spezielle Gliederungen und Positionen vorgeschrieben sind, zu einer Anpassung bzw. Erweiterung der Konzerngliederung führen. Das gilt explizit gem. § 300 Abs. 2 S. 3 HGB für Kreditinstitute und Versicherungen, die auch dann Ansätze und Ausweise aufgrund bestimmter Sondervorschriften beibehalten können, wenn das den Konzernabschluss erstellende Mutterunternehmen nicht dem Geltungsbereich der Sondervorschriften unterliegt.

Vereinheitlichung des Abschlussstichtages

Neben der Vereinheitlichung des Ansatzes, der Bewertung und des Ausweises ist für den Informationsgehalt eines Konzernabschlusses auch die Vereinheitlichung der Abschlussstichtage des Konzerns und der einbezogenen Unternehmen von großer Bedeutung. Gemäß § 299 Abs. 1 HGB ist der **Stichtag des Jahresabschlusses des Mutterunternehmens** für den Konzernabschluss zugrunde zu legen. Im Hinblick auf die Abschlussstichtage der in den Konzernabschluss einbezogenen Unternehmen fordert § 299 Abs. 2 S. 1 HGB, dass diese Abschlüsse auf den Stichtag des Konzernabschlusses aufgestellt werden sollen. Dabei handelt es sich jedoch um eine Sollbestimmung, sodass bei **abweichenden Stichtagen** eine Pflicht zur Aufstellung eines Zwischenabschlusses auf den Konzernabschlussstichtag gem. § 299 Abs. 2 S. 2 HGB nur für solche Unternehmen besteht, deren Abschlussstichtag um mehr als drei Monate vor dem Stichtag des Konzernabschlusses liegt. Da auch Zwischenabschlüsse gem. § 317 Abs. 3 S. 1 HGB zu prüfen sind, hat ein Zwischenabschluss sowohl den GoB und GoK als auch den Bilanzierungs- und Bewertungsmethoden des Konzerns zu entsprechen. Weiter reichende rechtliche Folgen sind mit der Aufstellung eines derartigen Zwischenabschlusses nicht verbunden. Verzichtet ein in den Konzernabschluss einbezogenes Unternehmen, dessen Stichtag bis zu drei Monate vor dem Konzernabschlussstichtag liegt, auf die Aufstellung eines Zwischenabschlusses, sind Vorgänge von besonderer Bedeutung für die Vermögens-, Finanz- und Ertragslage, die zwischen dem Abschlussstichtag des Unternehmens und dem Abschlussstichtag des Konzernabschlusses eingetreten sind, gem. § 299 Abs. 3 HGB in der Konzernbilanz und der Konzerngewinn- und Verlustrechnung zu berücksichtigen oder im Konzernanhang anzugeben.

Die mit der Aufstellung eines Zwischenabschlusses verbundenen zusätzlichen Kosten und die Unsicherheit darüber, wie dieser Abschluss im Einzelnen auszugestalten ist, haben in der Praxis dazu geführt, dass Konzerne, in denen es unterschiedliche Abschlussstichtage gegeben hat, die Geschäftsjahre weitgehend vereinheitlicht haben. Dennoch bleibt das grundsätzliche Problem, dass die Regelungen des HGB bezüglich der Einheitlichkeit der Abschlussstichtage mit erheblichen Unsicherheiten und Mängeln verbunden sind. Neben dem grundsätzlichen Problem, wann Vorgänge von besonderer Bedeutung vorliegen und eine Berichtspflicht auslösen, ergeben sich Detailfragen vor allem im Zusammenhang mit der Analyse und Konsolidierung von Unternehmen, deren Stichtag vom Konzernabschlussstichtag abweicht, bei denen aber kein Zwischenabschluss erforderlich ist. Schwierigkeiten können auch dann auftreten, wenn ein Zwischenabschluss vorliegt, weil insbesondere die Zuordnung von Steueraufwendungen, Aufwendungen für die Altersversorgung oder Jahresüberschüssen oft nur aufgrund vereinfachender Fiktionen durchgeführt werden kann. Ebenso wie bei der Vereinheitlichung des Ansatzes, der Bewertung und des Ausweises hat ein Mutterunternehmen auch bei der Vereinheitlichung der Abschlussstichtage vielfältige Möglichkeiten, den Inhalt, die Wertansätze und damit die Aussagefähigkeit eines Konzernabschlusses stark zu beeinflussen.

10.5 Währungsumrechnung

Das in § 294 Abs. 1 HGB verankerte Weltabschlussprinzip sieht für inländische Kapitalgesellschaften vor, dass neben dem Mutterunternehmen alle Tochterunternehmen (ohne Rücksicht auf deren Sitz) in den Konzernabschluss einzubeziehen sind. Der Konzernabschluss ist gem. § 298 Abs. 1 i. V. m. § 244 HGB in Euro aufzustellen, wodurch sich ein Zwang zur Umrechnung nicht in Euro aufgestellter Abschlüsse ausländischer Tochterunternehmen ergibt. Da im HGB bislang keine gesetzlichen Regelungen vorhanden sind, besteht grundsätzlich ein **Methodenwahlrecht**. Das Methodenwahlrecht ist aber insoweit konkretisiert, als seit Mai 2004 der DRS 14 vorliegt, der die Währungsumrechnung im Konzernabschluss in Anlehnung an IAS 21 regelt. Zudem muss die Währungsumrechnung den allgemeinen Erfordernissen, die an einen Konzernabschluss zu stellen sind, gerecht werden. Die Umrechnung hat folglich unter Beachtung der übergeordneten Zielsetzungen der Generalnorm und der Einheitstheorie (§ 297 Abs. 1 u. 2 HGB) zu erfolgen. Mit dem BilMoG soll ab 2009 die Währungsumrechnung im Gesetz verbindlich geregelt werden. Konkret wird eine modifizierte Stichtagskursmethode gefordert.

Generell kann bei der Währungsumrechnung ausländischer Konzernunternehmen zwischen zwei Theorien unterschieden werden: die globale und die lokale Theorie.

Zeitbezugs-
methode

Die globale Theorie geht – der Einheitstheorie weitgehend entsprechend – von der Fiktion aus, dass die einbezogenen Unternehmen in einem Wirtschaftsgebiet mit einheitlicher Währung und einheitlicher Rechtsordnung ansässig sind. Demnach wird unterstellt, dass Tochterunternehmen – soweit sie in den Konzern integriert sind – bei jeder Transaktion neben der Erfassung in der nationalen Buchhaltung in Landeswährung auch gleich die Erfassung im Buchhaltungssystem des Konzerns in der Währung durchführen, in der der Konzern seinen Abschluss aufstellt (= Zeitbezugsmethode). Ziel der Umrechnungsmethoden, die diesem Anspruch gerecht werden wollen, ist somit ein umgerechneter Abschluss, der analog zu einem unmittelbar in Euro aufgestellten Abschluss interpretiert werden kann.

Dagegen betont die lokale Theorie die relative Selbstständigkeit der ausländischen Tochterunternehmen, die in eigenen Rechts- und Währungskreisen operieren und damit nicht integrierter Bestandteil der Obergesellschaften sind. Da nur der Fremdwährungsabschluss eine Auskunft über die Vermögens-, Finanz- und Ertragslage des ausländischen Tochterunternehmens geben kann, soll mithilfe der linearen Transformation sichergestellt werden, dass erstens eine Angleichung an die Berichtswährung erfolgt und zweitens die Struktur des ausländischen Abschlusses in den Konzernabschluss übernommen wird. Bei der auf der lokalen Theorie basierenden reinen Stichtagskursmethode werden sämtliche Posten der Aktiv- und Passivseite am Bilanzstichtag mit demselben Mittelkurs umgerechnet. In der erfolgsneutralen Grundform werden auch sämtliche Positionen der Gewinn- und Verlustrechnung mit dem Stichtagskurs umgerechnet, sodass sich die Währungsumrechnung als lineare Transformation des Fremdwährungsabschlusses darstellt. Hierdurch wird sichergestellt, dass die Struktur des Fremdwährungsabschlusses auch im umgerechneten Abschluss beibehalten wird und es zu keinen Verzerrungen der Bilanzkennzahlen des Auslandsunternehmens kommt. Die Einbeziehung des umgerechneten Abschlusses in den Konzernabschluss ist unproblematisch, weil bei dieser Vorgehensweise keine (offensichtlichen) Umrechnungsdifferenzen entstehen.

Zeitbezugs- und Stichtagskursmethode sind nach IFRS und US-GAAP die einzig zulässigen Verfahren zur Umrechnung von in Fremdwährung bilanzierenden Konzerntöchtern und werden auch vom HFA und DSR gefordert. Da es jedoch kaum in jedem Fall möglich ist, alle Unternehmen nach der abbildungssystematisch besser geeignet erscheinenden, aber erheblich aufwendigeren Zeitbezugsmethode umzurechnen, folgen sowohl DRS 14 als auch US-GAAP (SFAS No. 52) und IAS (IAS 21) im Ergebnis dem Prinzip der funktionalen Währung. Als funktionale Währung gilt die Währung, in der das einzubeziehende Unternehmen hauptsächlich seine Geschäftstätigkeit ausübt, sodass eine differenzierte Umrechnung der in den Konzernabschluss einzubeziehenden Tochterunternehmen

Stichtagskursmethode

nach dem Grad ihrer Abhängigkeit erfolgt. Das führt dazu, dass Abschlüsse von Tochterunternehmen im Ergebnis unterschiedlich umgerechnet in den Konzernabschluss eingehen. Hinsichtlich des anzuwendenden Kurses schreibt DRS 14.13 die Umrechnung von Posten in Fremdwährung mit dem zutreffenden Geld- oder Briefkurs vor; ein Mittelkurs darf nur dann zur Anwendung kommen, wenn dadurch das Gesamtbild der wirtschaftlichen Verhältnisse nicht beeinträchtigt wird.

Zeitbezugsmethode

Die Jahresabschlüsse stark abhängiger Tochterunternehmen werden nach der Zeitbezugsmethode umgerechnet. Die unterstellte sofortige Umrechnung der von der ausländischen Tochter durchgeführten Geschäftsvorfälle in die Konzernwährung bedingt einen enormen buchhalterischen Aufwand, weil zum einen in Landeswährung und zum anderen in Konzernwährung zu buchen ist. Zusätzlich besteht das Problem der Folgebewertung, weil der Vermögensgegenstand oder die Verbindlichkeit noch in Fremdwährung vorhanden ist.

Nach den deutschen GoB sind in diesem Fall zusätzlich zur historischen Erfassung der Geschäftsvorfälle am Bilanzstichtag **Niederstwerttests** für die nicht monetären Aktiva der Bilanz gem. § 252 Abs. 1 Nr. 4 HGB und § 253 Abs. 1 HGB vorzunehmen. Im Rahmen des Niederstwertprinzips, das in Abhängigkeit von der Bilanzposition in ein strenges und gemildertes unterteilt werden kann, wird der Betrag der Anschaffungs- oder Herstellungskosten mit dem historischen, zum Zeitpunkt der Transaktion geltenden Kurs multipliziert und mit dem Produkt aus dem Stichtagswert und dem Tageskurs verglichen, wobei der niedrigere angesetzt werden muss bzw. kann. Allerdings sind nach der aktuellen GoB-Auslegung, aufgrund der durch das Imparitätsprinzip bedingten hohen Umrechnungsdifferenzen, Modifikationen der Zeitbezugsmethode vorzunehmen, sodass zumindest monetäre Vermögensgegenstände und Schulden im Sinne von Bewertungseinheiten mit dem Stichtagskurs umzurechnen sind. Hingegen verlangen die IFRS den Niederstwerttest zur Ermittlung des Fair Value explizit nur im Rahmen der Vorratsbewertung und fordern aufgrund der allgemeinen Standards für monetäres Vermögen bzw. Schulden eine Umrechnung zu Stichtags-kursen.

Aus der Systematik der als Bewertungsmethode verstandenen Wäh-rungsumrechnung folgt, dass die Reduzierungen der Wertansätze erfolgswirksam (z. B. als außerplanmäßige Abschreibungen) in der GuV zu erfassen sind, wobei auch latente Steuern zu berücksichtigen sind. Aufgrund des notwendigen Vorhaltens der historischen Werte und der Eruierung der aktuellen Werte kann die Zeitbezugsmethode als sehr arbeitsaufwendig angesehen werden. Hierbei ist aber zu beachten, dass bei Einbindung der ausländischen Unternehmen in das Konzerncontrolling die Daten oft bereits für Führungszwecke vorhanden sind. Zudem werden aus Wirtschaftlichkeitsüberlegun-gen Vereinfachungen für zulässig erachtet, die insbesondere das Vorratsvermögen, das generell zu Tageskursen umgerechnet werden darf, und die GuV, die zu Durchschnittskursen umgerechnet werden kann, betreffen.

Stichtagskursmethode

Die Stichtagskursmethode wird mit dem BilMoG ab 2009 für alle Tochterunternehmen gefordert. Ihr liegt eine lokale Theorie zugrunde, nach der die Tochterunternehmen als relativ selbstständige Konzernteile in einem eigenen, vom Mutterunternehmen isolierten, Währungsraum agieren. Eine Einbeziehung mit der Zeitbezugsme-thode hätte zur Folge, dass die ausländischen Tochterunternehmen, die im Extremfall nur die Dividende in Fremdwährung an die Mutter überweisen und ansonsten sämtliche Kunden-, Lieferanten-, Mitar-beiter- und Fremdkapitalgeberbeziehungen in Landeswährung abwi-ckeln, nur unzureichend abgebildet werden.

Um die Umrechnungsdifferenzen transparent zu machen, besteht eine erste notwendige **Modifikation** der reinen Stichtagskursmetho-de darin, zumindest das Eigenkapital zu historischen Kursen zu bewerten und die aufgelaufenen kumulierten Umrechnungsdiffe-renzen, die nach dieser Methode entsprechend DRS 14.32 erfolgs-neutral zu erfassen sind, separat auszuweisen, wobei latente Steuern zu berücksichtigen sind. Dieser Ausweis der erfolgsneutral verrech-neten Währungsumrechnungsdifferenz im Konzernabschluss muss

Eigenkapital zu historischen Kursen

innerhalb eines Unterpostens des Eigenkapitals erfolgen. Die Veränderung dieses Unterpostens im Zeitverlauf muss im Eigenkapitalspiegel dargestellt werden. Dabei ist dieser Betrag zu trennen, in den Teil, der auf die Aktionäre des Mutterunternehmens entfällt, und in den Teil, der den Minderheitsaktionären zuzurechnen ist. Erst bei Verkauf des ausländischen Tochterunternehmens sind die aufgelaufenen erfolgsneutralen Beträge erfolgswirksam zu verrechnen.

GuV mit Durch-
schnittskursen
Eine weitere notwendige Modifikation besteht darin, die GuV aufgrund des Zeitraumbezuges mit Durchschnittskursen umzurechnen, was auch im Konzernanhang anzugeben ist. Insgesamt stellt die Stichtagskursmethode eine pragmatischere Herangehensweise an das Problem der Währungsumrechnung ausländischer Abschlüsse dar, wobei angesichts der zunehmenden Globalisierung und der volatilen Währungskurse die Größenordnungen der Beeinflussung von Konzernabschlüssen durch die Währungsumrechnung trotz der Einführung des Euro noch erheblich sein können.

Beispiel:

Die generelle Vorgehensweise sowie die Auswirkungen sollen an einem stark vereinfachten Beispiel verdeutlicht werden, wobei auf die Bildung latenter Steuern verzichtet wird.

Die M-GmbH gründet am 01.01.t0 das ausländische Tochterunternehmen AT-Corp. Zu diesem Zeitpunkt ist der Umtauschwert 2 € = 1 Fremdwährungseinheit (FWE), sodass die Eröffnungsbilanzen in FWE und in Euro das folgende Aussehen haben:

Bilanz zum 1.1.t0 in TFWE

SAV	200	Eigenkapital	150
FAV	0	Bankschulden	200
Vorräte	0		
Kasse	150		
	350		350

Bilanz zum 1.1.t0 in T€ (Kurs 2 €/FWE)

SAV	400	Eigenkapital	300
FAV	0	Bankschulden	400
Vorräte	0		
Kasse	300		
	700		700

Zum 31.12.t0 wird der folgende Abschluss (Bilanz und GuV) in FWE vorgelegt, wobei der Kurs zum 31.12.t0 unter Schwankungen auf 2,5 € = 1 FWE gestiegen ist:

Bilanz zum 31.12.t0 in T FWE

SAV	175	Eigenkapital	100
Vorräte	160	Jahresergebnis	50
Kasse	15	Bankschulden	200
	350		350

GuV für das Jahr t0 in T FWE

Herstellungskosten	400	Umsatzerlöse	550
Zinsaufwand	25		
Abschreibungen (SAV)	25		
EE-Steuern	50		
Jahresergebnis	50		
	550		550

Bei der Stichtagskursmethode wird die GuV mit dem Durchschnittskurs von 2,6 €/FWE umgerechnet, wobei das Jahresergebnis jedoch gemäß DRS 14.28 davon auszunehmen ist. Grundsätzlich könnte das Jahresergebnis mit dem Stichtagskurs von 2,5 €/FWE umgerechnet werden, um zu verdeutlichen, welche Beträge für Ausschüttungszwecke zur Verfügung stehen. Es ergäben sich 125.000 €. Nach DRS 14.30 ist das Jahresergebnis aber nicht umzurechnen, sondern aus den umgerechneten Positionen der GuV zu berechnen. Es werden somit die 130.000 € ausgewiesen und in die Bilanz übernommen. Das bedeutet aber, dass die Translationsanpassung im Eigenkapital um den vom Stichtagswert des Jahresergebnisses abweichenden Wert anzupassen ist, damit das erhöhte Jahresergebnis ausgewiesen werden kann. Die Bilanz wird mit Ausnahme des Eigenkapitals und dem aus der GuV übernommenen umgerechneten Jahresergebnis mit dem Stichtagskurs von 2,5 €/FWE umgerechnet. Das Eigenkapital ohne das Jahresergebnis wird mit dem historischen Wert von 2 €/FWE am 31.12.t0 umgerechnet, sodass hieraus im Eigenkapital eine Translationsanpassung von 45.000 € notwendig wird. Hierbei ergeben sich die folgende Bilanz und GuV:

Bilanz zum 31.12.t0 in T€ (Stichtagsk.m.)			
SAV	437,5	Eigenkapital	200,0
Vorräte	400,0	Translationsanp.	45,0
Kasse	37,5	Jahresergebnis	130,0
		Bankschulden	500,0
	875,0		875,0

GuV für das Jahr t0 in T€ (Stichtagskursm.)			
Herstellungskosten	1040	Umsatzerlöse	1430
Zinsaufwand	65		
Abschreibungen (SAV)	65		
EE-Steuern	130		
Jahresergebnis	130		
	1430		1430

Die Stichtagskursmethode führt zu einer rechnungslegungskonzeptionellen Fehldarstellung, weil bestimmte Bilanzierungsstandards – wie etwa zur Bewertung von Vorräten und Sachanlagen – eklatant verletzt werden. Gleichwohl soll diese Methode ab 2009 pflichtgemäß zur Anwendung kommen. Die Wertobergrenze in Höhe der Anschaffungs- und Herstellungskosten wird im Falle steigender Wechselkurse unter Verweis darauf, dass es sich um eine Translation und keine Bewertung handelt, überschritten. Allerdings wird auch noch keine Abbildung zum Fair Value erreicht, weil lediglich die Währungskomponente zeitnah in den Wertansatz einfließt, während die in Landeswährung gebildeten stillen Reserven nicht beachtet werden, weil die einbezogenen Abschlüsse in ausländischer Währung auf den jeweiligen Rechnungslegungskonzeptionen fußen. Somit findet bei der Umrechnung eine Vermengung verschiedener Betrachtungsweisen statt. Aus diesem Grund ist die Stichtagskursmethode für Tochtergesellschaften in Hochinflationsländern nicht dazu geeignet, eine tatsachengetreue Abbildung zu erreichen. Die historischen Anschaffungs- und Herstellungskosten würden ansonsten mit einem aufgrund der hohen Inflation extrem niedrigen Wechselkurs umgerechnet und somit nahe Null ausgewiesen werden. Deshalb ist gemäß IAS 29 (Financial Reporting in Hyperinflationary Economies) vor der eigentlichen Währungsumrechnung eine

Inflationsbereinigung durchzuführen. Nach DRS 14.35 können beide Wege beschritten werden, wobei in DRS 14.37 auf die Möglichkeit zur Verwendung der funktionalen Währung des Mutterunternehmens und in DRS 14.38 auf Indexierungsverfahren verwiesen wird.

Durch die Bewertung zu Stichtagskursen entsteht – wie gezeigt – neben einer eventuellen geringen Differenz in der GuV vor allem durch die Umrechnung der Bilanz eine i. d. R. hohe währungsbedingte Umrechnungsdifferenz, die als Gesamtumrechnungsdifferenz im Eigenkapital aufläuft. Nach einheitlicher Empfehlung der deutschen GoB, den IFRS und auch nach dem Entwurf des BilMoG wird diese Differenz erfolgsneutral im Eigenkapital belassen und die GuV somit nicht durch diesen Umrechnungsvorgang belastet. Als Begründung hierfür könnte angegeben werden, dass durch die relative Selbstständigkeit des Tochterunternehmens letztlich kein Interesse an den einzelnen Vermögensgegenständen und Schulden des Unternehmens, sondern lediglich an den Gewinnbeiträgen besteht. Außerdem wird unter der Going-Concern-Prämisse davon ausgegangen, dass das Tochterunternehmen dauerhaft im Konzern verbleibt und somit temporäre Wechselkursschwankungen aus Bilanzposten für die Erfolgsdarstellung nicht relevant sind. Für die Unternehmensführung, die letztlich die Entscheidung über den Erwerb des ausländischen Tochterunternehmens getroffen hat, bedeutet dieses Vorgehen, dass der abgebildete Erfolg der Investition ohne eventuelle Währungsverluste ausgewiesen wird. So werden beispielsweise Investitionen deutscher Unternehmen in Schwellenländern mit der Intention der Lohnkostensenkung vermeintlich zunächst als Erfolg aufgrund der Entlastung des Personalaufwandes angesehen, obwohl die getätigte Investition durch einen bei diesen Währungen häufig festzustellenden Trend zu fallenden Wechselkursen quasi entwertet wird.

10.6 Konsolidierungsbereiche

Grundlagen

Um die Gesamtabbildung eines Unternehmensverbundes so darstellen zu können, als handele es sich um ein einziges Unternehmen, sind im Anschluss an die Aufbereitung der Einzelabschlüsse die Beziehungen innerhalb eines Konzerns zu eliminieren. Dieser Vorgang wird als **Konsolidierung** bezeichnet und stellt das zentrale Element des Kompensationszweckes der Konzernrechnungslegung dar.[318] Im Einzelnen sind die folgenden Konsolidierungsmaßnahmen notwendig, wobei grundsätzlich zwischen einer Voll- und einer Quotenkonsolidierung zu unterscheiden ist:

- Kapitalkonsolidierung,
- Schuldenkonsolidierung,
- Aufwands- und Ertragskonsolidierung sowie
- Zwischenergebniseliminierung.

Demgegenüber sind assoziierte Unternehmen im Konzernabschluss nach der Equity-Methode zu bewerten.

Zudem ist in vielen Konsolidierungsfällen eine Steuerabgrenzung (d. h. sowohl der Ansatz aktiver als auch passiver latenter Steuern) Pflicht, obwohl der Konzern selbst nicht Gegenstand der Besteuerung ist. Gegenstand der Besteuerung bleiben die einzelnen Unternehmen, abgebildet durch Einzelabschlüsse, und ggf. zusammengefasst zu einer Organschaft.

Kapitalkonsolidierung

Methoden

Eine zutreffende Darstellung der Vermögens-, Finanz- und Ertragslage des Konzerns erfordert, dass Mehrfacherfassungen aufgrund konzerninterner Kapitalverflechtungen beseitigt werden. Deshalb kommt der **Kapitalkonsolidierung**, durch die eine Eliminierung der

---

[318] Vgl. Baetge/Kirsch/Thiele, Konzernbilanzen, S. 35.

konzerninternen Beteiligungsverhältnisse erreicht werden soll, eine zentrale Bedeutung zu.

Zur Vollkonsolidierung des Kapitals sind im HGB aktuell noch **zwei Grundkonzeptionen** verankert, die sich vor allem hinsichtlich der Voraussetzungen der Anwendung und der Behandlung der Rest- und Unterschiedsbeträge unterscheiden.

Der Erwerbsmethode gemäß § 301 HGB liegt die Annahme zugrunde, dass ein Mutterunternehmen beim Erwerb einer Beteiligung nicht nur Anteile am Kapital, sondern auch die Vermögensgegenstände und Schulden des betreffenden Unternehmens erworben hat.

Erwerbsmethode

Die Methode der Interessenzusammenführung gemäß § 302 HGB, bei der ein Mutterunternehmen die Verrechnung der Anteile auf das gezeichnete Kapital des Tochterunternehmens beschränken darf, zielt dagegen auf fusionsähnliche Vorgänge zwischen quasi gleichberechtigten Unternehmen ab, bei denen der Erwerb der Beteiligung an einem anderen Unternehmen nicht durch Kauf, sondern durch Hergabe eigener Aktien erfolgt. Letztere Methode wird in Anlehnung an internationale Entwicklungen mit dem BilMoG aus dem HGB gestrichen.

Methode der Interessenzusammenführung

Derzeit sind im HGB noch **zwei Vorgehensweisen für die Erwerbsmethode** in § 301 Abs. 1 HGB erlaubt: die Buchwertmethode und die Neubewertungsmethode. Letztere ist nach Anwendung des DRS 4 die allein mögliche Variante. Auch das BilMoG schreibt künftig einzig diese an internationalen Standards orientierte Variante vor.[319]

Mithilfe des folgenden Beispiels sollen die **Grundzüge der Kapitalkonsolidierung** aufgezeigt werden:

---

[319] Bei der Buchwertmethode kommt es nur zu einer beteiligungsproportionalen Aufdeckung der stillen Reserven unter Beachtung der Anschaffungskostenobergrenze (§ 301 (1) S. 2 Nr. 1 HGB a. F.). Bei der Neubewertungsmethode werden die stillen Reserven unabhängig von der Beteiligungsquote vollständig aufgedeckt, wobei die Anschaffungskostenrestriktion nicht mehr zu beachten ist. Vgl. Ammann/Müller, Konzernbilanzierung, S. 191–196.

Beispiel:

Das Mutterunternehmen M-AG hält 100 % der Anteile an der T-GmbH. Da § 290 HGB erfüllt ist, hat die M-AG einen Konzernabschluss aufzustellen. Die komprimierten, nach konzerneinheitlichen Ansatz- und Bewertungsvorschriften erstellten Bilanzen der Unternehmen haben zum 31.12.t0 das folgende Aussehen:

Bilanz der M-AG zum 31.12.t0 in Mio. €			
AV	45	EK	40
Bet. TU	35	Verb.	60
UV	20		
	100		100

Bilanz der T-GmbH zum 31.12.t0 in Mio. €			
AV	30	EK	30
UV	30	Verb.	30
	60		60

Im ersten Schritt ist die Bilanz des Tochterunternehmens zum Zeitpunkt des Erwerbs (erste Variante) bzw. zu dem Zeitpunkt, zu dem es zum Tochterunternehmen wurde, (zweite Variante) bzw. zu dem Zeitpunkt, zu dem es erstmals in den Konzernabschluss einbezogen wird, (dritte Variante) **neu zu bewerten**. Die Zeitpunkte sind nach dem BilMoG kein Wahlrecht mehr, wie es in § 301 Abs. 2 HGB a. F. verankert war, sondern als logische Abfolge zu verstehen. Im Normalfall liegt die erste Variante vor. Wenn die Anteile sukzessive erworben wurden, kommt die zweite Variante zur Anwendung. Die letzte Möglichkeit ist dann zu wählen, wenn überhaupt erstmals ein Konzernabschluss erstellt wird bzw. die Tochter in den Vorperioden aufgrund eines Konsolidierungswahlrechts (§ 296 HGB) nicht einbezogen wurde.

Die Neubewertung bezieht sich auf alle angesetzten oder ansatzfähigen Vermögensgegenstände und Schulden. Die Wertänderungen werden erfolgsneutral in das Eigenkapital der Tochter gebucht, wobei latente Steuern zu berücksichtigen sind. Eine Anschaffungskostenobergrenze ist nicht zu beachten. Im Fall der T-GmbH wurde festgestellt, dass im Sachanlagevermögen bei einer Maschine stille Reserven in Höhe von 10 Mio. € enthalten sind. Diese werden in der neubewerteten Bilanz aufgedeckt. Dazu werden auf der Passivseite als Verbindlichkeit passivische latente Steuern in Höhe von 5 Mio. € (unterstellter Steuersatz 50 %) und eine Eigenkapitalerhöhung von 5 Mio. € erfasst.

Die komprimierten Bilanzen der Unternehmen haben nach der Neubewertung zum 31.12.t0 dann das folgende Aussehen:

Bilanz der M-AG zum 31.12.t0 in Mio. €			
AV	45	EK	40
Bet. TU	35	Verb.	60
UV	20		
	100		100

Bilanz der T-GmbH zum 31.12.t0 in Mio. €			
AV	40	EK	35
UV	30	Verb.	35
	70		70

In einem zweiten Schritt sind die jeweiligen Aktiva und Passiva der beiden Unternehmen in einer Summenbilanz zusammenzufassen.

Summenbilanz zum 31.12.t0 in Mio. €			
AV(MU)	45	EK (MU)	40
Bet. TU (MU)	35	EK (TU)	35
AV (TU)	40	Verb. (MU)	60
UV (MU)	20	Verb. (TU)	35
UV (TU)	30		
	170		170

Resultat der Zusammenfassung ist eine aufgeblähte Summenbilanz, in der der Wert des Tochterunternehmens

- durch den aus der Bilanz des Mutterunternehmens übernommenen Beteiligungsbuchwert (Bet. (TU) = 35 Mio. €),
- durch das Eigenkapital des Tochterunternehmens (EK (TU) = 35 Mio. €) und
- durch die in die Summenbilanz übernommenen Vermögensgegenstände und Schulden des Tochterunternehmens (AV (TU) = 40 Mio. €, UV (TU) = 30 Mio. €, Verb. (TU) = 35 Mio. €)

abgebildet wird.

Da der Konzern als fiktive rechtliche Einheit dargestellt werden soll, sind die Tochterunternehmen als unselbstständige Betriebsabteilungen zu betrachten. Im einheitlichen Unternehmen Konzern kann es aber weder Beteiligungen an Betriebsabteilungen geben noch können Beteiligungen selbst Eigenkapital ausweisen. Dementsprechend sind die konzerninternen Beteiligungen gegen die auf diese Beteiligungen entfallenden Beträge des Eigenkapitals der Tochterunternehmen aufzurechnen (= zu konsolidieren), sodass der Wert der Tochterunternehmen in der Konzernbilanz ausschließlich durch deren Vermögensgegenstände und Schulden ausgewiesen wird. Für das Beispiel ergibt sich nach der Aufrechnung der entsprechenden Positionen die folgende Konzernbilanz:

Konzernbilanz zum 31.12.t0 in Mio. €			
AV	85	EK	40
UV	50	Verb.	95
	135		135

Die zentralen Schritte bei der Kapitalkonsolidierung sind somit

- die Neubewertung der Tochter,
- die Bildung der Summenbilanz aus den vereinheitlichten Einzelbilanzen der zu konsolidierenden Unternehmen und
- die Aufrechnung der Beteiligungsbuchwerte aus der Bilanz des Mutterunternehmens mit den anteiligen, dem Mutterunternehmen zuzurechnenden Eigenkapitalbeträgen der Tochterunternehmen.

Neben dieser deckungsgleichen Verrechnung von Beteiligungsbuchwerten und Eigenkapital können sich in der Praxis Variationen bei der Kapitalkonsolidierung ergeben, weil

- der Beteiligungsbuchwert i. d. R. nicht genau dem anteiligen Eigenkapital entspricht, sodass Unterschiedsbeträge entstehen und
- bei der Konsolidierung nicht immer das gesamte Eigenkapital des Tochterunternehmens extrahiert wird, sodass ein Restbetrag in der Konzernbilanz verbleiben kann.

Unterschiedsbeträge

Bei der Aufrechnung des Beteiligungsbuchwertes mit dem neubewerteten Eigenkapital des Tochterunternehmens ist neben dem Fall, dass beide Beträge sich ausgleichen, auch der Fall möglich, dass der Beteiligungsbuchwert größer oder aber kleiner ist als der Wert des Eigenkapitals.

Ein im Vergleich zum neubewerteten Eigenkapital größerer Beteiligungsbuchwert weist darauf hin, dass es aus der Sicht des Käufers im Tochterunternehmen noch mehr Werte als die in der Bilanz ausgewiesenen Werte gibt. Das können z. B. positive Zukunftsaussichten oder erwartete Synergieeffekte sein, die nicht in die Bilanz aufgenommen werden können. Diese Beträge sind nach dem HGB als „**Geschäfts- oder Firmenwert**" unter den immateriellen Vermögensgegenständen des Anlagevermögens zu bilanzieren. Derzeit kann dieser Betrag gemäß § 309 Abs. 1 HGB a. F. noch pauschal über vier Jahre oder über die Nutzungsdauer erfolgswirksam abgeschrieben oder sogar erfolgsneutral mit den Rücklagen verrechnet werden. Nach dem BilMoG ist – wie bereits nach DRS 4 – nur noch die erfolgswirksame Abschreibung über die Nutzungsdauer möglich. Da der Geschäfts- oder Firmenwert mit § 246 Abs. 2 HGB i. d. F. d. BilMoG nun eindeutig zu einem Vermögensgegenstand erklärt wird, ist jedes Jahr zusätzlich zur planmäßigen Abschreibung auch ein möglicher außerplanmäßiger Abschreibungsbedarf zu prüfen. Als einziger Unterschied zu einem üblichen Vermögensgegenstand wird für den Geschäfts- oder Firmenwert ein Zuschreibungsverbot verankert, weil ansonsten die Gefahr bestehen würde, auch originäre Vermögensanteile zu aktivieren. Nach DRS 4 besteht – entgegen internationalen Vorschriften (IFRS und US-GAAP) – eine Zuschreibungspflicht.

Ein Beteiligungsbuchwert, der kleiner als das neubewertete Eigenkapital ist, kommt in der Praxis weitaus seltener vor. Letztlich bedeutet er, dass das dem Vorsichtsprinzip verpflichtete HGB einen überhöhten Wert ausweist, den ein Käufer nicht bereit ist, für das Unternehmen zu bezahlen. Denkbar ist einerseits, dass der Käufer geschickt verhandelt hat und die Tochter „unter Wert" erwerben konnte (d. h. eine günstige Kaufgelegenheit). Andererseits können auch negative Zukunftsaussichten, die aber noch nicht zu Rückstellungen oder zu Abschreibungen in der Bilanz führten, zu einem geringeren Preis führen. Diese Beträge sind unter der Position „passivischer Unterschiedsbetrag aus der Kapitalkonsolidierung" zwischen dem Konzerneigen- und -fremdkapital aufzuführen und erst aufzulösen, wenn er realisiert ist.

Minderheitenanteile

Die Konsolidierung von Tochterunternehmen ist eine Vollkonsolidierung. Die gesamten Vermögensgegenstände und Schulden sind also in voller (neu bewerteter) Höhe in die Konzernbilanz zu übernehmen. Sofern keine 100%-ige Beteiligung vorliegt, entfällt jedoch ein Teil des Eigenkapitals des Tochterunternehmens auf andere Eigentümer. Der auf Konzernfremde fallende Teil des Eigenkapitals wird in der Konzernbilanz als Anteile anderer Gesellschafter gekennzeichnet und als Unterposition des Konzerneigenkapitals neben den Eigenkapitalanteilen der Eigentümer der Konzernmutter gesondert ausgewiesen und fortgeführt. Letzteres bedingt, dass auch das Konzernjahresergebnis aufgeteilt werden muss, in einen Anteil, der den Eigentümern der Konzernmutter zuzurechnen ist, und in einen Anteil, der auf die Minderheitsanteilseigner entfällt.

Beispiel: Minderheitsanteile und Unterschiedsbetrag

In Abwandlung des Eingangsbeispiels liegen die folgenden (bei der Tochter neu bewerteten) angepassten Bilanzen vor; der Anteil der M-AG an der T-GmbH beträgt aber nur 60 %.

Bilanz der M-AG zum 31.12.t0 in Mio. €			
AV	45	EK	40
Bet. TU	35	Verb.	60
UV	20		
	100		100

Bilanz der T-GmbH (NB) zum 31.12.t0 in Mio. €			
AV	40	EK	35
UV	30	Verb.	35
	70		70

Damit ist zunächst auch die Summenbilanz identisch:

Summenbilanz zum 31.12.t0 in Mio. €			
AV(MU)	45	EK (MU)	40
Bet. TU (MU)	35	EK (TU)	35
AV (TU)	40	Verb. (MU)	60
UV (MU)	20	Verb. (TU)	35
UV (TU)	30		
	170		170

Jetzt erfolgt die Aufrechnung des Beteiligungsbuchwertes von 35 Mio. € mit dem anteiligen neu bewerteten Eigenkapital der Tochter (35 x 60 % = 21 Mio. €). Es entsteht ein aktivischer Unterschiedsbetrag von 14 Mio. €, der als Geschäfts- oder Firmenwert auszuweisen ist.

Die verbleibenden 40 % des Eigenkapitals der T-GmbH sind in die Position „Anteile anderer Gesellschafter" umzubuchen. Es sind in diesem

Beispiel ebenfalls 14 Mio. €, sodass sich nach der Aufrechnung der entsprechenden Positionen die folgende Konzernbilanz ergibt:

Konzernbilanz zum 31.12.t0 in Mio. €			
AV	85	EK	40
Geschäfts- oder Firmenwert	14	Anteile and. Gesellschafter	14
UV	50	Verb.	95
	149		149

Folgekonsolidierung

Da der Konzernabschluss durch die Konsolidierung jedes Jahr neu entsteht und es keinen in sich geschlossenen Buchungskreislauf gibt, ist in den Folgejahren immer die Erstkonsolidierung mit exakt den damaligen Werten zu wiederholen. So ist stets die zum Erwerbszeitpunkt erfolgte Neubewertung, die Aufrechnung von Beteiligungsbuchwert und anteiligem Eigenkapital, die Zuordnung des Unterschiedsbetrags und der Ausweis der Minderheitsanteilseigener vorzunehmen. In den Folgejahren werden die entstandenen Unterschiede dann unter Berücksichtigung von Abschreibungen fortgeschrieben. Für die im Rahmen der Neubewertung aufgedeckten stillen Reserven und stillen Lasten gilt, dass sie das Schicksal der Position teilen, der sie zugeordnet wurden. So sind etwa in der Neubewertungsbilanz vorgenommene Werterhöhungen bei Grundstücken nicht planmäßig zu reduzieren, während Werterhöhungen bei Maschinen über die verbleibende Restnutzungsdauer der Maschine erfolgswirksam mit dem Konzernjahresergebnis verrechnet werden. Höher angesetzte Rückstellungen sind dann aufzulösen, wenn die Erfüllung erfolgt ist. Darüber hinaus ist auch ein Geschäfts- oder Firmenwert gemäß den handelsrechtlichen Vorschriften fortzuschreiben und die Realisation des passivischen Unterschiedsbetrages zu überwachen.

Aus diesen Anforderungen resultiert die Notwendigkeit einer Konzernbilanzierung als „Nebenbuchhaltung", die zusätzlich zu den Abschlüssen der einzubeziehenden Unternehmen für die Konsolidierung hinzuzuziehen ist, um auch in den Folgejahren einen rechtsnormgemäßen Konzernabschluss erstellen zu können.

Beispiel: Folgekonsolidierung

In Fortführung des Beispiels „Minderheitenanteile und Unterschieds-betrag" liegen die folgenden angepassten Bilanzen für das Jahr t1 vor; der Anteil der M-AG an der T-GmbH beträgt weiterhin 60 %.

Bilanz der M-AG zum 31.12.t1 in Mio. €			
AV	45	EK	40
Bet. TU	35	JE	10
		Verb.	60
UV	30		
	110		110

Bilanz der T-GmbH zum 31.12.t1 in Mio. €			
AV	30	EK	30
UV	40	JE	10
		Verb.	30
	70		70

Im ersten Schritt ist die Neubewertung zu wiederholen. Folglich sind die stillen Reserven in Höhe von 10 Mio. € bei der Tochter wieder auf-zulösen.

Bilanz der M-AG zum 31.12.t1 in Mio. €			
AV	45	EK	40
Bet. TU	35	JE	10
		Verb.	60
UV	30		
	110		110

Bilanz der T-GmbH) zum 31.12.t1 in Mio. €			
AV	40	EK	35
UV	40	JE	10
		Verb.	35
	80		80

Dann kann die Summenbilanz erstellt werden:

Summenbilanz zum 31.12.t1 in Mio. €			
AV (MU)	45	EK MU)	40
Bet. TU (MU)	35	EK (TU)	35
AV (TU)	40	JE (MU+TU)	20
UV MU)	30	Verb. (MU)	60
UV (TU)	40	Verb. (TU)	35
	190		190

Im nächsten Schritt sind auch die Aufrechnung des Beteiligungsbuchwertes von 35 Mio. € mit dem anteiligen neu bewerteten Eigenkapital der Tochter (35 x 60 % = 21 Mio. €) und die Zuordnung des Geschäfts- oder Firmenwerts von 14 Mio. € zu wiederholen. Auch die Position „Anteile anderer Gesellschafter" ist zunächst mit 14 Mio. € zu bebuchen.

In einem weiteren Schritt ist dann aber über die Auflösung der stillen Reserven und des Unterschiedsbetrags nachzudenken. Die Auflösung der stille Reserven wurde bei einer Maschine vorgenommen, deren angenommene Restnutzungsdauer bei 5 Jahren liegt. Somit sind im Konzernabschluss 2 Mio. € an Abschreibungen zu berücksichtigen. Ihnen stehen aber auch 1 Mio. € aus der Auflösung der passiven latenten Steuern gegenüber, sodass nur der verbleibende Betrag zu 60 % = 0,6 Mio. € den Anteilseignern der Mutter und zu 40 % = 0,4 Mio. € den Anteilen anderer Gesellschafter zuzurechnen ist. Darüber hinaus ist auch der Geschäfts- oder Firmenwert auf die Nutzungsdauer zu verteilen. Es wird hier angenommen, die Nutzungsdauer betrage 14 Jahre, sodass Abschreibungen in Höhe von 1 Mio. € bei den Anteilseignern des Mutterunternehmens zu verbuchen sind, wobei analog zur Erstkonsolidierung keine latenten Steuern zu berücksichtigen sind. Die Anteile anderer Gesellschafter sind bei diesem Vorgang nicht betroffen, weil der Geschäfts- oder Firmenwert nach dem HGB nur aus der Sicht des Mutterunternehmens berechnet wird.

Es ergibt sich somit folgende Konzernbilanz:

Konzernbilanz zum 31.12.t1 in Mio. €			
AV	83	EK	40
		JE (Konzern)	18
		- davon A.a.G.	3,6
Geschäfts- oder Firmenwert	13	Anteile and. Gesellschafter	14
UV	50	Verb.	94
	166		166

Besonderheiten bei Gemeinschaftsunternehmen (Quotenkonsolidierung)

Für **Gemeinschaftsunternehmen** besteht gemäß § 310 HGB ein Wahlrecht, sie im Rahmen der Quotenkonsolidierung zu berücksichtigen oder at Equity zu bewerten. Im Gegensatz zur Vollkonsolidierung werden im Rahmen der Quotenkonsolidierung alle Jahresabschlusspositionen des Gemeinschaftsunternehmens quotal, d. h. lediglich entsprechend der Beteiligungsquote, in den Konzernabschluss aufgenommen, sodass im konsolidierten Abschluss nur die anteiligen Jahresabschlussposten enthalten sind. Das führt dazu, dass gemäß § 310 Abs. 2 HGB i. V. m. § 304 HGB die Zwischenergebniseliminierung auch nur in Höhe des eigenen Anteils am Gemeinschaftsunternehmen durchgeführt werden muss.

Auch wenn die anteilige Einbeziehung die beschränkte Verfügungsmacht des Konzerns zum Ausdruck bringen soll, entspricht diese Abbildung nicht der tatsächlichen Rechtslage, weil unter anderem keine selbstständige Verwertbarkeit der Vermögenswerte gegeben ist. Die Aussagefähigkeit des Konzernabschlusses kann durch die Vermischung von voll- und quotal-konsolidierten Daten beeinträchtigt werden. Die Lage des Konzerns wird dadurch nicht richtig wiedergegeben. Die Quotenkonsolidierung verstößt konzeptionell gegen die Einheitstheorie. Sie ist der Interessentheorie zuzurechnen, bei der der Konzernabschluss als erweiterter Abschluss des Mutterunternehmens zu verstehen ist. Als kritisch wird auch erachtet, dass die konzerninternen Beziehungen und Geschäftsvorfälle nur anteilsmäßig eliminiert werden.

Ein Vorteil der Quotenkonsolidierung ist die umfassende Darstellung des wirtschaftlichen Handelns des Konzerns. Das Gemeinschaftsunternehmen gehört zwar nicht zur wirtschaftlichen Einheit, aber das daran beteiligte Konzernunternehmen beeinflusst die Geschäftsführung aktiv und ist an den Gewinnen und Verlusten operativ beteiligt. Eine unzulässige Erweiterung des Vollkonsolidierungskreises durch ein Partnerschaftsunternehmen erfolgt dadurch jedoch nicht. Außerdem ist zu vermuten, dass die Auswirkungen der Quotenkonsolidierung auf die externe Rechnungslegung des Gesamtkonzerns zu einer intensiveren Betreuung des Rechnungswesens des Gemeinschaftsunternehmens führen.

Als Resultat auf die Kritik an der Quotenkonsolidierung hat der DSR zusätzliche Anhangsangaben gefordert. Zu nennen sind die Summen der kurzfristigen Vermögenswerte, der langfristigen Vermögenswerte, der kurzfristigen Schulden, der langfristigen Schulden sowie der Aufwendungen und Erträge, die aus einbezogenen Gemeinschaftsunternehmen resultieren. Außerdem ist eine gesonderte

Angabe der nicht bilanzierten finanziellen Verpflichtungen im Zusammenhang mit dem Gemeinschaftsunternehmen notwendig (DRS 9.25).

Besonderheiten bei assoziierten Unternehmen (Equity-Bewertung)

Nach § 312 HGB sind Beteiligungen an assoziierten Unternehmen auf der Basis der Equity-Bewertung einzubeziehen. Im Gegensatz zur Quotenkonsolidierung handelt es sich bei der **Equity-Methode** um keine Konsolidierung. Es erfolgt eine Bewertung der Beteiligung, die sich an der Entwicklung des erworbenen anteiligen Eigenkapitals der Beteiligungsgesellschaft orientiert und somit als modifizierte Zeitwertbilanzierung hinsichtlich des Eigenkapitalwertes der Beteiligungsgesellschaft zu verstehen ist. Nach DRS 8 ist bei der Equity-Bewertung die Buchwertmethode gemäß § 312 Abs. 1 S. 1 Nr. 1 HGB anzuwenden, wonach die Differenz zwischen dem Buchwert der Beteiligung und dem anteiligen, zu Stichtagszeitwerten bewerteten Nettovermögen nicht wie bei der Kapitalanteilsmethode als Goodwill zu bilanzieren ist (Nr. 2), sondern in der Position „Beteiligungen an assoziierten Unternehmen" verbleibt und lediglich bei erstmaliger Anwendung anzugeben ist. Die Buchwertmethode ist ab 2009 im Zuge des BilMoG einzig zulässig.

Um eine tatsachengetreuere Bewertung der Beteiligung zu gewährleisten, ist der **Beteiligungsansatz** in den Folgejahren um das anteilige adaptierte Jahresergebnis des assoziierten Unternehmens und um erhaltene Dividendenzahlungen sowie Anpassungen aufgrund erfolgsneutraler Eigenkapitaländerungen **fortzuschreiben**. Das anteilige Jahresergebnis wird in einer Nebenrechnung vermindert, um die erhöhten Abschreibungen auf die im Zuge der Erstkonsolidierung aufgedeckten stillen Reserven bzw. Lasten sowie um Abschreibungen auf den Goodwill. Die hieraus resultierenden Wertänderungen beeinflussen die Fortschreibung des auszuweisenden Equity-Ansatzes. **Dauerhafte Wertminderungen** sind durch **außerplanmäßige Abschreibungen** zu berücksichtigen. Sofern der Abschreibungsgrund zu einem späteren Zeitpunkt entfällt, besteht eine Zuschreibungspflicht. Während die Wertentwicklung des anteiligen Eigenkapitals im Zeitablauf fortgeschrieben wird, bleibt die Entwicklung des tatsächlichen Unternehmenswertes unberücksichtigt. Aufgrund der Nichtberücksichtigung dieser Wertsteigerungen entstehen im Laufe der Zeit zwangsläufig wieder Abbildungsverzerrungen. Hinsichtlich der Bewertung des Eigenkapitals ist nach HGB eine Anpassung an die konzerneinheitlich genutzten Ansatz- und Bewertungsmethoden nicht zwingend vorzunehmen, weil in § 312 Abs. 5 HGB ein Wahlrecht zur Vereinheitlichung offeriert wird. Diese einfachere Herangehensweise spiegelt sich auch in der Behandlung von Zwischenergebnissen wider, bei der eine Eliminierung auch nur vorzunehmen ist, wenn die maßgeblichen Sachverhalte bekannt und zugänglich sind.

Die Equity-Methode erfordert gegenüber der Quotenkonsolidierung einen wesentlich geringeren Konsolidierungsaufwand aufgrund des Fehlens der Schulden- sowie Aufwands- und Ertragskonsolidierung. Es wird aber auch nur ein Nettoausweis in der Konzernbilanz erreicht. Das **Wahlrecht der quotalen Einbeziehung von Gemeinschaftsunternehmen** eröffnet abschlusspolitisches Potenzial, weil durch die Equity-Methode trotz gleichem Eigenkapital in den Konzernbilanzen eine höhere Eigenkapitalquote erreicht wird. Der Grund hierfür ist, dass in die Berechnung eine geringere Konzernbilanzsumme eingeht, weil eine Übernahme der Vermögensgegenstände und Schulden unterbleibt. Um informatorischen Einschränkungen vorzubeugen, fordert der DRS 8.49 für wesentliche assoziierte Unternehmen eine zusammengefasste Bilanz und GuV im Konzernanhang.

Schuldenkonsolidierung

Theoretisch weniger komplex, dafür in der Praxis umso aufwendiger, sind die Schulden-, Aufwands- und Ertragskonsolidierung und die Zwischenergebniseliminierung, die jeweils aus der Fiktion des Konzerns als einer Einheit abgeleitet werden können. Konkret sind gemäß § 303 Abs. 1 HGB Ausleihungen und andere Forderungen, Rückstellungen und Verbindlichkeiten zwischen den in den Konzernabschluss einbezogenen Unternehmen sowie entsprechende Rechnungsabgrenzungsposten durch eine **Schuldenkonsolidierung** zu neutralisieren.

Zusätzlich sind gemäß § 298 Abs. 1 HGB i. V. m. § 251 HGB sowohl die unter der Bilanz zu nennenden Eventualverbindlichkeiten und Haftungsverhältnisse als auch der gemäß § 314 Abs. 1 Nr. 2 HGB im Konzernanhang anzugebende Gesamtbetrag der sonstigen finanziellen Verpflichtungen Gegenstände der Schuldenkonsolidierung – vorausgesetzt sie resultieren aus konzerninternen Beziehungen.

Die Aufrechnung der Positionen ist problemlos, solange sich die korrespondierenden Forderungen und Schulden in gleicher Höhe gegenüberstehen. Diese Positionen sind entsprechend der gesetzlichen Formulierung des § 303 Abs. 1 HGB einfach wegzulassen. Dabei spielt die Beteiligungshöhe bei der Vollkonsolidierung keine Rolle, sodass auch bei der Existenz von Minderheiten innerkonzernliche Schuldverhältnisse zu 100 % zu eliminieren sind. Stehen sich die jeweiligen Positionen nicht in gleicher Höhe gegenüber, kommt es zu **Aufrechnungsdifferenzen**, die entweder auf Buchungsfehlern, zeitlichen Verbuchungsunterschieden oder auf unterschiedlichen Ansatz- und Bewertungsgrundsätzen basieren.

Erstere werden als **unechte Differenzen** bezeichnet und sind in Abhängigkeit von der Art des einzelnen Geschäftsvorfalls durch eine entsprechende erfolgswirksame oder -neutrale Nachbuchung zu korrigieren.

Unterschiedliche Ansatz- und Bewertungsgrundsätze für Aktiva und Passiva (**echte Aufrechnungsdifferenzen**) resultieren unter anderem daraus, dass für eine konzerninterne Forderung aufgrund des für die Aktivseite gültigen Niederstwertprinzips beim Vorhandensein entsprechender Gründe eine Abschreibung vorzunehmen ist, während das für die Passiva gültige Höchstwertprinzip dazu führt, dass die Verbindlichkeit in ihrer Ursprungshöhe bestehen bleibt. Durch die Einschränkung, die das BilMoG vorsieht, werden diese Sachverhalte zukünftig weniger Gewicht haben. Ein weiteres Beispiel stellt die bei einem Unternehmen gebildete Rückstellung für ungewisse Verbindlichkeiten gegenüber einem in den Konsolidierungskreis einbezogenen Unternehmen dar, die bei diesem Unternehmen nicht als ungewisse Forderung bilanziert werden darf.

> **Beispiel:**
>
> Beim Entladen des Lastwagens der L-GmbH am letzen Arbeitstag vor
> Silvester verletzt ein Gabelstaplerfahrer der A-GmbH den Mitarbeiter
> der L-GmbH, sodass er mehrere Tage ausfällt, und beschädigt Lastwa-
> gen und Ladung. Beide Unternehmen gehören zum K-Konzern. Im
> Jahresabschluss der A-GmbH muss für die zu erwartende Schadenser-
> satzleistung eine Rückstellung aufwandswirksam gebucht werden. Bei
> der L-GmbH kann aber noch keine entsprechende Forderung einge-
> bucht werden, weil die Verpflichtung noch nicht als realisiert anzuse-
> hen ist. Im Konzernabschluss ist keine Rückstellung zu bilden, weil der
> Schaden über die GuV der A-GmbH in den Konzernabschluss einfließt.

Die Verrechnung echter Aufrechnungsdifferenzen erfolgt erfolgswirksam in der Gewinn- und Verlustrechnung, womit die im Geschäftsjahr erstmalig zu hoch oder zu niedrig angefallenen Positionen ausgeglichen werden. Da es sich generell um temporäre Effekte
handelt, sind bei diesen erfolgswirksamen Korrekturen die latenten
Steuern gemäß § 306 HGB zu beachten.

Zwischenergebniseliminierung

Im Hinblick auf die Behandlung von Gewinnen und Verlusten stellen die für den Einzelabschluss anzuwendenden Vorschriften die
rechtliche Basis für den Konzernabschluss dar. Aus Sicht der Einheitstheorie gelten Gewinne und Verluste im Konzern jedoch erst
dann als realisiert, wenn sie aus Geschäften mit Unternehmen außerhalb des Konsolidierungskreises resultieren. Das hat zur Konsequenz, dass die in den Einzelabschlüssen bzw. Handelsbilanzen II
ausgewiesenen Ergebnisanteile aus konzerninternen Geschäften
eliminiert werden müssen. Während die Berichtigung des Wertes
von Vermögensgegenständen und des entsprechenden Ergebnisses
in der Bilanz Aufgabe der Zwischenergebniseliminierung gem. § 304
HGB ist, erfolgt die Berichtigung des Ergebnisses der Gewinn- und
Verlustrechnung, um die positiven bzw. negativen Erfolgsbeiträge
aus konzerninternen Transaktionen im Rahmen der Aufwands- und
Ertragskonsolidierung gem. § 305 HGB zu eliminieren.

Für die **Zwischenergebniseliminierung** schreibt § 304 Abs. 1 HGB
vor, dass in den Konzernabschluss zu übernehmende Vermögensge-

genstände, die ganz oder teilweise auf konzerninternen Lieferungen oder Leistungen beruhen, in der Konzernbilanz mit einem Betrag anzusetzen sind, den der Konzern als fiktives rechtlich selbstständiges Unternehmen dafür ansetzen könnte. Ein **Zwischenergebnis** ist deshalb die Differenz zwischen dem Wertansatz eines konzernintern gelieferten Vermögensgegenstandes im Einzelabschluss (HB II) eines einbezogenen Konzernunternehmens und dem Wert, der diesem Gegenstand aus Konzernsicht gemäß der Einheitstheorie zukommt.

Beispiel:

Die Tochterunternehmung liefert unfertige Erzeugnisse für 800.000 € an die Mutterunternehmung, die die Erzeugnisse für weitere 200.000 € Herstellungskosten fertig stellt und im folgenden Jahr verkaufen will. Deshalb sind sie in der Bilanz im Vorratsvermögen mit 1 Mio. € ausgewiesen.

Aus der Sicht des Konzerns darf aber nur ein Ansatz zu den Herstellungskosten erfolgen. Dieser Grundsatz wurde verletzt, weil die Tochterunternehmung in ihren Verkaufspreis auch Vertriebskosten und Gewinne (je 50.000 €) einbezogen hat (und auch steuerrechtlich einbeziehen musste). Diese 100.000 € sind auch Sicht des Konzerns aber nicht ansatzfähig und deshalb als Zwischenergebnis zu eliminieren. Damit kommt es in der Konzernbilanz zu einem Ausweis von fertigen Erzeugnissen in Höhe von 900.000 € und einem verminderten Gewinn, der zudem um latente Steuern zu korrigieren ist.

Geht man von der Annahme aus, dass die in früheren Perioden eliminierten Zwischengewinne aus Konzernsicht in der Folgezeit realisiert werden, gleichen sich die in den Einzelabschlüssen und im Konzernabschluss ausgewiesenen Gewinne auf lange Sicht wieder aus. In diesen Fällen ist die Eliminierung der Zwischenergebnisse ein reines Periodisierungsproblem, was wiederum die Beachtung latenter Steuern notwendig macht.

Die erste Voraussetzung für eine Zwischenergebniseliminierung ist, dass aus Innenumsätzen stammende Vermögensgegenstände des Anlage- und/oder Umlaufvermögens, die sich am Konzernbilanzstichtag noch innerhalb eines in den Konzernabschluss einbezogenen Unternehmens befinden, im Abschluss des Konzerns aktivierungsfähig sind. Zweitens muss eine Differenz zwischen den in der

Bilanz bzw. Handelsbilanz II des Einzelunternehmens angesetzten oder fortgeführten Anschaffungs- und Herstellungskosten und den entsprechenden Konzernanschaffungs- und Konzernherstellungskosten bestehen.

Zur Erleichterung hat der Gesetzgeber jedoch die Wesentlichkeit als Kriterium für ein Wahlrecht formuliert. Die Zwischenergebniseliminierung darf unterbleiben, wenn die Behandlung der Zwischenergebnisse für die Vermittlung eines den tatsächlichen Verhältnissen entsprechenden Bildes der Erfolgs-, Finanz- und Ertragslage nur von untergeordneter Bedeutung ist. Gleichwohl stellt sie für integriert arbeitende Konzerne aufgrund der Fülle an konzerninternen Geschäften eine hohe Belastung dar.

Aufwands- und Ertragskonsolidierung

Die Darstellung des Konzerns als ein fiktives einheitliches Unternehmen erfordert neben den bisher beschriebenen Konsolidierungen die Eliminierung aller konzerninternen Vorgänge, die sich in den Gewinn- und Verlustrechnungen einbezogener Unternehmen niedergeschlagen haben, sodass im Konzernabschluss nur die Auswirkungen aus Geschäften mit nicht in den Konsolidierungskreis einbezogenen Unternehmen und konzernfremden Dritten erscheinen. Deshalb sind konzerninterne Aufwendungen und korrespondierende Erträge nach der Addition der Gewinn- und Verlustrechnungen der einbezogenen Unternehmen zu saldieren, was dazu führt, dass sich auch der gesamte Jahresüberschuss/-fehlbetrag ändert. Außerdem müssen Umgliederungen von Positionen erfolgen, die aus Sicht des Konzerns im Vergleich zum Einzelabschluss einen anderen Charakter haben. Nach der Eliminierung und Umgliederung müssen sich die verbleibenden Aufwendungen und Erträge grundsätzlich so darstellen, als wären die einbezogenen Unternehmen ein einziges.

Eine vollständige **Konsolidierung der Aufwendungen und Erträge** setzt voraus, dass unter Beachtung der Besonderheiten des Gesamt- bzw. Umsatzkostenverfahrens grundsätzlich alle Umsatzerlöse und anderen Erträge aus Lieferungen und Leistungen mit den korrespondierenden Aufwendungen beim empfangenden Unternehmen saldiert werden, nachdem eine evtl. notwendige Zwischenergebnis-eliminierung vorgenommen wurde. Zudem ist eine Konsolidierung von innerkonzernlichen Ergebnisübernahmen durchzuführen, die vom Verfahren der Gewinn- und Verlustrechnung unabhängig ist. Durch die Aufwands- und Ertragskonsolidierung wird eine Vielzahl unterschiedlicher konzerninterner Geschäftsvorfälle angesprochen, deren Erfassung und Umgliederung vor allem davon abhängt, ob im Konsolidierungskreis sowohl das Gesamt- als auch das Umsatzkostenverfahren anzutreffen sind und welches Verfahren für den Konzernabschluss gewählt wird. Bei der Erstellung des Summenabschlusses ist zu gewährleisten, dass die jeweiligen Gewinn- und Verlustrechnungen der zu konsolidierenden Unternehmen in ein einheitliches Verfahren übergeleitet werden, was beim Vorhandensein beider Verfahren mit erheblichem Arbeitsaufwand verbunden ist. Deshalb sollte konzernweit die Methode angewendet werden, die in den meisten bzw. wichtigsten einbezogenen Unternehmen vorzufinden ist.

In Analogie zu anderen Konsolidierungsbereichen gilt auch für die Aufwands- und Ertragskonsolidierung gem. § 305 Abs. 2 HGB der Grundsatz der Wesentlichkeit.

Steuerabgrenzung

Obwohl der Konzernabschluss nicht Steuerbemessungsgrundlage ist, sind aufgrund der Konsolidierung wie gezeigt zusätzlich **latente Steuern** zu berücksichtigen, weil die eliminierten Zwischengewinne bzw. -verluste von den Einzelgesellschaften bereits versteuert wurden und die Konzernabbildung ansonsten verzerrt wäre. Gemäß DRS 10 wurde für die Konzernrechnungslegung das Konzept der latenten Steuern dahingehend geändert, dass nunmehr alle Bilanzpositionen auf Unterschiede zwischen der handels- und steuerrechtlichen Bilanzierung untersucht werden müssen.[320] Wenn sich diese später sicher wieder ausgleichen bzw. ausgleichen könnten, ist für aus der Konsolidierung stammende Unterschiede eine aktive (= spätere Steuererstattungsansprüche) bzw. passivische (= spätere

---

[320] Vgl. Kapitel 8.4.

Steuernachzahlungen) latente Steuer gemäß § 306 HGB anzusetzen. Dabei ist zu beachten, dass diese Verpflichtung sich nur auf Differenzen bezieht, die aus der Konsolidierung entstanden sind. Für alle übrigen Möglichkeiten (insbesondere für die gem. § 308 HGB notwendigen Umbewertungen) gilt zunächst noch das Wahlrecht zur Aktivierung der latenten Steuern aus § 274 HGB a. F. Allerdings sieht der DRS 10 eine derartige einseitige Abbildung nur der passivischen latenten Steuern nicht vor und auch das BilMoG streicht das Aktivierungswahlrecht durch die Neufassung des § 274 HGB ab 2009.

10.7 Aufgaben und Lösungen

Aufgaben

Aufgabe 1: Bestimmung Konsolidierungskreis

Welche Konzernabschlüsse müssten im folgenden Verbundsystem erstellt werden? Es liegen keine Befreiungsgründe vor.

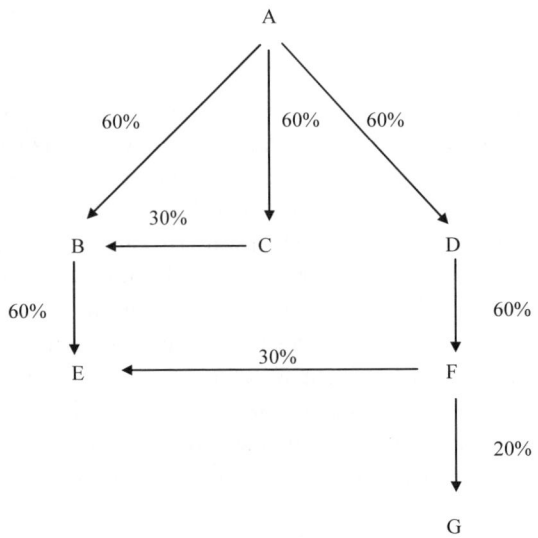

Aufgabe 2: Konzernabschluss

Die Cash AG erwirbt zum 01.02.t1 zu einem Kaufpreis von 200 Mio. €
80 % der Anteile an der Carry GmbH. Es bestehen keine weiteren Lie-
ferungs-, Leistungs- und Finanzbeziehungen. Vernachlässigen Sie e-
ventuelle Steuerwirkungen.

Die beiden Unternehmen haben zum 31.12.t1 die folgenden Bilanzen
aufgestellt (Beträge in Mio. €):

Cash AG (Mutterunternehmen)
Bilanz zum 31.12.t1

AKTIVA			PASSIVA
Anteile an verb.Unternehmen	200	Gezeichnetes Kapital	150
Anlagevermögen	400	Rückstellungen	250
Umlaufvermögen	200	Verbindlichkeiten	400
Bilanzsumme	800	Bilanzsumme	800

Carry GmbH (Tochterunternehmen)
Bilanz zum 31.12.t1

AKTIVA			PASSIVA
Anlagevermögen*	150	Gezeichnetes Kapital	100
Umlaufvermögen	200	Rückstellungen	70
		Verbindlichkeiten	180
Bilanzsumme	350	Bilanzsumme	350

*Das Anlagevermögen der Carry GmbH hat aktuell einen Wert von 200 Mio. €.

Führen Sie die Konzernbilanzierung nach der Neubewertungsmethode
durch und erstellen Sie hierfür

1. die Handelsbilanz II der Carry GmbH,
2. die Summenbilanz sowie
3. die Konzernbilanz zum 31.12.t1.

Die Carry GmbH ist nach den Vorschriften über die Vollkonsolidierung
zu behandeln. Der entstehende Unterschiedsbetrag soll seinem Charakter entsprechend aktiviert oder passiviert werden.

Lösungen

Lösung zu Aufgabe 1

Aufzustellen sind die Konzernabschlüsse von A mit den Töchtern B, C, D, E und F. G wäre ggf. als assoziiertes Unternehmen einzubeziehen.

B hat einen Konzernabschluss mit Tochter E aufzustellen.

D hat einen Konzernabschluss mit Tochter F auszustellen, E und G wären ggf. als assoziierte Unternehmen einzubeziehen.

C, E, F und G gelten nicht als Mutterunternehmen.

Lösung zu Aufgabe 2

1. Aufstellen der HB II des Tochterunternehmens (TU)

AKTIVA			PASSIVA
Anlagevermögen*	200	Gezeichnetes Kapital	100
Umlaufvermögen	200	Gewinnrücklagen*	50
		Rückstellungen	70
		Verbindlichkeiten	180
Bilanzsumme	400	Bilanzsumme	400

* Im Anlagevermögen wurden die stillen Reserven in Höhe von 50 (Differenz zwischen Bilanzwert 150 und aktuellem Wert 200) aufgedeckt. Auf der Passivseite wurden sie in den Gewinnrücklagen erfasst.

2. Aufstellen der Summenbilanz

⇨ hierbei werden die Bilanzpositionen der Mutterbilanz und der HB II des TU aufaddiert.

AKTIVA			PASSIVA
Anteile an verb. UN	200	Gezeichnetes Kapital	250
Anlagevermögen	600	Gewinnrücklagen	50
Umlaufvermögen	400	Rückstellungen	320
		Verbindlichkeiten	580
Bilanzsumme	1.200	Bilanzsumme	1.200

3. Aufstellen der Konzernbilanz

a) Ermittlung des Geschäfts-/Firmenwertes (GFW) und der Anteile anderer Gesellschafter

Eigenkapital der Carry GmbH:

Gezeichnetes Kapital	100
+ Rücklagen	50
Eigenkapital	**150**

Geschäfts-/Firmenwert:

Kaufpreis		200
Anteiliges EK an Carry GmbH	(80 % von 150)	120
Geschäfts-/Firmenwert		**80**

Anteile anderer Gesellschafter:

Die Cash GmbH besitzt 80 % der Anteile an der Carry GmbH, die restlichen 20 % sind im Besitz anderer Gesellschafter. Damit ergibt sich – bezogen auf das oben ermittelte Eigenkapital in Höhe von 150 – ein Wert von 30.

b) Durchführung der Konsolidierung

Notwendige Buchungen:

GFW			80	
EK TU			120	
	an	Anteile an verbundenen UN		200
EK TU			30	
	an	Anteile anderer Gesellschafter		30

Konzernbilanz			
zum 31.12.t1			
AKTIVA			PASSIVA
GFW	80	Gezeichnetes Kapital	150
Anlagevermögen	600	Ant. anderer Gesellschafter	30
Umlaufvermögen	400	Rückstellungen	320
		Verbindlichkeiten	580
Bilanzsumme	1.080	Bilanzsumme	1.080

Hinweis:

Diese und weitere Aufgaben samt Lösungen finden Sie auf der beiliegenden CD-ROM.

Siehe CD-ROM

Literatur

Adler, H./Düring, W./Schmaltz, K. (ADS), Rechnungslegung und Prüfung der Unternehmen: Kommentar zum HGB, AktG, GmbHG, PublG nach den Vorschriften des Bilanzrichtlinien-Gesetzes, 1. Teilband (§§ 252-263 HGB), 6. Aufl., neu bearb. von Karl-Heinz Forster u. a., Stuttgart 1994/2001.

Ammann, H./Hucke, A.: Rechtliche Grundlagen des Leasing und dessen Bilanzierung nach HGB, US-GAAP sowie IAS, in: IStR, 2000, S. 87-94.

Ammann, H./Müller, S., Konzernbilanzierung, Herne/Berlin 2005.

Anstett, Ch.W./Husmann, R., Die Bildung von Bewertungseinheiten bei Derivatgeschäften, in: BB, 1998, S. 1523-1530.

Arbeitskreis "Externe Unternehmensrechnung" der Schmalenbach-Gesellschaft, Bilanzierung von Finanzinstrumenten im Währungs- und Zinsbereich auf der Grundlage des HGB, in DB, 1997, S. 637-642.

Arbeitskreis „Immaterielle Werte im Rechnungswesen" der Schmalenbach-Gesellschaft für Betriebswirtschaft e.V. (Hrsg.), Kategorisierung und bilanzielle Erfassung immaterieller Werte, in: DB 2001, S. 989-995.

Baetge, J./Hense, H. H., Steuerliche Auswirkungen des Bilanzrichtlinien-Gesetzes, in: DStZ 1987, S. 378-391.

Baetge, J./Kirsch, H.-J./Thiele, S. (Hrsg.), Bilanzrecht-Kommentar, §§ 253 bis 310 HGB, Loseblatt, Stand März 2008, Bonn, Berlin.

Baetge, J./Kirsch, H.-J./Thiele, S., Bilanzen, 7. Auflage, Düsseldorf 2007.

Baetge, J./Kirsch, H.-J./Thiele, S., Konzernbilanzen, 7. Auflage, Düsseldorf 2007.

Ballwieser, W., Unternehmensbewertung–Prozess, Methoden und Probleme, Stuttgart 2004.

Barckow, A. / Rose, S., Die Bilanzierung von Derivaten und Hedgestrategien – Konzeption, Anwendungsbereich und Inhalte des zukünftigen US-amerikanischen Standards SFAS 13X, in: WPg, 1997, S. 789-801.

Beck'scher Bilanz-Kommentar, §§ 248 bis 266 HGB, 6. Auflage, München 2006.

Biener, H./Berneke, W., Bilanzrichtlinien-Gesetz, Düsseldorf 1986.

Büschgen, H.E.: Grundlagen des Leasing; in: Büschgen, H.E (Hrsg.): Praxishandbuch Leasing, München 1998, § 1, S. 1-20.

Coenenberg, A. G., Jahresabschluss und Jahresabschlussanalyse, 20. Auflage, Stuttgart 2005.

Coenenberg, A. G./Haller, A./Mattner, G./Schultze, W., Einführung in das Rechnungswesen, 2. Auflage, Stuttgart 2007.

Deimel, K./Isemann, R./Müller, S., Kosten- und Erlösrechnung, München 2006.

Federmann, R., Bilanzierung nach Handelsrecht und Steuerrecht, 11. Auflage, Berlin 2000

Federmann, R./Kussmaul, H./Müller, S. (Hrsg.), Handbuch der Bilanzierung, Loseblatt, Stand Januar 2008, Freiburg i. Br.

Freericks, W., Bilanzierungsfähigkeit und Bilanzierungspflicht in Handels- und Steuerbilanz, Köln u. a. 1976.

Glaum, M., Die Bilanzierung von Finanzinstrumenten nach HGB, US-GAAP und IAS: Neuere Entwicklungen, in DB, 1997, S. 1625-1632.

Harms, J. E., Marx, F. J., Bilanzrecht in Fällen, Hamm 2008.

Herzig, N., IAS/IFRS und steuerliche Gewinnermittlung, Düsseldorf 2004.

HFA des IDW (Hrsg.), Bilanzierungsfragen bei Zuwendungen, IDW Prüfungsstandards und IDW Stellungnahmen zur Rechnungslegung, Loseblatt, Stand März 2008, Düsseldorf

Hochtief AG: Geschäftsbericht 2007 (Einzelabschluss)

Hofbauer, M. A./Kupsch, P. (Hrsg.), Bonner Handbuch der Rechnungslegung, Loseblatt, 2. Auflage, Berlin 2000 ff., § 275 HGB.

IDW (Hrsg.), IDW Prüfungsstandards und IDW Stellungnahmen zur Rechnungslegung, Loseblatt, Stand März 2008, Düsseldorf.

IDW (Hrsg.): WP Handbuch 2006, Band I, 13. Auflage, Düsseldorf 2006.

Immobilien-Leasing Teilamortisationserlaß vom 23.12.1991 (BStBl I 1992, S. 13-15).

Immobilien-Leasing-Erlaß vom 21.03.1972 (BStBl I 1972, S. 18-189).

Knobbe-Keuk, B., Bilanz- und Unternehmenssteuerrecht, 9. Auflage, Köln 1993.

Kratzer, J./Kreuzmair, B., Leasing in Theorie und Praxis, Wiesbaden 1997.

Küting, K./Hellen, H.-H./ Brakensiek, S., Die Bilanzierung von Leasinggeschäften nach IAS und US-GAAP, in: DStR 1999, S. 39-44.

Küting, K./Weber, C.-P. (Hrsg.), Handbuch der Rechnungslegung, § 253, § 255 HGB, Loseblatt, Stand September 2005, Stuttgart.

Küting, K./Weber, C.-P., Der Konzernabschluss, 7. Auflage, Stuttgart 2008.

Lachnit, L., Bilanzanalyse, Wiesbaden 2004.

Leffson, U., Die Grundsätze ordnungsmäßiger Buchführung, 7. Auflage, Düsseldorf 1987.

Liebscher, T./Scharf, B., Das Gesetz über elektronische Handelsregister und Genossenschaftsregister sowie das Unternehmensregister, in: NJW 52/2006, S. 3745-3752.

Lüdenbach, N.: IFRS – Der Ratgeber zur erfolgreichen Anwendung von IFRS, 5. Auflage, Freiburg u. a. O. 2008.

Marx, F. J., Objektivierungserfordernisse bei der Bilanzierung immaterieller Anlagewerte, in: BB 1994, S. 2379-2388.

Meyer, C., Bilanzierung nach Handels- und Steuerrecht, Hamm 2008.

Mobilien-Leasing-Erlaß vom 19.04.1971 (BStBl I 1971, S. 264-266)

Möller/Hüfner, Buchführung und Finanzberichte, 2. Auflage, München 2007.

Moxter, A., Bilanzrechtsprechung, 2. Auflage, Tübingen 1985.

Ossadnik, W., Grundsatz und Interpretation der "Materiality", in: WPg 1993, S. 617-629.

Scharpf, P./Luz, G., Risikomanagement, Bilanzierung und Aufsicht von Finanzderivaten, Stuttgart 1996.

Schmalenbach, E., Dynamische Bilanz, unter Mitwirkung v. Bauer, R., 11. Auflage, Köln/Opladen 1953.

Schmidt, H., Bilanztraining, 10. Aufl., Freiburg 2002.

Schneeloch, D., Herstellungskosten in Handels- und Steuerbilanz, in: DB 1989, S. 285-292.

Selchert, F. W., Problem der Unter- und Obergrenze von Herstellungskosten, in: BB 1986, S. 2298-2306.

Steiner, M./Tebroke, H.-J./Wallmeier, M., Konzepte der Rechnungslegung für Finanzderivate, in: Wpg, 1996, S. 533-554.

Tönnies, M./Schiersmann, B., Die Zulässigkeit von Bewertungseinheiten in der Handelsbilanz (Teil 1+2), in: DStR, 1997, S. 714-729 und S. 756-760.

Vogt, S., Die Maßgeblichkeit des Handelsbilanzrechts für die Steuerbilanz, Düsseldorf 1991.

Watrin, C., Internationale Rechnungslegung und Regulierungstheorie, Wiesbaden 2001.

Windmöller, R./Breker, N., Bilanzierung von Optionsgeschäften, in: WPg, 1995, S. 389-401.

Wöhe, G., Die Handels- und Steuerbilanz, 5. Auflage, München 2005.

Wöhe, G./Kußmaul, H., Grundzüge der Buchführung und Bilanztechnik, 5. Auflage, München 2006.

Wulf, I, Immaterielle Vermögenswerte nach IFRS, Berlin 2008.

www.standardsetter.de/drsc/docs/press_releases/Bilanzeid_im_Konzernabschluss_.pdf (19.05.2008).

Wysocki, K. v./Schulze-Osterloh, J./Hennrichs, J./Kuhner, C., Handbuch des Jahresabschlusses, Loseblatt, Stand April 2008, Köln, Abt. I/2, I/10 und II/1.

Zülch, H./Willms, J., Rückstellung für Entsorgungs-, Wiederherstellungs- und ähnliche Verpflichtungen: Umstellung von HGB auf IFRS, in: DB 2005, S. 1178-1183

Gesetze

Abgabenordnung (AO) vom 16.03.1976, BGBl. I 1976, S. 613-700, zuletzt geändert durch Gesetz vom 14.08.2007, BGBl. I 2007, S. 1912-1938.

Aktiengesetz (AktG) vom 06.09.1965, BGBl. I 1965, S. 1089-1184, zuletzt geändert durch Gesetz vom 16.07.2007, BGBl. I 207, S. 1330-1381.

Einführungsgesetz zum Handelsgesetzbuch (EGHGB) vom 10.05.1897, RGBl. 1897 S. 437, zuletzt geändert durch Gesetz vom 05.01.2007, BGBl. I 2007, S. 10-32.

Einkommensteuergesetz (EStG) in der Fassung der Bekanntmachung vom 19.10.2002, BGBl. I 2002, S. 4210-4211, zuletzt geändert durch Gesetz vom 14.08.2007, BGBl. I 2005, S. 1912-1938.

Gesetz über elektronische Handelsregister und Genossenschaftsregister sowie Unternehmensregister (EHUG) vom 10.11.2006, BGBl. I 2006, S. 2553-2586.

Handelsgesetzbuch (HGB) vom 10.05.1897, RGBl. 1897, S. 219-436, zuletzt geändert durch Gesetz vom 16.07.2007, BGBl. I 2007, S. 1330-1381.

RegE-BilMoG v. 21.05.2008 (abrufbar unter: http://www.bmj.de/files/-/3152/RegE%20BilMoG.pdf).

Rechtssprechungen

BFH-Urteil vom 26. September 2007 I R 58/06 (http://www.bundesfinanzhof.de/www/entscheidungen/2008.1.23/1R5806.html)

BFH, Beschluss v. 23.6.1997 GrS 2/93, BStBl 1997 II

BFH, Urt. v. 24.5.1968 VI R 6/67, BStBl 1968 II,

BFH, Beschluss vom 03.02.1969 – GrS 2/68, in: BStBl. II 1969, S. 291-294, DB 1969, S. 730.

BFH, Urt. v. 13.1.1972 V R 47/71, BStBl 1972 II

BFH, Urt. v. 4.4.1973 I R 130/71, BStBl 1973 II

BFH, Urt. V. 17.11.1981 VIII R 86/78, BStBl 1982 II

BFH, Urt. v. 22.1.1980 VIII R 74/77, BStBl 1980

BFH, Urteil vom 01.08.1984 – I R 88/80, in: BStBl. II 1985, S. 44-47.

BGH, Urteil vom 12.01.1998 – II ZR 82/93, in: BGHZ Bd. 137, S. 378-387

BMF, Schr. v. 8.3.1993 IV B 2 – S 2174a – 1/93, BStBl 193 I

Aufstellung der Deutschen Rechnungslegungsstandards (DRS)

DRS 1   Befreiender Konzernabschluss nach § 292a HGB

DRS 2   Kapitalflussrechnung

DRS 3   Segmentberichterstattung

DRS 4   Unternehmenserwerbe im Konzernabschluss

DRS 5   Risikoberichterstattung

DRS 6   Zwischenberichterstattung

DRS 7   Konzerneigenkapital und Konzerngesamtergebnis

DRS 8   Bilanzierung von Anteilen an assoziierten Unternehmen im Konzernabschluss

DRS 9   Bilanzierung von Anteilen an Gemeinschaftsunternehmen im Konzernabschluss

DRS 10   Latente Steuern im Konzernabschluss

DRS 11   Berichterstattung über Beziehungen zu nahe stehenden Personen

DRS 12   Immaterielle Vermögenswerte des Anlagevermögens

DRS 13   Grundsatz der Stetigkeit und Berichtigung von Fehlern

DRS 14   Währungsumrechnung

DRS 15   Lageberichterstattung

DRS 15a   Übernahmerechtliche Angaben und Erläuterungen im Konzernlagebericht

DRS 16   Zwischenberichterstattung

DRS 17   Berichterstattung über die Vergütung der Organmitglieder

Stichwortverzeichnis